高等学校教材

民机通信导航与雷达

主　编　马存宝

副主编　张天伟

编　者　马存宝　　张天伟

李红娟　　张　超

西北工业大学出版社

西安

【内容简介】 本书系统地介绍了现代大型飞机无线电系统的基础知识和机载设备的功能、组成与性能参数,深入浅出地说明了各种先进的机载无线电通信、导航、雷达设备的电路结构和典型功能电路的基本原理,较为全面地介绍了现代电子技术在航空无线电设备中的具体应用。本书可作为高等院校民航电子及相关专业的教材,也可供航空机务、飞行、通信、导航、空中交通管制、电子设备制造、维修等部门的人员阅读和参考。

图书在版编目(CIP)数据

民机通信导航与雷达/马存宝主编 . —西安:西北工业大学出版社,2004.12(2015.7 重印)
ISBN 978-7-5612-1889-1

Ⅰ.民… Ⅱ.马… Ⅲ.①民用飞机—航空通信—通信系统②民用飞机—航空导航—导航设备③民用飞机—机载雷达 Ⅳ.V24

中国版本图书馆 CIP 数据核字(2004)第 014382 号

出版发行:西北工业大学出版社
地 址:西安市友谊西路 127 号 邮编:710072
电 话:029 – 88493844 88491757
网 址:www.nwpup.com
印 刷 者:陕西金德佳印务有限公司
开 本:787 mm×1092 mm 1/16
印 张:25
字 数:600 千字
版 次:2004 年 12 月第 1 版 2018 年 8 月第 4 次印刷
定 价:62.00 元

前　言

　　航空航天科学技术是一门高度综合的尖端科学技术,近几十年来发展迅速,对人类社会的影响巨大。20世纪下半叶以来,航空技术和信息技术相互结合,迅猛发展,广泛应用于国民经济建设和国防建设,涉及范畴有通信、导航、遥感、遥控、遥测等。本书重点介绍与现代大型民用飞机密切相关的通信、导航和雷达技术。

　　"民机通信导航与雷达"是民航电子专业的专业课,是1994年西北工业大学民航工程学院成立时,由董事会单位(北京飞机维修工程有限公司(AMECO)和原西北航空公司)根据民航飞机维护与故障诊断实际要求建议新开设的课程。课程内容几乎涉及所有的机载电子设备,主要给学生讲授机载设备的原理、电路、功能、面板键的操作、系统连接及其在飞机上的位置等。经过多年的教学积累,"民机通信导航与雷达"已经成为民航电子专业的专业主干课程。

　　本课程是我校为数不多的设备课之一,具有独到的特点。教学内容以飞机电子系统设备为主线,一直使用符合进口飞机电子设备要求和民航维修执照考试要求的教材。目前,相关课程在教学中,采用的教材偏重于对电子系统原理框图的介绍,缺乏机载电子设备实例和相关理论,作为本专业教学的教材显得不太适宜。为适应现代民用飞机的发展的态势,为满足教学需要,我们编写了此书。

　　本书在选材方面力求将通信、导航、雷达等无线电技术的基本原理与民用飞机(简称民机)机载电子设备的功能、组成和性能相结合,使学生能够全面掌握机载电子设备的基本知识、基本原理、系统组成及设备电路设计技术。全书分为两部分,共十二章。第一部分包括第一至第四章,从飞机无线电基础、发送与接收原理、调频收发基础与自动频率微调、电波传输与天线几方面介绍了现代大型飞机无线电系统的基础知识。第二部分包括第五至第十二章,讲述了机载通信系统、气象雷达、空中交通管制应答机、测距机、自动定向机、无线电高度表、甚高频全向信标和仪表着陆系统的工作原理、功能组成、电路分析与性能参数等内容。本书的编写力求深入浅出、图文并茂。

　　本书由马存宝主编,张天伟、李红娟、张超参加编写,其中马存宝编写了第一、六、七、十一章,张天伟编写了第二、三、四、八章,李红娟编写了第五、十二章,张超编写了第九、十章。由于时间有限,加之进口飞机的中文材料缺乏,为满足教学急需,本书部分内容取材于蔡成仁主编的《航空无线电》一书,在此对作者表示衷心的感谢。在本书的编写过程中,还得到了西北工业大学电子信息学院史浩山教授和李勇教授的指导和帮助,在此一并表示真挚的感谢。

　　由于资料缺乏,加之编者水平有限,书中难免有错漏之处,恳请读者批评指正。

编　者

2004年12月

目 录

第一章　飞机无线电系统基础

第一节　飞机无线电系统

一、航空电子设备发展简史

航空电子设备几十年来经历了从简单到复杂、从单台到系统的发展过程。国内外的发展简史可以划分为以下几个阶段：

(1)1935—1949 年：国外飞机上安装简单的机械电气仪表。

(2)1949—1955 年：国外飞机上安装机电伺服机构、模拟式计算机、圆锥扫描雷达；国内处于创建阶段，对已有飞机上的航空电子设备可进行中修和大修。

(3)1955—1965 年：国外飞机上安装综合指引仪表、单台数字式计算机、单脉冲雷达；国内进入仿制生产阶段，积极掌握航空电子设备生产技术，为开展改型和自行设计创造条件。

(4)1965—1975 年：国外飞机上已装备电子显示仪表、平显、下显、综合显示系统、脉冲多普勒雷达；国内处于改型和开始自行设计阶段。简化航空电子设备品种，实现系列化。采用新材料、新元件，延长使用寿命，提高产品性能。改进产品结构，改进工艺，提高生产效率，降低成本。

(5)1975—1985 年：国外飞机上已使用数据系统总线传输信息的数字化综合航空电子系统、座舱综合显示系统；国内开始自行设计和对航空电子设备新领域开展预研工作。

(6)1985—1995 年：国外已使用光电设备和综合电子对抗系统；国内已安装通信导航识别系统、座舱显示控制记录系统、探测系统、电子对抗系统和信息综合系统。

二、航空电子设备在飞机上的安装布局

飞机上的电子设备应尽可能地相对集中在专门设计的各种电子设备舱内，使设备可以工作在飞机环境控制系统之中。民用客机的电子设备舱一般位于旅客座舱下部。军用飞机的电子设备舱一般位于飞机头部、驾驶舱下部和后部。某些电子设备应根据其使用特性选择飞机上特定位置进行安装。如飞机的飞行数据记录器(俗称黑匣子)应选择放置在飞机坠毁后破坏程度可能最轻的部位，以便将飞行数据记录器回收后，还能正确分析出事故原因，例如安装在飞机尾翼前沿根部。气象雷达为了取得飞机前方气象资料，一般安装在飞机头部。

三、航空电子设备的重要性

航空电子设备从简单到复杂，从单台到系统，发展至今已成为飞机的重要组成部分，其性

能的优劣对飞机的经济性、安全性和舒适性起着极为重要的作用,在某些特定条件下甚至会起决定性作用。航空电子设备的重要性可从以下三个方面充分体现出来。

1. 使用性能

在 20 世纪 60 年代以前,评论一架飞机的性能往往只介绍飞机机体(包括机身、机翼、尾翼等)的气动特性和发动机特性,很少提及飞机上的电子设备性能,因为当时飞机上为数不多的几台通信设备和雷达决定不了飞机的性能。

几十年来,飞机机体和发动机的充分发展使它们的性能日臻完善,各国水平逐渐相近。相对来说,电子技术的发展却日新月异,在短短的几十年内,从电子管、半导体、中规模集成电路和大规模集成电路迅速发展到现代的超大规模集成电路,航空电子设备也随之更新换代。设备的功能增加和性能提高使飞机上的电子设备数量也不断增多,从过去的几台设备发展到现在的十几台或几十台设备。由这些设备组成的系统大大改善和提高了飞机运输的经济效益,使电子设备的性能在飞机性能中占有越来越重要的地位。今天,评论一架飞机时除了飞机机体和发动机性能外还必须介绍机上电子设备的型号和性能。换句话说,同样的飞机机体和发动机,安装不同的电子设备,其作战和运输性能可能完全不同。

2. 设计性能

传统的飞机设计主要包括气动外形、结构强度和发动机三大要素,而现代飞机设计必须同时考虑按系统工程要求设计航空电子综合系统,进行大量的软、硬件开发工作。复杂的航空电子设备系统开发周期一般为 10 年左右,长于飞机研制的周期——8 年左右。为了配合电子技术的日益发展,世界各国都投入大量的人力、财力,进行长期的预研工作,研制、设计和生产出各种性能优异的机载航空电子设备来装备飞机。

3. 价格性能

近代飞机上由于装备了大量的先进电子设备,使得电子设备的价格在飞机总价格中所占的比例明显上升。电子设备本身的价格也在不断增长,其增长速度比飞机价格的增长速度高 5 倍左右。

四、飞机无线电系统的功能与分类

飞机无线电系统是现代飞机的重要组成部分。现代民用飞机装备有多种先进的无线电导航、通信和雷达系统。

飞机无线电系统从不同的角度出发,有不同的分类法。按系统的功能,飞机无线电系统分为通信系统与导航系统两大类;按机载设备能否独立实现系统功能,飞机无线电系统分为自备式系统与他备式系统;按系统内部处理信号的方式不同,飞机无线电系统可分为模拟式设备与数字式设备。

以上是原理课的划分方法,民航通用的划分方法是按 ATA100 规范所规定的 ATA 章节号分类。ATA(American Transportation Association)——美国航空运输协会。

1. ATA 编号说明

ATA100 规范已被世界上大多数国家所采用,现在已成为一种民航的各种产品在设计、制造、使用、维护等领域使用的各种资料、文件、函电、报告和目录索引的国际统一编号,它使各种技术记录和数据处理趋于统一,改进了各种资料和文件的归档和管理方式,促进了民航各种情况的交流和对比。

波音系列飞机的各种手册,如飞机维护手册、线路手册、结构修理手册、图解零件目录、部件维护手册、图解工具和设备手册、无损探伤手册、发动机手册、故障报告和隔离手册等,均是按 ATA100 规范的修改版或更新的修改版的要求编写的。

(1)编号。按 ATA100 编号系统的规定,各类资料的编号是由章号—节号—标题号三组编号组成的。章号代表一个大系统,如 21 章为空调系统;节号代表章号下的一个子系统,如 21—50 为空调系统中的冷却系统;标题号代表一个组件,所谓组件就是指构成系统或子系统的各零部件。为了便于理解,现举例说明:

例:编号说明。

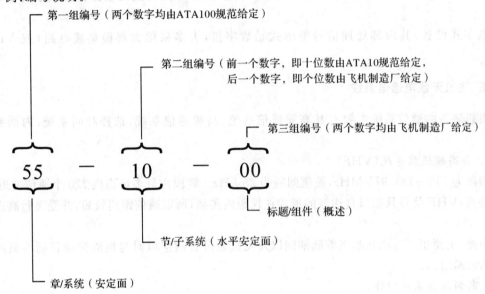

(2)ATA 编号系统举例。

章/系统	节/子系统	标题/组件
21	21	22
空调系统	冲压空气系统	循环风扇
23	31	21
通信系统	旅客广播	磁带放音机
24	40	11
电源系统	外部电源	插座

2. 通信系统和导航系统的基本功能

通信系统:主要用于实现飞机与地面之间,飞机与飞机之间的相互通信,也用于进行机内通话、广播、记录驾驶舱内的语音以及向旅客提供视听娱乐信号等。如高频、甚高频通信系统、选择呼叫系统、内话系统、音频综合系统等。

导航系统:基本功能是引导飞机按选定航路安全、经济地完成规定的飞行任务。按照各个系统的功能,又可以把飞机无线电导航系统进一步划分为定位、测高、着陆引导和环境监测四大类。测距机、定向机、全向信标系统、多普勒雷达、奥米伽导航系统等是用于确定飞机位置的无线电定位系统;低空无线电高度表是典型的测高设备;仪表着陆系统属于着陆引导设备;气象雷达则是最常用的环境监测系统。

　　3.自备式与他备式系统

　　自备式(或自主式)系统:不需依赖任何地面设施,便可实现系统的既定功能,如无线电高度表,气象雷达和多普勒导航系统。

　　他备式系统:需要和地面设施配合才能实现既定功能的系统,如 DME,ATC 应答机,ADF,VOR 等。

　　4.模拟式设备与数字式设备

　　模拟式设备:其内部处理信号的形式是模拟量,大多采用分立的电路器件或小规模集成电路。

　　数字式设备:其内部处理信号的形式是数字量,大多采用大规模集成电路(或 VLSI,CPU)。

五、飞机无线电通信系统

　　飞机装备的通信系统主要有甚高频通信系统、高频通信系统、选择呼叫系统、内话系统四类。

　　1.甚高频通信系统(VHF)

　　频段为 118～135.975 MHz,波道间隔为 25 kHz。频段内最多可提供 720 个通信波道。

　　特点:VHF 信号只能以直达波的形式在视距内传播,所以通信距离较短,并受飞行高度的限制。

　　用途:主要用于飞机在起飞着陆期间以及飞机通过管制空域时与地面交通管制人员间的双向话音通信。

　　2.高频通信系统(HF)

　　频段为 2～30 MHz,典型设备的频率范围为 2.8～24 MHz,波道间隔为 1 kHz,频段内最多可提供 28 000 个通信波道。

　　特点:HF 信号可通过电离层与地表面之间的反射达到远程通信的目的,通信距离可达数千公里。

　　用途:用于在远程飞行时保持与基地间的通信联络。

　　3.选择呼叫系统(SECAL)

　　SECAL 不是一种独立的通信系统,它是配合 VHF 和 HF 系统工作的。

　　用途:当地面呼叫指定飞机时,以灯光和钟声谐音的形式通知机组进行联络,从而免除机组对地面呼叫的长期守候,减轻机组的工作负担。

　　飞机上 SECAL 的代码由四位字母组成,每位可以是英文字母 A～S(I,N,O 除外)中的一个,这样总共可有 10 920 个 SECAL 代码。

　　4.内话系统

　　主要用于进行机内通话、广播、维修人员通话,以及向旅客提供视听娱乐信号。

六、飞机无线电导航系统

　　1.自动定向机(Automatic Direction Finder,简称 ADF)

　　ADF 又称无线电罗盘,是一种中低频近程测向设备。它的功用是测量地面导航台相对于飞机纵轴的方位,以引导飞机向台飞行或背台飞行。

频段为 100～2 000 kHz 的中长波段,典型设备的工作频率为 190～1 750 kHz。

2.甚高频全向信标系统(VOR)

VOR 系统是一种工作在甚高频频段的近程测向系统,可在航线飞行和进近着陆期间对飞机进行引导。它的基本功能是测量 VOR 方位,以进一步确定飞机相对于所选定的 VOR 航道的偏离情况。

频段为 108～118 MHz,波道间隔为 50 kHz,频段内共有 160 个通信波道。

在通过全方位选择器(OBS)选定飞行的 VOR 航道后,在测定 VOR 方位的基础上,系统即可显示飞机相对于所选定的 VOR 航道的偏离情况,由水平状态显示器(HSI)上的偏离杆(即航道指示杆)显示。若偏离杆在方位指针的右侧,则表示飞机在所选航道的左侧,飞机应向右机动,以进入所选定的航道。

3.仪表着陆系统(ILS)

ILS 系统用于引导飞机沿正确的航向下滑线着陆,是保证飞机安全着陆的重要设备。由于它可在能见度很差的情况下引导飞机安全着陆,因此也称为盲降系统。

ILS 由航向信标系统、下滑信标系统和指点信标系统三部分组成。

(1)航向信标系统(Localizer)。

功能:利用 90 Hz 和 150 Hz 的 AM VHF 信号,产生一个垂直于跑道平面并通过跑道中心线的航向引导平面。

频段为 108.1～111.95 MHz。十分位小数为奇数的频率,波道间隔为 50 kHz,频段内共有 40 个通信波道。

系统:包括航向接收机、天线、控制盒和指示器,选择航向接收频率后即确定了下滑接收频率,两者有固定的配对准则。

(2)下滑信标系统(Glide Slope)。

功能:利用 90 Hz 和 150 Hz 的 AM VHF 信号,产生一个与跑道平面成 2°～4°夹角的下滑引导平面,与航向平面相交即可得到一条航向下滑线。

频段为 329.15～335.0 MHz,波道间隔为 150 kHz,频段内也有 40 个通信波道。

系统:包括下滑接收机、天线和指示器。

(3)指点信标系统(Marker Beacon)。由两个或三个准确安装在跑道中心线延长线上的地面指点信标台及相应的机载信标接收机组成,引导飞机对准跑道中心线,检查飞机通过信标台时的高度和速度是否适当,以及飞机距跑道的距离。当飞机准确通过指定信标台上空时,相应的信标灯接通,并可通过耳机听到信标台的音频识别信号。

频段:固定在 75 MHz 上。

系统:由信标台接收机、天线、信标灯组件和音响组件组成。

4.无线电高度表(RA)

功用:主要用于在飞机进近着陆时测量飞机相对于地表面的实际高度。

频段:4 200～4 400 MHz。

系统:由收发组、发射天线和接收天线和高度指示器组成。它是通过测量地面反射回来的回波信号与发射信号之间的时间间隔来计算高度的。

5.测距机(Distance Measurement Equipment,简称 DME)

功能:通过测量所接收的应答脉冲与询问脉冲之间的时间间隔,计算出飞机与测距台之间的斜距。测量范围可达 390 n mile,显示在 HIS 或 EHSI 上(近似代表水平距离)。

频段:L 波段,机载 DME 询问频率为 1 025~1 150 MHz,地面信标台的应答频率为962~1 213 MHz。DME 的频道是与 VOR 及 ILS 的频道配套选择的。

系统:由测距机(询问器)、天线(短刀型)、显示器和控制盒(与 VHF 导航控制盒共用)等组成。

6. 应答机(ATC Transponder)

功用:ATC 应答机与地面二次雷达配合,用于向地面管制中心报告飞机的识别码和气压高度,并可用于确定飞机的平面位置。

频段:L 频段,和 DME 一样用脉冲问答方式工作,但 ATC 应答机是由地面二次雷达发出的询问信号触发应答的,地面询问频率(应答机接收频率)为 1 030 MHz,应答机应答发射频率为 1 090 MHz。

系统:由应答机、控制盒和天线组成。

7. 气象雷达系统(Weather Radar,简称 WXR)

功用:WXR 主要用于探测飞机前方扇形区内的危险气象目标及其他障碍物,以选择安全的绕避航线。

频段:9 330~9 400 MHz 的 X 波段。

系统:由显示器、收发机和天线组成。

第二节　导航参量与位置线

为便于理解导航系统的工作原理,有必要对常用导航参量和位置线的基本概念加以说明。

一、地理坐标参量

1. 大圆和大圆航线

通过地心的平面与地球表面相交的圆是地球表面最大的圆,称为大圆。

大圆弧连线是地球表面上任何两点之间距离最短的连线,尽可能沿大圆弧连线飞行的航线称为大圆航线。

2. 赤道和纬度(Latitude)

赤道是通过地心,且与地轴相垂直的平面与地球表面的交线。

其余与地轴相垂直的平面与地球表面的交线称为纬圈(纬线)。纬度是指纬圈和地心的连线与赤道平面之间的夹角,用其可表示地球上任一点的南、北位置,如图 1-1 所示。

3. 子午线和经度(Longitude)

通过地轴的平面与地球表面的交线

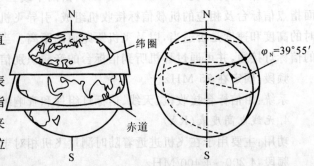

图 1-1　赤道、纬圈和纬度

称为经圈,经圈的一半叫做经线,又叫子午线。国际上规定通过英国格林尼治天文台的经线作为起始经线,又叫本初子午线,如图 1-2 所示。地球上任一点的经度规定为通过该点的子午线平面与起始经线平面之间的夹角。

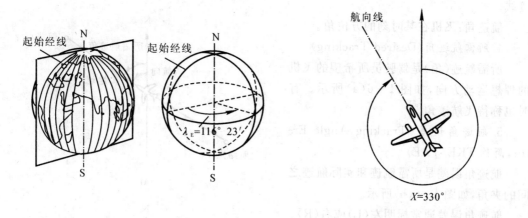

图 1-2　经线和经度

图 1-3　航向

二、导航参量

1.航向(HDG)

航向(角)是由飞机所在位置的经线北端顺时针测量到航向线(飞机纵轴前端的延长线在水平面上的投影)的角度,如图 1-3 所示。

磁航向:以磁经线为基准的航向。

真航向:以真经线为基准的航向。

2.方位角(Bearing)

方位角是以经线北端为基准,顺时针测量到水平面上某方向线的角度,如图 1-4 所示。

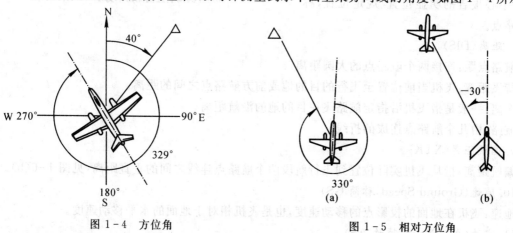

图 1-4　方位角

图 1-5　相对方位角

相对方位角:以飞机纵轴的前端与观测线在水平面上的夹角来表示目标的方向。ADF 测量的是电台的相对方位角,如图 1-5 所示。

与航向相同,方位角也有磁方位角和真方位角两种。

3. 航迹和航迹角

航迹(Tracking)：飞机重心在地面的投影点的移动轨迹，如图 1 - 6 所示。航迹又称航迹线。

航迹角：飞机在某时刻的方位角。

4. 所需航迹角(Desired Tracking)

所需航迹(角)是驾驶员所希望的飞机的理想运动方向，如图 1 - 6(a)所示。有时也称待飞航迹角。

5. 航迹角误差(Tracking Angle Error,简称 TKE/TAE)

航迹角误差是所需航迹和实际航迹之间的夹角，如图 1 - 6(b)所示。

航迹角误差通常标明左(L)或右(R)。

6. 偏流(DA)

当存在侧风时，飞机的实际航迹就会与飞机的航向不一致。航向线与航迹线之间的夹角，称为偏流角。

偏流角的正负取值：当航迹线偏向航向的右边时规定偏流角为正值，反之为负值，如图 1 - 6 所示。

7. 航路点(WPT)

航路点：飞机的飞行目的地、航路上可用于飞机改变航向、高度、速度等或向ATC 中心报告的明显位置/规定位置，称为航路点。

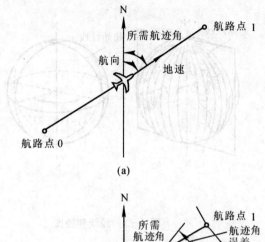

图 1 - 6　导航参量
(a) 飞机沿航迹飞行且无偏流角；
(b) 飞机偏航且偏流角不为零

8. 距离(DIS)

航路点距：连接两个航路点的大圆距离。

待飞距离：飞机当前位置至飞行的目的地或前方航路点之间的距离。

距离：一般是指飞机沿指定航路飞往目的地的沿航距离。

航路：由几个航路点连成的折线。

9. 偏航距离(XTK)

偏航距离：指从飞机实际位置到飞行航段两个航路点连线之间的垂直距离，见图 1 - 6(b)。

10. 地速(Ground Speed,称简 GS)

地速：飞机在地面的投影点的移动速度，也是飞机相对于地面的水平移动速度。

11. 空速(Air Speed,简称 AS)

空速：飞机相对于周围空气的运动速度。

12. 风速(WS)与风向(WD)

风速及风向是指飞机当前位置大气相对于地面的运动速度及方向。

空速 S_A，风速 S_W 与地速 S_G 的关系为

$$S_G = S_A + S_W$$

上述关系可用图1-7表示。

13. 估计到达时间(ETA)与待飞时间

估计到达时间：以格林尼治时间为基准，从飞机目前位置到飞行目的地（或前方航路点）之间的估计飞行时间。

待飞时间：自飞机当前位置起，按飞机当前的地速值等计算的沿航线到达目的地的空中飞行时间。

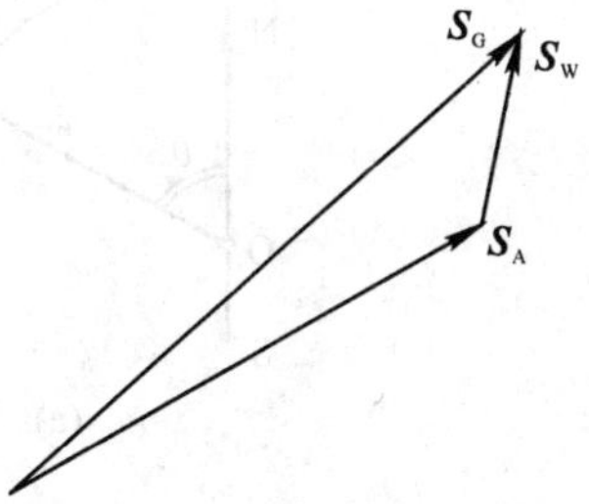

三、位置线与导航定位方法

图1-7 地速、空速和风速的向量关系

1. 位置线

位置线：即当一个导航系统所测得的电信号的某一参量为定值时，该参量所对应的飞机可能位置的轨迹线。

2. 位置线的种类与导航系统

位置线的种类有直线、圆、双曲线等，如图1-8所示。

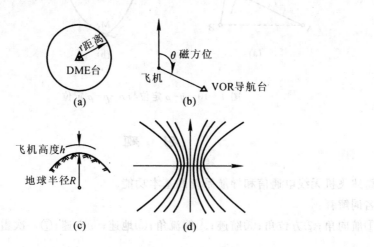

图1-8 位置线

(a) 圆位置线；(b) 直线位置线；(c) 等高线；(d) 双曲线

测向系统：VOR，ADF的位置线为直线。

测距系统：DME的位置线是平面上的圆。

测距差系统：利用测距差原理工作的奥米伽导航系统，罗兰系统等，其位置线为双曲线，因此这类系统又称为双曲导航系统。

3. 导航定位方法

从前面内容可知，必须利用两条或两条以上的位置线相交，才能确定飞机的具体位置点。按照所利用的位置线的形状，可以把导航定位系统分为 $\rho-\theta$ 系统、$\theta-\theta$ 系统（见图1-9），$\rho-\rho$ 系统或 $\rho-\rho-\rho$ 系统（见图1-10），以及双曲线系统等。其中，ρ 表示距离，θ 表示角度或方位。

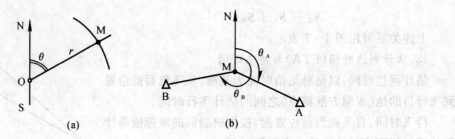

图 1-9 $\rho-\theta$ 定位与 $\theta-\theta$ 定位

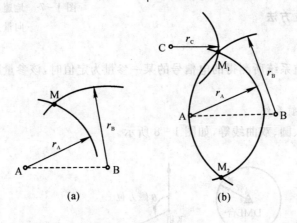

图 1-10 $\rho-\rho$ 定位与 $\rho-\rho-\rho$ 定位

习 题

1. 简述飞机无线电通信和导航系统的基本功能。
2. 名词解释：
   ①航向角；②方位角；③航迹；④偏流角；⑤地速；⑥空速；⑦一次雷达；⑧二次雷达。

第二章 发送与接收原理

发送与接收是无线电系统所包含的两个基本过程。本章介绍无线电发送设备和接收设备的基础知识,着重说明无线电接收设备和发送设备的整机结构、发射信号的产生过程和接收信号的处理过程,以及一些整机功能电路的基本原理。以此作为理解各种无线电设备工作原理的基础。

第一节 调幅发送设备基础

一、发射机的基本组成

无线电发射机的基本任务是向发射天线提供传送信息的射频信号,并且射频信号的频率、功率又须满足系统的整体要求。为此,就必须产生功率足够的射频载波,并按系统的要求实现对射频信号的调制。尽管无线电发射机的电路千差万别,但基本上是由射频振荡、功率放大、调制器、低频放大及电源几部分功能电路组成的,如图 2-1 所示。

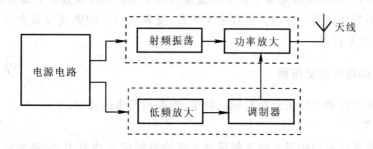

图 2-1 无线电发送设备的基本组成

1. 高电平调制发送设备

图 2-2(a)所示是高电平调制的调幅通信发射机的组成方框图。射频振荡电路产生频率稳定度符合要求的正弦载波,由射频放大器或缓冲放大器进行放大后,再由高频功率放大电路进行功率放大,以达到所需的发射功率。设置在射频振荡器和功率放大器之间的射频放大器除了具有放大信号的作用外,还可以消除或者减弱功率放大器对主振频率稳定度的影响,因此有时可称为缓冲放大器。

与此同时,音频信号经音频放大器放大后输至调制器。调制器对调制信号(这里是音频信号)进行功率放大,使调制信号具有足够的功率,以实现对高频载波信号的有效调制。

调制信号对载波振荡的调制是在末级功率放大器中实现的。实现调制的高频放大级称为受调级。末级功率放大器通常工作在 C 类（丙类）状态，在对高频信号进行功率放大的同时，由输入的调制信号控制高频载波的振幅，实现振幅调制。由于是在射频载波电平较高的末级实现调制的，因此称为高电平调制。这类发射机的效率较高，所需的调制功率较大。通常小功率的发射机采用这种高电平调制方式。

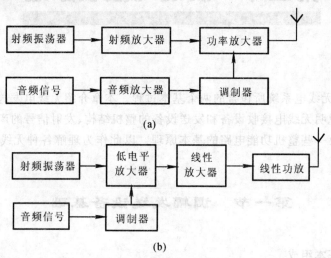

(a)

(b)

图 2-2　高电平与低电平调制

2. 低电平调制发送设备

在低电平调制发送设备中，调制信号对射频载波的调制是在载波电平较低的高频电路中进行的，其组成框图如图 2-2(b)所示。由于受调级的射频载波电平较低，相应地所需的调制信号功率就较小，因而在低频通道中就不需要像高电平调制那样设置多级低频放大器。另外，为了保证已调制的高频信号在放大过程中不失真，受调级以后的各功率放大级应为线性的功率放大器，因而效率较低。

二、发射机的电气性能指标

发射机的电气性能指标主要是对输出功率、效率和频率的要求。

1. 输出功率

发射机的输出功率是指发射机末级输往天线的射频信号功率 P，它是决定系统作用距离和可靠性的主要因素之一。

无线电发送设备的输出功率，视系统的作用距离和功能不同而差别悬殊；机载发送设备的功率，有的只有几百毫瓦，有的则达数百瓦。

在要求输出功率足够的同时，输出信号中的谐波分量应尽量小，以免对其他设备产生干扰。飞机上的无线电设备多而密集，这个要求是必须注意的。

2. 总效率

发射机的总效率 η_t 是发射机的输出功率 P 与发射机所消耗的全部电源功率 P_0 之比，即

$$\eta_t = \frac{P}{P_0}$$

提高效率对减小设备的体积和重量、降低散热的要求具有明显的意义。

3. 频率

(1) 频率稳定度。频率稳定度指发射机的工作频率保持稳定的程度,它通常用频率的漂移量 Δf 与工作频率 f_0 的比值 $\Delta f / f_0$ 来表示。频率漂移与工作时间、温度及飞行高度等因素有关,所以有时又分别提出短期频率稳定度和长期频率稳定度的要求。

频率稳定度是发射机的一项极为重要的指标,对于保证系统工作的可靠性,提高系统的抗干扰能力和压缩系统占用的频带等具有重要意义。

飞机无线电系统的功用不同,对频率稳定度的要求不同。一般说来,对频率稳定度的要求越高,发射机的结构就越复杂,成本也越高。

现代机载无线电系统通常都利用晶体振荡器和频率合成器来提高频率稳定度。通常机载无线电系统的频率稳定度可达到 10^{-5} 左右,有的导航系统则可达到 $10^{-7} \sim 10^{-9}$,甚至更高。

(2) 频率准确度。除了要求频率高度稳定外,还要求设备的实际工作频率与控制盒所选择的频率指示值之间准确符合,以保证系统工作可靠、快速。

使用机械式频率调谐,利用频率调节刻度盘指示频率的旧式设备的频率准确度较差;新式设备使用频率合成器,其频率显示为数码显示,因而频率指示非常准确。

(3) 频率范围与波道间隔。不少无线电系统的工作频率不是单一的固定频率,而是一定宽度的频带。系统应能满足频率范围、波道间隔以及波道数量的要求。

三、发射机的高频载波电路

发射设备的首要任务,是提供稳定的高频正弦载波,以产生所需要的无线电射频信号。

1. 对载波信号的基本要求

(1)输出频率符合系统的要求。

(2)频率变化范围应覆盖系统所规定的频段。在指定频段内的任意工作频率上,所提供的正弦载波的幅度、波形等均应符合要求。

(3)频率稳定度应该达到系统的规定。载波振荡的频率稳定度就是发射信号的频率稳定度。

(4)载波应具有良好的波形,其波形失真系数应在规定范围之内。

(5)应具有足够的输出功率。

上述五方面是对各种无线电发射设备载波振荡的共同要求。不同的系统由于其功能和性能的差别很大,因而对其中一点或几点的要求也会有很大的不同。

2. 高频电路的基本结构

各种发射机对功率、频率稳定度等性能指标的要求不同,其高频电路的组成结构也往往不同,常见的高频电路有以下几种结构形式。

(1) 单级发射机。在有的简单发射机中,高频振荡器所产生的高频振荡直接输至天线。旧式机载气象雷达发射机、应答机的发射机等就是这类简单的单级发射机。不少工作于微波段的发射机也采用这种结构形式。

单级发射机很难同时兼顾输出功率和频率稳定度的要求,因而其频率稳定度往往较差。

(2)主振放大式高频电路。这种高频电路由主振级和功率放大级组成。主振级用于产生所需频率的高频振荡;功率放大级满足设备对功率的要求。这种结构形式在一定程度上减轻了负载对振荡器频率稳定度的影响。

　　为了进一步解决输出功率和频率稳定度之间的矛盾，可以在输出级和主振级之间设置中间级。中间级用于实现对主振信号的放大，供给后级以足够的激励功率，并可隔离后级负载变动对主振的影响，因而有利于提高载波振荡的频率稳定度，也有利于输出功率的提高。紧接主振级的中间级常称为缓冲级或缓冲放大级。中间级还可用做基波放大和倍频。

　　（3）主振倍频放大式高频电路。工作频率较高的发射设备，往往在主振级和输出功率放大级之间加入一级或多级倍频器，用以逐级提高载波的频率。对于波段发射机来说，倍频器的设置可以在保证设备所需的工作频率范围的同时，大大压缩主振的频率变化范围。

　　例如，设发射机的工作频率范围为 2.4～30 MHz。则当各倍频器的总倍频次数 N 为 12 时，主振级的振荡频率仅需在 0.2～2.5 MHz 之间变化就可以了。可见，采用多级倍频方案，不仅可以降低主振级的振荡频率，减小分布参数对振荡频率的影响，还可以减小所需的主振频率变化范围，从而有利于载波频率的稳定和频率控制。

　　每级倍频器的倍频次数通常为 2 和 3。倍频次数再高，会使倍频级的效率和功率降低过多。图 2-3 所示是采用三级倍频的多级发射机的方框图。

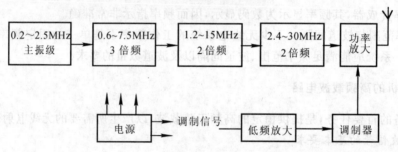

图 2-3　采用三级倍频的多级发射机

　　（4）采用频率合成器的波段发射机。现代波段发射机普遍采用频率合成器，以满足系统对工作频率范围及频率稳定度等方面的要求。采用频率合成器作载波频率源，可以使波段内的所有工作频率都达到晶体振荡器的频率稳定度。

四、信号调幅与低频电路

1. 调幅方法

　　本节开始时已经说明，调幅发射机中调幅的实施，可以在高电平级进行，也可以在低电平级进行。

　　下面概略介绍实现高电平调幅和低电平调幅的主要方法。

　　（1）高电平调幅。高电平调幅通常在工作于 C 类（丙类）的功率放大级中进行，所需要的调制功率较大。常用的电路有集电极调幅和基极调幅两种。

　　1）晶体管集电极调幅。集电极调幅的基本电路如图 2-4(a)所示。调制信号与集电极电源相串联，作用在晶体管的集电极与发射极之间。这样当集电极电压随调制电压变化时，集电极电流中的基波分量即按调制信号的规律变化。

　　调幅信号由调谐于工作频率的集电极谐振回路输出。

　　在利用电子管作功率放大器的发射设备中，调制电压作用在电子管的阳极和阴极之间。

对电子管的阳极电流进行调幅,称为阳极调幅。阳极调幅的基本原理和晶体管集电极调幅相同。

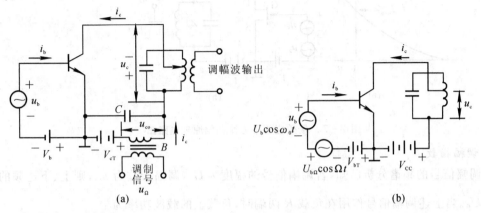

图 2-4 高电平调幅电路

(a) 集电极调幅电路;(b) 基极调幅电路

晶体管集电极调幅的调制特性如图 2-5 所示。

调制电路与集电极电源 V_{cT} 相串联,作用于发射极与集电极之间,当 V_{CC} 随 U_Ω 变化时,即 I_{cm} 随 U_Ω 变化。

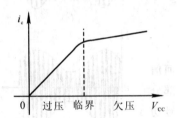

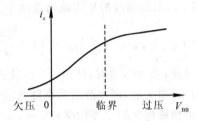

图 2-5 晶体管集电极调幅的调制特性　　　图 2-6 基极调幅的调制特性

2) 基极调幅。基极调幅的基本电路如图 2-4(b) 所示。调幅信号作用于 C 类放大器的基极,使集电极电流的基波振幅按调制信号的规律变化,从而实现对载波振幅的调制。基极调幅和电子管栅极调幅相当。

基极调幅的调制特性如图 2-6 所示。

$U_\Omega(t)$ 作用于 C 类放大器的基极,使 I_{cm} 随 U_Ω 变化实现调幅。

(2) 低电平调幅。发射机的低电平调幅所需的调制功率较小。实现低电平调幅的主要方法有平方律调幅、模拟乘积调幅和斩波调幅等。

平方律调幅是利用晶体管、场效应管或电子管的非线性特性实现的。适当选择工作点,使晶体管等工作在甲类非线性状态,并使信号变化范围限制在特性曲线的平方律区域内,即可实现对载波振幅的调制。图 2-7 为场效应管平方律调幅的原理电路图。

采用平方律调幅时,由于器件工作于甲类状态,所以效率不高。

平方律调幅是常用的低电平调幅方法。

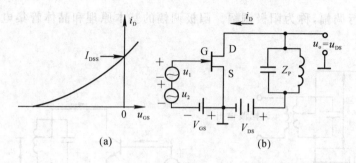

图 2-7　场效应管平方律调幅原理电路图

2. 调幅指数

由调幅信号的频谱分析已知,若调幅信号的幅度为 U_0,调幅指数为 m_a,则上、下边频的幅度为 $\dfrac{m_a}{2}U_0$。当上述调幅信号作用在负载 R 两端时,负载上的载波功率为

$$P_{\sim T} = \frac{U_0^2}{2R}$$

$$P_{w_0-\Omega} = P_{w_0+\Omega} = \frac{1}{2R}\left(\frac{m_a U_0}{2}\right)^2 = \frac{m_a^2}{4}P_{\sim T}$$

可见,调幅信号中所包含的信号功率(两个边频功率之和)为 $\dfrac{m_a^2}{2}P_{\sim T}$,而调幅波的平均输出总功率为

$$P_\sim = P_{\sim T} + P_{w_0-\Omega} + P_{w_0+\Omega} = \left(1 + \frac{m_a^2}{2}\right)P_{\sim T}$$

由此可知,当 $m_a = 0$ 时,$P_\sim = P_{\sim T}$,载波中不包含任何信号功率;当 m_a 增大时,调幅波的功率随之增大,所增加的部分就是信号边频所包含的信号功率;当 $m_a = 1$ 时,边频信号功率等于载波功率的一半。因此,为了增强传输有用信号的能力,应当尽可能增大调幅指数,使其接近于 100%。图 2-8 所示为不同 m_a 值的调幅信号波形。

然而调幅指数 m_a 的值不应超过 100% 时,否则已调波的振幅在一段时间内会变为零,如图 2-8(c)所示。$m_a > 1$ 的调幅叫过调幅。过调幅信号在接收机中经检波后不可能恢复原来的信号波形,从而导致信号失真,并且过调幅信号占据的频带也会明显增宽,所以必须避免产生过调幅。

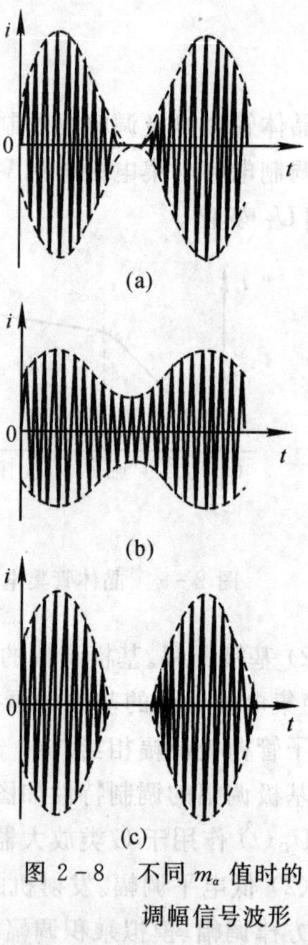

总之,在调幅中,应当使调幅指数接近但不超过 100%。

3. 低频电路与调制功率

图 2-8　不同 m_a 值时的
调幅信号波形
(a) $m_a = 1$;(b) $m_a < 1$;(c) $m_a > 1$

由上可知,已调波中所增加的能量,来源于低频电路所提供的调制功率。对集电极高电平调幅来说,当 $m_a = 100\%$ 时,低频调制电路所供给的调制功率约等于被调级载波功率的一半。因此,为了提供所需的调制功率,低频电路也需要采用多级放大电路,增加了发射电路的复杂性。除了要求供给足够的功率外,还应使调制器与受调级之间达到阻抗匹配,以获得失真小的调制电压。

低电平调幅电路所需的调制功率较小,其低频电路也相应比较简单。

五、功率放大器与功率合成器

1. 对功率放大器的要求

发射机输出的射频信号,是由末级功率放大器提供的。发射机的主要电气指标,除了频率稳定度外,在很大程度上取决于末级功率放大器。

对末级功率放大器的主要要求是:要求它能提供足够的输出功率和具有较高的效率。

在器件所能承受的功耗已经确定的前提下,提高效率可以明显增大所能输出的功率。设末级使用晶体管,其集电极功耗为 P_c,输出功率为 $P_\sim$,直流电源所供给的直流功率为 P_0,则集电极的效率为

$$\eta_c = \frac{P_\sim}{P_0} = \frac{P_\sim}{P_\sim + P_c}$$

如果 η_c 为 20%,则由上式可知 $P_\sim = \frac{1}{4}P_c$;但当 η_c 提高到 75% 时,$P_\sim = 3P_c$。由此可见,在集电极功耗限定不变的前提下,当 η_c 由 20% 增加到 75% 时,输出功率将增加 12 倍,从而有效地增大了系统的作用距离。

反之,在所需要的输出功率一定时,提高效率可以降低晶体管集电极的功耗和所消耗的直流功率。末级所消耗的电源功率远比其他各级多,提高末级效率对提高发射机的总效率具有明显意义。

除了应满足大功率和高效率的要求外,末级功率放大器还应具有较理想的选频特性,以尽可能降低谐波的输出电平。这主要决定于谐振回路的品质因数和精确调谐程度。

此外,末级所使用的晶体管或电子管所能承受的功耗应能满足要求,并在规定工作时间内的性能稳定,不应因温度变化而产生明显的频率漂移。

2. 输出电路与阻抗匹配

我们知道,在天线的形状、尺寸确定以后,随着工作频率的变化,天线所呈现的阻抗的数值和性质就会有很大的变化。作为发射机负载的天线阻抗的大幅度变化,势必会影响发射机输出级的工作状态和输出功率。对宽波段的发射机来说,这种影响尤为明显。因此,宽波段发射机的输出耦合电路往往比较复杂。

(1) 负载特性。在末级功率放大器的器件固定、维持输入信号电压幅度、直流电源及偏置电源不变的条件下,增大负载阻抗 R_L 的数值,会使晶体管的工作状态由欠压状态逐渐转变为临界状态和过压状态。此时,集电极电流 i_c(在电子管中为阳极电流 i_a)脉冲的幅度和波形随之发生明显的变化,如图 2-9(a) 所示。图 2-9 中,波形 1,2,3 分别为欠压、临界和过压状态下集电极电流脉冲和负载线。

对上述电流脉冲进行分解,可知其中的电流基波及直流分量幅度是随负载阻抗 R_L 改变而改变的,因而输出功率、效率以及集电极功耗等都随 R_L 变化而变化,这些就是所谓负载特性。图 2-9(b) 所示为输出功率 $P_\sim$、集电极功耗 P_c、直流电源消耗功率 P_0 及集电极效率 η_c 随 R_L 变化的特性曲线。由图可见,输出功率在临界状态时最大,而效率则在弱过压状态时最高。

末级功率放大器通常工作在临界状态或微过压状态,中间放大级一般工作在弱过压状态。

(2) 输出电路与阻抗匹配。由上可知,高频功率放大器的等效负载阻抗直接影响功率放大

器的输出功率和效率。末级功率放大器输出电路的作用是使末级功率放大器获得所需要的最佳阻抗，以向天线提供所需的射频功率，即达到阻抗匹配的目的。同时，输出电路应能准确地调谐在基波频率上，以在输出射频基波信号的同时，滤除工作频率以外的信号。对末级功率放大器而言，所谓阻抗匹配，就是在给定的电路条件下，电子器件能送出所需要的输出功率 $P_\sim$ 至负载，这就叫达到了匹配状态。

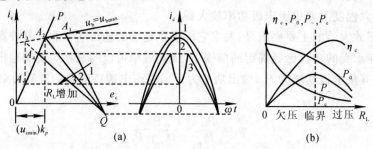

图 2-9　电流脉冲波形与负载特性
(a) 负载变化时集电极电流脉冲波形的变化；(b) 负载特性曲线

末级功率放大器与天线之间的输出电路，可以分为简单输出电路和复合输出电路两类。

简单输出电路是将实际负载天线直接接入末级功率放大器的集电极电路，成为并联谐振电路的一臂，如图 2-10(a)，(b)，(c) 所示。这些电路适用于天线等效电抗为电容性的天线。图中用 X_A 和 R_A 来表示天线的等效输入电抗和等效输入电阻。

图 2-10(a) 所示电路为自耦变压器耦合的简单输出电路，调节 L_1 可使输出电路准确谐振于基波频率；调节自耦变压器(改变电感 L_a 的滑动触点位置) 即可使末级功率放大器达到阻抗匹配状态。自耦变压器耦合的简单输出电路适用于天线等效阻抗 Z_A 大于末级最佳匹配阻抗 Z 的情况。

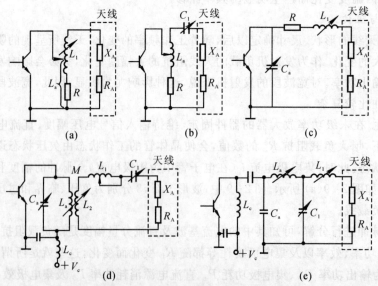

图 2-10　各种形式的输出电路
(a) 自耦变压器耦合的简单输出电路；(b) 接有缩短电容的自耦变压器耦合简单输出电路；
(c) 电容耦合简单输出电路；(d) 互感耦合复合输出电路；(e) 电容耦合复合输出电路

图 2-10(b) 所示的电路仍采用自耦变压器耦合的方式,通过调节 L_a 的滑动臂实现末级阻抗匹配,但回路的调谐是通过调节电容 C_1 来实现的。因为调谐电容 C_1 与天线阻抗 X_A 相串联的效果是减小了天线回路的等效电容 —— 相当于缩短了天线,所以,也可以把调谐电容 C_1 称为缩短电容。

图 2-10(c) 所示的电路为电容耦合的简单输出电路。调节耦合电容 C_a 可使输出电路与末级功放率大器实现阻抗匹配;调节电感 L_1 则可保证输出电路谐振于基波频率。在图 2-10(b) 中,调谐元件为电容 C_1;图 2-10(c) 的调谐元件则为 L_1 和 C_a。

上述简单输出电路只有一个回路,其优点是电路简单,但当天线输入阻抗改变时,很难兼顾调谐、输出功率及效率等要求,只能用于一些要求不高的小型轻便发射机。

机载发送设备通常采用由两个或两个以上互感耦合的回路组成的复合输出电路。图 2-10(d) 所示为一种互感耦合的复合输出电路。直接接于输出级集电极的 L_a,C_a 初级回路可称为中介回路;包括天线输入阻抗在内的次级回路称为天线回路。C_a 为集电极电路的调谐元件;中介回路与天线回路通过 L_a,L_2 之间的互感耦合;L_1,C_1 为天线回路的调谐元件。图 2-10(e) 为另一种电容耦合的复合输出电路,也称 π 型输出电路。调节电感 L_a 可调谐中介回路;调节耦合电容 C_1 可改变耦合度;天线回路则通过 L_1 来调谐。此外,还有其他形式的输出电路。复合输出电路虽然比较复杂,但由于具有两个回路和多个调节元件,可以分别用于满足电路对调谐、耦合度、阻抗匹配及滤波等要求,因而可获得较理想的电气性能。

3. 功率合成器

由于晶体管等器件的功率尚难进一步提高,所以在有的现代发送设备中,当所需的输出功率超过单个器件所能输出的功率时,就需要利用多个器件的输出功率相叠加的方法来满足设备对输出功率的要求,这就是功率合成。

功率合成电路由多个功率放大器和功率分配及功率合成电路组成。图 2-11 是一种功率合成器的方框图。设所需输出的功率为 35 W,但所用器件的输出功率只能达到 11 W。为此,先将放大器 A_2 所输出的信号(功率为 11 W)加至功率分配器(图中的棱形符号)P_{D1},得到两路功率均为 5 W 的相等功率信号输出。这两路信号分别经功率放大器 A_3,A_4 放大后,又由分配网路 P_{D2},P_{D3} 各自分成两路,再分别由 A_5,A_6 和 A_7,A_8 分别放大,共得到四路功率均为 11 W 的信号。此后,用 3 个功率合成网路将这四路信号逐次合成,最后得到功率为 35 W 的信号输至负载。

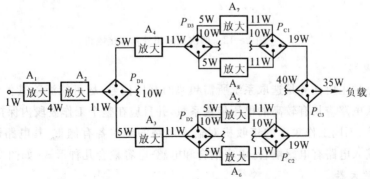

图 2-11 功率合成器框图举例

为了实现功率合成,各功率放大器应是互相隔离的。当一个放大器发生故障时,不应影响其他放大器的正常工作。各放大器应为同类型的,其输出振幅和功率应相等。

由上可知,利用功率合成电路,可以应用较小功率的功率放大器件获得较大的输出功率,但这是以一定的功率损耗为代价的,并且需要应用较多的器件。

第二节 调幅接收原理

本节以调幅接收机为例,说明无线电接收设备的基本组成、主要性能参数及整机电路的基本工作原理。

一、接收机的组成及基本工作原理

无线电接收设备的基本任务,是在接收端从无线电信号中提取系统所需的信息。

接收机可以分为高频、检波和低频三个基本组成部分。高频部分的首要任务,是从天线所接收到的各种高频信号和干扰中,选出本系统所需要的信号。由于信号往往很微弱,所以高频部分的第二个任务是对微弱的信号进行放大,以使检波器能正常工作。检波器(或其他类型接收机中的解调装置)的作用,是把高频信号变换成低频信号,即实现对已调高频信号的解调。低频部分用于放大低频信号,使其满足扬声器、耳机等终端器件或者信号处理电路的需要。

飞机无线电接收设备通常采用超外差接收电路。高频信号在超外差接收机中经过一次或两次变频,由中频放大器进行放大后再输往检波器,其灵敏度、选择性及抗干扰性等性能均比较优越。图 2-12 为两次变频的超外差接收机的电路组成方框图。下面结合图 2-12 说明外差接收机主要电路的功用和工作原理。

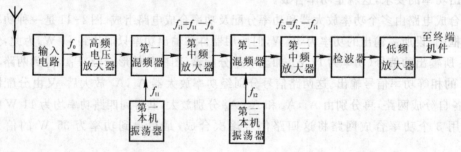

图 2-12 两次变频超外差式接收机

1. 输入电路

输入电路的主要任务是选取系统所需频率的有用信号,尽可能滤除其他频率的信号和噪声干扰。输入电路应具有较高的电压传输系数,并且应在整个工作波段内保持均匀。

不同用途、不同工作频率的接收机对输入电路的要求各有侧重,其电路形式也会有所区别。常见的输入电路有电感耦合、电容耦合和电感-电容耦合几种形式,如图 2-13 所示。

2. 高频放大器

除了某些工作频率极高(1 000 MHz 以上)的接收机外,超外差接收机通常设置一级或两级高频放大器。

高频放大器一般采用调谐于工作频率的谐振电路作为输入和输出电路,因此高频放大器在放大微弱的高频信号的同时,还有滤除镜像干扰和中频干扰的作用。

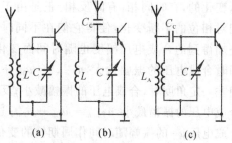

虽然高频放大器对信号具有放大作用,但设置高频放大器的主要目的不是为了提高整机的放大能力,而是着眼于提高输出信噪比。这是因为,接收机的第一级(以及第二级)对整机信噪比的影响最为直接、最为明显。而变频器所产生的噪声往往较大,所以在变频器之前设置一级或二级高频放大器,即使放大器对信号的放大倍数不是很高,但却可以明显地提高输至变频器的信号电平

图 2-13 几种形式的输入电路

(a) 电感耦合;(b) 电容耦合;(c) 电感-电容耦合

与变频器噪声电平的比值,从而明显地改善整机信噪比。因此,高频放大器件必须是本身噪声极小的低噪声器件,并且在电路设计上采用有利于降低噪声的措施,这是高频放大器的明显特点。

设置高频放大器可以在变频之前滤除相当多的干扰信号和噪声,也有利于降低变频噪声和减少组合干扰。此外,还可以防止本振信号从接收天线辐射出去,干扰机上其他接收设备。

3. 变频

(1) 变频电路的作用。变频就是在保持原信号调制规律的前提下降低或者增高载频的频率,即实现所谓频率搬移。在超外差式接收机中,通常是将所接收的高频信号的频率变换为较低频率的中频信号,但也有一些设备需要增高所接收的高频信号的频率,如有的自动定向机和单边带接收机。

变频的基本方法是把高频信号 f_0 与本机震荡信号 f_1 在非线性混频器中相混频,再利用选频回路选出其差频 $f_0 - f_1$ 或者和频 $f_0 + f_1$。

变频器由本机振荡器、非线性元件及选频回路等组成,如图 2-14 所示。其中非线性元件及其回路合称混频器。

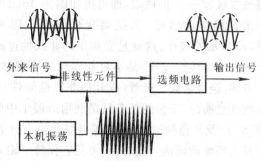

采用变频的方案,可以有效地提高接收机的灵敏度和邻道选择性。这是超外差接收机的突出优点,也正是其特点。因为中频较低且为固定值,因而中频放大比高频放大更容易获得高的增益,有利于整机灵敏度的提高。同时,中频较低,其通频带相对较窄,又可以用较复杂的回路系统或滤波器来获得比较理想的矩形频率特性,从而使接收机具有较好的邻道选择性。因此,采用变频方案对提高接收机的性能是很有必要的。

图 2-14 变频电路方框图

(2) 变频原理。为了说明变频器对高频调幅信号实现频率搬移的原理,我们先来分析一下差拍现象的形成过程。

把两个频率分别为 f_1 和 f_2 的高频等幅振荡(注意:这里是未经调幅的等幅振荡)u_1 和 u_2 叠加时,会得到一个振幅随时间变化的合成电压 u_Σ,如图 2-15 所示。合成电压的瞬时值是两

电压 u_1，u_2 之和，由于 u_1，u_2 的频率不同，所以在随时间变化的过程中，两者的相位关系是在不断变化的，有时同相，有时反相。正是由于两者相对相位的不断变化，使得它们在不同时刻所叠加得到的合成电压幅度也随时间而变化。同相时合成电压的振幅最大，$u_{\Sigma max} = u_{1m} + u_{2m}$；相差一定角度时，合成电压的振幅减小；反相时合成电压的振幅最小，$u_{\Sigma min} = u_{1m} - u_{2m}$；这样，合成电压 u_Σ 的振幅随时间作周期性的变化。其包络的频率为两个高频振荡的频率之差，即

$$f_d = f_1 - f_2$$

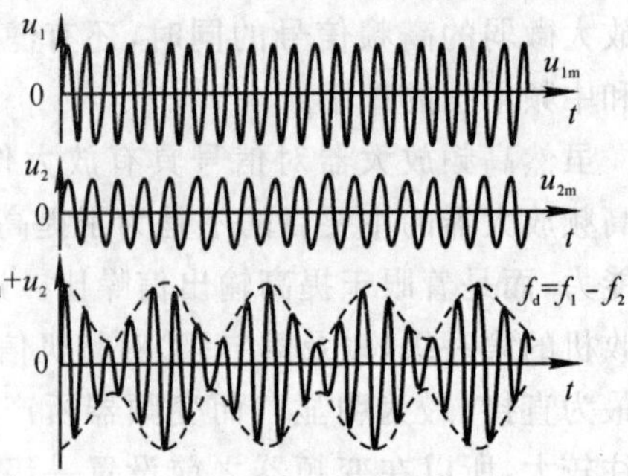

图 2-15　差拍的形成

这个频率 f_d 称为差拍频率，简称差频。在超外差接收机中，由于差频通常是低于输入高频信号的频率，所以可以称为中频，常以符号 f_i 来表示。

由差拍现象可知，只要使机内产生的本机振荡信号的频率 f_1 与接收信号的频率 f_0 相差一个中频 f_i，就可以使两者合成电压的振幅随中频变化，如图 2-16 所示。图 2-16(a) 所示为输入的调幅信号 u_0，其载频为 f_0，调制频率为 F；图 2-16(b) 所示为等幅的本机振荡信号 u_1，其频率为 f_1（图中 $f_1 > f_0$；$f_1 - f_0 = f_i$）。两者的合成电压波形如图 2-16(c) 所示。由图可见，合成电压的振幅除了随差拍频率 $f_i = f_1 - f_0$ 周期性地变化外（图 2-16(c) 中的点虚线），还保持了输入高频信号的幅度变化规律——随信号调制频率 F 变化（2-16(c) 中的长虚线）。

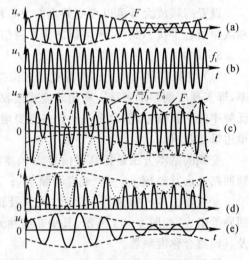

图 2-16　调幅信号变频波形图

将这一合成电压加到一个非线性元件——混频二极管——的两端，即可得如图 2-16(d) 所示的高频脉冲信号，其振幅变化保持了图 2-16(c) 所示的规律。这就是变频中的非线性过程。没有这一非线性过程，是不可能实现频率搬移的任务的。经过混频二极管（或其他非线性元件）的非线性变换后，下面的任务只是利用谐振于中频频率 f_i 的选频电路来选出中频信号，同时滤除 f_1，f_0 及其他频率成分。选频电路所输出的中频信号如图 2-16(e) 所示。与图 2-16(a) 所示的输入高频调幅信号相对照，可见它保持了输入信号的调制规律，而只是载频由高频 f_0 变为较低的中频 f_i，即实现了频率搬移。

在接收等幅报信号时所采用的差拍检波法与上述过程相似，在此一并加以简略说明。等幅报信号直接经检波所得到的直流脉冲信号，如图 2-17(b) 所示。这种直流脉冲信号在扬声器或耳机中只能发出"喀、喀"的声音，是无法辨明电码的点、划的。为此，根据上述差拍原理，在检波器之前设置一个差拍振荡器（见图 2-17(c)），使它所产生的振荡频率 f_d 与等幅报信号频率 f_i（已变换为中频信号）差一个音频（$f_i - f_d = F$）。这样，两者叠加后在等幅报的点、划期内即可得到幅度随两者差频（这里差频为音频 F）而变化的合成电压。合成电压经检波后，即可在耳机中听到音频点、划信号。调节差拍振荡频率 f_d，即可改变所产生的差频 F 的频率，以适应

不同收听者的需要。

（3）中频选择。中频数值的高低对接收机的性能有明显的影响。从有利于提高中频放大器最大稳定放大倍数的角度出发,应该选择较低的中频。同时,选择较低的中频可以使中频电路的通带(亦即整机的通带)较窄,有利于提高接收机抑制邻道干扰的能力。但是,由于镜像干扰频率与所需工作频率相距两倍中频,所以选择低中频对抑制镜像干扰是不利的,如图 2-18(a)所示。

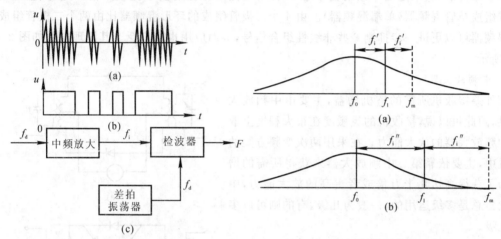

图 2-17 等幅报时差拍检波
（a）中频等幅报信号；（b）直接检波输出；
（c）差拍检波电路图

图 2-18 中频数值与抑制镜像干扰
（a）低中频抑制镜像干扰能力差；（b）高中频抑制镜像干扰能力好

选择较高的中频,有利于输入回路和高频放大器抑制镜像干扰。但中频的增高使中频通带增宽,从而使整机选择性降低,减弱了对邻道干扰的抑制能力。同时,中频放大器所能提供的最大稳定放大倍数也可能会低一些。选择中频时,注意应使中频数值在接收机的波段范围以外,以免频率与中频接近的信号形成中频干扰。

综上所述,应根据接收机的工作频率范围,综合考虑通频带和抑制镜像干扰的能力,来折中选择中频的数值。通常,中短波接收机选用的中频数值为数百千赫兹,例如广播接收机的中频为 465 kHz;甚高频接收机及频率更高的接收机所选用的中频则通常为数十兆赫,例如 10.5 MHz,24 MHz,30 MHz,60 MHz,等等。

（4）两次变频。在采用两次变频方案的接收机中(见图 2-12),所接收的高频信号在第一混频器中与第一本机振荡信号混频,由第一中频放大器选出第一中频信号并进行放大。为了进一步降低信号的频率,将第一中频信号与第二本机振荡信号在第二混频器中混频,由第二中频放大器的调谐回路选取出第二中频信号。高频信号经过这样的两次变频、放大后,再输至检波器进行检波。

目前使用的大多数机载无线电接收机都采用这种两次变频方案。采用两次变频方案,就不必再兼顾邻道选择性和抑制镜像干扰能力。选用较高的第一中频,可以使接收机具有较理想的抑制镜像干扰能力;第一中频信号与第二本机振荡信号混频所产生的第二中频信号较低,又保证了接收机抑制邻道干扰的能力,并使第二中频放大器易于提供较高的增益。

（5）混频器。混频器有晶体管混频器、二极管混频器和场效应管混频器等几种。旧式接收设备中应用电子管做混频器件,如三极管混频器、五极管混频器等。

晶体管混频器在变换信号频率的同时,可以提供一定的增益,其缺点是噪声较大,动态范围小。

目前较为常用的是二极管混频器。不少机载设备中都应用由两个对称的二极管组成的平衡混频器,其原理电路如图 2 - 19(a)所示。二极管平衡混频器具有噪声小、动态范围大及组合频率小等优点,其不足是变频增益小于 1,且对电路对称性的要求比较严格。此外,也可用二极管组成单管混频器(单端混频器)。由 4 个二极管组成的环形混频器比由两个二极管组成平衡混频器可以更进一步抑制一些非线性组合信号,因而应用也较广泛。其原理电路如图 2 -19(b)所示。

4. 中频放大器

超外差接收机所需的整机增益,主要由中频放大器提供,因此可以说,接收机的灵敏度在很大程度上取决于中频放大器的放大能力。在采用两次变频方案的接收机中,主要依靠第二中频放大器来获得所需的增益。为了获得高达几十万倍或者更高的放大能力,中频放大器总是多级运用的,一般为几级,有的则可以多达十几级。

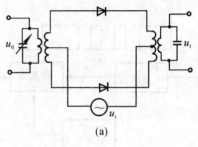

(a)

中频放大器的增益及通带直接影响接收机的灵敏度及选择性等性能指标。

中频放大器可以采用固定调谐于中频频率的谐振电路作负载,也可以采用参差调谐的方式,以获得足够宽的通频带。前面已介绍过,接收机的选择性决定于中频放大器的频率特性。当中频放大器具有较窄的接近矩形的频率特性时,接收机可以获得较为理想的邻道选择性。当然,中频放大器通频带宽度也不可过窄,应满足信号传输的要求。

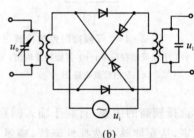

(b)

图 2 - 19　平衡混频器与环形混频器
(a) 平衡混频器;(b) 环形混频器

为了满足接收机动态范围的要求,中频放大器的增益往往是可以控制和调节的。利用控制盒上的增益调节旋钮可以人工调节接收机的增益,而中频放大器增益的自动控制通常是采用自动增益控制电路或对数中频放大电路来实现的。

5. 检波与低频放大电路

调幅接收机的检波电路一般比较简单。二极管检波器是最常用的检波电路。检波器输出的低频信号经低频电压放大和低频功率放大后,向终端负载提供足够的信号功率。低频放大电路的频带应该满足不失真传输信号的要求。通频带的具体宽度,视接收机的用途不同而异。

二、接收机的主要性能指标

接收机的性能指标,从电气方面来说,主要指的是灵敏度、选择性、保真度及频率准确度等。

1. 灵敏度

灵敏度表示接收机接收弱信号的能力,它直接影响系统的作用距离。在接收机输出端的信噪比维持所需数值的条件下,使接收机输出标准功率所需的天线输入端的最小电动势称为接收机的灵敏度。

显然,放大倍数直接影响接收弱信号的能力,但是,噪声总是伴随着弱信号同时出现的。接收机中的有源器件和其他器件也都会产生一定的噪声功率。因此,在外来信号被放大的同时,噪声也同样得到了放大。所以,只有在维持接收机输出端信噪比为所需数值的前提下,提高接收机的放大能力才是有实际意义的。

机载接收机的灵敏度一般为 $1\,\mu V$ 至几十微伏。

有的接收机用"最小可检测信号功率(MDS)"来表示检测弱信号的能力,其常用的单位是 $dB \cdot mW$(分贝毫瓦)。例如,某接收机的 MDS 为 $-110\,dB \cdot mW$,表示该接收机所能够检测的最小信号功率,相当于 $1\,mW$ 的额定功率衰减 110 dB。

2. 选择性

选择性表示接收机选择所需信号抑制其他信号及干扰的能力。

前面已介绍过,接收机的邻道选择性基本上决定于中频放大器的通频带宽度,而对镜像干扰的抑制能力则决定于高频电路。选择性可以用选择性曲线来表示,但在一般技术文件中通常只需给出指定频率偏移处的衰减分贝数,即可定量地表明接收机的选择性。例如,某接收机的选择性为 $\pm 15\,kHz$,6 dB;$\pm 31.5\,kHz$,60 dB,这表明对偏离工作频率 $\pm 15\,kHz$ 的干扰信号来说,其信号电平要增加到工作频率信号的 6 dB 才能得到和工作信号同样的标准功率输出;而当偏离工作频率 $\pm 31.5\,kHz$ 时,则需增加到 60 dB。

3. 保真度

保真度表示接收机输出端的低频信号波形与接收机输入端高频信号的调制信号波形的相似程度。反过来,也可用失真度来表示接收机的这种性能。

从频谱分析可知,接收机的通带宽度直接影响信号的失真程度。接收机的通频带较宽时,所能通过的信号谐波分量较多,失真较小;通频带过窄则被滤除的信号谐波分量太多,信号波形失真就较明显。为了避免信号失真,中频放大器和低频放大器应分别有足够宽的中频通带和低频通带,且在通带内具有较为平坦的幅频特性。

4. 频率准确度与稳定度

频率准确度与稳定度的含义与发射机相同。

接收机的频率准确度主要决定于本机振荡器的频率准确度。稳定度则取决于本机振荡器的频率稳定度。

5. 其他要求

对接收机的其他要求还有输出电平、输出信号形式及使用简便性、自动化程度、电源功耗、体积、重量等等。

三、跟踪与波段划分

1. 统一调谐与三点跟踪

在工作于一定波段的超外差接收机中,当工作频率改变时,需要同时改变输入回路、高频放大器谐振回路和本机振荡的频率。为了使用方便,通常都是采用同轴的可变电容器对上述各谐振回路进行统一调谐的,如图 2-20 所示。

在统一调谐中,本机振荡频率应能随所需的工作频率一同增减,并应能保持与工作频率

（即高频放大器的频率）相差一个固定的中频,这就是统一调谐中的跟踪。

当本振回路采用与高频回路相同容量的可变电容器调谐时,不采取其他措施是不能实现波段跟踪的。例如,设某波段的最高频率 $f_{\max}$ 为 1 500 kHz,最低频率 $f_{\min}$ 为 500 kHz,且设中频为 465 kHz,则波段覆盖系数 K_d 为

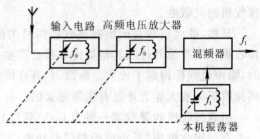

图 2-20　超外差接收机中的统一调谐

$$K_d = \frac{f_{\max}}{f_{\min}} = \frac{\dfrac{1}{2\sqrt{L_0 C_{\min}}}}{\dfrac{1}{2\sqrt{L_0 C_{\max}}}} = \sqrt{\frac{C_{\max}}{C_{\min}}} = 3$$

这样,如果使本振频率在最低频率端恰好比高频回路频率高一个中频,即

$$f_{1,\min} = 500 + 465 = 965 \text{ kHz}$$

那么,当电容调至最小值 $C_{\min}$ 时,最高本振频率 $f_{1,\max} = 965 \times 3 = 2\,895$ kHz。因而,在波段的高频端两者频率之差为 $2\,895 - 1\,500 = 1\,395$ kHz,而不是所希望的 465 kHz。这种情况如图 2-21(a) 所示。图中,实线 1 为电容变化时高频回路频率 f_0 的变化情况;虚线 2 表示实现理想跟踪时本振频率 f_1 应具有的变化规律 —— 它应是与实线 1 相平行的;而实线 3 则表示实际的本振频率 f_1' 的变化情况。由图 2-21 可见,此时只能在低频端实现一点跟踪,而在高频端存在较大的偏差。反之,若使本振频率在高频端恰好与高频回路相差一个中频,则在低频端又会相差较大的数值,也不能实现跟踪,这种情况如图 2-21(b) 中的 f_1'' 所示。目前,实现波段跟踪的方法是在本振回路中串联容量较大的垫补电容 C_p 和并联容量较小的修整电容 C_t,以在最低频率、最高频率和中间频率上实现三点跟踪来基本满足统调的要求,其原理电路如图 2-22(a) 所示。图 2-22(b) 中的 S 形曲线 ABC 是采用上述措施后本振频率的变化曲线,可见它与理想的直线 ABC 的偏差在整个波段内都比较小。

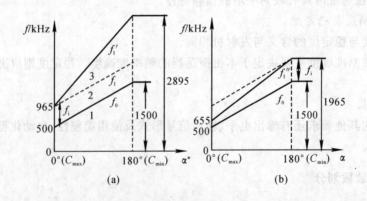

图 2-21　电容与频率关系

(a) 选择本振回路电容在低端跟踪；(b) 选择本振回路电容在高端跟踪

---

* α 为可变电容器的极片旋转角度。

选择本振回路的电感 L_1，使本振频率与信号频率在波段中间频率上相差一个中频。若不考虑 C_p 和 C_t 的作用，此时本振频率的变化将如图 2-22(b) 中的虚线 1 所示。可见，在高频端和在低频端，本振频率偏离理想跟踪频率（虚线 2）的数值均比图 2-21 所示的情况要小。随着频率的升高，调谐电容的容量变小，与它串联的大电容 C_p 的作用可以忽略不计，但与之并联的小容量修整电容 C_t 的作用却逐渐明显。它的作用是使本振频率比没有 C_t 时的变化降低。只要 C_t 的数值选择恰当，就可以在高频端（图 2-22(b) 中的 C 处）实现跟踪。与此相似，在低频端调谐电容的容量较大，所并联的小电容 C_t 可以忽略不计，但串联的大容量垫补电容 C_p 使总容量减小，因而本振频率的变化曲线要比没有垫补电容时的虚线 1 抬高，同样也可以在低频端（图 2-22(b) 中的 A 处）实现跟踪。

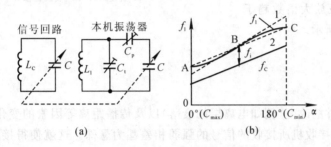

图 2-22　三点跟踪
(a) 三点跟踪电路；(b) 本振频率的变化曲线

观察图中的曲线 ABC，可知采取上述措施可以实现三点跟踪，且使波段内的跟踪偏差减小。

2. 波段划分

由上可知，在波段中除了跟踪点外，在其他点上都存在一定的跟踪偏差，波段覆盖系数 K_d 越大，偏差越大。因此宽波段接收机总是划分为若干较窄的分波段，以减小整个波段内的跟踪偏差。使用较小的波段覆盖系数，也有利于本振输出幅度的稳定。对于高频放大器来说，则可以使波段内谐振放大倍数的差别缩小。

分波段的更换，是通过更换输入回路、高频电压放大器谐振回路和本机振荡回路中的电感来实现的，如图 2-23 所示。

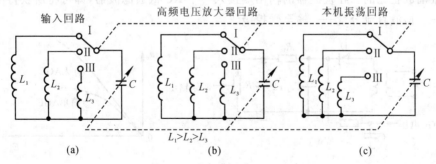

图 2-23　接收机中的波段转换

接收机由频率较低的分波段转换
到频率较高的分波段时，由于线圈电
感减小，回路谐振阻抗变小，因而会使
谐振放大倍数普遍减小，导致整个波
段放大倍数相差悬殊。图 2 - 24(a) 所
示为直接耦合放大器的放大倍数在各
分波段内的变化情况。对于变压器耦
合的高频放大器，可以在改变电感线
圈的同时改变变压器初、次级间的耦
合松紧程度，使各波段放大倍数趋于
平稳，如图 2 - 24(b) 所示。

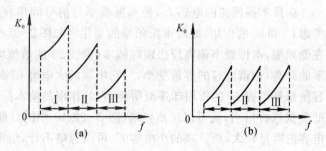

图 2 - 24　分波段中的放大倍数
(a) 直接耦合；(b) 变压器耦合

四、自动增益控制

1. 基本原理

由于信号传播条件的改变（例如电离层的衰落）以及传播距离等因素的变化，或者由于信号源本身功率的不同，接收机所接收的信号的强弱相差甚为悬殊。这就使得接收机的输出也随之大幅度起落，甚至出现过载饱和或不能正常接收等现象。为了使接收机输出尽量平稳，接收机中通常采取自动增益控制电路（简称 AGC）来控制接收机的增益。

自动增益控制电路的基本工作原理，是根据接收机中频放大器的输出电平的高低来自动调节高、中频电路的增益，使接收机在输入信号很强时的增益减小，而在输入信号较弱时的增益较大（接收机保持最高增益），从而保持接收机输出电平的稳定。

实现自动增益控制的方法，是在接收机中设法获得一个随外来信号强度变化的直流电压（或电流），然后再用这个电压或电流去控制有关受控级的增益。

2. 电路形式

接收机所采用的自动增益控制电路的形式，决定于所要求的自动增益控制的完善程度。

（1）简单自动增益控制电路。简单自动增益控制电路如图 2 - 25 所示。接收机检波器输出的电压中除包含信号低频分量外，还包含有直流分量，这一直流分量是与检波器输入的中频信号的振幅成正比的。在检波器的输出端接入一个 RC 低通滤波器，即可将所获得的 AGC 控制电压——检波直流分量——输至受控级。

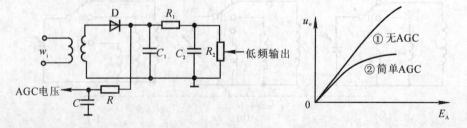

图 2 - 25　简单自动增益控制电路　　　　图 2 - 26　简单 AGC 的控制特性

这种简单自动增益控制电路，一有信号输入时即产生自动增益控制电压输出，使接收机的增益减小。简单自动增益控制电路的控制特性如图 2 - 26 所示。

简单自动增益控制电路在接收弱信号时也输出 AGC 控制电压,使增益减小,降低了接收机的灵敏度,这是其明显缺点。

(2)延迟自动增益控制。延迟自动增益控制电路只在信号大于一定电平后才输出 AGC 电压去减小接收机的增益,而在输入信号较小时不起控制作用,因而克服了上述简单自动增益控制电路的缺点。其控制特性如图 2 - 27 所示,图中 E_{AO} 为延迟式 AGC 开始起作用时的天线输入信号电压。

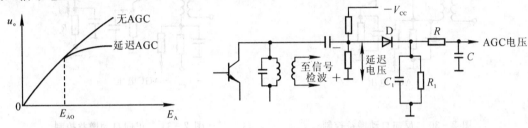

图 2 - 27 延迟式 AGC 特性曲线   图 2 - 28 延迟式 AGC 电路

延迟自动增益控制电路如图 2 - 28 所示。自动增益控制检波器 D 是专用的。为了实现延迟控制,在检波器 D 的两端加有一个负的直流电压——延迟电压。这样,在输入信号较弱时,中频放大器的输出不能使增益控制检波器 D 导通,因而接收机保持原有的高增益;在天线上的输入信号超过一定电压 E_{AO} 后,中频放大器的输出即超过所加的延迟电压而使检波器 D 工作,从而产生自动增益控制电压降低接收机的增益,达到稳定接收机输出的目的。

(3)延迟放大式自动增益控制。在较为完善的自动增益控制电路中,往往在检波器之后加有直流放大器,或者在 AGC 检波之前增加专用的 AGC 中频放大器,以提高自动增益电路的控制能力,其电路方框图如图 2 - 29 所示。

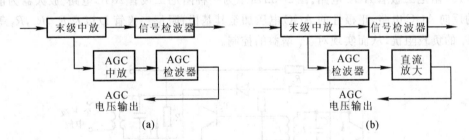

(a)   (b)

图 2 - 29 延迟放大式 AGC 电路方框图
(a) 检波前放大电路;(b) 检波后放大电路

3. 自动增益的控制方式

在接收机中,自动增益控制电路通常是控制中频放大器的增益,也可以同时控制高频放大器及变频级。增益控制电压对受控级增益的常用控制方式有以下几种:

(1)反向自动增益控制——I_e 控制法。图 2 - 30 所示为目前应用较多的一种反向增益控制电路。自动增益控制电路产生的正极性 AGC 电压,加到受控级的基极,以控制发射极电流 I_e。当外来信号增强时,正的 AGC 控制电压加大,受控级的基极-发射极正向偏置减小,使 I_e 减小;反之,当信号减弱时,AGC 电压也减小,从而使 I_e 加大,达到控制增益的目的。

因为当 AGC 电压增大时,受控级的发射极电流 I_e 减小,因此把这种控制方式称为反向自动增益控制。

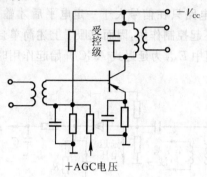 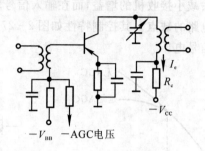

图 2-30 反向自动增益控制   图 2-31 正向自动增益控制

(2) 正向自动增益控制——V_{ce} 控制法。和反向自动增益控制电路不同的是,正向自动增益控制电路加到受控级基极的 AGC 控制电压是负极性的。这样,当输入信号增强时,负极性的 AGC 电压(的绝对值)增大,使受控级的基极-发射极正向偏置加大,发射极电流 I_e 随之增大,因而称为正向自动增益控制,其电路如图 2-31 所示。

由于在集电极电路中串接了一个阻值为几千欧至 10 kΩ 的大电阻 R_c,所以当 I_e 随外来信号的增强而增大时,晶体管的集电极与发射极之间的电压 V_{ce} 反而减小,从而使受控级的增益降低。反之,当外来信号减弱时,负 AGC 电压减小,基极与发射极之间的正向偏置减小,所以 I_e 减小,此时 V_{ce} 增大,使受控级的增益提高。

(3) 阻尼二极管 AGC 电路。图 2-32 所示为一种阻尼二极管 AGC 电路。放大器为前面所介绍的反向 AGC 电路,正极性的 AGC 电压加至其基极;阻尼二极管 D 以及 R_1,R_2,R_3 等用于控制 T_1 的负载阻抗,从而实现对 T_1 增益的控制。

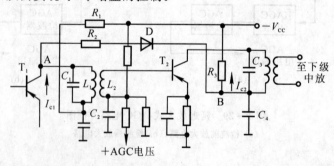

图 2-32 阻尼二极管 AGC 控制电路

以下说明 AGC 电压在控制 T_2 增益的同时,对 T_1 增益的控制原理。当外来信号很小时,正确选择 R_1,R_2 等元件数值,可使 $I_{c1}R_1 < I_{c2}R_3$。于是,B 点电位高于 A 点电位,二极管处于反偏状态,呈现很高的阻抗,因而对 T_1 没有影响。当外来信号增大时,如前所述,反向 AGC 控制使 T_2 的集电极电流 I_{c2} 减小,致使 B 点电位低于 A 点电位,阻尼二极管阻抗减小,对 T_1 的集电极电路呈现旁路作用。当外来信号很强时,二极管导通,其正向电阻与 R_2 相串联,并联于 T_1 的回

路两端,使其等效 Q 值大大下降,从而使 T_1 放大器的增益随着信号的增强而下降,实现了自动增益控制。

(4)改变级间耦合度的二极管 AGC 电路。这种电路的基本原理是用 AGC 电压来控制级间耦合电路的分压比,以使输入信号增大时,输往后级的信号强度基本稳定,实现使接收机输出保持稳定的目的。

分压系数可控的分压电路,由二极管与电阻等组成。图 2-33 为两种常见的电路形式。

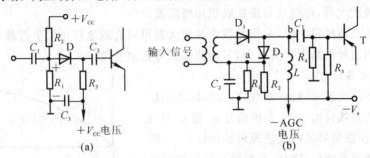

图 2-33 改变级间耦合度的 AGC 控制电路

在图 2-33(a)所示中,由二极管 D 和电阻 R_3 组成受控可变分压器。当信号很弱时,AGC 电压几乎等于零。此时电源 V_{cc} 在 R_1 上产生的固定电压使二极管 D 处于正偏状态,信号顺利通过耦合电容 C_1,C_2 正常加至受控级基极。当信号增强时,正极性的 AGC 电压增大,使二极管处于反偏状态,其交流阻抗明显增大,因而 D,R_3 分压器对输入信号的衰减显著增大,实现了增益的自动控制。

也可以用两个二极管来组成受控可变分压器,其电路如图 2-33(b)所示。负极性的 AGC 控制电压的变化范围为 $-V_e \sim 0$,无信号时的 AGC 电压为 $-V_e$。信号很弱时,AGC 电压接近于 $-V_e$,通过扼流圈 L 加至 b 点;而 a 点电位由电源电压 $-V_e$ 经 R_1,R_2 分压,所以高于 b 点电位。可见,此时 D_1 处于正偏状态,交流阻抗小;而 D_2 处于反偏状态,交流阻抗最大。因此,弱信号可顺利通过由 D_1,D_2 等组成的分压器输往后级的基极放大。当外来信号增强时,AGC 电压逐渐由 $-V_e$ 增大至 0,使得 D_1 的正偏逐渐减小,交流阻抗随之增大;与此同时,D_2 的反偏也逐渐减小,甚至转为正偏,其交流阻抗随之减小。因此,由 D_1,D_2 组成的受控可变分压器对输入信号的衰减量随信号增大而增大,使加到后级 T 的基极的信号电压能基本保持稳定,从而实现自动增益控制。

五、对数中频放大器

输出电压 u_o 与输入电压 u_i 的对数成正比的放大器称为对数放大器。

对数中频放大器是一种机载接收设备常用的中频放大器。和自动增益控制电路相同,它是自动地根据中频放大器的输入信号的幅度状况来控制放大器的增益的。

1. 对数放大器的功用

由于飞机的活动范围大、距离变化迅速,飞机飞经不同地区时气象状况及地形条件的不同也会对信号的传播产生明显的影响,致使机载无线电设备所接收到的信号的幅度会在很大的范围内变动。另一方面,对于雷达等依靠目标反射电磁波而工作的无线电设备来说,由于气象目标、地面目标的性质和反射能力差别很大，更会使所接收到的信号能量差别悬殊。为了使接收机具有较强的检测远距离弱信号的能力，其中频放大器必须具有较高的增益。在这种情况下，当输入信号的幅度超过某一数值之后再继续增大时，中频放大器的输出非但不再继续增大，反而会减小甚至导致接收机不能正常输出，这就是接收机的"过载"现象。

发生过载现象的原因，是由于输至中频放大器后几级的信号过强，造成了集电极和基极电流严重饱和。当发生过载时，不仅该强信号不能正常输出，还会使得该信号之后一段时间内的弱信号不能通过中频放大器，即强信号使接收机短暂阻塞。

当输入信号的动态范围很大时，采用对数中频放大器可以有效地防止发生过载现象，以保证接收机既具有对弱信号的高度放大能力，又能使强信号正常通过。

2. 对数中频放大器的特性

一般实际的对数放大器是线性-对数放大器，即在小信号区内放大器的特性是线性的 —— 输出信号 u_o 随 u_i 的增大而线性地增大，而在强信号区内则呈现对数特性 —— 输出按输入信号的对数关系增加。线性-对数放大器的特性可用图 2-34 表示。图中，u_{i1} 为放大器线性与对数特性的转折点，即对数段的起点；u_{i2} 为对数段的终点。

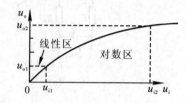

图 2-34   对数放大器的特性

由图 2-34 可见，在线性区（$0 \sim u_{i1}$）内，放大器呈线性特性，u_o 与 u_i 成比例增长，即

$$u_o = Ku_i$$

式中 K 为放大器的线性放大倍数，保证了接收机对弱信号的放大能力。在对数区（$u_{i1} \sim u_{i2}$）内，u_o 是按 u_i 的对数关系增长的。

第三节   频率合成器

现代飞机无线电设备除了应具有足够高的频率稳定度和准确度外，不少设备还要求能在相当宽的频带范围内迅速、方便地转换工作频率。应用频率合成技术可以很好地实现上述要求。

我们知道，石英晶体振荡器具有很高的频率稳定度和准确度，在各类无线电设备中早有应用。但是，石英晶体振荡器改换频率很不方便，只宜在工作于单一固定频率的设备中应用。与此相反，LC 振荡器可以方便地改变工作频率，但其频率稳定度和准确度很难达到较高的量级，因而难以满足现代无线电设备的要求。频率合成，就是设法把石英晶体振荡器的频率稳定度、准确度高的优点和 LC 振荡器改变工作频率方便的优点结合起来，利用合成的方法，形成高稳定度的频段信号源。

频率合成的基本方法，可以归纳为直接合成法和间接合成法两类。

一、直接合成法

1. 基本原理

直接合成法是利用一个或多个晶体振荡器的振荡频率作为基准频率，由这些基准频率产生一系列谐波，然后利用混频器对这些基准频率和谐波中的两个或两个以上的频率进行和差组合，再通过滤波等处理，获得所需的众多新频率。所产生的组合频率，具有与晶体振荡器同样的频率稳定度和准确度。

实现直接频率合成的主要方法,有相干式直接合成、非相干式直接合成及外差补偿法等几种。

所谓相干式直接合成,是指只用一块晶体作为标准频率源,而利用谐波发生器来产生混频所需的基准频率,因而用来混频的两个基准频率彼此之间是相关的。非相干式直接合成则是用多个晶体产生基准频率,因而用于混频的两个基准频率是相互独立、互不相干的。外差补偿法是利用外差原理来消除可变振荡器的频率漂移,又称频率漂移抵消法。

以下以相干式直接合成为例来说明直接合成的工作原理。

2. 相干式直接合成

相干式直接合成器由晶体振荡器、谐波发生器、混频器、滤波器、分频器和开关等组成,图 2-35 所示是这种合成器的一个实例。

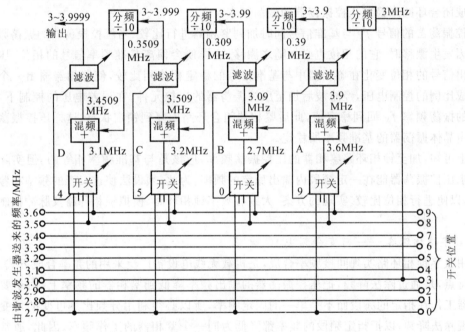

图 2-35　相干式直接合成器举例

图 2-35 所示的电路可提供的频率范围为 3 ~ 3.999 9 MHz,频率间隔为 0.000 1 MHz,共可提供 10^4 个稳定频率.因为有四位频率需要选择,所以需用四组十进制开关和四组相似的分频、混频、滤波电路.其中,D 组用来确定十分位频率;C 组用来确定百分位频率;B 组和 A 组分别用来确定千分位和万分位频率。

设所需输出的频率为 3.450 9 MHz,则开关 D,C,B,A 应分别置于 4,5,0,9.开关 A 在位置 9,所选取的谐波频率为 3.6 MHz,加至 A 组混频器;加到该分频器的另一基准频率是固定的 0.3 MHz;(由 3 MHz 经 10 分频而得到).这样,A 组混频器进行相加混频,由滤波器选出 3.9 MHz 的信号,输往第二个(B 组)十分频器.B,C,D 三组的电路结构和工作过程与 A 组完全相同,只不过由于开关位置不同.所选取的谐波频率分别为 2.7 MHz,3.2 MHz,3.1 MHz,因而混频输出的频率不同,各组混频及分频所得到的具体频率,如图 2-35 所示.最后,由 D 组滤波输出的频率即为 3.450 9 MHz。

可见,改变四组开关的位置,即可方便地改变所输出的频率,而所输出的每一个频率的稳定度和准确度都和晶体基准振荡器相同,达到了频率合成的目的。

这类直接合成法虽然具有输出频率稳定可靠等优点,但显而易见,电路须使用较多的混频器、分频器及滤波器,因而体积较大,成本较高,且使用较多的混频器容易影响频率的稳定度。所以目前应用最广泛的是间接合成法。

二、间接合成法

1. 基本原理

间接合成法是利用闭合的锁相环路来稳频的。合成器以一个频率为 f_0 的晶体振荡器作为频率基准,用一个可变频率振荡器—— 通常是压控振荡器(VCO)—— 提供输出频率,由鉴相器等组成闭合环路来稳定压控振荡器的振荡频率。

压控振荡器的信号 f_V 与基准信号同时加到鉴相器进行比较。当压控振荡器的振荡频率因某种原因发生漂移时,它的相位也必然随之漂移,这样便会偏离基准频率信号的相位。压控振荡器输出信号的相位变化在鉴相器中与基准信号的稳定相位相比较,使鉴相器输出一个与相位误差成比例的控制电压,经滤波后加至压控振荡器的压控元件。在误差电压的控制下,压控振荡器的振荡频率 f_V 回到稳定值,此后鉴相器闭合环路回复到锁定状态。这样压控振荡器的频率即由晶体振荡器的基准频率所稳定。

由上可知,加至锁相环路鉴相器的压控振荡频率,应该是与基准频率相等的。但实际上又往往要求压控振荡器能在一定频段内输出稳定的频率。为此,须设法使这二者的频率在鉴相器处相等,以便进行相位比较。实现的方案,大致有数字锁相环路、模拟锁相环路及脉冲控制锁相等几种。

2. 数字锁相环路 —— 可变分频法

利用数字锁相环路实现间接频率合成,是机载无线电设备广泛采用的频率合成方式。这种方式的特点,是通过除法降频,把压控振荡器的输出频率降低到鉴相器的频率上。由于要求压控振荡器工作在指定的频段而不是单一的固定频率,所以必须利用分频比是可变的可变分频器来实现除法降频,以把指定频段的频率都降低为同一个鉴相器的工作频率。因此,通常也把这种方案称为可变分频法。

图 2-36 是常见的采用可变分频方案的数字锁相环路的简化方框图。这种频率合成器是由晶体基准振荡器、压控振荡器、鉴相器、可变分频器、固定分频器以及低通滤波器等组成的。

在图 2-36 所示的电路中,鉴相器的工作频率为 50 kHz,它等于设备所要求的波道间隔。晶体振荡器所产生的基准频率 f_R 为 4.8 MHz,所以需利用固定分频端(图 2-36 中表示了两个分频比分别为 16 和 6 的分频器),把 f_R 降为 50 kHz。设备所要求的压控振荡器输出频段为 86.55 ~ 96.55 MHz,因此,可变分频器的分频比应为 1 731 ~ 1 931。

分频比为 1 731~1 931 的可变分频器是由数字器件组成的。控制盒上的频率控制旋钮,利用五中取二方式改变可变分频器的分频比,从而实现对设备工作频率的控制。关于五中取二的控制原理,可参见甚高频通信系统的有关说明。

与直接合成法相比,锁相环路法不需使用大量的混频器、滤波器,且输出波形理想,所以获得了广泛的应用。

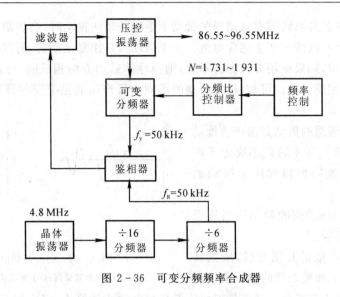

图 2-36 可变分频频率合成器

第四节 电声器件

为了实现用无线电设备远距离传送语音信号的任务,在发送端首先要有能将语音信号转换为电信号的送话器,在收信端也必须有能将电信号还原为语音信号的耳机或扬声器。这类能完成电信号和声音信号之间相互转换的器件,称为电声器件。

一、送话器

送话器常称为话筒或"麦克风"(英文 Microphone 的译音)。话筒的种类很多,民航常用的有电动式话筒和碳粒式话筒两类。

1. 电动式话筒

飞机上的吊杆式话筒一般为电动式话筒,但也有的吊杆话筒是碳粒式的。电动式话筒又可称为动圈式话筒。

(1)基本结构。电动式话筒的基本结构如图 2-37 所示。其中主要的部件是磁铁、音频线圈和振动膜三部分。

永久磁铁的中央部分为圆柱形,和磁铁相连接的部分称为极靴,永久磁铁所产生的恒定磁场通过极靴构成闭环磁路。在磁铁上装有一个线圈。线圈可以沿磁铁的轴向在一个限定的范围内往复振动,这就是所谓的动圈。与动圈相连接的是振动膜。膜片是圆形的,其外缘在制作过程中经冲压形成的领环可允许膜片沿磁铁轴向振动。膜片的外缘固定在话筒的外壳上。这样,当声波引起膜片振动时,即带动动圈沿永久磁铁轴向作往复振动。

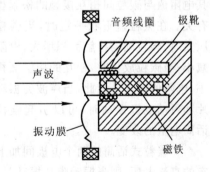

图 2-37 电动式话筒的基本结构

(2)工作原理。我们知道,当导体切割磁力线时,会在导体中产生感应电流。由图 2-37

可见,当电动式话筒的环形线圈在振动膜的带动下沿磁铁轴向振动时,会切割磁铁所产生恒定磁场的磁力线,从而在线圈中产生感应电流。由于振动膜是往复振动的,所以动圈的运动也是往复的。我们还知道,如果磁场方向保持不变,则当导体运动方向相反时,导体中所产生的感应电流的方向也会相反。由此可知,往复振动的线圈中所产生的是交变的音频电流,如图 2-38(a)所示。

由于振动膜及线圈的振动是由声波推动的,所以所产生的感应电流的频率决定于声波的频率;感应电流的振幅取决于振动的幅度。

(3)电气性能。将动圈的两端用引线引出,即可输出音频信号。

由于动圈只有有限的几圈导线,所以其输出阻抗很低。为了和放大器的输入阻抗相

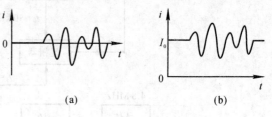

图 2-38　话筒音频电流
(a) 电动式话筒;(b) 碳粒式话筒

匹配,需利用升压变压器耦合。通常是把变压器装在电动式话筒内,以方便与放大器、扩音器连接。配装有变压器的电动式话筒的输出阻抗可以为 $50\ \Omega,250\ \Omega,600\ \Omega$ 或更高。

通常,电动式话筒的输出可达 $-50\ dB\cdot mW$。电动式话筒的音频范围相当宽,质量较好的电动式话筒的音频范围为 $60\sim10\ 000\ Hz$。

由上可知,电动式话筒的结构简单,可以制作得比较精巧、坚固,这也是它在航空通信中获得广泛应用的一个原因。电动式话筒对风的作用并不敏感,因此可以在室外应用。

需要注意的是,电动式话筒不应在交变电磁场中使用,否则会产生交流音频输出。

2. 碳粒式话筒

碳粒式话筒又称碳精式话筒。飞机上使用的手握话筒通常就是这种碳粒式话筒。

(1)基本结构。碳粒式话筒的基本结构如图 2-39 所示。在圆柱形的碳粒盒中,装填着细小的颗粒状碳精。碳粒盒的底端(话筒的背部)是固定的电极,碳粒盒的另一端(话筒的前部)是可动电极。

(2)工作原理。碳粒是导电的,但其电阻值与碳粒间相互接触的松紧程度有关。在碳粒盒形状一定时,当碳粒被压紧时,碳粒间的接触面积增大,电阻值减小;当碳粒放松时,相互的接触面积减小,电阻值增大。因此,当声波使振动膜片和可动电极振动时,可以引起碳粒式话筒电阻的改变。

在碳粒式话筒的两个电极间加上恒定的直流电压,则当振动膜片振动时,该电路中将会产生与声波频率相同的音频

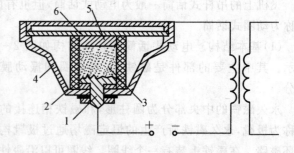

图 2-39　碳粒式话筒
1—固定电极;2—碳粒盒;3—碳粒;
4—底壳;5—可动电极;6—振动膜片

电流。同理,在其他条件不变时,所产生的音频电流的振幅与声能的大小有关。图 2-38(b)是碳粒式话筒的初级电流波形。对照图 2-38(a)可知,电动式话筒所产生的是交变的音频电流,而碳粒式话筒所产生的只是幅度随音频变化的单向电流,即调制在直流激励电流 I_0 上的

音频电流。

（3）电气性能。碳粒式话筒的音频响应特性较差，一般为 $60\sim6\ 000$ Hz，但对话音通信来说，这是符合要求的。

碳粒式话筒的输出约为 -50 dB·mW，其输出电阻在 $50\sim90$ Ω 之间。这种话筒的缺点是需要激励电流。通常所使用的激励电流为 20 mA。使用碳粒式话筒时，应注意防止碳粒受潮。碳粒在受潮后，就会互相黏接成碳块，使碳粒电阻变化的幅度减小，致使话筒产生的音频电流变得很微弱，严重时甚至不能有效地产生音频电流。

3. 喉头送话器

这是一种旧式的送话器，目前在一些飞机上仍有应用。

喉头送话器的结构如图 2-40(a)所示。这种送话器的作用原理与碳粒式话筒相似，也是利用碳粒受压缩时电阻的变化而产生音频电流输出。但由于使用中是装在送话者的喉头处感受语言信息，所以其结构与碳粒式话筒有所区别。喉头送话器的碳粒装在胶木壳中，空气的振动（声波）对它是不起作用的。使用时利用喉头肌肉的振动，经过胶木壳和碳粒盒的顶部（见图 2-40(a)中的顶部贴近喉头）而使碳粒的电阻发生变化，从而使电路中的电流发生变化，产生音频电流。图 2-40(b)是碳粒盒的顶视图，它表明了碳粒盒两个电极的输出连接情况。

喉头送话器的优点是可以有效地避免外来声波的干扰，但它对语言的感受不够灵敏，尤其是对唇音和齿音的感受能力更差，因此传送的音质不佳。

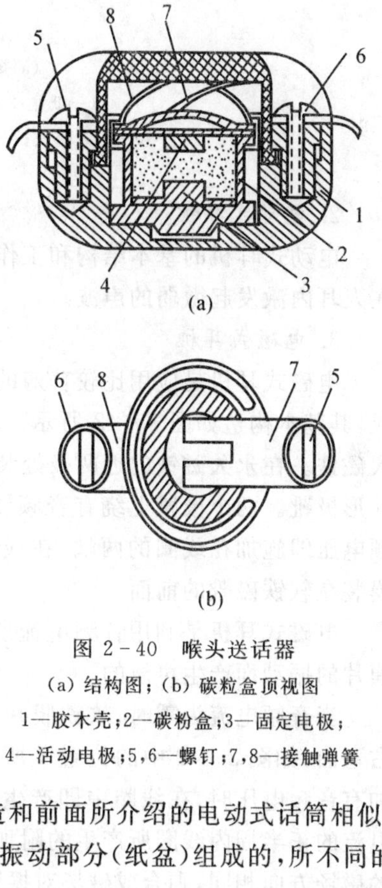

(a)

(b)

图 2-40　喉头送话器
(a)结构图；(b)碳粒盒顶视图
1—胶木壳；2—碳粉盒；3—固定电极；
4—活动电极；5,6—螺钉；7,8—接触弹簧

二、耳机与扬声器

耳机、扬声器的作用与话筒的作用相反。耳机和扬声器用在接受端把接收机（或放大器）输出的音频电流转换为人耳所能感受的声波。

1. 电动式扬声器

扬声器有多种。常用的是纸盆式电动扬声器（动圈式扬声器），其结构如图 2-41 所示。由图可见，其基本构造和前面所介绍的电动式话筒相似，也是由永久磁块、铁心，以及可以沿铁心轴向振动的线圈及振动部分（纸盆）组成的，所不同的是电动式话筒中的振膜被扬声器和纸盆所替换。

圆形纸盆的边缘固定在纸盆支架上。纸盆的边缘所冲压出的环形折皱领环可使纸盆沿扬声器轴向振动。纸盆底部装有动圈，动圈套在圆形铁心上，可沿轴向振动。我们知道，通电导体在磁场中会受到磁场的作用而产生运动。当音频电流施加在扬声器动圈两端时，动圈所产生的磁场与永久磁铁的磁场相互作用，会使动圈沿铁心的轴向作往复振动，从而带动纸盆振动而激发出声波。这种情形，就像电动机中的通电导线会受到励磁磁场的作用而产生运动一样。电动式话筒则与此相反，是声波带动动圈切割磁力线而产生感应电流。

电动式扬声器的额定功率从几分之一瓦到几十瓦不等，可以产生较强的声波；其阻抗很小,一般为 2～6 Ω,也有 8～16 Ω 的。电动式扬声器的频率特性一般较好,优良的欣赏音乐用的扬声器的频率范围可达 40～18 000 Hz,不过机载扬声器能有 300～3 000 Hz 的动态范围就可以满足一般话音通信的要求了。一般来说,纸盆直径越大,其低音效果越好。

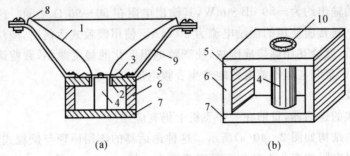

(a)　　　　　　　　　　　　(b)

图 2-41　电动式纸盆扬声器

(a)扬声器的构造；(b)磁铁与铁心的结构

1—纸盆；2—动圈环；3—固定垫圈；4—铁心；5—上夹板

6—永久磁铁；7—下夹板；8—折皱领环；9—纸盆支架；10—空气隙

2. 电动式耳机

电动式耳机的基本结构和工作原理与电动式扬声器相似,只是其体积尺寸较小,因而只能在人耳内激发起微弱的声波。

3. 电磁式耳机

电磁式耳机是应用比较普遍的一种耳机。它由永久磁铁、软铁极靴、振动线圈和振膜等组成,其基本构造如图 2-42 所示。耳机的底部装有一块永久磁铁。在永久磁铁的近两极处装有两个用软铁制成的圆柱形极靴。两个极靴上绕有音频线圈,接收机所输出的音频电压即施加在线圈的两端,在线圈中形成音频电流。振膜装在软铁磁靴的前面。

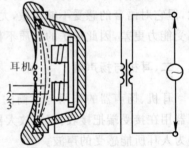

电磁式耳机是利用音频电流所产生的交变磁场,引起膜片的振动而产生声波的。

当音频电流为零时,软铁膜片被永久磁铁吸引而略向右弯曲,如图 2-42 中的位置 1 所示。当在耳机输入端施加有音频电压时,在线圈中即产生交变的音频电流。设在电流的正半周内线圈所产生的附加磁场与永久磁铁所产生的磁场方向相同,则合成磁场对振膜的吸力增大,而使振膜

图 2-42　电磁式耳机的基本结构

1—音频电流为零时的膜片位置；
2—音频电流为正半周时的膜片位置；
3—音频电流为负半周时的膜片位置

向右运动到图 2-42 中的位置 2;在音频电流的负半周内,音频附加磁场与永久磁铁磁场方向相反,合成磁场的吸力减小,所以振膜在本身弹性的作用下会向左退回到图 2-42 中的位置 3,但仍略凹向右侧。这样,振膜便在音频电流的作用下往复振动而激发出声波。

显然,所施加的音频电流的幅度越大,振膜的振幅越大,因而所激发的声波越强;音频电流的频率越高,振膜的振动越频繁,反之则振动越慢,即声波的频率等于音频电流的频率。

电磁式耳机中永久磁铁是不可缺少的,它的作用是使振膜的振动频率与音频电流的变化频率相同。如果没有永久磁铁,则在音频电流为零时,振膜保持自然中立位置。在音频电流的

正半周内,音频电流在软铁极靴中所激发产生的磁通会把振膜吸向右侧,在音频电流降至零后,振膜依靠本身弹性又回复到中立位置;在音频电流的负半周内,虽然线圈在极靴中所产生的磁场方向与正半周相反,但用软铁材料制成的振膜仍会被吸向右侧。这种情形,就像在用永久磁铁吸引膜片时,不论怎样颠倒磁铁的方向,膜片总是被吸向磁铁的情形一样。由此可见,如果没有永久磁铁,在音频电流变化一周时,振膜将会由静止位置向右振动两次,即振膜的振动频率将会是激励音频信号的两倍,实际上,我们可以把电磁式耳机中音频电流所产生的附加磁场,理解成是"调制"在永久磁铁的恒定磁场上的,如同碳粒式话筒中音频电流是调制在直流激励电流上一样。

飞机上的一对电磁式耳机的阻抗通常为 300 Ω,所以接收机音频放大器通常需要用降压变压器输出。有的电磁式耳机为高阻抗的,其输入阻抗为 4 000 Ω。对这类耳机的激励就不必再通过降压变压器了。

除了上面所介绍的几种耳机、扬声器和话筒外,还有其他类型的电声器件,由于在民航应用较少,就不再一一介绍了。

习 题

1. 为什么调制必须利用电子器件的非线性特性才能实现?它与放大在本质上有什么不同?

2. 有一调幅波,载波功率为 1 000 W,试求调幅度 $m_a = 1$ 和 $m_a = 0.6$ 时的总功率和两个边频功率各为多少?

3. 试比较高电平调幅和低电平调幅的特点。

4. 提高放大器的效率与功率,应从哪几方面入手?

5. 对检波器有哪些主要指标要求?如果检波器用于飞机通信系统的接收机,这几个主要指标对整机的质量有哪些影响?

6. 试简述变频器对高频调幅信号实现频率搬移的原理。

7. 对单边带信号如何检波?画出原理图。

8. 变频器的任务是什么?变频作用是如何产生的?

9. 试述为何要进行波段划分,如何实现波段跟踪。

10. 为何接收机中设置自动增益控制电路?有哪些控制方式?

11. 试说明对数中频放大器的作用及电路工作原理。

12. 试说明频率合成器实现频率合成的方法。说明直接合成法与间接合成法各有什么特点。

13. 分别说明电动式话筒和电动式扬声器的组成和工作原理。

14. 超外差接收机频率跟踪是如何实现的?

第三章　调频收发基础与自动频率微调

在无线电高度表、多普勒雷达及甚高频全向信标系统中，为了获取系统所需的导航信息，采用了调频信号。采用调频制的优点是它的抗干扰能力强，这也正是民用电视伴音和调频广播系统应用调频信号的一个重要原因。

第一节　调频信号的产生与解调

调频发送、接收设备的组成及其基本工作原理与调幅发送、接收设备是大体相同的。主要的差别在于发送设备中的信号调制电路和接收设备中的信号解调电路不同。

一、调频收发设备的特点

1. 调频制的主要特点

与调幅制相比，调频制的主要特点是抗干扰能力强和占用的频带宽。

我们知道调频信号所占用的频谱宽度 B 为 $2(m_f+1)F$，这里 m_f 为调频指数，F 为调制频率。由此可知，调频信号中的有用信号能量分布在较宽的频带中。例如，当调制频率为 30 Hz 时，调幅信号的频谱宽度只有 60 Hz，而对调制指数 m_f 为 6 的调频信号来说，其频谱宽度则为 420 Hz。由于调频信号占用的频谱较宽，所以调频发射设备及调频接收设备中的有关电路也应当具有较宽的通频带，以保证信号的不失真传输。

虽然调频信号需要占用较宽的频带，但却具有比调幅信号优越的抗干扰性能，这正是在一些场合应用调频制的重要原因。

当调制指数 m_f 较大时，不仅调频信号的边频数目较多，而且幅度也较大。图 3-1 所示为 m_f 由0.5增至4时调频信号频谱的变化情况（调制频率 F 不变）。由图可知，在 m_f 较大的情况下，调频信号中有用的边频信号所占用的功率比例远比载频大，而调幅波的边频功率最大只能等于载波功率的一半（当调幅系数 $m_a = 1$ 时）。正因为调频波具有比调幅波更大的信号边频功率，所以才能具有优越的抑制噪声和干扰的能力。

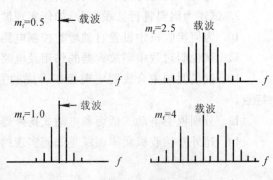

图 3-1　信号频谱与 m_f 的关系

2. 对调频电路的基本要求

调频发射机中的调频电路一般应能满足以下几方面的要求。

(1) 调制特性。为避免失真,我们总是希望已调信号的频率偏移能够线性地随调制信号变化,即实现线性调频。受调振荡器的频率偏移量 Δf 与调制电压的关系称为调制特性。设载频中心频率为 f_0,调制电压为 $u(t)$,则应有

$$\frac{\Delta f}{f_0} = u(t)$$

但实际的调频电路总是会产生一定程度的非线性失真的,应视系统的具体要求尽可能减小调制失真。

(2) 最大频移与相对频偏。调频信号频率偏离中心频率 f_0 的最大偏移值 Δf 叫做最大频移,通常称为频偏。最大频移应与调制频率无关。最大频移与中心频率的比值 $\Delta f / f_0$ 则称为相对频偏。对最大频移和相对频偏的要求,视系统的功能不同而异。例如,调频式无线电高度表为了提高测高精度,要求具有较大的频偏,典型设备的最大频偏达 50 MHz。不过由于载频高达 4 300 MHz,相对频偏只有 0.011。全向信标系统基准信号副载波 9 960 Hz 的最大频偏虽只有 480 Hz,但相对频偏却为 0.048。

(3) 调制灵敏度。调制电压变化单位数值所产生的振荡频率偏移,称为调制灵敏度。若为理想线性调频,则调制灵敏度等于最大频移 Δf_m 与调制电压幅度 U_m 之比,即

$$S = \frac{\Delta f_m}{U_m}$$

显然,S 越大,获得大频偏的调频信号越容易。

(4) 载波频率稳定度。调频信号的频率随调制信号变化时,其中心频率(载频)f_0 应保持一定的稳定度,以便接收机能正常地接收调频信号。在采用简单的直接调频方式的电路中,要获得较大的频偏而又要求中心频率稳定,往往是比较困难的。

(5) 寄生调幅。调频时往往会伴随产生附加的调幅,应尽可能减小寄生调幅或不产生寄生调幅。

3. 调频接收电路

图 3-2 为简单的调频接收电路的原理框图,它和一般调幅接收机的主要区别在于信号解调部分。调频接收机的信号解调部分是由限幅器和鉴频器组成的。

限幅器的功能是消除调频信号的寄生调幅。当调频信号通过鉴频器之前的高频放大器、中频放大器等电路时,由于信号频率偏离这些回路谐振频率的程度不等,所以必然会产生附加的寄生调幅。为了使鉴频器的输出只与信号频率偏移量有关而不受振幅变化的影响,需在鉴频器之前设置限幅器,以获得等幅的调频信号输至鉴频器。

鉴频器的功用和调幅接收机中的包络检波器相似,用来从调频信号中解调出低频调制信号,所以又可以称为频率检波器。

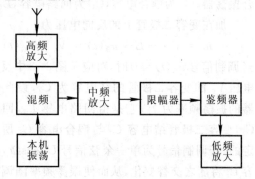

图 3-2　调频接收机原理框图

二、调频信号的产生

产生调频信号的方法很多,主要的有直接调频和间接调频。

1. 直接调频

直接调频是用调制信号去直接控制振荡器的振荡频率,使振荡器的瞬时频率线性地按调制信号的规律变化,对于 LC 振荡器来说,其振荡频率决定于振荡回路的电感 L 和电容 C。如果能够在回路中加入一个可变电抗元件,而以调制信号去控制该可变电抗的数值,则可实现对振荡频率的控制。根据这一基本原理实现直接调频的具体方法,有变容二极管调频、电抗管调频、电容式微音器调频等等。对于晶体振荡器,也可利用变容二极管实现直接调频。

此外,对于在雷达等设备中所使用的速调管振荡器,可通过改变加在速调管反射极上的控制电压的方法来实现直接调频。

(1) 变容二极管调频。利用变容二极管实现直接调频,是无线电高度表常用的调频方法。其他无线电设备中各种用途的压控振荡器,也往往采用变容二极管来实现频率控制。这种方法电路简单,几乎不需要调制功率,却可以获得较大的频移,其缺点是中心频率的稳定度较差。

变容二极管是一种特殊的半导体二极管,是利用半导体 PN 结的结电容随反向电压变化而变化的特性制成的,其电路符号如图 3-3(a) 所示。可以将变容二极管看成是由等效的结电容 C_j 和电阻 R_s 串联而成的,即如图 3-3(b) 所示的等效电路。根据变容二极管的上述特性,实用中往往把变容二极管作为一种电压控制的可变电抗元件来使用。当加在二极管两端的控制电压变化时,它所等效的电容随之改变:控制电压增大,等效电容减小;控制电压减小,等效电容增大。图 3-3(c) 所示是一种典型的变容二极管的结电容 C_j 随反相压控电压 u_r 变化的特性曲线。

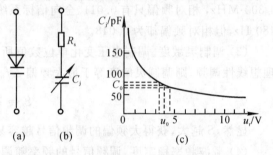

图 3-3　变容二极管
(a) 变容二极管的电路符号;
(b) 等效电路;(c) 电容控制特性

在普通振荡器的振荡回路两端并联一个变容二极管,并设法引入调制电压来控制其等效电容,即可实现变容二极管调频,其原理电路如图 3-4 所示。图中,虚线左边是典型的变压器耦合振荡器;C_2 为耦合电容,C_1 为回路电容,L_2 是高频振流圈(可使低频调制信号通过)。

加在变容二极管上的反向电压为

$$u_r = V_{CC} - E + u_\Omega(t) = V_0 + u_\Omega(t)$$

当调制信号 $u_\Omega(t)=0$ 时,对应于图3-3中反向偏置电压 V_0 的变容二极管的结电容为 C_0,设此时振荡器的振荡频率为 f_0,它是由回路电感 L_0,回路电容 C_1,变容二极管结电容 C_0 与耦合电容 C_2 所共同决定的。若调制信号为单一余弦信号 $U_\Omega\cos\Omega t$,则结电容 C_j 将随之交替变化,从而使振荡频率随调制信号而变化,实现频率的调制。

然而,观察图 3-3(c) 可以发现,C_j - u_r 特性曲线并不是线性的。因此,当反向偏置电压 u_r 随调制信号按余弦规律变化时,结电容不是线性地按余弦规律变化,在调制信号正负半周中结电容的变化量

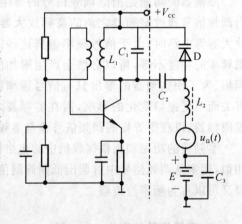

图 3-4　变容二极管调频电路

也是不对称的。所以,振荡频率的偏移量和调制信号之间不能保持准确的线性关系,而出现一定的失真,且中心频率往往会偏离调制信号为零时的振荡频率 f_0。正确选择变容二极管的工作点,选用合适的耦合电容 C_2 及回路电容 C_1,可以在满足最大频率的前提下尽可能减小非线性失真和中心频率的偏移。

(2) 电抗管调频。我们知道,电抗元件两端电压的相位与通过它的电流相位相差 $90°$。根据这一特性,如果能使一个晶体管放大器输出端之间的电压与电流的相位也相差 $90°$,则该放大器即相当于一个电抗元件。所谓电抗管,就是根据这一原理组成的,放大器件可以是晶体管,也可以是场效应管,早期应用的是电子管。

图 3-5(a) 为一种用电抗管调频的原理电路。左侧的 T_1 为振荡器,右侧是由场效应管 T_2 所组成的电抗管。

要使图中的场效应管电路等效为电抗,必须满足两个条件,一是通过 R_1,C_1 支路的电流 i_1 必须远小于通过 T_2 的漏极电流 i_D,即 R_1,C_1 支路的旁路作用可以忽略不计;二是 R_1 必须远大于 Z_c,当满足条件时,可以认为 R_1,C_1 支路是电阻性的,因而 i_1 与 A,B 两点间的电压 u_{AB} 是同相的,如图 3-5(b) 所示。这样,加至 T_2 栅极的电压 u_g,就落后于 i_1 $90°$—— 容性电压落后于电流 $90°$。场效应管的漏极电流 i_D

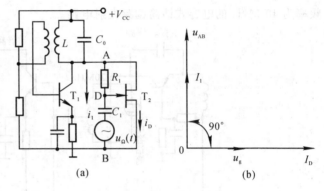

图 3-5　电抗管调频电路
(a) 电抗管调频电路;(b) 向量图

与 u_g 同相,也落后于 i_1 $90°$。由于电路又满足 $i_1 \ll i_D$ 的条件,所以 $i_{AB} = i_D + i_1 \approx i_D$。

由此可见,A,B 两点间的电流 i_{AB} 落后于这两点间的电压 u_{AB} $90°$,即 A,B 两点间的放大器电路相当于一个等效的电感 L_c。

调制电信号 $u_\Omega(t)$ 加在的 T_2 栅源之间,控制 I_D 的幅度,从而控制了 A,B 间等效电抗的大小,由于 T_1 的振荡回路是由 L,C_0 及 A,B 两点间等效电抗 l_c 所组成的,所以它的振荡频率随调制信号 $u_\Omega(t)$ 变化。

电抗管的电路有多种,只要能够满足 $Z_{AD} \gg Z_{DB}$ 且两者之一为电抗的条件和 $i_1 \gg i_D$(或晶体管的集电极电流 i_c)的条件,就能得到等效的电抗。等效电抗可以是电感性的,也可以是电容性的。

(3) 晶体振荡器直接调频。上述两种直接调频电路的缺点是中心频率的稳定性较差。如果把变容二极管应用于石英晶体振荡器,则可得到中心频率稳定的调频振荡。

变容二极管可以与石英晶体并联,也可以与之串联。应用较为广泛的是串联方式,图 3-6

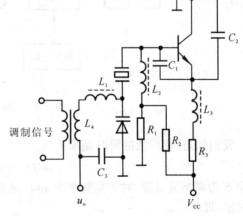

图 3-6　晶体振荡器直接调频

所示就是一种变容二极管与晶体相串联的直接调频电路。C_1，C_2 为振荡回路电容；C_3 是变容二极管偏置电压 V_0 的旁路电容；L_1，L_2，L_3 为高频扼流圈；调制信号通过变压器输入。石英晶体作为一个等效电感元件，决定振荡器的振荡频率，因而使振荡频率具有较高的稳定度。变容二极管相当于一个可变微调电容，当其结电容在调制信号的控制下变化时，即可使晶体振荡器的振荡频率随调制信号而变化。

显然，由于振荡回路中引入了变容二极管来实现调频，这种晶体振荡器的频率稳定度比不调频的晶体振荡器有所降低，一般可达 $10^{-5} \sim 10^{-6}$ 数量级。

（4）电容微音器直接调频。电容式话筒调频发射机是常见的便携式发射机。电容式微音器在声波的作用下，内部的金属薄膜产生振动，从而使薄膜与另一电极之间的电容量发生变化。把电容式话筒直接接到振荡器的谐振回路中，即可构成直接调频电路。图 3-7 所示为一种工作频率为 40 MHz 的电容式话筒调频发射电路。

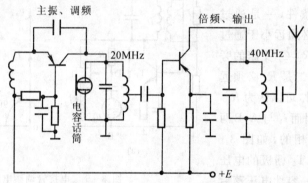

图 3-7　电容式话筒调频电路

2. 间接调频

一般采用间接调频方案，以得到中心频率稳定度较为理想的调频信号。

所谓间接调频，就是借助于调相而实现调频，如图 3-8 所示的原理方框图。

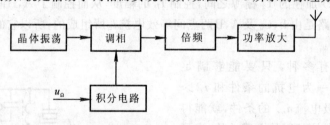

图 3-8　间接调频原理框图

我们知道，调频波的瞬时频率为

$$\omega(t) = \omega_0 + S u_\Omega(t)$$

式中 S 为调制灵敏度。对于角频率为 $\omega(t)$ 的简谐振荡来说，其瞬时相位可通过对角频率的积分求出，即

$$\theta(t) = \int_0^t \omega(\tau) d\tau = \omega_0 t + S \int_0^t u_\Omega(\tau) d\tau$$

由此可见，调频波的相位也是随调制信号变化的，其相应变化量为

$$\Delta\theta(t) = S\int_0^t u_\Omega(\tau)\,\mathrm{d}\tau$$

它等于调制信号对时间的积分值与调频灵敏度 S 的乘积。这就告诉我们，若能对调制信号进行积分处理，然后再用来对载频调相，则同样也可以得到频率随调制规律变化的调频波。这就是借助于调相实现间接调频的依据。图 3-8 所示的间接调频电路正是根据这一基本原理组成的。图中所示调制信号先通过积分器，再在调相器中对载频进行调相，即可获得调频波输出。

由于这种间接调频电路中的信号调制不在主振级中进行，而在缓冲级以后的调相级中进行，所以不会对主振频率产生不利的影响，因而可以获得很高的中心频率稳定度，这正是采用间接调频的主要目的。

实现调相的方法有多种。最简单的一种是利用可变电抗控制谐振回路的失谐程度以实现调相。至于所用的可变电抗，可以是变容二极管或电抗管。如同直接调频中所用的器件一样。图 3-9 所示是一种用变容二极管实现调相的原理电路。载频信号自 A 端输入，加至由变容二极管和电感 L 组成的谐振回路；调制信号经 B 端输入，经 R_1、C_1 积分电路后去控制变容二极管的结电容；V_0 为变容二

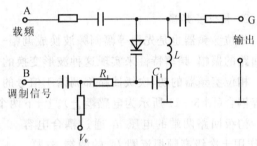

图 3-9 变容二极管调相电路

极管的反偏电压；调相信号自 G 端输出。当载频加至上述谐振电路时，通过调制信号对变容二极管结电容的控制而使回路的失谐程度随调制信号而变，从而使回路输出的载频信号的相位随调制信号的积分值而变化，在 G 端得到调频信号输出。

三、调频信号的解调

对调频信号的解调方法是多种多样的。以下简略介绍常用的鉴频电路及全向信标接收机中所应用的锁相环路鉴频器的基本原理。

应用最普遍的鉴频方法是先把等幅调频波变换成幅度与调频波频率变化成正比的调幅调频波，然后再用振幅检波器进行幅度检波，以恢复调制信号。按照这一方法实现鉴频的常用电路有平衡鉴频器、相位鉴频器和比例鉴频器。

1. 振幅鉴频器

振幅鉴频器又称为斜率鉴频器，它利用调谐回路等具有线性的振幅-频率特性的电路，把等幅调频波变换成调幅调频波。最常见的是平衡鉴频器，其原理电路如图 3-10(a) 所示。等幅调频信号自左端输入，加至第一个调谐回路，该回路调谐于信号的中心频率 f_0。

与该回路耦合的两个次级回路分别调谐于 ω_1 和 ω_2；这两个失谐回路（相对于 ω_0 而言）的输出分别加至两个二极管检波器 D_1 和 D_2。这种电路的输出是两侧检波器输出之差。由于两个回路的谐振频率是对称于调频波的中心频率 ω_0 的，正确选择失谐量 $(\omega_2 - \omega_0)$，$(\omega_0 - \omega_1)$ 以及回路的 Q 值，可以在一定范围内获得近似线性的输出特性（见图 3-10(b)）。

这种平衡鉴频器有 3 个调谐回路，其中两个次级回路是失谐的，所以有时又把它称为三调谐平衡鉴频器或双失谐回路鉴频器。

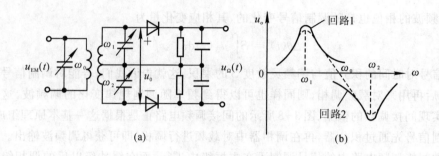

图 3－10　平衡鉴频器

(a) 平衡鉴频器电路；(b) 频率特性

2. 相位鉴频器

相位鉴频器也是先把等幅调频波换成调幅-调频波，然后再进行幅度检波的，但它不是利用回路的振幅-频率特性来实现这种波形变换的。其原理电路如图 3－11 所示。

相位鉴频器的初、次级回路都调谐于信号的中心频率 f_0，初、次级回路都通过电感耦合或电容耦合(图 3－11 所示为电感耦合)。上、下两个振幅检波器完全相同。

初级回路两端的电压 u_1 通过耦合电容 C_4 作用于次级高频扼流圈 L_3 的两端。这样，作用在检波二极管 D_1，D_2 上的高频电压就分别等于扼流圈 L_3 上的初级回路电压 u_1 与次级回路上、下两部分高频电压的向量和。

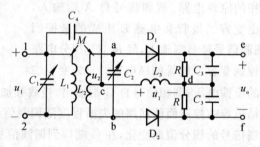

图 3－11　相位鉴频器

当调频信号的瞬时频率不超出回路的通频带时，u_1，u_2 的幅度是恒定的；而次级回路电压 u_2 与初级回路电压 u_1 之间的相位差却是随输入信号的频率而变化的，这是回路的相位-频率特性所决定的。当瞬时频率 $f(t)$ 等于回路谐振频率 f_0 时，u_2 超前于 u_1 90°，因而合成电压 u_{D1} 和 u_{D2} 的幅度相等，如图 3－12(a) 所示，鉴频器此时的输出等于零。当信号瞬时频率高于 f_0 时，u_2 的超前角度小于 90°(见图 3－12(b))，这样合成电压 $u_{D1} > u_{D2}$，因而鉴频器输出大于零；而当信号瞬时频率低于 f_0 时，u_2 的超前角度大于 90°，从而使 $u_{D2} > u_{D1}$，如图3－12(c) 所示，鉴频器的输出小于零。可见，瞬时频率相对于中心频率 f_0 的偏移量改变时，u_2 与 u_1 的相对关系随之改变，从而使鉴频器的输出幅度随瞬时频率而变化。

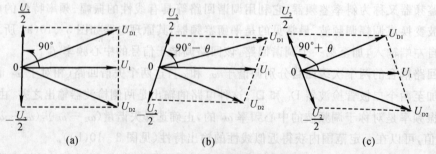

图 3－12　相位鉴频器向量图

(a) $f = f_0$；(b) $f > f_0$；(c) $f < f_0$

3. 比例鉴频器

比例鉴频器的特点是可以消除输入调频信号寄生调幅的影响,它是在相位鉴频器的基础上改进而成的,但输出只是相位鉴频器的 1/2。

比例鉴频器的原理电路如图 3-13 所示。它与图 3-11 所示的相位鉴频器的不同之处是检波二极管 D_2 是反接的,并在检波负载电阻 R_1,R_2 两端增加了大容量电容 C_0 和两个大电阻 R_3,R_4,同时鉴频电压也改由 R_3,R_4 的中点 o 与接地点 d 之间输出。比例鉴频器鉴频的原理与相位鉴频器相同。其限幅作用的关键是接入了大电容 C_0。当调频信号由于寄生调幅而导致信号幅度增大时,流过二极管 D_1 和 D_2 的平均电流都增加,u_{ad} 和 u_{bd} 也同时增加,但由于大电容 C_0 的作用使 e,f 两点间电压保持不变,因而鉴频输出幅度不受调频信号幅度变化的影响,反之亦然。可见比例鉴频器在实现鉴频的同时,具有限幅作用。

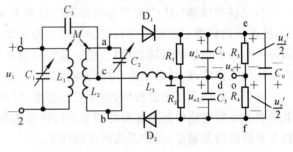

图 3-13　比例鉴频器

4. 锁相环路鉴频器

图 3-14 是全向信标接收机中所应用的锁相环路鉴频器的原理框图。此鉴频器是由相位比较器(鉴相器)、压控振荡器、分频器、30 Hz 环路滤波器等组成的,用以对 9 960 Hz 副载波信号进行鉴频。调频信号由 A 端输入,鉴频所得的 30 Hz 基准相位信号由 B 端输出。

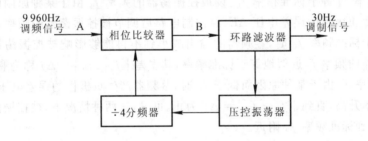

图 3-14　锁相环路鉴频器

当没有 9 960 Hz 调频信号输入时,压控振荡器的输出频率为 39 840 Hz。此信号经固定分频器进行 4 分频后,得到 9 960 Hz 信号,加到相位比较器的一个输入端。30 Hz 调制的 9 960 Hz调频信号加至相位比较器的另一个输入端。前已说明,调频信号的瞬时相位是随信号的瞬时频率变化的,所以以输入相位比较器的调频信号的瞬时相位是按 30 Hz 正弦规律变化的。这样,任一瞬间当相位比较器输入端的调频信号相位与压控振荡器来的信号相位不一致(偏离固定值)时,鉴相器将产生与两者相位偏差成比例的误差信号输出,这一误差信号经环路滤波器滤波后加回到压控振荡器的输入端,总是力图使压控振荡信号的频率去跟随输入信号的频率,以使两个输入信号的相位偏差趋近于某一固定值(在典型电路中此固定值为 90°)。因而,在闭合的相位锁定环路进入跟踪状态后,当调频信号按 30 Hz 规律变化时,相位比较器产生的误差信号也是随之按 30 Hz 规律变化的。将此误差信号通过低通滤波器滤波,即可得到 30 Hz 正弦信号——9 960 Hz 调频信号——的调制信号输出。

以上只是对几种常用的调频波解调方法的简略介绍。对各种具体鉴频电路的详细分析,可参见《航空电子电气基础》及《高频电路》等书。

第二节 自动频率微调原理

一、自动频率微调系统的功用

自动频率微调(AFC)可简称自频调。自频调系统的作用是自动地控制自激振荡器的频率,使系统的频率近似锁定在标准频率上。为了实现这一任务,自频调系统中的受控振荡器必须是一种频率可控的振荡器(即压控振荡器),自频调系统中也必须包含有频率鉴别电路。这些电路的工作原理,是和前面介绍的调频信号产生与解调电路中的同类电路相同的。

在设备长期工作的过程中,由于工作温度、气压及元件数值变化等原因的影响,一些无线电接收和发射电路中的振荡器的频率是可能漂离原有的振荡频率的。应用自频调电路,可以锁定系统的振荡频率,保持系统的正常性能。

二、自频调系统的基本工作过程

自频调系统的原理性方框图如图 3-15 所示。由图可见,自频调系统是由被控振荡器、鉴频器、控制电路及标准频率源等基本电路组成的一个自动调整系统。当被控振荡器的频率 f_s 等于所期望的标准频率 f_0 时,鉴频器不产生输出,控制电路就不会改变被控振荡器振荡频率,即振荡器输出的频率 f_s 等于标准频率 f_0。设被控振荡器的频率 f_s 由于某种原因而高于标准频率,则鉴频器产生正极性的误差电压 ΔE,经控制电路后调节被控振荡器的频率,使之下降,直到 f_s 近似地等于标准频率 f_0 时,鉴频器的输出减小到不再能够影响被控振荡器的频率为止。此时被控振荡器的频率 f_s 近似地等于标准频率,其误差 $|f_s - f_0| = \Delta f$ 称为剩余失谐。反之当被控振荡器频率 f_s 由于某种原因而低于 f_0 时,鉴频器产生负极性的误差电压$(-\Delta E)$ 输出,使振荡器的频率升高,直到 $|f_s - f_0| = \Delta f$ 为止。可见,在两种情况下,被控振荡器的振荡频率都可以被锁定到标准频率 f_0 附近。

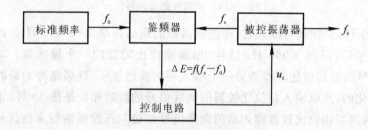

图 3-15　自频调系统原理方框图

三、自频调电路的组成

由上可知,被控振荡器的频率是由鉴频器输出的误差电压来控制调节的。可见,自频调系统的标准频率实际上就是鉴频器的中心频率 f_0,即系统并不需要另外提供标准频率。这一点,可以通过下面所举的实际自频调系统的电路方框图来说明。

　　图 3-16 是一种雷达设备中的自频调电路方框图。图中下部虚线方框内的是自频调电路，上部则是信号电路。

　　图 3-16 所示的自频调电路所控制的是接收机本机振荡器的频率 f_1。输入自频调电路的是发射信号的取样（其频率为 f_0），它是通过一个衰减量很大的极限衰减器输入的。发射信号与本振信号经自频调混频器混频后，产生差频（中频）信号输出。这一差频信号经过 $1\sim2$ 级中频放大器放大后，送到自频调鉴频器。鉴频器鉴别差频是否等于额定中频，如果不等，则输出正极性或负极性误差信号（视频脉冲信号）。该误差信号经放大后，输至控制器，由控制器产生直流控制电压去调节本机振荡器的频率，直到本振频率 f_1 与发射信号频率 f_0 的差频等于额定中频 f_{i0} 为止。

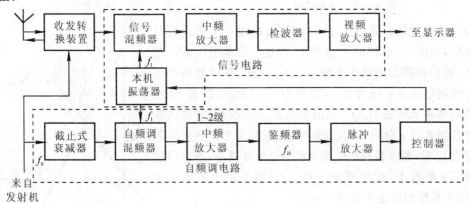

图 3-16　自频调电路方框图

　　图 3-16 所示的自频调电路与前面所介绍的自频调原理电路是一致的，也是由鉴频器、被控振荡器、控制器等基本部分组成的。所不同的是实际电路中增加了混频器、中频放大器、脉冲放大器及输入衰减器等电路。自频调电路中的混频器、中频放大器的电路结构和工作原理与信号通路中的信号混频器、信号中频放大器是基本相同的，甚至是完全相同的。这种自频调电路与信号电路彼此独立的系统，可以称为"双路自频调系统"，与之对照，在有些设备中，为了简化电路，也可以使自频调系统与信号系统共用一个混频器及中频放大器。

　　由上可见，上述自频调电路的标准频率就是设备的额定中频 f_{i0}，即鉴频器的中心频率。自频调系统的功用，就是在发射信号频率 f_0 漂移时，自动地调整本机振荡的频率 f_1，使两者的差频 f_i 近似地锁定在额定中频信号 f_{i0} 上。

四、自频调系统的动态平衡

　　设自频调鉴频器的鉴频特性曲线如图 3-17 所示，图中特性曲线与横轴（Δf）的夹角为 α，它表示鉴频器输出的误差电压 ΔE 与频率偏离量 Δf 在零点处的比例，即特性曲线的斜率。对被控振荡器的频率控制特性可用图 3-18 所示的曲线表示，这一曲线称为调制特性曲线，也可称为控制特性。注意图 3-17 和图 3-18 所示的是理想化的线性特性，实际的鉴频特性和压控振荡器的控制调整特性都只可能在一定的范围内才呈现为线性。

　　为了说明 AFC 系统的动态平衡过程，可以将上述鉴频特性与控制调整特性画到一个坐标系统中。为此，可将图 3-18 的纵坐标 f 改为频率偏差 Δf 再将坐标轴翻转 $90°$，即将纵坐标改为

横坐标,横坐标改为纵坐标。这样,即可将两条特性曲线画在同一个坐标系统中,如图 3-19
所示。

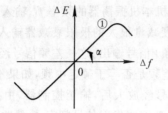

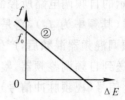

图 3-17　鉴频特性　　　　　　　　图 3-18　调整特性

设系统有初始失谐 Δf_1,此时鉴频器输出一个误差控制
电压 ΔE_1,如图 3-19 中的 a′点所示。在这一误差电压 ΔE_1 的
作用下,被控振荡器的频率下降了 $\Delta f'$。这样,鉴频器所产生
的误差控制电压也下降为 ΔE_2,如图中 a″点所示。接着,压控
振荡器的频率又降低了 $\Delta f''$,至图中的 a‴点,此时鉴频器的输
出误差控制电压又降为 ΔE_3,如此继续下去,最后到达两条曲
线的交点 Q 时,鉴频器输出电压 ΔE 不再继续减小,系统即达
到了动态平衡状态,此时频率失谐 Δf_Q 即为系统的剩余失
谐。Q 即为系统的动态平衡点。

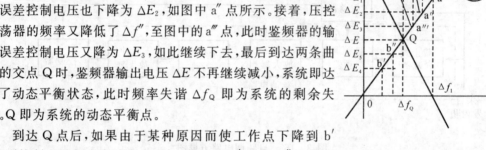

到达 Q 点后,如果由于某种原因而使工作点下降到 b′
点,则控制电压便会向正方向增加,沿图中 b′方向,b″点回到
平衡点 Q。

图 3-19　AFC 系统的动态平衡

由上述动态平衡过程可知,在正确设计系统的鉴频特性和控制调整特性以后,AFC 系统
可以将振荡器的频率锁定,其剩余失谐为 Δf_Q。

第三节　速调管振荡器

速调管振荡器是一种微波小功率振荡器,其振荡频率可达 9 000 MHz 或更高。它可以用做
接收机的本机振荡器,用自频调系统来控制其振荡频率,也可以用做小频偏的调频振荡器,来
提供小功率调频发射信号。

速调管振荡器在旧式雷达发射机、多普勒雷达等设备中均有应用。

一、速调管的构造

图 3-20 所示为一种常见的金属外壳速调管,图 3-20(a) 表示其外形,图 3-20(b) 表示其
结构图。

速调管是一种特殊的真空管,金属管壳是密封的,其内部抽成高度真空。速调管由电子枪、
加速栅极、谐振腔、反射极和输出装置几部分组成。

(1) 电子枪。电子枪的作用是发射电子束。它由阴极、灯丝、控制极与加速栅组成。

管子中央为圆筒形的阴极,阴极圆筒内装有加热灯丝。灯丝对阴极加热,以使阴极底部表

面的金属氧化物发射电子云。

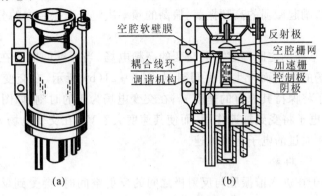

(a)　　　　　　　　　　(b)

图 3-20　金属外壳速调管

控制极上加有直流负电压，它的作用是控制阴极所发射的电子流的密度。加速栅与阴极间加有正电压 E_0，以吸引阴极所发射的电子，如图 3-21(a) 所示。

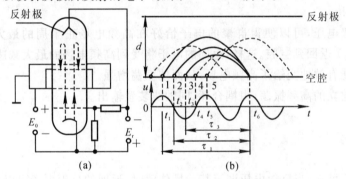

(a)　　　　　　　　　　(b)

图 3-21　速调管振荡器

(a) 速调管各极电压与电子运动轨迹；(b) 电子的群聚

（2）反射极。速调管上部为圆盘形的反射极，它加有较高的直流负电压 E_r。它的作用是使飞向反射极的电子受反射极的排斥而折回空腔。

（3）谐振空腔。谐振空腔由上、下栅网及腔体组成。谐振空腔的几何尺寸决定了速调管的振荡频率。

电子枪产生的电子流可以穿越空腔的上、下栅网与加速栅。

（4）输出装置。输出装置由耦合线环及输出同轴线构成，其作用是输出振荡能量。

二、振荡原理

速调管本身即是一个振荡器件，同时又是一个振荡回路。在接通如图 3-21(a) 所示的电路后，即可正常产生高频振荡。其振荡频率决定于速调管本身，所以称之为速调管振荡器。这一点是和一般的晶体管振荡器不同。

1. 振荡的建立

空腔加速栅与阴极之间的电压 E_0 在管内形成了一个加速电场。当电子枪所发射的电子束在加速场的加速下穿越栅网时,会使栅网内的电子受排斥而流动,从而在谐振腔体上形成感应电流,并在空腔中激励起微弱的高频振荡。振荡的频率决定于谐振腔内的分布参数。

2. 速度调制

起振后,在上、下栅网之间即建立起交变的高频电场。当后继的电子在不同瞬间穿越栅网时,会受到交变电场的作用而产生速度调制,如图3-21(b)所示。在交变电场等于零的 t_0 时刻,穿越栅网的电子将保持其原有的速度 v_0;在交变电场为正的时刻(如图3-21(b)中所示的 t_1, t_5),穿越栅网的电子将受到加速作用,而使其速度大于 V_0;在交变电场为负的时刻(如图3-21(b)中所示的 t_3)通过的电子将被减速。

3. 密度调制 —— 群聚

穿过栅网的电子在进入谐振腔与反射极之间的反射空间时,会受到反射极所形成的反射电场的排斥而减速并折回谐振腔,如图3-21(a)中的虚线所示。

对电子的速度调制会引起电子的群聚。电子1穿越栅网的时间虽比电子2(中心电子)早,但它的速度比电子2的大,进入反射空间的距离会比电子2的长,所以电子1有可能和电子2同时返回空腔。这样就形成了电子的群聚。

4. 振荡的维持

适当选择各极电压,可以使得群聚的电子恰好在高频电场正半周的最大时刻(如图3-21(b)中所示的 t_6)返回到空腔。这样,返回的电子将受到高频电场的最大减速作用 —— 这意味着电子将其动能有效地交给了高频电场,从而使振荡增强。

谐振腔中所建立的高频振荡,由耦合环、同轴线装置输出。

三、振荡特性

1. 振荡特性

由前面的介绍可知,当反射电压调至某一最佳值时,返回的群聚电子可以最有效地把能量输送给高频电场,因而振荡最强;而当反射电压偏离这一最佳值时,能量交换率下降,因而振荡的功率会减小。这样就得到图3-22上部所示的功率特性。

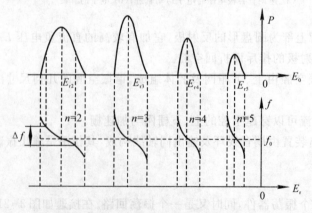

图3-22 振荡频率功率与反射电压的关系

同理,反射电压不同,电子返回谐振腔的时刻不同。因而对振荡频率的影响也不同。图3-22的下部曲线表示 E_r 在一定范围内变化时振荡频率的变化曲线,这就是速调管的电子调谐特性。

当 E_r 偏离最佳值超过一定限度时,振荡便不再能维持,这就形成了振荡区。对于某一个速调管来说,能使振荡维持的反射电压变化区域有多个,相应区域中的振荡称为一次型,二次型······如图 3-22 所示。

2. 电子调谐与机械调谐

由前面的介绍可知,使用中只要使反射电压在某一振荡区的范围内变化,就可以使速调管的振荡频率在中心频率 f_0 上下的一定范围内随 E_r 而变化,如图 3-22 所示。这就是使用中的电子调谐。当速调管用做接收机的本机振荡器,由自频调电路来控制它的振荡频率时,自频调电路输出的控制电压就是作用在速调管的反射极上的。自频调系统通过控制速调管反射极电压的方式来调节速调管本机振荡器的振荡频率,以保证中频频率等于接收机的额定中频。应当注意,必须保证电路中反射电压的变化范围与该速调管所要求的范围相符合。通常所应用的是二次型或三次型振荡区。

调节速调管的机械调节螺杆,可以略微改变谐振腔的几何尺寸,从而改变它的中心频率,这就是速调管的机械调谐。

习 题

1. 锁相环路稳频与自频调在工作原理上有哪些异同之处?

2. 已知载波频率 $f_0 = 100$ MHz,载波电压幅度 $U_0 = 6$ V,调制信号 $u_\Omega(t) = 1\cos(2\pi \times 10^2 t) + 2\cos(2\pi \times 200t)$,最大频偏 $\Delta f_{max} = 30$ kHz,试写出调频波的数学表达式。

3. 若调制信号频率为 500 Hz,振幅为 2.4 V,调制指数为 60,求频偏。当调制信号频率减小为 200 Hz,同时振幅上升为 3.2 时,调制指数将变为多少?

4. 试证明:当调制信号为简谐信号时,调频波所含能量与频偏及调制频率无关。

5. 为什么通常在鉴频器之前要采用限幅器?

6. 为什么比例鉴频器有抑制寄生调幅的作用,而相位鉴频器却没有,其根本原因何在?

7. 试分析反射式速调管的工作原理及其振荡特性。

8. 分别说明振幅鉴频器和相位鉴频器的特点。

第四章　电波传输与天线

从物理学可知,变动的电场和磁场可以互相激发而形成电磁波,电磁波能离开场源向空间传播。因此可以说,电磁波是在空间传播的交变电磁场。电磁场是一种特殊形式的物质,而能量又是物质的主要属性,因而电磁波的传播过程,也就是电磁能量的传播过程。

电磁波频谱范围极其宽阔,按波长从长到短可以分为无线电波、红外线、可见光、紫外线、X 射线、γ 射线等。通常将频率在 3 000 GHz 以下(波长 0.1 mm 以上)的电磁波称为无线电波,简称电波。

所有无线电系统都是利用无线电波来传递信息的。无线电系统的工作和用途就是产生、发射、接收、处理无线电信号以提取所需信息,从而实现系统的各种功能。而电波信号的发射与接收需要借助天线才能完成。因此,天线是无线电设备中不可缺少的重要组成部分。由上所述可见,为了全面理解无线电系统的工作特性,必须对无线电波和天线的相关知识有一个基本的了解。为此本章主要介绍无线电设备通过天线传送无线电信号的基本原理及电波传播的基础知识。由于传输线理论是天线理论的基础,因此有必要对其进行较详细的介绍。

第一节　传输线的基础知识

一、传输线的基本概念

根据电磁场理论,电磁波通常在导体引导下才能在有限空间中向一定方向传播。否则它将扩散到漫无边际的空间中去。传输线就是用来引导传输电磁波能量和信号的装置。例如,信号从发射机到天线或从天线到接收机的传递都是由传输线来完成的。

对传输线的基本要求:

(1)传输损耗要小,传输效率要高;

(2)工作频带要宽,以增加传输信息容量和保证信号的无畸变传输;

(3)在大功率系统中,要求传输功率容量要大;

(4)尺寸要小,重量要轻,以及能便于生产与安装。

为了满足上述要求,在不同的工作条件下,需要采用不同形式的传输线。在低频时,普通的双线导线就可完成电磁能量和信号的传输。但随着工作频率的升高,由于导线的趋肤效应和辐射效应的增大,它的正常工作状态被破坏。因此,在高频和微波波段必须采用完全不同的传输线类型。

传输线类型主要有平行双线、同轴线、金属波导管、微带以及介质波导等。这几种传输线各具有其特点和应用范围,并有一个相关的发展过程。

　　在低频时,把能源传到负载只要两根导线就可以了,对这两根导线的形状并没有什么要求。但如果频率很高,波长短到可同两根导线的长度相比拟时,能量就会通过导线辐射到空间中去,即在高频下这两根导线同时起着天线的作用,结果输送到负载的能量就少了。

　　为了避免辐射损耗,可以把传输线做成封闭形式,像同轴线那样,电磁场就完全被限制在内外导体之间,因而消除了因辐射而引起的能量损耗。同轴线是目前射频波段常用的一种能量及信号传输系统,在机载设备中应用最为普遍。

　　随着频率的提高,一方面同轴线横截面尺寸必须相应减少以保证信号传输不失真;另一方面,同轴线中导体的有效导电截面因趋肤效应而减少。这样使同轴线的欧姆损耗增加,而且损耗主要发生在较细的内导体上;同时由于同轴线横截面尺寸的减小,使得在同样电压条件下,内外导体间的电场增强,因而容易引起击穿,这样就限制了它的传输功率。因此,同轴线不能工作于很高的频率,功率容量也比较小。

　　由于内导体的存在影响了同轴线的工作特性,人们自然会想到是否能将同轴线的内导体取掉,以提高它的工作频率、减少损耗、增大功率容量呢?取掉内导体的同轴线实际上就是一个空心的金属管。理论与实验研究表明,当金属管的截面尺寸与波长相比足够大时,电磁波是可以在这种空心管中传播的。这种能传输电磁波的空心金属管就称为波导。

　　波导的截面形状可以是各种形式的,常用的是圆形截面的波导与矩形截面的波导。波导具有损耗小、功率容量大、结构简单、牢固等优点,但其使用频带较窄,通常只用于厘米波段和毫米波段。

　　随着航空、航天事业的发展,对设备的性能、体积、重量、一致性和可靠性提出了更高的要求。原有的同轴线与波导管已不能适应对微波电路集成化的要求。

　　微带是由介质基片一边的导体带和另一边的接地板所构成的。导体带采用印刷技术敷在介质基片上。可见,这是一种平面型结构,其优点是可以通过调整单一平面尺寸来控制其传输特性,同时这种结构尺寸小巧,利用印刷工艺可以在不大的体积内制成复杂的微波电路,而且便于同固体微波器件连接,从而能够实现微波电路的集成化。总之,微带具有频带宽、体积小、重量轻、易于集成化等优点,其缺点是损耗大、功率容量小。因此,微带主要用于小功率微波系统中。

　　传输线的性质与所传送的电磁信号的频率有着密切的关系,对于直流电来说,可以简单地把传输线看成是电阻为零的导体;在传输低频信号时,由于波长很长,传输线的长度 l 与信号波长 λ ($\dfrac{l}{\lambda}$ 称为传输线的电长度) 相比拟。所以,在同一瞬间可以认为传输线上各处的电压、电流是相同的,即沿传输线电压、电流只随时间变化而与空间位置无关。然而,在传输高频信号时,传输线的电长度并不趋近于零,传输线上各处的电压、电流就不再处处相同,而是有的地方大,有的地方小,呈现为电压、电流波的形式。

　　因此,工作于甚高频波段以上的无线电设备(例如无线电高度表)对馈线的要求往往是比较严格的。对工作于微波波段的雷达设备来说,对高频部件几何尺寸的要求就更为严格了。

二、均匀传输线方程及其解

1. 传输线的分布参数及其等效电路

　　由电磁场理论可知,当信号通过传输线时,会产生下列分布参数:电流流过导线时会产生高频磁场,因而沿导线各点会存在串联分布电感;两导线间加上电压时,线间会存在电场,于是线间会产生并联分布电容;导电率有限的导线有电流流过时会发热,而且高频时由于趋肤效应,电阻会加大,这就说明导线存在分布电阻;当两导线不处于完全绝缘状态时,就会有漏电流产生,这就意味着导线间有分布电导。因此,应认为传输线各部分都存在电感、电容、电阻和电导。只是在低频时这些分布参数远小于电路元件的阻抗,影响很小,可以忽略不计。

传输线的分布参数可用单位长度上的分布电感 L、分布电容 C、分布电阻 R 和分布电导 G 来描述,它们的数值取决于传输线的形式、尺寸、导体材料及周围介质的参数。表 4-1 列出了平行双线和同轴线分布参数的计算公式。表中,ε,μ 和 σ 分别为介质材料的介电常数、磁导率和电导率;μ_2 和 σ_2 分别为导体材料的磁导率和电导率。

表 4-1　平行双线和同轴线分布参数的计算公式

形式	结构	$L/(\mathrm{H \cdot m^{-1}})$	$C/(\mathrm{F \cdot m^{-1}})$	$R/(\Omega \cdot m^{-1})$	$G/(\mathrm{S \cdot m^{-1}})$
平行双线		$\dfrac{\mu}{\pi}\ln\dfrac{2D}{d}$	$\dfrac{\pi\varepsilon}{\ln\dfrac{2D}{d}}$	$\dfrac{2}{\pi d}\sqrt{\dfrac{\omega\mu_2}{2\sigma_2}}$	$\dfrac{\pi\sigma}{\ln\dfrac{2D}{d}}$
同轴线		$\dfrac{\mu}{2\pi}\ln\dfrac{D}{d}$	$\dfrac{2\pi\varepsilon}{\ln\dfrac{D}{d}}$	$\dfrac{1}{\pi}\sqrt{\dfrac{\omega\mu_2}{2\sigma_2}}\left(\dfrac{1}{d}+\dfrac{1}{D}\right)$	$\dfrac{2\pi\sigma}{\ln\dfrac{D}{d}}$

根据传输线沿线的分布参数是否均匀,可将传输线分为均匀传输线和非均匀传输线。均匀传输线是一类结构比较简单且应用广泛的导波系统,同时均匀传输线理论也是学习其他导波系统的基础。故此,这里作一概要介绍。

由均匀传输线组成的导波系统都可等效为均匀平行双导线系统,如图 4-1(a) 所示。其中,传输线始端接微波信号源(简称信源),终端接负载,选取传输线的纵向坐标为 z,坐标原点选在终端处,波沿 z 的负方向传播。在均匀传输线上任意一点 z 处,取一微分线元 $\Delta z(\Delta z \ll \lambda)$,该微分线元可视为集总参数电路,其上有电阻 $R_{\Delta z}$,电感 $L_{\Delta z}$,电容 $C_{\Delta z}$ 和漏电导 $G_{\Delta z}$(其中 R,L,C,G 分别为单位长电阻、电感、电容和漏电导),由其构成的等效电路如图 4-1(b) 所示,则整个传输线可看做由无限多个上述等效电路的级联构成。有耗和无耗传输线的等效电路分别如图 4-1(c),4-1(d) 所示。

2. 均匀传输线方程

设在时刻 t,位置 z 处的电压和电流分别为 $u(z,t)$ 和 $i(z,t)$,而在位置 $(z+\Delta z)$ 处的电压和电流分别为 $u(z+\Delta z,t)$ 和 $i(z+\Delta z,t)$。对很小的 Δz,忽略高阶小量,有

$$\left.\begin{aligned}
u(z+\Delta z,t)-u(z,t)&=\frac{\partial u(z,t)}{\partial z}\Delta z \\
i(z+\Delta z,t)-i(z,t)&=\frac{\partial i(z,t)}{\partial z}\Delta z
\end{aligned}\right\} \tag{4-1}$$

对图 4-1(b) 所示,应用基尔霍夫定律可得

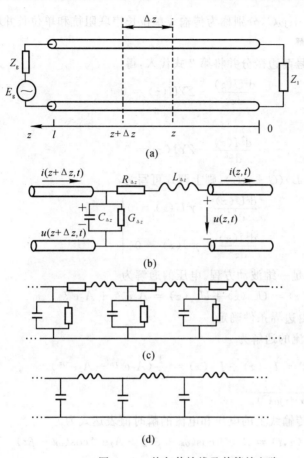

图 4 − 1 均匀传输线及其等效电路

$$u(z,t) + R_{\Delta z}i(z,t) + L_{\Delta z}\frac{\partial i(z,t)}{\partial t} - u(z+\Delta z,t) = 0$$
$$i(z,t) + G_{\Delta z}u(z+\Delta z,t) + C_{\Delta z}\frac{\partial u(z+\Delta z,t)}{\partial t} - i(z+\Delta z,t) = 0 \tag{4-2}$$

将式(4−1)代入式(4−2),并忽略高阶小量,可得

$$\frac{\partial u(z,t)}{\partial z} = Ri(z,t) + L\frac{\partial i(z,t)}{\partial t}$$
$$\frac{\partial i(z,t)}{\partial z} = Gu(z,t) + C\frac{\partial u(z,t)}{\partial t} \tag{4-3}$$

式(4−3)称为均匀传输线方程,也就是电报方程。

对于时谐电压和电流,可用复振幅表示为

$$u(z,t) = \mathrm{Re}\big[U(z)\mathrm{e}^{\mathrm{j}\omega t}\big]$$
$$i(z,t) = \mathrm{Re}\big[I(z)\mathrm{e}^{\mathrm{j}\omega t}\big] \tag{4-4}$$

将式(4−4)代入式(4−3),即可得到时谐传输线方程为

$$\frac{\mathrm{d}U(z)}{\mathrm{d}z} = ZI(z)$$
$$\frac{\mathrm{d}I(z)}{\mathrm{d}z} = YU(z) \tag{4-5}$$

式中,$Z = R + \mathrm{j}\omega L$,$Y = G + \mathrm{j}\omega C$,分别称为传输线单位长串联阻抗和单位长并联导纳。

3. 均匀传输线方程的解

将式(4-5)第1式等号两边微分并将第2式代入,得

$$\frac{\mathrm{d}^2 U(z)}{\mathrm{d}z^2} - ZY U(z) = 0$$

同理可得

$$\frac{\mathrm{d}^2 I(z)}{\mathrm{d}z^2} - ZY I(z) = 0$$

令 $\gamma^2 = ZY = (R + \mathrm{j}\omega L)(G + \mathrm{j}\omega C)$,则上两式可写为

$$\left.\begin{aligned}
\frac{\mathrm{d}^2 U(z)}{\mathrm{d}z^2} - \gamma^2 U(z) = 0 \\
\frac{\mathrm{d}^2 I(z)}{\mathrm{d}z^2} - \gamma^2 I(z) = 0
\end{aligned}\right\} \tag{4-6}$$

显然,电压和电流均满足一维波动方程。电压的通解为

$$U(z) = U_+(z) + U_-(z) = A_1 \mathrm{e}^{+\gamma z} + A_2 \mathrm{e}^{-\gamma z} \tag{4-7a}$$

式中,A_1,A_2 为待定系数,由边界条件确定。

利用式(4-5),可得电流的通解为

$$I(z) = I_+(z) + I_-(z) = \frac{1}{Z_0}(A_1 \mathrm{e}^{+\gamma z} - A_2 \mathrm{e}^{-\gamma z}) \tag{4-7b}$$

式中,$Z_0 = \sqrt{(R + \mathrm{j}\omega L)/(G + \mathrm{j}\omega C)}$。

令 $\gamma = \alpha + \mathrm{j}\beta$,则可得传输线上的电压和电流的瞬时值表达式为

$$\left.\begin{aligned}
u(z,t) = u_+(z,t) + u_-(z,t) = A_1 \mathrm{e}^{+\alpha z}\cos(\omega t + \beta z) + A_2 \mathrm{e}^{-\alpha z}\cos(\omega t - \beta z) \\
i(z,t) = i_+(z,t) + i_-(z,t) = \frac{1}{Z_0}[A_1 \mathrm{e}^{+\alpha z}\cos(\omega t + \beta z) - A_2 \mathrm{e}^{-\alpha z}\cos(\omega t - \beta z)]
\end{aligned}\right\} \tag{4-8}$$

由式(4-8)可见,传输线上电压和电流以波的形式传播,在任意一点的电压或电流均由沿 z 负方向传播的行波(称为入射波)和沿 z 正方向传播的行波(称为反射波)叠加而成。

为了求得传输线上电压、电流分布情况,需要利用边界条件以确定待定常数 A_1 与 A_2。当已知线上终端电压和电流分别为 U_1 和 I_1 时,则可写出其边界条件:当 $z = 0$ 时,$U(0) = U_1$,$I(0) = I_1$,代入式(4-7),得

$$\left.\begin{aligned}
U_1 = A_1 + A_2 \\
I_1 = \frac{1}{Z_0}(A_1 - A_2)
\end{aligned}\right\} \tag{4-9}$$

由此解得

$$\left.\begin{aligned}
A_1 = \frac{1}{2}(U_1 + I_1 Z_0) \\
A_2 = \frac{1}{2}(U_1 - I_1 Z_0)
\end{aligned}\right\} \tag{4-10}$$

将式(4-10)代入式(4-7),则有

$$\left.\begin{aligned}
U(z) = U_1 \mathrm{ch}\gamma z + I_1 Z_0 \mathrm{sh}\gamma z \\
I(z) = I_1 \mathrm{ch}\gamma z + \frac{U_1}{Z_0}\mathrm{sh}\gamma z
\end{aligned}\right\} \tag{4-11}$$

4. 传输线的工作特性参数

（1）特性阻抗 Z_0。将传输线上导行波的电压与电流之比定义为传输线的特性阻抗，用 Z_0 来表示，其倒数称为特性导纳，用 Y_0 来表示。由定义得

$$Z_0 = \frac{U_+(z)}{I_+(z)} = -\frac{U_-(z)}{I_-(z)}$$

由式（4-6）及式（4-7）得特性阻抗的一般表达式为

$$Z_0 = \sqrt{\frac{R + j\omega L}{G + j\omega C}} \qquad (4-12)$$

可见特性阻抗 Z_0 通常是个复数，且与工作频率有关。它由传输线自身分布参数决定而与负载及信源无关，故称为特性阻抗。

对于均匀无耗传输线，$R = G = 0$，传输线的特性阻抗为

$$Z_0 = \sqrt{\frac{L}{C}} \qquad (4-13)$$

此时，特性阻抗 Z_0 为实数，且与频率无关。

当损耗很小，即满足 $R \ll \omega L$，$G \ll \omega C$ 时，有

$$Z_0 = \sqrt{\frac{R + j\omega L}{G + j\omega C}} = \sqrt{\frac{L}{C} \left(\frac{1 + \dfrac{R}{j\omega L}}{1 + \dfrac{G}{j\omega C}} \right)} \approx \sqrt{\frac{L}{C}} \qquad (4-14)$$

可见，损耗很小时的特性阻抗近似为实数。

（2）传播常数 γ。传播常数 γ 是描述传输线上导行波沿导波系统传播过程中衰减和相移的参数，通常为复数，由前面分析可知

$$\gamma = \sqrt{(R + j\omega L)(G + j\omega C)} = \alpha + j\beta \qquad (4-15)$$

式中，α 为衰减常数，单位为 dB/m；β 为相移常数，单位为 rad/m。

对于无耗传输线，$R = G = 0$，则 $\alpha = 0$，此时 $\gamma = j\beta$，$\beta = \omega\sqrt{LC}$。

对于损耗很小的传输线，即满足 $R \ll \omega L$，$G \ll \omega C$ 时，有

$$\gamma = j\omega\sqrt{LC} \left(1 + \frac{R}{j\omega L} \right)^{\frac{1}{2}} \left(1 + \frac{G}{j\omega C} \right)^{\frac{1}{2}} \approx \frac{1}{2}(RY_0 + GZ_0) + j\omega\sqrt{LC} \qquad (4-16)$$

于是小损耗传输线的衰减常数 α 和相移常数 β 分别为

$$\left. \begin{array}{l} \alpha = \dfrac{1}{2}(RY_0 + GZ_0) \\[2mm] \beta = \omega\sqrt{LC} \end{array} \right\} \qquad (4-17)$$

（3）相速 v_p 与波长 λ。传输线上的相速定义为电压、电流入射波（或反射波）等相位面沿传播方向的传播速度，用 v_p 来表示。由式（4-8）得等相位面的运动方程为

$$\omega t \pm \beta z = \text{const}$$

其中，"+"号代表波的传播方向为 z 轴的负方向（入射波）；"-"号表示波的传播方向为 z 轴的正方向（反射波），如图 4-1 所示。

上式两边对 t 微分，有

$$v_p = \frac{\mp \mathrm{d}z}{\mathrm{d}t} = \frac{\omega}{\beta} = \frac{1}{\sqrt{LC}} = \frac{C_0}{\sqrt{\varepsilon_r \mu_r}} \qquad (4-18)$$

传输线上的波长 λ 与自由空间的波长 λ_0 有以下关系：

$$\lambda = \frac{2\pi}{\beta} = \frac{v_p}{f} = \frac{\lambda_0}{\sqrt{\varepsilon_r \mu_r}} \qquad (4-19)$$

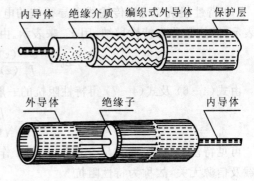

对于均匀无耗传输线来说，由于 β 与 ω 为线性关系，故导行波的相速与频率无关，称为无色散波。当传输线有损耗时，β 不再与 ω 成线性关系，使相速 v_p 与频率 ω 有关，称为色散特性。

5. 同轴线的特性

前面介绍了均匀平行双导线系统的特性阻抗，由于同轴线在飞机上有着较为普遍的应用，这里有必要对同轴线的特性阻抗作深入分析。

同轴线是一种典型的双导体传输系统，它由内外同轴的两个导体柱构成，中间为支撑介

图 4-2　同轴线
(a) 软同轴线；(b) 硬同轴线

质。其中，内外半径分别为 a 和 b，填充介质的磁导率和介电常数分别为 μ 和 ε。同轴线是微波技术中最常见的 TEM 模传输线，分为硬、软两种结构，如图 4-2 所示。硬同轴线是以圆柱形铜棒作内导体，同心的铜管作外导体，内外导体间用介质支撑，这种同轴线也称为同轴波导。软同轴线的内导体一般采用多股铜丝，外导体是铜丝网，在内外导体间用介质填充，外导体网外有一层橡胶保护壳，这种同轴线又称为同轴电缆。

由电磁场理论分析得到同轴线的单位长分布电容和单位长分布电感分别为

$$\left. \begin{array}{l} C = \dfrac{2\pi\varepsilon}{\ln(b/a)} \\[3mm] L = \dfrac{\mu}{2\pi}\ln(b/a) \end{array} \right\} \qquad (4-20)$$

由式(4-13)得其特性阻抗为

$$Z_0 = \sqrt{\frac{L}{C}} = \sqrt{\frac{\mu}{\varepsilon}}\,\frac{\ln(b/a)}{2\pi} \qquad (4-21)$$

设同轴线的外导体接地，内导体上的传输电压为 $U(z)$，取传播方向为 +z，传播常数为 β，则同轴线上电压为

$$U(z) = U_0 e^{-j\beta z} \qquad (4-22)$$

同轴线上电流为

$$I(z) = \frac{U(z)}{Z_0} = \frac{2\pi U_0}{\sqrt{\mu/\varepsilon}\ln(b/a)} e^{-j\beta z} \qquad (4-23)$$

而传输功率为

$$P = \frac{1}{2}\text{Re}[UI^*] = \frac{2\pi U_0^2}{\sqrt{\mu/\varepsilon}\ln(b/a)} \qquad (4-24)$$

下面重点讨论同轴线外半径 b 不变时，改变内半径 a，分别达到耐压最高、传输功率最大及衰减最小三种状态下，它们分别对应的不同阻抗特性。

(1) 耐压最高时的阻抗特性。设外导体接地，内导体接上的电压为 U_m，则内导体表面的电场为

$$E_{\mathrm{a}} = \frac{U_{\mathrm{m}}}{a\ln x} \quad \left(x = \frac{b}{a}\right) \tag{4-25}$$

为达到耐压最大,设 E_{a} 取介质的极限击穿电场,即 $E_{\mathrm{a}} = E_{\max}$,故

$$U_{\max} = a E_{\max} \ln\left(\frac{b}{a}\right) = b E_{\max}\frac{\ln x}{x} \tag{4-26}$$

求 $U_{\max}$ 取极限值,即令 $\dfrac{\mathrm{d}U_{\max}}{\mathrm{d}x} = 0$,可得 $x = 2.72$。这时固定外导体半径的同轴线达到最大电压。此时同轴线的特性阻抗为

$$Z_0 = \frac{\sqrt{\mu/\varepsilon}}{2\pi} \tag{4-27}$$

当同轴线中填充空气时,相应于耐压最大时的特性阻抗为 $60\ \Omega$。

(2) 传输功率最大时的特性阻抗。限制传输功率的因素也是内导体的表面电场,由式(4-24)及式(4-26)得

$$P = P_{\max} = \frac{\pi a^2 E_{\max}^2}{\sqrt{\mu/\varepsilon}}\ln\frac{b}{a} = \frac{\pi b^2 E_{\max}^2}{\sqrt{\mu/\varepsilon}}\frac{\ln x}{x^2} \tag{4-28}$$

式中,$x = b/a$。要使 $P_{\max}$ 取最大值,则 $P_{\max}$ 应满足

$$\frac{\mathrm{d}P_{\max}}{\mathrm{d}x} = 0 \tag{4-29}$$

于是可得 $x = b/a = \sqrt{e} = 1.65$,相应的特性阻抗为

$$Z_0 = \frac{\sqrt{\mu/\varepsilon}}{4\pi} \tag{4-30}$$

当同轴线中填充空气时,相应于传输功率最大时的特性阻抗为 $30\ \Omega$。

(3) 衰减最小时的特性阻抗。同轴线的损耗由导体损耗和介质损耗引起,由于导体损耗远比介质损耗大,这里我们只讨论导体损耗的情形。设同轴线单位长电阻为 R,而导体的表面电阻为 R_{s},两者之间的关系为

$$R = R_{\mathrm{s}}\left(\frac{1}{2\pi a} + \frac{1}{2\pi b}\right) \tag{4-31}$$

由式(4-17)得导体损耗而引入的衰减系数 α_{c} 为

$$\alpha_{\mathrm{c}} = \frac{R}{2Z_0} \tag{4-32}$$

将式(4-31)和式(4-21)代入式(4-32),得

$$\alpha_{\mathrm{c}} = \frac{R_{\mathrm{s}}}{2\sqrt{\mu/\varepsilon}\ln(b/a)}\left(\frac{1}{a} + \frac{1}{b}\right) = \frac{R_{\mathrm{s}}}{2b\sqrt{\mu/\varepsilon}\ln x}(1 + x) \tag{4-33}$$

要使衰减系数 α_{c} 最小,则应满足

$$\frac{\mathrm{d}\alpha_{\mathrm{c}}}{\mathrm{d}x} = 0 \tag{4-34}$$

于是可得 $x\ln x - x - 1 = 0$,即 $x = b/a = 3.59$,此时特性阻抗为

$$Z_0 = \frac{1.278\sqrt{\mu/\varepsilon}}{2\pi} \tag{4-35}$$

当同轴线中填充空气时,相应于衰减最小时的特性阻抗为 $76.7\ \Omega$。

可见,在不同的使用要求下,同轴线应有不同的特性阻抗。实际使用的同轴线的特性阻抗

一般有 $50\ \Omega$ 和 $75\ \Omega$ 两种。$50\ \Omega$ 的同轴线兼顾了耐压、功率容量和衰减的要求,是一种通用型同轴传输线;$75\ \Omega$ 的同轴线是衰减最小的同轴线,它主要用于远距离传输。

以上分析的前提是同轴线在 TEM 模式下工作。实际上要使同轴线工作于 TEM 模式,同轴线的内外半径还应满足以下条件:

$$\lambda_{\min} > \pi(b+a) \tag{4-36}$$

其中,$\lambda_{\min}$ 为最短工作波长。

由上述分析可见,在决定同轴线的内、外直径时,必须同时考虑使用要求和工作模式。

实用中,通常可把传输线看做是无损耗的。因此,下面着重介绍均匀无耗传输线。

三、传输线阻抗与状态参量

传输线上任意一点的电压与电流之比称为传输线在该点的阻抗,它与导波系统的状态特性有关。由于微波阻抗是不能直接测量的,只能借助于状态参量如反射系数或驻波比的测量而获得,为此,引入以下 3 个重要的物理量:输入阻抗、反射系数和驻波比。

1. 输入阻抗

由上一节可知,对无耗均匀传输线,线上各点电压 $U(z)$、电流 $I(z)$ 与终端电压 U_1、终端电流 I_1 的关系如下:

$$\left.\begin{aligned} U(z) &= U_1\cos(\beta z) + jI_1 Z_0\sin(\beta z) \\ I(z) &= I_1\cos(\beta z) + j\frac{U_1}{Z_0}\sin(\beta z) \end{aligned}\right\} \tag{4-37}$$

式中,Z_0 为无耗传输线的特性阻抗;β 为相移常数。

定义传输线上任意一点 z 处的输入电压和输入电流之比作为该点的输入阻抗,记作 $Z_i(z)$,即

$$Z_i(z) = \frac{U(z)}{I(z)} \tag{4-38}$$

由式(4-37)得

$$Z_i(z) = \frac{U_1\cos(\beta z) + jI_1 Z_0\sin(\beta z)}{I_0\cos(\beta z) + j\dfrac{U_1}{Z_0}\sin(\beta z)} = Z_0\frac{Z_1 + jZ_0\tan(\beta z)}{Z_0 + jZ_1\tan(\beta z)} \tag{4-39}$$

式中,Z_1 为终端负载阻抗。

上式表明,均匀无耗传输线上任意一点的输入阻抗与观察点的位置、传输线的特性阻抗、终端负载阻抗及工作频率有关,且一般为复数,故不宜直接测量。另外,无耗传输线上任意相距 $\lambda/2$ 处的阻抗相同,一般称之为 $\lambda/2$ 重复性。

2. 反射系数

定义传输线上任意一点 z 处的反射波电压(或电流)与入射波电压(或电流)之比为电压(或电流)反射系数,即

$$\left.\begin{aligned} \Gamma_u &= \frac{U_-(z)}{U_+(z)} \\ \Gamma_i &= \frac{I_-(z)}{I_+(z)} \end{aligned}\right\} \tag{4-40}$$

由式(4-7)知,$\Gamma_u(z) = -\Gamma_i(z)$,因此只需讨论其中之一即可。通常将电压反射系数简称

为反射系数，并记作 $\Gamma(z)$。

由式(4-7)及式(4-10)并考虑到 $\gamma = j\beta$，有

$$\Gamma(z) = \frac{A_2 e^{-j\beta z}}{A_1 e^{j\beta z}} = \frac{Z_1 - Z_0}{Z_1 + Z_0} e^{-j2\beta z} = \Gamma_1 e^{-j\beta z} \tag{4-41}$$

式中，$\Gamma_1 = \dfrac{Z_1 - Z_0}{Z_1 + Z_0} = |\Gamma_1| e^{j\varphi_1}$，称为终端反射系数。于是任意点反射系数可用终端反射系数表示为

$$\Gamma(z) = |\Gamma_1| e^{j(\varphi_1 - 2\beta z)} \tag{4-42}$$

由此可见，对均匀无耗传输线来说，任意点反射系数 $\Gamma(z)$ 大小均相等，沿传输线只有相位按周期变化，其周期为 $\lambda/2$，即反射系数也具有 $\lambda/2$ 重复性。

3. 输入阻抗与反射系数的关系

由式(4-7)及式(4-40)，得

$$\left.\begin{array}{l} U(z) = U_+(z) + U_-(z) = A_1 e^{j\beta z}\left[1 + \Gamma(z)\right] \\[2mm] I(z) = I_+(z) + I_-(z) = \dfrac{A_1}{Z_0} e^{j\beta z}\left[1 - \Gamma(z)\right] \end{array}\right\} \tag{4-43}$$

于是有

$$Z_i = \frac{U(z)}{I(z)} = Z_0 \frac{1 + \Gamma(z)}{1 - \Gamma(z)} \tag{4-44}$$

式中，Z_0 为传输线特性阻抗。式(4-44)还可以写成

$$\Gamma(z) = \frac{Z_i(z) - Z_0}{Z_i(z) + Z_0} \tag{4-45}$$

由此可见，当传输线特性阻抗一定时，输入阻抗与反射系数有一一对应的关系，因此，输入阻抗 $Z_i(z)$ 可通过反射系数 $\Gamma(z)$ 的测量来确定。

当 $z = 0$ 时，$\Gamma(0) = \Gamma_1$，则终端负载阻抗 Z_1 与终端反射系数 Γ_1 的关系为

$$\Gamma_1 = \frac{Z_1 - Z_0}{Z_1 + Z_0} \tag{4-46}$$

这与式(4-41)得到的结果完全一致。

显然，当 $Z_1 = Z_0$ 时，$\Gamma_1 = 0$，即负载终端无反射，此时传输线上反射系数处处为零，一般称之为负载匹配。而当 $Z_1 \neq Z_0$ 时，负载端就会产生一反射波，向信源方向传播，若信源阻抗与传输线特性阻抗不相等时，则它将再次被反射。

4. 驻波比

由前面分析可知，终端不匹配的传输线上各点的电压和电流由入射波和反射波叠加而成，结果在线上形成驻波。对于无耗传输线，沿传输线各点的电压和电流的振幅不同，以 $\lambda/2$ 周期变化。为了描述传输线上驻波的大小，我们引入一个新的参量 —— 电压驻波比。

定义传输线上波腹点电压振幅与波节点电压振幅之比为电压驻波比，用 ρ 表示，即

$$\rho = \frac{|U|_{max}}{|U|_{min}} \tag{4-47}$$

电压驻波比有时也称为电压驻波系数，简称驻波系数，其倒数称为行波系数，用 K 表示。于是有

$$K = \frac{1}{\rho} = \frac{|U|_{min}}{|U|_{max}} \tag{4-48}$$

由于传输线上电压是由入射波电压和反射波电压叠加而成的,因此电压最大值位于入射波和反射波相位相同处,而最小值位于入射波和反射波相位相反处,即有

$$\left.\begin{array}{l} |U|_{\max} = |U_+| + |U_-| \\ |U|_{\min} = |U_+| - |U_-| \end{array}\right\} \tag{4-49}$$

将式(4-49)代入式(4-47),并利用式(4-40),得

$$\rho = \frac{1 + |U_-| / |U_+|}{1 - |U_-| / |U_+|} = \frac{1 + |\Gamma_1|}{1 - |\Gamma_1|} \tag{4-50}$$

于是,$|\Gamma_1|$ 可用 ρ 表示为

$$|\Gamma_1| = \frac{\rho - 1}{\rho + 1} \tag{4-51}$$

由此可知,当 $|\Gamma_1| = 0$ 时,即传输线上无反射时,驻波比 $\rho = 1$;而当 $|\Gamma_1| = 1$ 即传输线上全反射时,驻波比 $\rho \to \infty$,因此驻波比 ρ 的取值范围为 $1 \leqslant \rho < \infty$。可见,驻波比和反射系数都可用来描述传输线的工作状态。

四、无耗传输线的状态分析

对于无耗传输线,负载阻抗不同则波的反射也不同;反射波不同则合成波也不同;合成波的不同意味着传输线有不同的工作状态。归纳起来,无耗传输线有 3 种不同的工作状态:行波状态、纯驻波状态、行驻波状态。下面分别讨论之。

1. 行波状态

行波状态就是无反射的传输状态,此时反射系数 $\Gamma_1 = 0$,而负载阻抗等于传输线的特性阻抗,即 $Z_1 = Z_0$,也可称此时的负载阻抗为匹配阻抗。处于行波状态的传输线上只存在一个由信源传向负载的单向行波,此时传输线上任意一点的反射系数 $\Gamma(z) = 0$,将之代入式(4-26)就可得行波状态下传输线上的电压和电流为

$$\left.\begin{array}{l} U(z) = U_+(z) = A_1 e^{j\beta z} \\ I(z) = I_+(z) = \dfrac{A_1}{Z_0} e^{j\beta z} \end{array}\right\} \tag{4-52}$$

设 $A_1 = |A_1| e^{j\varphi_0}$,考虑到时间因子 $e^{j\omega t}$,则传输线上电压、电流瞬时表达式为

$$\left.\begin{array}{l} u(z,t) = |A_1| \cos(\omega t + \beta z + \varphi_0) \\ i(z,t) = \dfrac{|A_1|}{Z_0} \cos(\omega t + \beta z + \varphi_0) \end{array}\right\} \tag{4-53}$$

此时传输线上任意一点 z 处的输入阻抗为

$$Z_i(z) = Z_0$$

综上所述,对无耗传输线的行波状态有以下结论:

(1)沿线电压和电流振幅不变,驻波比 $\rho = 1$;

(2)在任意点上电压和电流都同相;

(3)传输线上各点阻抗均等于传输线特性阻抗。

2. 纯驻波状态

纯驻波状态就是全反射状态,也即终端反射系数 $|\Gamma_1| = 1$。在此状态下,由式(4-46),负载阻抗必须满足

$$\left| \frac{Z_1 - Z_0}{Z_1 + Z_0} \right| = | \Gamma_1 | = 1 \tag{4-54}$$

由于无耗传输线的特性阻抗 Z_0 为实数,因此要满足式(4-54),负载阻抗必须为短路 ($Z_1 = 0$)、开路($Z_1 \to \infty$)或纯电抗($Z_1 = jX_1$)3 种情况之一。在上述 3 种情况下,传输线上入射波在终端将全部被反射,沿传输线入射波和反射波叠加都形成纯驻波分布,惟一的差异在于驻波的分布位置不同。下面以终端短路为例分析纯驻波状态。

终端负载短路时,即负载阻抗 $Z_1 = 0$,终端反射系数 $\Gamma_1 = -1$,而驻波系数 $\rho \to \infty$,此时,传输线上任意点 z 处的反射系数为 $\Gamma(z) = -e^{-j2\beta z}$,将之代入式(4-43)并经整理,得

$$\left. \begin{aligned} U(z) &= j2A_1 \sin \beta z \\ I(z) &= \frac{2A_1}{Z_0} \cos \beta z \end{aligned} \right\} \tag{4-55}$$

设 $A_1 = | A_1 | e^{j\varphi_0}$,考虑到时间因子 $e^{j\omega t}$,则传输线上电压、电流瞬时表达式为

$$\left. \begin{aligned} u(z,t) &= 2 | A_1 | \cos\left(\omega t + \varphi_0 + \frac{\pi}{2}\right) \sin \beta z \\ i(z,t) &= \frac{2 | A_1 |}{Z_0} \cos(\omega t + \varphi_0) \cos \beta z \end{aligned} \right\} \tag{4-56}$$

此时传输线上任意一点 z 处的输入阻抗为

$$Z_i(z) = jZ_0 \tan \beta z \tag{4-57}$$

对无耗传输线终端短路的情形有以下结论:

(1) 沿传输线各点电压和电流振幅按余弦变化,电压和电流相位差 $90°$,功率为无功功率,即无能量传输。

(2) 在 $z = n\lambda/2$ ($n = 0,1,2,\cdots$) 处电压为零,电流的振幅最大且等于 $2 | A_1 |/Z_0$,这些位置称为电压波节点,在 $z = (2n+1)\lambda/4$ ($n = 0,1,2,\cdots$) 处,电压的振幅值最大且等于 $2 | A_1 |$,而电流为零,这些位置称为电压波腹点。

(3) 传输线上各点阻抗为纯电抗,在电压波节点处 $Z_i = 0$,相当于串联谐振,在电压波腹点处 $| Z_i | \to \infty$,相当于并联谐振;在 $0 < z < \lambda/4$ 内,$Z_i = jX$ 相当于一个纯电感;在 $\lambda/4 < z < \lambda/2$ 内,$Z_i = -jX$ 相当于一个纯电容,从终端起每隔 $\lambda/4$ 阻抗性质就变换一次,这种特性称为 $\lambda/4$ 阻抗变换性。

根据同样的分析,终端开路时传输线上的电压和电流也呈纯驻波分布,因此也只能存储能量而不能传输能量。在 $z = n\lambda/2$ ($n = 0,1,2,\cdots$) 处为电压波腹点,而在 $z = (2n+1)\lambda/4$ ($n = 0,1,2,\cdots$) 处为电压波节点。实际上终端开口的传输线并不是开路传输线,因为在开口处会有辐射,所以理想的终端开路线是在终端开口处接上 $\lambda/4$ 短路线来实现的。

当均匀无耗传输线终端接纯电抗负载 $Z_1 = \pm jX$ 时,因负载不能消耗能量,仍将产生全反射,入射波和反射波振幅相等,但此时终端既不是波腹也不是波节,沿传输线电压、电流仍按纯驻波分布。由前面分析可得,小于 $\lambda/4$ 的短路线相当于一个纯电感,因此当终端负载为 $Z_1 = jX_1$ 的纯电感时,可用长度小于 $\lambda/4$ 的短路线 l_{sl} 来代替。由式(4-57)得

$$l_{sl} = \frac{\lambda}{2\pi} \arctan\left(\frac{X_1}{Z_0}\right) \tag{4-58}$$

同理可得,当终端负载为 $Z_1 = -jX_c$ 的纯电容时,可用长度小于 $\lambda/4$ 的开路线 l_{oc} 来代替(或用长度为大于 $\lambda/4$ 小于 $\lambda/2$ 的短路线来代替),其中

$$l_{oc} = \frac{\lambda}{2\pi} \text{arccot}\left(\frac{X_c}{Z_0}\right) \tag{4-59}$$

总之,处于纯驻波工作状态的无耗传输线,沿传输线各点电压、电流在时间和空间上相位差均为 $\pi/2$,故它们不能用于微波功率的传输;但因其输入阻抗的纯电抗特性,在微波技术中却有着非常广泛的应用。

3. 行驻波状态

当微波传输线终端接任意复数阻抗负载时,由信源入射的电磁波功率一部分被终端负载吸收,另一部分则被反射,因此传输线上既有行波又有驻波,构成混合波状态,故称为行驻波状态。

设终端负载为 $Z_1 = R_1 \pm jX_1$,由式(4-41)得终端反射系数为

$$\Gamma_1 = \frac{Z_1 - Z_0}{Z_1 + Z_0} = \frac{R_1 \pm jX_1 - Z_0}{R_1 \pm jX_1 + Z_0} = |\Gamma_1| e^{\pm j\varphi_1} \tag{4-60}$$

式中 $\qquad |\Gamma_1| = \sqrt{\dfrac{(R_1 - Z_0)^2 + X_1^2}{(R_1 + Z_0)^2 + X_1^2}}, \quad \varphi_1 = \arctan\dfrac{2X_1 Z_0}{R_1^2 + X_1^2 - Z_0^2}$

由式(4-43)可得传输线上各点电压、电流的时谐表达式为

$$\left.\begin{array}{l} U(z) = A_1 e^{j\beta z}[1 + \Gamma_1 e^{-j2\beta z}] \\[2mm] I(z) = \dfrac{A_1}{Z_0} e^{j\beta z}[1 - \Gamma_1 e^{-j2\beta z}] \end{array}\right\} \tag{4-61}$$

设 $A_1 = |A_1| e^{j\varphi_0}$,则传输线上电压、电流的模值为

$$\left.\begin{array}{l} |U(z)| = |A_1|[1 + |\Gamma_1|^2 + 2|\Gamma_1|\cos(\varphi_1 - 2\beta z)]^{1/2} \\[2mm] |I(z)| = \dfrac{|A_1|}{Z_0}[1 + |\Gamma_1|^2 - 2|\Gamma_1|\cos(\varphi_1 - 2\beta z)]^{1/2} \end{array}\right\} \tag{4-62}$$

传输线上任意点输入阻抗为复数,其表达式为

$$Z_i(z) = Z_0 \frac{Z_1 + jZ_0\tan(\beta z)}{Z_0 + jZ_1\tan(\beta z)} \tag{4-63}$$

讨论:

(1) 当 $\cos(\varphi_1 - 2\beta z) = 1$ 时,电压幅度最大,而电流幅度最小,此处称为电压的波腹点,对应位置为

$$z_{max} = \frac{\lambda}{4\pi}\varphi_1 + n\frac{\lambda}{2} \qquad (n = 0, 1, 2, \cdots)$$

该处相应的电压、电流分别为

$$\left.\begin{array}{l} |U|_{max} = |A_1|[1 + |\Gamma_1|] \\[2mm] |I|_{min} = \dfrac{|A_2|}{Z_0}[1 - |\Gamma_1|] \end{array}\right\} \tag{4-64}$$

于是可得电压波腹点阻抗为纯电阻,其值为

$$R_{max} = Z_0 \frac{1 + |\Gamma_1|}{1 - |\Gamma_1|} = Z_0\rho \tag{4-65}$$

(2) 当 $\cos(\varphi_1 - 2\beta z) = -1$ 时,电压幅度最小,而电流幅度最大,此处称为电压的波节点,对应位置为

$$z_{min} = \frac{\lambda}{4\pi}\varphi_1 + (2n \pm 1)\frac{\lambda}{4} \qquad (n = 0, 1, 2, \cdots)$$

该处相应的电压、电流分别为

$$|U|_{\min} = |A_1|[1-|\Gamma_1|] \atop |I|_{\max} = \frac{|A_1|}{Z_0}[1+|\Gamma_1|] \Bigg\}$$ (4-66)

该处的阻抗也为纯电阻，其值为

$$R_{\min} = Z_0 \frac{1-|\Gamma_1|}{1+|\Gamma_1|} = \frac{Z_0}{\rho}$$ (4-67)

可见电压波腹点和波节点相距 $\lambda/4$，且两点阻抗有如下关系：

$$R_{\max}R_{\min} = Z_0^2$$

实际上，无耗传输线上距离为 $\lambda/4$ 的任意两点处阻抗的乘积均等于传输线特性阻抗的平方，这种特性称之为 $\lambda/4$ 阻抗变换性。

综合上述 3 种情况，对无耗传输线来说，其传输特性均有 $\lambda/2$ 重复性和 $\lambda/4$ 变换性。

五、传输线的应用及维护基础

在机载电子设备中，传输线除了用做高频馈线外，还在其他方面获得了广泛的应用。

1. 射频馈线

机载无线电设备的射频馈线通常都是软性的同轴线。用做馈线的传输线应尽可能在匹配状态下工作。为此，一方面应使终端负载阻抗等于传输线的特性阻抗，另一方面又应使传输线的特性阻抗等于或尽可能接近信号源的输出阻抗，以尽可能使驻波系数接近于 1。

在对馈线的维护中应注意以下几点：

（1）不能随意更换馈线。前面已经说明，同轴线或其他类型馈线的线径、间距及长度的变化，都会导致阻抗的变化，影响阻抗匹配。因此，在需要更换时应更换参数相同、长度相同的馈线。

（2）应保持馈线电缆头处的接触良好，应无锈蚀、松动及水分。

（3）在用卡箍固定馈线时，不应过分卡紧，以免使同轴线内、外导体之间的距离改变。

（4）需要弯曲时，弯曲半径应大于馈线直径的 10 倍。

2. 用做电抗性元件或振荡回路

由前可知，不同长度的开路传输线和短路传输线的输入阻抗呈现为不同的纯电抗，因此可作为电感或电容来使用。由于短路传输线便于调节，所以常用短路传输线作为可调的电抗元件。

长度为 1/4 波长的短路传输线等效为并联振荡回路，因此，在一些无线电高度表中，即用短路传输线作为振荡回路，微调其长度即可微调振荡频率。

3. 用做金属绝缘支架

1/4 波长短路线的输入阻抗为无穷大，因此当它与主传输线并联时，不会影响主传输线上的信号传播，相当于绝缘支架。一些飞机的无线电高度表的天线支架，就是这样的金属支架。

利用 1/4 波长短路线输入阻抗无限大这一特性，还可制成波导中的扼流槽，设置雷达收发装置中的放电管等。

4. 延迟线与仿真线

传输线上分布电感与分布电容的存在，使得电磁波只能以一定的速度在线上传播，因而可以利用传输线作为延迟线,例如无线电高度表检查仪中的延迟电缆。

传输线的分布参量 L_0,C_0 很小,延迟时间极短,因此在实际应用中,往往利用集中参数元件来代替传输线,称为仿真线。

在一些雷达设备中,用仿真线来控制脉冲的宽度。在一些测距机中,仿真线被用来延迟脉冲。

第二节　天线基础

天线是用来辐射和接收无线电波的装置,它的选择与设计是否合理,对整个无线电通信系统的性能有很大的影响,若天线设计不当,就可能导致整个系统不能正常工作。

实质上,天线是一个转换器,它把高频电流形式(或导波形式)的能量转换为同频率的电磁波能量,或反之。因此,在利用无线电波进行工作的一切电子工程,特别是雷达、导航等系统中,天线是必不可少的重要设备之一。

一、天线分类

天线的种类繁多,天线的分类方法不一。按用途分为广播天线、电视天线、雷达天线、导航天线等;按工作波长分为长、中、短波天线、超短波天线和微波天线等;按使用方法分为发射天线、接收天线和收发共用天线等;按方向特性分为强、弱方向性天线、定向天线、全向天线等;按极化特性分为线极化天线(垂直极化、水平极化)、圆极化(左旋和右旋圆极化)天线、椭圆极化天线等;按频率特性分为窄、宽和超宽频带天线等;个别时候还按馈电方式分为对称天线、不对称天线、驻波天线和行波天线等;但更多的是按结构分为线天线和面天线两大类;再由天线外形形状又分为 T 形、P 形、V 形天线、菱形天线、螺旋天线、环行天线、喇叭天线、反射抛物面天线以及微带天线、单脉冲天线和相控阵天线等。

二、天线的电参量

天线质量的优劣取决于天线的性能,通常表示天线各种性能的电参量为:

(1)辐射功率 P_r。表示天线向空间辐射的电磁波功率。P_r 是发射机输入到天线的功率 P_i 与天线中损耗的功率 P_1 之差,即 $P_r = P_i - P_1$。

(2)天线效率。表示辐射功率与输入到天线的总功率之比。

(3)方向性。表示天线向一定方向集中辐射电磁波的能力,即定向辐射的能力,常用下列参数判断:

1)方向性图。表示天线在不同方向上辐射场的相对大小,即场强与方向间的关系。

2)主瓣宽度。半功率点上的主花瓣宽度(以角度计)。

3)方向性系数 D。天线的方向性系数天线在最大辐射方向的电场强度值的平方与辐射功率相同的各向均匀辐射天线电场强度值平方之比,即最大辐射方向的功率通量密度与辐射功率相同的各向均匀天线的辐射功率通量密度之比。

4)增益系数 G。增益系数是方向性系数与效率的乘积。如果把效率为1的无方向性天线称为理想的无方向性天线,那么天线的增益系数表示天线在最大辐射方向上比起理想的无方向性天线来说,其输入功率增大的倍数。

（4）频带宽度。当工作频率变化时,天线的各种电参数不超过允许变动值的频率范围,称为天线的频带宽度。

（5）输入阻抗。天线在馈电点的电压与电流的比值等于输入阻抗。要使天线从馈线得到最大功率必须使天线和馈线匹配良好,即天线的输入阻抗须等于馈线的特性阻抗。

（6）极化。极化是指电场矢量在空间的取向。天线的极化是指在最大辐射方向上的电场矢量的取向。天线的极化必须和它辐射的电磁波的极化一致。电磁波的电场垂直地面时称为垂直极化,与地面平行时称为水平极化,电磁波有左旋或右旋圆极化,也有左旋或右旋椭圆极化,与此相应的天线称为垂直极化天线、水平极化天线、左旋或右旋圆极化天线、左旋或右旋椭圆极化天线。接收天线和发射天线的极化方向必须一致,否则将影响接收效果。

除此之外,天线还有一些电参数,如天线的有效面积、表面利用系数等。

对于任何天线,实际上都有一些共同要求:如机械强度牢固、使用可靠、尺寸小、重量轻、天馈系统匹配良好、结构简单易调整、使用安全、安装时间短、成本低等。

第三节　电波传播

一般情况下,将电波传播方式分为天波传播、地面波传播、视距传播、不均匀媒质传播等,如图4-3所示。其中图4-3(a)表示天波传播方式,图4-3(b)表示地面波传播方式,图4-3(c)表示视距传播方式,图4-3(d)表示不均匀媒质传播方式。为建立电波传播的基本概念,本节首先介绍无线电波在自由空间的传播及传输媒质对电波传播的影响,然后再对上述几种具体的传输方式加以说明。

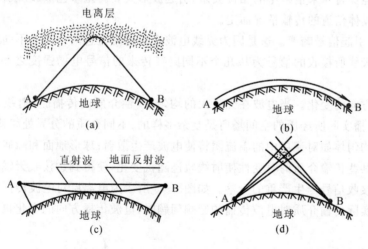

图4-3　电波传播方式
(a)天波;(b)地面波;(c)空间波;(d)散射波

一、无线电波传播的基本概念

1. 无线电波在自由空间的传播

在空间传播的交变电磁场称为电磁波,通常将频率在300 000 MHz以下的电磁波称为无线电波。当把射频信号加至天线输入端时,天线就可以有效地把射频信号所包含的电磁能量辐射到空间中去。即发射机所产生的射频能量通过天线转化成为空间电磁波。

空间电磁波是由天线上的射频信号形成的,其变化规律取决于射频信号的变化规律。当天线射频电流按正弦规律变化时,空间各点的电场强度和磁场强度随之按正弦规律变化,并且在其传播方向上也按正弦规律分布。

2. 传输媒质对电波传播的影响

(1)传输损耗。电波在实际的媒质(信道)中传播时是有能量损耗的。这种能量损耗可能是由于大气对电波的吸收或散射引起的,也可能是由于电波绕过球形地面或障碍物的绕射而引起的。

(2)衰落现象。所谓衰落,一般是指信号电平随时间的随机起伏。根据引起衰落的原因分类,大致可分为吸收型衰落和干涉型衰落。

吸收型衰落主要是由于传输媒质电参数的变化,使得信号在介质中的衰减发生相应的变化而引起的。由这种原因引起的信号电平的变化较慢,所以称为慢衰落。

干涉型衰落主要是由随机多径干涉现象引起的。这种原因引起的信号电平的变化很快,所以称为快衰落。

(3)传输失真。无线电波在介质中传输时,除产生传输损耗外,还会产生失真——振幅失真和相位失真。产生失真的原因有两个:一是介质的色散效应,二是随机多径传输效应。

色散效应是由于不同频率的无线电波在介质中的传播速度有差别而引起的信号失真。载有信号的无线电波都占有一定频带,当电波通过介质传播到达接收点时,由于各频率成分传播速度不同,因而不能保持原来信号中的相位关系,引起波形失真。至于色散效应引起信号畸变的程度,则要结合具体信道的传输情况而定。

多径传输也会引起信号畸变。这是因为无线电波在传播时通过两个以上不同长度的路径到达接收点,接收天线所接收的信号为从几个不同路径传来的信号电场强度之和,如图4-4所示。

(4)电波传播方向的变化。当电波在无限大的均匀、线性介质内传播时,射线是沿直线传播的。然而电波传播实际所经历的空间场所是复杂多样的:不同介质的分界处将使电波折射、反射;介质中的不均匀体如对流层中的湍流团将使电波产生散射;球形地面和障碍物将使电波产生绕射;特别是某些传输介质的时变性使射线轨迹随机变化,使得到达接收天线处的射线入射角随机变化,使接收信号产生严重的衰落。如图4-5所示为电离层对电波传播的影响。

因此,在研究实际传输介质对电波传播的影响问题时,电波传播方向的变化也是重要内容之一。

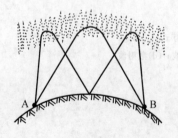

图4-4　电波传播的多径效益

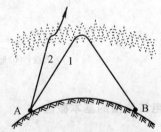

图4-5　电离层对电波的折射作用

二、天波传播

天波传播通常是指自发射天线发出的电波在高空被电离层反射后到达接收点的传播方式,有时也称电离层电波传播,主要用于中波和短波波段。

天波传播有以下特点:

(1)频率的选择很重要,频率太高,电波会穿透电离层射向太空;频率太低,电离层吸收太大,以至不能保证必要的信噪比。

(2)天波传播的随机多径效应严重,多径时延较大,信道带宽较窄。因此,对传输信号的带宽有很大限制,特别是对数字通信来说,为了保证通信质量,在接收时必须采用相应的抗多径措施。

(3)天波传播不太稳定,衰落严重,在设计电路时必须考虑衰落影响,使电路设计留有足够的电平余量。

(4)电离层所能反射的频率范围是有限的,一般是短波范围。由于波段范围较窄,因此短波电台特别拥挤,电台间的干扰很大,尤其是夜间,由于电离层吸收减少,电波传播条件有所改善,台间干扰更大。

(5)由于天波传播是靠高空电离层的反射,因而受地面的吸收及障碍物的影响较小,所以这种传输方式的传输损耗较小,因此能以较小功率进行远距离通信。

(6)天波通信,尤其是短波通信,建立迅速,机动性好,设备简单,是短波天波传播的优点之一。

三、地面波传播

无线电波沿地球表面传播的传播方式称为地面波传播。其特点是:

(1)地面波传播主要用于长、中波传播。当短波小型电台采用这种传播方式工作时,只能进行几千米或十几千米的近距离通信。海水的电导率比陆地的高,因此在海面上要比在陆地上传的远得多。

(2)地面波由于地表面的电性能及地貌、地物等并不随时间很快地变化,并且基本上不受气候条件的影响,因此信号稳定,这是其突出优点。

(3)只有垂直极化波才能进行地面波传播。

四、视距传播

所谓视距传播,是指发射天线和接收天线处于视线距离内的传播方式。它主要用于超短波和微波波段的电波传播。其特点为:

(1)当工作波长和收、发天线间距都不变时,接收点场强随天线高度的变化而在零值与最大值之间波动。

(2)当工作波长和两天线高度都不变时,接收点场强随两天线间距的增大而呈波动变化,间距减小,波动范围减小。

(3)当两天线高度和间距都不变时,接收点场强随工作波长呈波动变化。

五、不均匀介质的散射传播

当电波在低空对流层或高空电离层下缘遇到不均匀的"介质团"时就会发生散射,散射波只有一部分到达接收天线处。这种传播方式称为不均匀介质的散射传播。散射传播具有以下特点:

(1)由于传输损耗很大,散射波相当微弱,因此散射通信要采用大功率发射机,高灵敏度接收机和高增益天线。

(2)由于散射体是随机变化的,它们之间在电性能上是相互独立的,因而它们对接收点的场强影响是随机的。这种随机多径传播现象,使信号产生严重的快衰落。

(3)这种传播方式的优点是:容量大、可靠性高、保密性好,一般用于无法建立微波中继站的地区,如用于海岛之间或跨越湖泊、沙漠、雪山等地区。

习　题

1. 何谓微波? 微波有何特点?

2. 设一特性阻抗为 $50\ \Omega$ 的均匀传输线终端接负载 $R=100\ \Omega$,求负载反射系数 Γ。在离负载 0.2λ,0.5λ 处的输入阻抗及反射系数分别为多少?

3. 试证明无耗传输线上任意相距 $\lambda/4$ 的两点处的阻抗的乘积等于传输线特性阻抗的平方。

4. 什么是衰落? 简述引起衰落的原因。

5. 试分析夜晚听到的电台数目多且杂音大的原因。

6. 什么是视距传播和天波传播? 分别简述其特点。

7. 什么是传输失真? 简述引起传输失真的原因。

8. 简述天线的功能。

9. 从接收角度讲,对天线的方向性有哪些要求?

10. 传输线主要有哪几种? 它们的特点分别是什么?

11. 对传输线的基本要求是什么?

第五章 通信系统

第一节 通信系统的用途与分类

一般客机的通信系统用于和地面电台或和其他飞机进行通信联络，以及在飞机内机组人员之间进行通话、向旅客传送话音和娱乐音频信号。

通信系统包括高频通信（HF）、甚高频通信（VHF）、选择呼叫（SELCAL）、客舱广播（PA）、飞行内话、旅客娱乐（录像、电视、音乐）、旅客服务、勤务内话、客舱内话和话音记录系统，如图5-1所示。

高频通信系统用于飞机与地面电台或与其他飞机之间进行调幅和单边带通信联络。它的传播特性适用于远距离通信，频率范围为2～29.999 MHz。

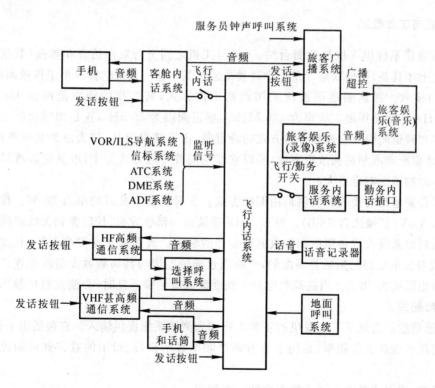

图5-1 通信系统方框图

甚高频通信系统用于视线距离内的调幅通话联络，频率范围为118～136 MHz。

选择呼叫系统是供地面人员向某一指定的飞机进行呼叫的机载译码设备。地面发出的音频信号通过所选用的高频通信系统或甚高频通信系统传输到飞机上，并以灯光和音响告知驾驶员地面台的呼叫信息。

客舱广播系统供驾驶员或机上服务员通过客舱喇叭向旅客进行广播和播放音乐。

旅客娱乐系统用于向旅客放映录像、电视以及传送伴音信号。录像、电视伴音信号和客舱广播及音乐节目均通过多路调制送往每个旅客的耳机。

旅客娱乐系统的音乐部分用于将事先录好的音乐通过系统的耳机传送给旅客。

旅客服务系统可使每个旅客通过该系统呼叫服务员和开/关装在头顶上的阅读灯。

勤务内话供机组成员和地勤人员进行联络，以及飞机各维护点之间的联络。

客舱内话系统是可以完成多个站位，全部自动的按钮拨号电话，它给驾驶员和服务员提供最大的机内通话能力，它能把驾驶员或服务员的呼叫自动转换到所呼叫的站位，并可通过客舱广播系统对旅客进行广播，它还有自动呼叫优先顺序及广播优先顺序电路，这样就可优先传递紧急的信号，例如驾驶舱超控服务员进行重要广播。

驾驶舱话音记录器用于记录机组人员与地面的通信和驾驶舱内的谈话情况，供飞机出现问题时作参考。

第二节　甚高频通信系统

一、组成与工作概况

甚高频通信系统供飞机与地面台站、飞机与飞机之间进行双向话音和数据（数据功能仅在新型飞机上才具备）通信联络。每一个驾驶员通过其中任一系统选择一个工作频率后，即可进行发射和接收。甚高频通信系统采用调幅工作方式，其工作的频率范围由 118.000～151.975 MHz（实际使用最大频率为 136 MHz），频道间隔为 25 kHz，这是国际民航组织规定的频率范围和频道间隔。甚高频传播方式的特点是：由于频率很高，其表面波衰减很快，传播距离很近，通信距离限制在视线距离内，所以它以空间波传播方式为主；电波受对流层的影响大；受地形，地物的影响也很大。

一般甚高频通信的接收和发射都用调幅方式。发射机最小发射功率为 20 W。接收机灵敏度为输入 3 μV（信噪比为 6 dB）。每套 VHF 系统由一部收发机、控制盒和天线组成。

甚高频通信系统天线是辐射和接收射频信号的装置。天线通常是刀型天线，长度通常为12 in。天线与发射电路的阻抗是匹配的，天线通过同轴电缆与甚高频收发组件相连。甚高频发射机的输出阻抗为 50 Ω。当甚高频电台天线受潮或者绝缘不良时，会使发射机输出功率降低，通信距离缩短。

VHF 通信控制盒保证了收发机的正常工作和为测试系统提供输入。它包括以下部分：两个同轴旋钮用于选择工作频率；旋钮上方两个频率显示窗，从指示的数字就可知道所选的频率。

转换开关：用以选择两个预选频率中的一个频率。

试验按钮：用于检查接收机工作是否正常。当按下按钮时，静噪门限电压降低，即噪声抑制电路不起作用，耳机内能听到噪声，用以测试接收机。

有的控制盒上还有工作频率指示灯,如果指示灯亮,表示灯下面窗内所选频率为当时收发机所用工作频率。

VHF 收发机的前面板上装有一个"静噪断开"按钮,它与控制盒上的试验开关并联,此外还有"耳机"、"话筒"两个插孔。静噪按钮供操作者通过操作静噪控制电路来测试接收机。两个插孔用于在不使用内话系统的情况下直接测试收发机。面板上还有一个"发射功率"指示灯。当输出功率超过 10 W 时,指示灯亮,当发射机受到调制时,指示灯亮。在最新生产的收发机上,用功率/电压驻波比指示器和功率指示器控制开关代替了发射功率指示灯。功率/电压驻波比指示器是一个两位数字的七段发光二极管显示器,它根据功率指示器控制开关的位置进行显示。反向、正向分别表示反向功率、电压驻波比和正向功率读数。

甚高频系统与飞机其他系统交连和供电情况如图 5-2 所示,各部件外形图如图 5-3 所示。

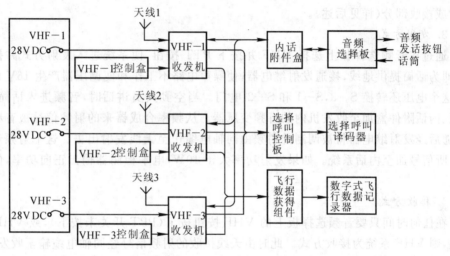

图 5-2 甚高频系统的供电和与其他系统的交连

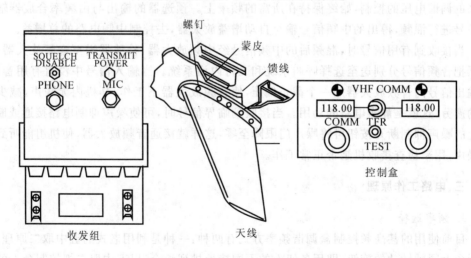

图 5-3 甚高频系统各部件外形图

二、甚高频信号的发送与接收

图 5-4 示出了甚高频通信系统和其他有关系统的联系,包括控制盒、收发机和天线的连接以及与内话附件盒、音频选择板、话筒、耳机的连接情况,同时还有与选择呼叫、飞行数据记录器的连接情况。现说明收发机在接收或发射状态的工作情况。

1. 电源

收发机所需的 28 V 直流电压由汇流条提供。28 V 直流电压用于收发机内部并加到电压调节器,当按下 PTT 发话按钮时,电压调节器为发射机提供 16 V 直流电压。

2. 频率选择

频率选择是用控制盒上的两个同轴转动的旋钮完成的。旋钮利用五中取二原理为频率合成器提供两根地线,而频率合成器把五中取二的信息提供给调谐电压并产生相应的频率加至发射或接收部分(详见后述)。

3. 发射方式

通过在音频选择板上选择 VHF 并按下 PTT 按钮,使系统进入发射方式并提供各种控制,即为话筒提供地线,接通发射继电器,使噪声电路不工作和使调压器产生 16V 话筒直流电压,这个电压还转换 S—3,S—1 和 S—2 电门。当空勤人员讲话时,音频进入话筒,经音频选择板、内话附件盒加至收发机内的音频变压器。从频率合成器来的射频信号被音频调制并放大,随后经发射继电器将被调制的射频由同轴电缆送至天线发射出去。这个射频还被检测作为自听信号加至内话系统。如果发射功率大于 10W,电平检测器输出正向功率,使发射功率灯亮。

4. 接收方式

在任何时间只要音频选择板上的 VHF 按钮按下(PPT 开关未按下),或 VHF 收听开关接通,则 VHF 系统为接收方式。此时由天线接收的射频信号经同轴电缆输至收发机,随后经过收发转换开关的常通触点到接收部分。射频信号先加至射频预选回路,此回路受频率合成器来的调谐电压的控制,始终保持在所需的频率上。预选器的输出与由频率合成器输出的本振信号进行混频,得出的中频信号输至自动增益放大器,去控制中频电路的总增益。

当接收到有用信号时,混频后的中频信号经中频放大器、检波器送至音频放大器,音频放大器把音频信号分别送至选择呼叫系统和飞行内话系统。当输入信号中没有有用音频时,中频输出信号向音频放大器加一个截止偏压,使音频放大器不工作,耳机内无噪声,减少了驾驶员的疲劳,这就是静噪电路的功用。当接收到临界信号时,可使噪声抑制电路接通或断开。面板上的噪声抑制断开按钮可将噪声门限降至零,这样就接通音频放大器,使机组能听到接收机的噪声,用来检查接收机是否正常工作。

三、电路工作原理

1. 频率选择

目前使用的甚高频控制盒调谐频率方式有两种:一种是利用老式的五中取二原理,它是用控制盒上同轴转动的旋钮,即用各钮上的不同接地排列组合,以五中取二把控制盒上的十进制频率转换成二进制的逻辑去控制收发机内的译码器和可变分频器达到调谐的目的;另一种新式的调谐方式是在控制盒内通过五中取二方法把十进制频率转换为 BCD 码,再把 BCD 码转

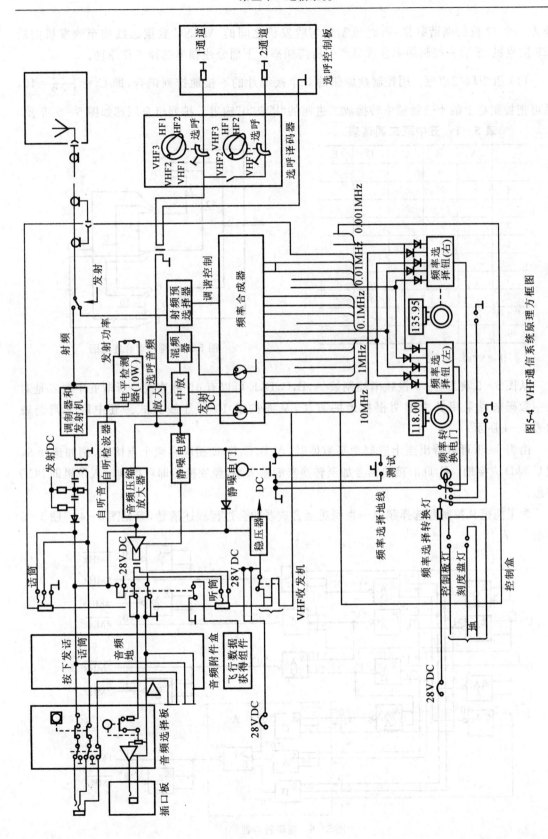

图5-4 VHF通信系统原理方框图

换为一个 32 位的调谐数据,再经控制盒与收发机之间的 ARINC 数据总线加至收发机内的429 接收机,最后去控制频率合成器产生所需频率。下面分述频率选择工作原理。

(1) 五中取二原理。用控制盒旋钮的 5 个接线片的不接地排列组合,即 $C_5^2 = \dfrac{5 \times 4}{1 \times 2} = 10$,就可把控制盒上的十进制频率转换成二进制的"1"或"0"输出。排列组合原理如图 5-5 所示。

表 5-1　五中取二调谐表

	A	B	C	D	E
0		×			×
1	×	×			
2	×		×		
3		×	×		
4		×		×	
5			×	×	
6			×		×
7				×	×
8	×			×	
9	×				×

注:"×"表示接地。

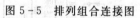

图 5-5　排列组合连接图

从图 5-5 看出,用 5 根频率控制线 A,B,C,D,E 可以有 10 种连线。所谓五中取二是对某一数码来说采用其中哪两根接地的方法,从而构成 10 种连线方式。五中取二调谐表如表 5-1 所示。

由表 5-1 可以看出当十进制为某数值时,A,B,C,D,E 相应有两个点接地,例如选择 5,则 C,D 应接地。C,D 的接地信号加至转换器的输入端,经变换后即可得到输入逻辑即 BCD信息。

为了能把从控制盒选择频率一直到送至合成器的全过程叙述清楚,参见图 5-4 、图 5-6和图 5-7。

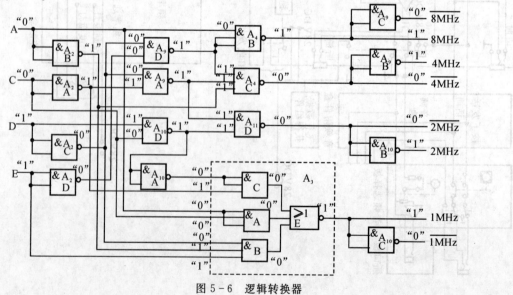

图 5-6　逻辑转换器

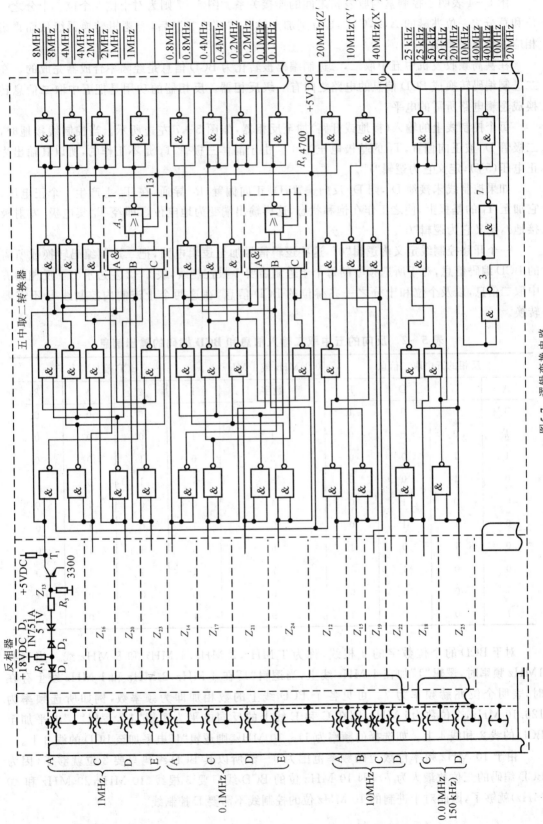

图5-7　逻辑变换电路

　　图 5-4 表明了控制盒与收发机之间的连接关系。图 5-7 则为对十位、个位、十分之一位和百分之一位兆赫的 A,B,C,D,E 分别加上输入("0"或"1")后,经逻辑转换器级从而得出相应的输出逻辑图。

　　在甚高频收发机中五中取二,二进制编码被转化为 BCD 信息是经频率合成器完成的。在二进制编码转换成 BCD 信息的电路之间有一级反相器。反相器的功用是把五中取二信息转换成逻辑电路所需的电平。

　　每个控制线上的输入(接地或开路)加至反相器,如图 5-7 左边所示。当控制线接地时,二极管 D_1 被正向偏置,T_1 的基极电压为 0 。由于晶体三极管 T_1 是不工作的,所以其输出为正电压(5V),定义它为逻辑"1"。

　　如果控制线未接地 D_1,则 D_2 反向偏置,D_3 正向偏置,R_3 导通,在 T_1 上产生一个正电压,它加至 T_1 的基极上,使之工作在饱和状态,这样输出端变为地电位,(即经 T_1 集电极-发射极接地),定义它为逻辑"0"。

　　一个开路控制线定义为逻辑"0",这些逻辑信号加至逻辑电路,把二进制编码转换成所需的 BCD 编码信息,对于所选频率的每个十进制需要 5 根控制线,表 5-2 左边示出了反相的五中取二信息,以及个位和十分之一兆赫位的 BCD 信息,在这两个十进制内控制线 B 不需要转换。

表 5-2　反向的五中取二输入信息和 BCD 编码的输出信息

反相的五中取二信息				0.1 MHz 或 1 MHz	BCD 信息			
A	C	D	E	数字	1	2	4	8
0	0	0	1	0	0	0	0	0
1	0	0	0	1	1	0	0	0
1	1	0	0	2	0	1	0	0
0	1	0	0	3	1	1	0	0
0	0	1	0	4	0	0	1	0
0	1	1	0	5	1	0	1	0
0	1	0	1	6	0	1	1	0
0	1	1	0	7	1	1	1	0
1	0	1	0	8	0	0	0	1
1	0	1	0	9	1	0	0	1

　　对于 BCD 的个位数字的 4 根线,称为 1 MHz,2 MHz,4 MHz 和 8 MHz 线。当选择 1MHz 频率时,逻辑"1"加在 1 MHz 线上,当逻辑"1"在 4 MHz,2 MHz 和 1 MHz 线上存在时,表明个位兆赫频率为 7 。可见各个 BCD 线上的数相加即为频率数,例如所选频率为 126.10 MHz,个位数为 6 MHz,则在 C 和 E 线上的反向电平为逻辑"1",逻辑"1"电平加至 BCD 的线 2 和线 4 上。如选择的频率为 118.10 MHz,则逻辑"1"电平加至 BCD 的线 8 上。

　　由于 10 MHz 频率位数上的频率范围为 0～5,所以其 BCD 编码只要 3 位就够了(因为 BCD 编码的三位数最大为 7),即 10 MHz 位的 BCD 线只要 3 根线(10 MHz,20 MHz 和 40 MHz)就够了,因此对十进制的 10 MHz 位的控制线不需要 E 控制线。

同理对 0.025 MHz，0.050 MHz 或 0.075 MHz 的频率选择仅要 C 和 D 两根线就可得到。

随后这些五中取二的输出（"1"或"0"）分别加到收发机内译码器和可变分频器去。到可变分频器的目的是去控制次数，到译码器去的目的是经译码器变换后去控制谐波产生器和压控振荡器。

（2）数字式频率选择原理。在 20 世 80 年代中期，由于甚高频系统应用了计算机技术（当然别的系统也同样采用了计算机），因此各个计算机之间的信息交换，即控制盒与收发机之间的数据传输就得采用专门的方法来实现。

我们知道一般计算机与外部信息交换（常称为通信）通常有两种方式：

并行通信——数据的各位同时传送；

串行通信——数据一位一位地顺序传送，如图 5-8 所示。

由图 5-8 可以看出，并行通信中数据有多少位就要有同样数量的传送线，而串行通信只要一条线即可传送，所以串行通信可以节约传输导线，降低成本。因此，飞机上通常采用串行通信的方式。

甚高频控制盒与收发机之间采用的串行通信是符合 ARINC429 数据总线规范的。ARINC 是美国航空无线电公司英文字头的缩写。该公司于 1977 年 7 月 21 日出版了《ARINC429 规范》一书。ARINC429 规范就是飞机电子系统之间数字式数据传输的标准格式。飞机上使用 ARINC429 总线的电子设备均应遵守这个规范，这样才能保证电子设备之间数据通信的标准化、通用化。在 ARINC429 规范里规定了从所选定输出接口发送信息的方法。各组件之间的连接线使用由两根线绞接在一起再加上屏蔽保护的专用线，这种传输线称为 429 数据总线。429 总线只能单向传输（朝一个方向）数据，如图 5-9 所示。

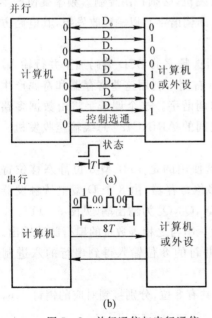

图 5-8　并行通信与串行通信

(a) 并行通信；　(b) 串行通信

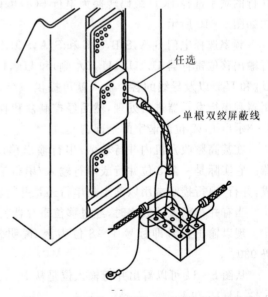

图 5-9　典型的 ARINC 429 LRU 的总线连接

数字式数据在数据总线上的传输通常可使用二进制或二-十进制编码格式中的任一种。实质上就是通过在 ARINC429 总线上发送各种电脉冲来传送 ARINC429 数字式数据,我们称每个单独的电脉冲为位(bit)。

按照 ARINC429 总线的规定,每个字格式(二进制或二-十进制)由 32 位组成,各位的用途如下:

1~8 位是标号位(LABEL)。它标记出包括在这个传送字内的信息的类型,也就是传送的代码的意义是什么。如传送的是 VHF 信息,则标号为八进制数 030;若是 DME 数据,则标号为八进制数 201。

9~10 位是源终端识别(SDI)。它指示信息的来源或信息的终端,例如一个控制盒内的调谐字要送至 3 个甚高频收发机,就需要标出信息的终端,即把调谐字输至那个甚高频接收机。

11 到 28 或 29 位是数据组(Data Field),根据字的类型可确定为是 11~28(BNR 数据格式)还是 11~29(BCD 数据格式)。它所代表的是标号所确定的特定数据,如标号为 030,则 11~29 位为频率数据。

29~31 或 30~31 位为符号状态矩阵位(SSM),根据字的类型确定为 29~31 或 30~31。它指出数据的特性,如南、北、正、负等或它的状态。在甚高频内使用 30~31 位(BCD 码)。

32 位为奇偶校验位(P),它用于检查发送的数据是否有效。检查方法是当由 1~31 位所出现的高电平的位数(即 1 的数)的总和为偶数时,则在第 32 位上为"1";如果所出现的高电平的位数为奇数时,则显示为"0"。如果在第 32 位的编码与上述情况不符,则表明此组编码数据不正确。

在发送每组数据后有四位零周期,它是隔离符号,以便发送下一组数据。通过这四位隔离符号间隙,可同步每组数据。接在这个间隙后开始发射的第一位即表明新的一组数据开始。

由上可知,为了能把控制盒频率调谐字数据输往收发机,必须把由控制盒频率旋钮产生的并行的频率选择 BCD 编码转换为串行 BCD 编码格式(即调谐字),以输往收发组,其电路方框图如图 5-10 所示。

频率选择电门 S_1A,S_1B,S_1C 和 S_2A,S_2B,S_2C 把所选频率的 BCD 编码加至并行输入/串行输出移位寄存器 U_9,U_{12},U_{14}(左侧)和 U_{23},U_{26},U_{28}(右侧),利用这些寄存器和奇偶产生器 U_{15} 和 U_{25},以及导线的各个输入就可提供一个 32 位的调谐字。这个调谐字将由数据多路调制器和串行发送器进行处理,然后经控制盒和收发机之间的 ARINC429 总线输至收发机。表 5-3 示出了 32 位调谐字的全部含义。

在甚高频收发机内并行输入/串行输出移位寄存器使用的是 4021 型 8 位静态移位寄存器。它实际是一个 8 位并行或串行输入/串行输出的移位寄存器,由 8 个 D 型主从触发器组成,并行/串行控制端用以确定是串行还是并行输入。Q_6,Q_7,Q_8 为输出端(见图 5-11)。

当有并行输入的数字时,经过移位寄存器就可变为一串与之相等数量的串行脉冲输出。

现以输出标号即标号 1~8 位为例,说明怎样从并行的 8 位输入得到串行的八进制代码 030。

从图 5-11 可以看出并行输入位是从 $P_{1\sim1}$ 到 $P_{1\sim8}$ 共有 8 位,分别接到对应的销钉 7,6,5,4,13,14,15 和 1。

当把移位寄存器的销钉 1,15,14,5,6 和 7 接 +5 V(逻辑"1"),而把销钉 4,5 接地(逻辑"0")时,则经移位寄存器所得到串行输出数据为 00 011 000。这正是八进制代码 030。

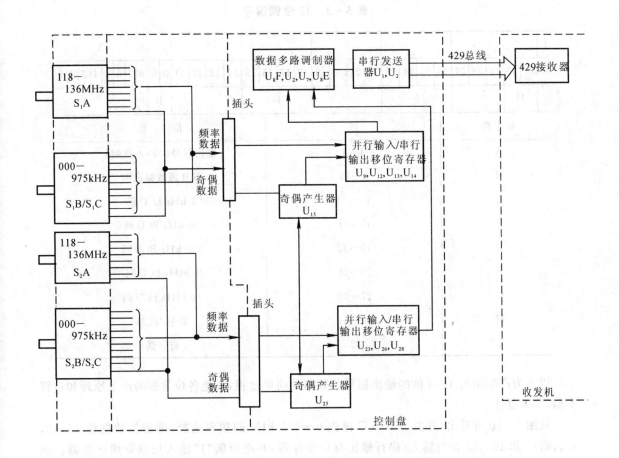

图 5 - 10　由频率选择电门提供的所选频率的 BCD 编码到 ARINC 429 输出方框图

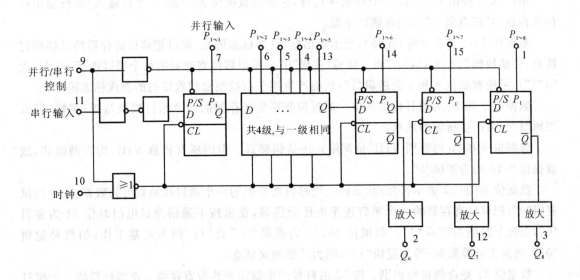

图 5 - 11　4021 型 8 位静态移位寄存器

表 5 - 3　32 位调谐字

I		G					E									C				A							
32	31	30	29	28	27	26	25	24	23	22	21	20	19	18	17	16	15	14	13	12	11	10 9	8	7 6	5 4	3 2	1
	H			F							D								B								

标志符	位	信　　　息
A	1～8	输出标号（030 八进制）
B	9～10	SDI 源数据识别
C	11～14	1 kHz BCD 码
D	15～18	10 kHz BCD 码
E	19～22	100 kHz BCD 码
F	23～26	1 MHz BCD 码
G	27～29	10 MHz BCD 码
H	30～31	符号/状态
I	32	奇　偶

以上为产生串行 1～8 位的输出标号位数据的简单过程,其他各位数据的产生原理和过程类似,不再复述。

从图 5-10 可看出,开关 S_1B/S_1C 提供 0～975 kHz 的频率选择,即提供数据位 11,13,15,16,17 和 19～22 并行输入/串行输出移位寄存器,并把奇偶“1”输入加到奇偶产生器。而地电位则加至移位寄存器以提供数据位 12 ,14 和 18。

电门 S_1A 提供 118～136 MHz 频率选择,它提供数据位 23～29 至并行输入/串行输出移位寄存器,并把奇偶“0”加到奇偶产生器。

数据位 1～8 共 8 个位(比特),表示输出标号(即标志码)。通过把移位寄存器的某些销钉接地,可使数据位 1,2 ,3,6,7 和 8 接地(逻辑“0”),而把移位寄存器的两个销钉连至＋5 V(逻辑“1”),可使数据位 4 和 5 为逻辑“1”,从而产生用于由控制盒到收发机的总线标志码 030。

数据位 9 和 10 为源目标识别位。通过控制移位寄存器的两个销钉接地与否(逻辑“0”或逻辑“1”),可产生所需的数据。

数据位 9 和 10 可鉴别 VHF 是调幅式还是调频式。但因所有机载 VHF 均为调幅式,故数据位 9,10 均为逻辑“0”。

数据位 30 和 31 表示符号/状态码。把移位寄存器的一个销钉接地就可为数据位 30 提供逻辑“0”;把移位寄存器的一个销钉连至电压分压器,在未按下通信测试电门时位 31 为逻辑“0”,当按下时则为逻辑“1”。数据位 30,31 为逻辑“00”或“11”则为正常工作;如果是逻辑“01”,则为无计算数据;若为逻辑“10”,则为功能测试状态。

数据位 32 是奇偶校验识别。位 32 由符号产生器加至移位寄存器。奇偶校验的一个销钉接地(逻辑“0”)使奇偶产生器进行奇数输入检查。奇偶的“0”和“1”输入是由电门 S_1A 和 S_1B/S_1C 提供的。

控制盒有了 32 位调谐字后,就可经 429 发送器输出,经 429 总线加至收发机内的 429 接收器,然后控制频率合成器产生所需的发射频率。

2. 收发机电路

20 世纪 80 年代通用的甚高频系统内的收发机是全固态收发机。它由电源、频率合成器、接收机、调制器和发射机组成。

包括有一块晶体控制的振荡器的甚高频频率合成器,由于使用了固态锁相环路和转换电路,所以可导出多个精确的射频输出频率。

在甚高频接收机的射频预选器内装有压变电容器(变容二极管),用它作为电子调谐而取代了老式的机械调谐。发射机内的射频放大器使用了宽带技术,从而取消了老式收发机的机械调谐。调制器电路能把话筒音频输入放大到调制发射机所需的电平。固态的收-发电门为收发机的工作提供了所需的转换速度和可靠性。

(1) 发射/接收转换电路工作原理。来自天线的射频信号经预选器内 $A_1 A_6$ 发射部分正向偏置的 D_{603},在接收方式由于没有 16 V 直流电压加至 $A_1 T_{501}$ 的基极,使 T_{501} 关断,从而使 T_{502} 导通。T_{502} 经 L_{200} 提供地通路,使 D_{603} 为正向偏置而导通,所以信号可进入接收机。在发射时,16 V 直流电压使 T_{501} 导通,由 T_{501} 来的逻辑"0"经 $A_1 A_6 L_{608}$,L_{119} 和低通滤波器使 $A_1 A_6$ 中的 D_{602} 正向偏置,导通。而 D_{603} 反向偏置截止,使天线与接收机断开(见图 5-12)。

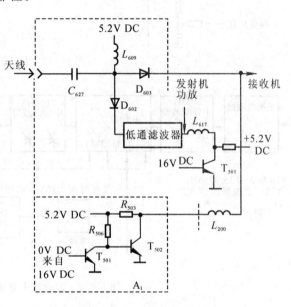

图 5-12　收发转换原理图

(2) 预选器电路。预选器电路用于对天线接收的频率进行选频以得到所需的频率,然后加至平衡混频器,如图 5-13 所示。预选器电路是一个三级滤波器,每个滤波器由空气式线绕高 Q 线圈组成,其线圈的调谐是由变容二极管进行。频率合成器来的调谐电压加至变容二极管,就可改变变容二极管的电容,从而达到改变频率的目的。当频率合成器加至变容二极管的电压为直流 6.7～14 V 时,频率变化范围为 118.000～135.975 MHz。

(3) 平衡混频器。平衡混频器把预选器的输出与频率合成器注入的频率进行混频以产生 20 MHz 差频,即中频。混频器使用的是两个双门 MOS 场效应管,如图 5-14 所示。

(4) 20 MHz 中频放大器和检波器。20 MHz 中频放大器由两个带通滤波器和五级放大器组成。带通滤波器保证接收机的选择性,放大器提供 100dB 的增益。前三个中频放大器的增益由自动增益控制电压控制。自动增益控制电压是由检波器产生的直流电压,经低通滤波器自动增益控制放大器加至中频放大器的前三级的。该中频信号经 D_{203} 检波,得到音频包络信号,甚高频接收机内所用的检波器是普通的串联式二极管检波器。其音频随后加至音频电路。

(5) 音频电路。音频输出电路由噪声限制器、压缩器、有源滤波器和功率放大器组成。

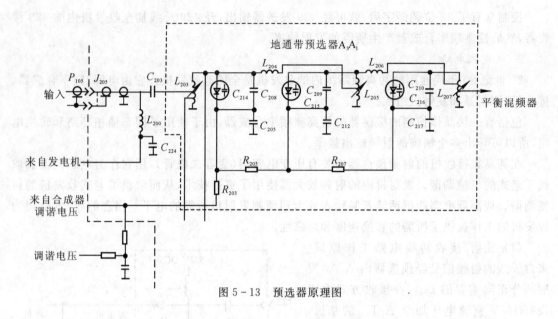

图 5 - 13 预选器原理图

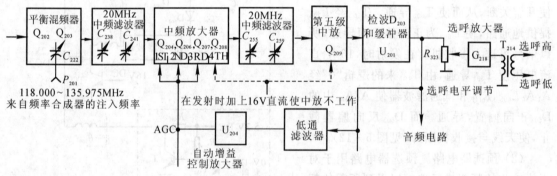

图 5 - 14 混频器中频放大器和检波器

1) 噪声限制器和压缩器。检波出来的音频经由 A_3D_{238} 和 D_{239} 组成的脉冲型噪声滤波器加至音频压缩器。音频压缩器的作用是在所接收的信号调制幅度从 40％ 变化到 90％ 时保持音频输出电压变化值在 3 dB 之内，压缩器由带有可变电压分压器电路的两个放大器组成。放大器 U_{219} 提供 6.5 V 电压增益以驱动有源滤波器电路。U_{219} 的输出由 U_{220} 抽样并放大，而 U_{220} 的输出电压电平是由 A_3R_{319} 调节的。U_{220} 的输出被 A_3D_{231} 和 D_{232} 整流以提供正电压，该电压对 A_3C_{333} 充电。当音频信号达到所需的对 A_3C_{333}，A_3D_{231} 正向充电的电平时，D_{230} 开始导通。当 A_3D_{231} 和 D_{230} 开始导通时，则经 A_3D_{231} 和 A_3C_{333} 至地和经 A_3D_{230} 至地形成低音频阻抗通路。音频的正半周经 A_3D_{230} 至地导通，而负半周则经 A_3D_{231} 和 A_3C_{333} 至地导通。如果检波的音频电平增加了，则 A_3D_{231} 和 D_{230} 将进一步正向偏置，这就使对地阻抗更低。这个变化的电压分压器的作用减少了至 A_3U_{219} 的音频输入以保持近似于恒定的输出。

2) 有源滤波器。压缩器电路的音频输出加至由 A_3U_{207A}，U_{207B} 和 U_{202A} 组成的低通有源滤波器。有源滤波器使用三级有源低通谐振滤波器（又称电子滤波器）。有源滤波器的作用是在频率从 300 Hz～2.5 kHz 变化时保持理想的平坦响应（±1 dB）。

3)音频功率放大器。音频功率放大器由两级放大器和一个输出阻抗匹配变压器组成。第一级放大器 A_3U_{202B} 提供 7 V 电压增益去激励输出放大器 A_3U_{203}。放大器用 A_3U_{203} 把音频电平升至 100 mW 输出电平，然后输出信号经 A_3T_{203} 耦合，以提供 600 Ω 的平衡输至后插头。放大器 U_{203} 还受静噪电路控制(见图 5 - 15)。当 A_3D_{209} 的正端加有来自静噪触发器的负电压时，放大器关断；当 A_3D_{209} 加有正电压时，放大器工作。

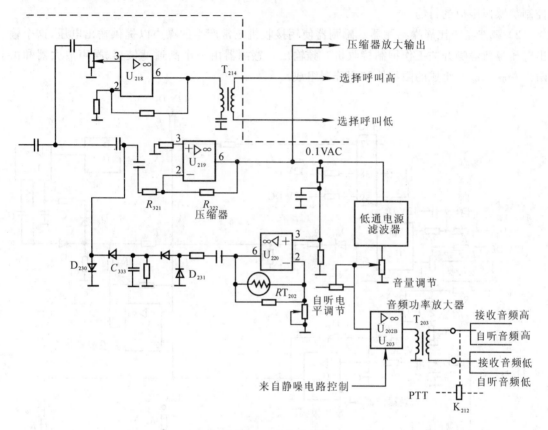

图 5 - 15　音频电路

(6) 静噪电路。静噪电路(见图 5 - 16)由三个探测器和一个能关断、接通音频功率放大器 A_3U_{203} 的开关组成。感测器是一个带有噪声限幅器和载波超控感测器的载波噪声比(静噪比)电路。

1) 静噪开关。静噪开关实际是一个电路，它由运算放大器 A_3U_{206} 和有关的部件组成。A_3U_{206} 被连接成有正回馈的高增益的电路，它能提供触发器转换功能。至静噪开关的主要输入，来自静噪比感测器和噪声限幅器。当未加射频载波时，载波噪声比感测器的正电压耦合至 A_3U_{206} 的反向输入端，A_3U_{206} 输出是负值，它关断音频功率放大器 A_3U_{203}。当载波噪声比大于 6 dB 时，断开 A_3U_{206} 反向输入端的正电压，这样 A_3U_{206} 输出转换为正值，使音频功率放大器工作。在这种情况中，要求噪声限幅器感测器有个输出以便在断开载波时防止放大产生的噪声。噪声限幅器用于感测载波的断开，并把一个正向电压加到 A_3U_{206} 反向输入端以便在载波噪声比感测器恢复时关断音频功率放大器。

静噪开关的第二个输入是来自载波超控噪声静噪感测器。当载波超控噪声静噪感测器检测到噪声,例如我们听不见的寄生振荡而要抑制音频输出时就需要这种功能。当射频载波等于或大于 $20 \mu V$ 时,载波超控噪声静噪感测器就把一个正值电压加至 A_3U_{206} 的非反向输入端。由于这个输出正比于载波超控噪声静噪感测器输出,所以 A_3U_{206} 输出变为正值,使音频功率放大器工作。

收发机还连接有外部静噪控制。该控制是改变 A_3U_{206} 非反向输入端的正向偏置以达到控制静噪门限值的目的。

2) 载波噪声比静噪感测器。感测器使用接收机正常产生的噪声以提供输出电压,这个输出电压导致静噪开关工作抑制接收机音频输出。感测器由一个高通滤波器、噪声放大器和由两个并联二极管组成的限幅器和积分器组成。

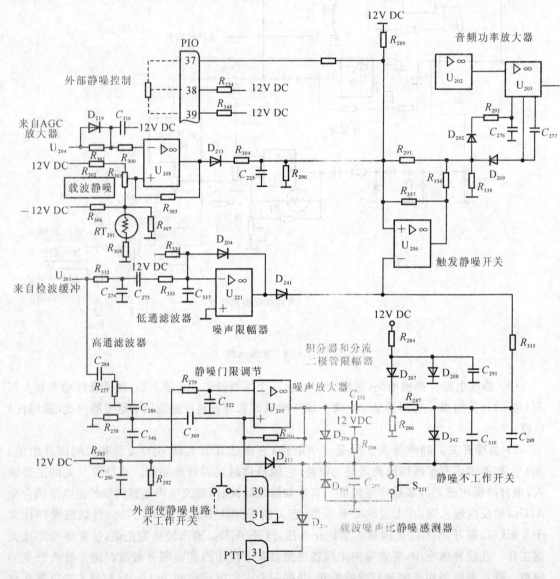

图 5-16 接收机静噪电路原理图

来自检波器的接收机噪声加至感测器高通滤波器。滤波器抑制低于 8 kHz 以下的音频频率以防止正常的话音发射影响感测器。滤波器输出加至高增益噪声放大器 A_3U_{205}。A_3C_{292} 为噪声信号耦合电容。A_3D_{207} 提供噪声信号的并联整流。正电压经 A_3R_{287} 和 A_3C_{288} 滤波然后加至静噪开关 A_3U_{206}，使音频功率放大器不工作，抑制音频输出。当按下静噪不工作开关 S_{211} 时，就经 A_3D_{215}，A_3D_{206} 和 A_3D_{242} 二极管使感测电路接地，此时 U_{206} 输出转为正值使音频功率放大器可以输出。按下发话按钮也能起到相同的作用，此时信号就可经接收机音频功率放大器进行放大。

当接收到射频信号时，中频自动增益控制电路就会减少接收机噪声。调节静噪门限电位计，可使电路在所需的静噪比值时有音频输出。

3）噪声限幅器。噪声限幅器电路防止在载波噪声比感测恢复工作之前，以及在接收到的发射结束时所产生的噪声。该电路由一个低通滤波器和一个高增益放大器组成。

当接收到射频信号时，通过检测音频得到的正向电压从检波器缓冲器 A_3U_{201} 加至低通滤波器。由于 A_3R_{334} 和 A_3D_{204} 的偏置滤波器抑制输入和使放大器 A_3U_{221} 输出接近零。当没有射频信号时，正向电压很快降至零值。这种负瞬变经滤波器耦合至 A_3U_{221} 的反向输入端，使 A_3U_{221} 输出变为正，然后加至静噪电门 A_3U_{206} 反向端，其输出关断，功率放大器无音频输出。这种状态一直保持到自动增益控制和载波噪声比静噪感测器恢复为止。

4）载波超控静噪感测器。载波超控静噪感测器具有超控载波噪声静噪感测器的功能。当接收到的信号强度为 20 mV 或更大时，电路将使音频放大器工作而不管载波噪声静噪是否工作。

该电路由运算放大器 A_3U_{208} 和有关的部件组成。为对 A_3U_{208} 非反向输入端提供正确的偏置，可调节 A_3R_{303} 值。当接收到等于或大于 20 μV 的信号时，加到 A_3U_{208} 反向输入端的自动增益输入电压相对于非反向输入端为负值，则 A_3U_{208} 输出变为正值，这个正值控制音频功率放大器 U_{208} 并使之工作。

（7）调制器。调幅调制器电路（见图 5-17）能把话筒音频信号输入放大到调制发射机所需的电平。它为发射机激励器和功放级提供 13.5 V 额定直流电压。调制器输出电压变化范围为 0.5～27 V 直流电压，这样就可以提供 90％的调制度。调制器由压缩器和防止过调的限制器组成。调制器的工作就像一个接受话筒音频信号输入的可变电压串联调压器电源。

1）预放大器。话筒音频信号输入经变压器耦合，低通滤波器滤波加至预放大器，预放大器由 A_2T_{404} 和 A_4T_{411} 组成，它可以提供足够大的电压增益到激励器。

2）预激励器。预激励器产生额定的调制器输出电压，它提供信号电压增益，预激励器包括调制器限幅器电路。

调制器额定输出电压是由加至 A_4T_{405} 的基极电压来控制的。当发话按钮按下时，接通 16 V 发射机串连调压器，该电压加至 A_4R_{423} 和功率放大器 PAB＋ADJ 电阻之间。A_4T_{405} 基极电压可在 2.3～3.0 V 之间变化，以控制调制器的额定输出电压。额定电压和峰值-峰值信号幅值如图 5-17 所示。

A_4T_{406} 的集电极电路对负信号峰值进行限幅。限幅值是由跨接在 A_4R_{427} 至地之间的 16 V 直流发射电压来建立的。该分压电路为 A_4D_{431} 的阴极提供 5.2 V 直流偏压。通过 A_4VR_{405} 可防止负信号峰值降到 3.9 V 以下。

3）激励器和功率放大器。由 A_4T_{407} 到 T_{410} 组成的激励器和功率放大器为发射机激励器和功率放大工作提供所需的功率增益。其额定电压和信号幅值如图 5-17 所示。

4）压缩器电路。音频压缩电路（见图 5-18）能在不用限幅器的情况下，在输入信号有效值从 $0.125\sim2.5$ V 变化时保持近似恒定的载波调制。实际上它的作用就是自动使音频放大量减少，防止音频信号太强时引起过调。由调制检波器 A_4D_{407}，控制放大器 A_4T_{412} 和 A_4T_{416} 和桥式衰减二极管 A_4D_{412}，D_{413}，D_{415} 和 D_{416} 组成。

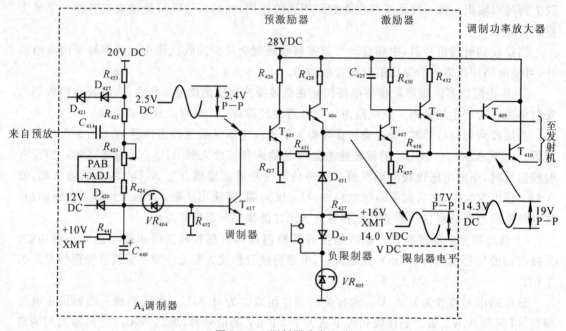

图 5-17 调制器放大电路

当调制器输出幅值低于压缩器门限值时，A_1T_{412} 关断，Q_4T_{416} 导通。T_{416} 的集电极—发射极电压降很低，不能使衰减二极管导通，所以调制器的输入信号不受衰减二极管的影响。

当调制器输出幅度高于压缩器门限值时，压缩器电路开始起作用。从检波器 A_4D_{407} 加至 A_4T_{412} 基极的下半周信号超过发射极偏置电压，该电压是由压缩器门限值调节电阻 A_4R_{436} 来调节的。A_4T_{412} 开始导通，A_4C_{416} 放电。A_4T_{416} 导通减弱，导致 T_{416} 集电极电压增高。这样桥式衰减器内的二极管为正向偏置，从而产生旁路作用，使调制器输入信号幅度降低。

如果调制器输入信号幅度增加了，AT_4T_{416} 导通减少，这样就增加了衰减器桥式二极管的正向偏置，对调制器输入信号提供了对地的低阻抗，使之对音频信号分流增加，即调幅音频信号自动减少。调幅度减少，防止了过调。

（8）频率合成器。频率合成器就是具有一定频率间隔、多频率点的可变频率的标准信号产生器。它的频率稳定度是由一块或几块晶体所决定的，因此可得到和主控晶体振荡器相同的频率稳定度。甚高频通信系统使用的是一块晶体的频率合成器，称为单锁相环路合成器，接收时它产生注入频率加至混频器作为本机振荡频率使用；发射时它产生发射机激励频率，频道间隔为 25 kHz，频率范围为 $118.000\sim135.975$ MHz。另外，频率合成器还产生一个直流调谐电压加至接收机预选器控制变容二极管（以选择频道频率），如图 5-19 所示。

1）合成器功能图。我们知道甚高频系统用控制盒选择频率。控制盒把标准的 ARINC429 五中取二频率信息加至合成器，在合成器内滤波、缓冲，然后转换成二—十进制编码格式（BCD）。有关原理见前述。此时逻辑电平经转换器从逻辑"0"和"1"转换为 $0\sim5$V 直流电压。

此电压加到高/低带选择逻辑电路,20 MHz 偏置逻辑电路和可变分频器电路(常用的甚高频电台因频率范围为 118.000~135.975 MHz,所以没有高/低带选择电路)。

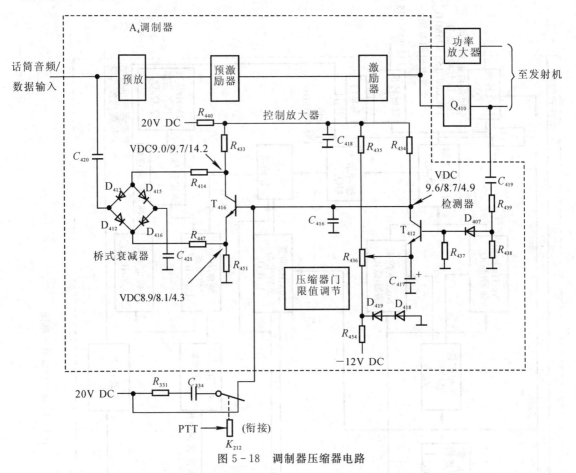

图 5 - 18　调制器压缩器电路

压控振荡器选择逻辑电路把由收发机来的接收状态发射状态逻辑信号(接收时为逻辑"1",发射时为逻辑"0")与由 VHF 控制盒频率旋钮控制的高/低带选择逻辑电路来的高/低带信号进行组合,以产生相适用的压控振荡器控制信号。该控制信号经压控振荡器控制电路再分别控制 No.1 和 No.2 高/低带压控振荡器工作,压控振荡器所产生的振荡频率信号随后加至射频放大器和缓冲放大器。射频放大器的输出根据收发进行转换,分别加至接收机混频器或者作为发射机激励频率信号输出。压控振荡器的输出还经缓冲器输至可变分频器,以进行可变分频。

可变分频器通常由来自五中取二到 BCD 转换器的 BCD 码控制;在接收方式时它还由来自 20 MHz 的偏置逻辑电路来控制。可变分频器的分频比是可选择的,范围为 4 640~6 239,实际的分频比决定于调谐数据(BCD 码)和工作方式。不管分频比为多少,最后它总是产生一个 25 kHz 的频率输出。工作频率内有一个 25 kHz 的变化,分频比就改变一次。可变分频器的输出加至频率相位检测器,与由标准频率产生器来的 25 kHz 信号进行比较。

标准频率产生器使用一块 3.2 MHz 的晶体。其振荡器产生的 3.2 MHz 信号加至固定的 128 次分频器,分频器输出的 25 kHz 信号加至频率/相位检测器。

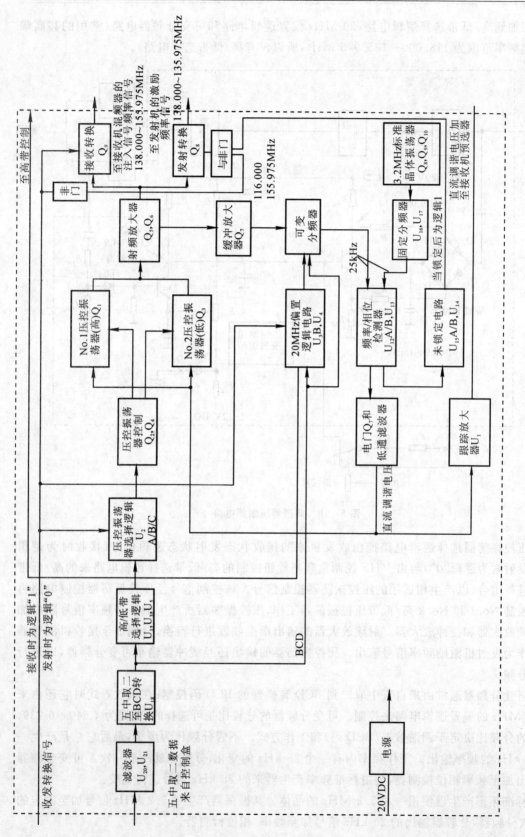

图5-19 频率合成器方框图

频率/相位检测器由一组置位-复位触发器组成。来自可变分频器的 25 kHz 信号输入到置位端,此时相位检测器输出高电位。来自固定分频器的 25 kHz 输入到复位端,此时相位检测器输出低电位。转换是在脉冲的前沿发生的。输出的脉冲宽度或占空比与两个输入脉冲之间的相位差成正比。

频率/相位检测器的输出控制一个开关,该开关控制直流电压为一固定范围的(16～5.2 V)低通滤波器。脉冲经低通滤波变成与脉冲占空比成正比的直流电压,这个电压是在低通滤波器内的电容器两端取得的,然后加到工作中的 No.1 或是 No.2 压控振荡器的变容二极管上,另外它还经跟踪放大器加到接收机预选器去控制预选环路的变容二极管。经过这个网路,即用标准的 25 kHz 与可变分频器输出之间的相位差实现控制压控振荡器频率的目的。当相位差增大时,调谐电压增大,压控振荡器频率提高。当相位差恒定即当对压控振荡器的频率分频后在相位检测器输出端得出一个固定的电压值时,就会形成相位锁定状态。可变分频器的分频比确定了形成相位锁定的压控振荡器频率。如果可变分频器的分频比改变或者压控振荡器频率漂移,则相位差改变,这导致压控振荡器频率改变直到再次达到锁相状态。一旦相位锁定,即说明由 VHF 控制盒上频率旋钮所选定的频率被确定下来的同时也确定了所选频率的准确性。

当合成器未锁定时,频率/相位检测器加一个信号至未锁定电路。在正常工作中,置位和复位输入之间脉冲交替存在。但无论是在置位还是在复位只要有两个或多于两个的连续脉冲产生,未锁定电路就会产生一个输出。这种情况在可变分频器输出大于或小于 25 kHz 时都会发生。另外在选择新的工作频率时也会产生输出。总之,无论何时在相位环路未锁定时合成器发射电门就抑制激励频率信号加至发射机。这是未锁定电路的功用.

2)频率合成器可变分频器的工作。可变分频器对频率范围从 116.000～155.975 MHz 的每个压控振荡器输出频率进行分频,分频后产生一个 25 kHz 的输出加至频率/相位检测器,以在检测器内与标准的 25 kHz 频率进行比较。检测器的输出再加至压控振荡器,使压控振荡器保证在精确的频率上。为完成这项任务,分频比是可选择的,范围从 4 640～6 239(见图5-20)。

首先由 VHF 控制盒选频旋钮选择频率并用 BCD 码控制压控振荡器频率,预置可变分频器内的各种计数器。10 MHz 位数预置可变计数器 U_6,所以它总是被 11,12,13,14 或 15 分频。U_6 有一个总线输出,当所有 U_6 内的触发器为逻辑“0”时,它的输出变为逻辑“1”。

十进制计数器,通常为 10 分频,但在第一次,即当由 1 MHz 位数预置时除外。在第一次 U_7 进行$(10+N)$分频,此处 N 为 1 MHz 位数。例如,若 1 MHz 位数为 7,则 U_7 首先进行 17 分频然后才为 10 分频。U_7 也产生总线输出,其输出与 U_6 输出相同。

十进制计数器 U_{11} 通常由 10 分频,但被 11 分频时除外,那时分频数为 0～39。其分频数取决于置位计数器 U_8 和 U_9 有多少个 25 kHz 的增量,U_8 和 U_9 则由 0.1 MHz,0.01 MHz 和 0.001 MHz 的 BCD 数据置位。例如,若选择的压控振荡器的频率为 1XX.375 MHz,则 U_8 和 U_9 将置位于 15(对于 0.375 MHz 内的每一个 25 kHz 的增量均为 1,所以用 0.375 除以 0.25 得 15)。逻辑计数器 U_{10} 对 U_8 和 U_9 计数器内的数进行计数,然后给 U_{11} 加上一个零,这将导致 U_{11} 被 11 分频。当 U_8 和 U_9 向下计数到零时,十进制计数器被 11 分频 15 次。当计数达到零时,U_{10} 加一个逻辑“1”至 U_{11},从这时开始,U_{10} 又被 10 分频。

可变分频器产生的单个输出的工作过程如下:由 U_{10} 来的负的装载脉冲加至计数器 U_6,

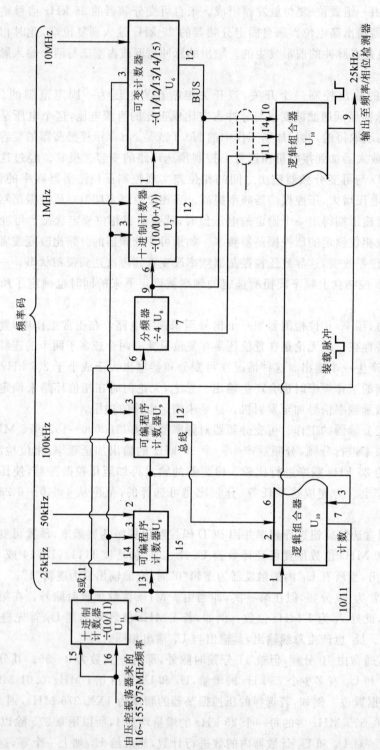

图 5-20 可变分频器方框图

U_7，U_8 和 U_9，这导致 BCD 数据预置计数器。在 U_8 和 U_9 向下计位到 0 之前，U_{11} 计数器被 11 分频，到 0 后 U_{11} 被 10 分频。U_8 的固定分频部分对 U_{11} 的输出进行 4 分频。计数器 U_7 首先对 U_8 的输出用（10＋N）分频，然后每次按 10 分频。计数器 U_6 对 U_7 的输出进行 1X 分频，此处 X 为 10 MHz 位数字。通过逻辑组合器对 U_6，U_7，U_8 输出的监控，来完成分频循环。逻辑组合器 U_{10} 能感测两个状态，当它感测到还有两个状态时（脉冲），U_{10} 被预置。在两个输入脉冲之后，U_{10} 产生一个输出脉冲，输出脉冲加至频率/相位检测器，同时作为装载脉冲加至可变分频器。接下去分频循环重新开始，重复上述过程。

下面用例子来说明可变分频器的功能。

例 1　设所选择的频率为 130.000 MHz。当压控振荡器频率为 130.000 MHz 时，分频比必须为 5 200 才能产生一个 25 kHz 的输出。用这个频率的 BCD 码预置可变分频器。由于 10 MHz 位数为 3，可变分频器 U_6 被预置为 13 分频；同时由于所有其他位数为零，U_7 和 U_{11} 预置被 11 分频。这样总的分频比为

$$13 \times 10 \times 4 \times 10 = 5\ 200$$
$$(U_6)\ (U_7)\ (U_8)\ (U_{11})$$

用这个分频比，可变分频器对每 5 200 输入脉冲就从该可变分频器内的逻辑组合器产生一个输出脉冲。当逻辑组合器感测到仅有两个脉冲时（即在 5 198 输入脉冲以后），U_{10} 被预置。两个脉冲以后，U_{10} 产生该输出脉冲，此脉冲起始下一个分频循环。

例 2　所选择的频率为 135.000 MHz。

当压控振荡器频率为 135.000 MHz 时，分频比必须是 5 400 才能产生一个 25 kHz 输出。用这个频率的 BCD 数据预置可变分频器。由于 10 MHz 位数为 3，可变分频器 U_6 被预置为 13 分频。U_{11} 被预置为 10 分频，这是由于没有 25 kHz 增量存在的缘故。十进制计数器 U_7 首先由 1 MHz 被预置为 15 分频然后接下去每次为 10 分频。这样在 U_7 开始为 10 分频之前可计数产生附加的 200 个输入脉冲。

其过程如下：

$$5 \times 4 \times 10 = 2\ 00$$
$$(U_7)\ (U_8)\ (U_{11})$$

因此总分频比为

$$200 + 13 \times 10 \times 4 \times 10 = 5\ 400$$
$$(U_6)\ (U_7)\ (U_8)\ (U_{11})$$

由于有了这个分频比，对每 5 400 个输入脉冲可变分顿就产生一个输出脉冲。

例 3　频率为 135.575 MHz。

当压控振荡器频率为 135.575 MHz 时，分频比应为 5 423 以产生一个 25 kHz 的输出。分频比 5 400 可按上述步骤产生；但是在产生之前计数器 U_{11} 必须产生 23 个附加脉冲。

由于 0.1 MHz，0.01 MHz 和 0.001 MHz 位数的压控振荡器的频率为 575 Hz，所以 23 的 BCD 数预置 U_8 和 U_9 计数器。这是由于在 0.575 MHz 内共有 23 个 25 kHz 增量的缘故。逻辑组合器 U_{10} 在 U_{11} 开始被 10 分频之前计数器 U_{11} 被 11 分频 23 次。因此先计数 23 个脉冲，这样总分频比为

$$23\ \ +\ \ 200\ \ +\ \ 5\ 200\ \ = 5\ 423$$
$$(U_{11})\ \ \ \ (U_7,U_8,U_{11})\ \ \ \ (U_6,U_7,U_8,U_{11})$$

由于有了这个分频比,对每 5 423 个输入脉冲可变分频器就产生一个输出。

由上可见,控制盒所选频率不同,分频次数不同。分频后得出大约 25 kHz 信号,此信号与标准信号进行比较,如果压控振荡器频率准确,则分频后得出准确的 25 kHz 信号。可变分频器就输出一定的调谐电压加到压控振荡器;如果压控振荡器频率不准,则可变分频器输出就不是 25 kHz,此时与标准 25 kHz 进行比较,就输出校正电压至压控振荡器,修正其振荡频率,使之达到准确的振荡频率为止。

3)压控振荡器。频率合成器的主体是压控振荡器,该振荡器发射时作为主振频率,接收时作为本振频率。

压控振荡器就是频率受控制电压控制的振荡器,即是一种电压频率变换器,只要用变容二极管替换普通的振荡器振荡回路内的电容,就可组成压控振荡器,见第三章第一节的有关说明。变容二极管的电容受加在其上的反向电压 V 控制。通过改变变容二极管上的反向偏压,即改变了回路的电容值也就会使振荡频率变化,实现了用控制电压 V 改变振荡器频率的目的。

(9) 故障检测电路(见图 5 - 21)。

1)当接收机工作正常时,输入电路输出高电平,D_2 截止,当合成器工作正常时,D_1 截止,这会使 T_1 基极为高电位,导通,T_2 截止,单脉态触发器的 T_4 导通使 T_5 截止,DS_1 内无电流流过,无警告显示。

2)当接收机不正常时,输入电路输出低电位,D_2 导通使 T_1 截止。28 V 向电容 C_2 充电,充到一定时间 T_2 导通,输出一脉冲去触发单稳态的 T_3,T_3 导通,T_4 截止,T_5 导通,DS_1 内有电流流过使故障显示出现。

另外当合成器有故障时,D_1 导通,T_1 截止,导致故障灯亮。

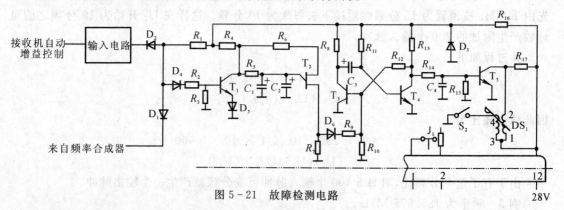

图 5 - 21　故障检测电路

四、新型甚高频系统

20 世纪 70 年代到 80 年代初期制造的飞机所装备的通常都是根据 ARINC566A 规范设计的 VHF 系统。到了 80 年代后期,由于数字电路和数据总线的广泛使用,甚高频系统在其构造、性能及与其他系统的交连方面都有了新的发展。

新型飞机的甚高频系统是根据 ARINC716 规范设计的。

下面分别叙述两种规范的不同之处(见图 5 - 22)。

(1) 使用机上任一部甚高频系统可完成 ARINC 通信寻址和报告系统(ACARS)的工作。

ARINC 通信寻址和报告系统通过使用高速数据链信息增强了空-地通信的能力和减少了机组的劳动强度。其工作原理是用甚高频无线电的通信方法从飞机发射各种信息至地面上的ARINC 数据链控制中心，然后再经地面上的线路送至 ARINC 控制台及航空公司的地面用户。可见经过这个通信网络就可在飞机与地面电话电路之间进行打电话或传递其他信息，如图 5-23 所示。

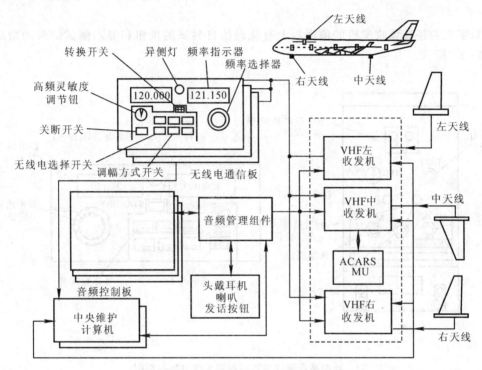

图 5-22　新型甚高频通信系统方框图

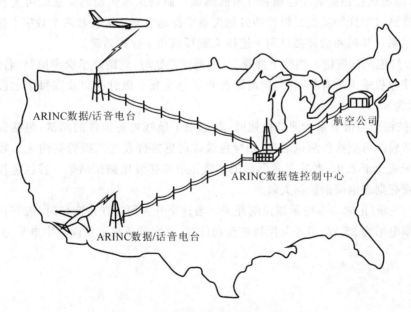

图 5-23　ARINC 通信寻址和报告系统

　　(2)在装有中央维护计算机的飞机上,甚高频收发机和无线电通信控制板可与中央维护计算机相连。在控制显示组件上选择后,中央维护计算机能够测试每一个甚高频系统。在控制显示组件选择地面测试目录页面上的甚高频系统,就起始了甚高频系统地面自测试,如测试通过,则在控制显示组件上显示通过字样,否则显示失效字样。在控制显示组件上的地面测试结果页面上还能显示出失败原因,例如收发机失效、天线失效、中央维护计算机失效、输入接口失效等等。

　　(3)数字式的甚高频收发机的前面板上有能起始自测试的按钮和显示测试结果的指示器,如图 5-24 所示。

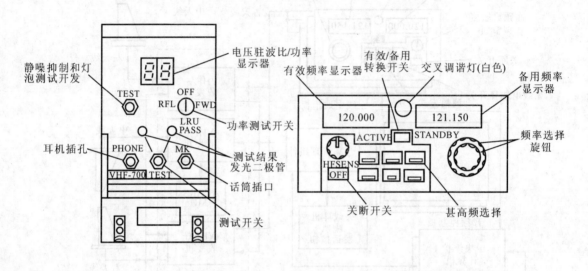

图 5-24　新型甚高频收发机面板和无线电控制板图

　　静噪/灯泡测试按钮能起动静噪和灯泡的测试。而测试按钮能起动航线可更换件的自测试。用绿色有通过字样的发光二极管和红色失效字样的发光二极管和两个数字七段数码管来显示测试的结果。耳机和话筒插口用于连接头戴耳机和手握式话筒。

　　1)静噪/灯泡测试按钮。当按下静噪/灯泡测试按钮时,就断开了噪声抑制,若测试有效,就可以听到接收机输出的背景噪声,同时绿色和红色发光二极管亮以及在每个七段液晶显示有效时,显示为 88。

　　2)测试按钮。当按下系统测试按钮时,就起动了航线可更换件的测试,包括天线电压驻波比测试。若航线可更换件测试通过,则绿色航线可更换件发光二极管亮约 4 s,数字显示器内的读数等于或少于 2.0。数字显示器内的读数是电压驻波比测试结果。若红色控制输入失效发光二极管亮则表示调谐数据失效。

　　3)反向/关断/正向功率指示器控制开关。当这个开关保持在正向位时,数字式读数显示正向发射功率电平为 25 W;当开关保持在反向位时,数字读数显示反向功率电平为 0.25 W。

第三节 高频通信系统

一、单边带通信的基本原理

所谓单边带通信就是只发射一个边带信号,而把载波信号和另一个边带都滤掉的通信方法。

1. 单边带工作原理

现行的普通调幅电台是将语言信号放大后对载波信号进行调制的。被调制后的射频信号(见图 5-25)送至天线发射。而接收时使用的是普通的调幅接收机。调幅式发射机是把载波和上、下边带一起发射到空间去的,但是实际上载波仅仅起到运载信号的作用,它本身不包含有用信号,有用的信号是下、上边带。

人们想到既然只有上、下边带才包含有用信息,能否不发射载波,只发射上、下边带进行通信。随着科学的发展这一想法终于成为现实。这种不发射载波,只发射上、下边带(或上、下边带一起发射)的通信方式称为双边带通信。但是由于在功率利用和频谱节约等方面双边带仍不够理想,因此发明了只发射一个边带(上边带或下边带)的单边带通信。目前飞机上的高频通信系统使用的就是这种单边带通信方式。

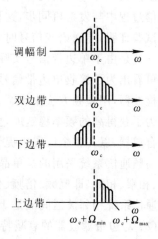

图 5-25 几种调制信号的频谱

单边带信号产生的过程是一个频谱搬移过程,即由低频搬移至高频的过程。有三种方法可以形成单边带信号,即滤波法、移相法、综合法,其中应用最为普遍的是滤波法。目前飞机上的高频通信系统用的方法就是滤波法。单边带信号产生的简单方框图如图 5-26 所示。

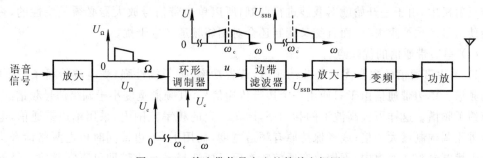

图 5-26 单边带信号产生的简单方框图

语音信号经放大后加至环形调制器。环形调制器的作用是实现对载波的抑制。其理想的输出为无载波频率的双边带信号。该双边带信号通过边带滤波器,使所需边带通过,而将不用的边带抑制掉,并实现对调制器漏出载波的进一步抑制。这样,在带通滤波器的输出端可获得单边带信号。所形成的单边带信号经放大器、线性功率放大器后送往天线发射。

2. 单边带通信的特点和要求

尽管单边带通信是一种高效率的无线电通信方式,但与调幅通信制相比,单边带设备要求很高的频率稳定度,要有良好的线性功率放大器,以及晶体滤波器,等等。

(1) 振荡频率的高度稳定。我们知道普通的调幅发射机,发射的是有载波的双边带信号,而接收机内则使用普通的二极管检波器。由于在发射时用语音信号调制载波的幅度,因而发射出去的调幅信号的包络与语音信号相同,所以用普通的检波器就可以检出语音信号。这样载波信号频率的变化只会影响发射信号的大小,不会引起失真。然而单边带信号的调制和解调过程实际上是一个频率搬移过程,为了在接收端恢复原来的调制信号,要求接收机的载波频率和发射机载频率严格同步。但因发射机不发射载波,这就很难保证接收机的载波频率在整个通信过程中与发射机同步,这种不同步将会使解调后的信号频率与原调制信号频率发生偏移。试验证明,传送语音信号时,载波误差频率不得超过 $80\sim100$ Hz,否则解调出的信号就听不懂。这是由于单边带信号实际是一个调幅调相波,因此载波变化会造成接收信号失真。同时也可看出为了接收单边带信号应使用专门的单边带接收机,这种接收机使用解调器代替普通的检波器,用差频方法来解调。

为了获得高的频率稳定度,要求将振荡器装在恒温箱内,使用晶体振荡器,并采用合适的频率合成器,以在整个波段内提供高度准确和稳定的工作频率。

高频通信系统采用的是单晶体稳频的合成器,即频率合成器,它依靠对晶体频率的相加、相减、相乘、相除(即混频、倍频、分频)形成合成频率。所以单边带电台波道是不连续的频谱,高频通信系统相邻波道间隔是 1 kHz。

(2) 对边带滤波器的衰减特性要求很高。由于单边带信号的产生主要采用滤波法,即首先经过调制器以便获得载波被抑制的双边带信号,然后经过滤波器滤除无用的边带,从而获得单边带信号。因调制信号频率较低,而载波频率较高,经过调制后的有用边带和无用边带相距很近,因此要完成滤除无用边带的任务,对滤波器的衰减特性就提出了很高的要求。通常利用晶体滤波器和机械滤波器完成这一任务。

(3) 对收、发的线性要求高。这个要求主要是对发射机而言的。在普通调幅发射机中对低放级的保真度要求较高,而对其他级由于不是已调波放大,所以线性要求不高。但是在单边带反射机中,由于一开始就对载波进行调制,所以单边带信号放大器必须是线性的,否则不但会使信号产生严重失真,而且交叉调制还会对相邻频道产生干扰。

(4) 单边带通信的优缺点。

1) 单边带通信的主要优点是节约频谱,节省功率,抗干扰性强,受电波传播条件影响小。节约频谱。单边带通信由于只使用一个边带传递信号,其频谱宽度小于调幅信号频谱的一半,故节约了频谱。这样可提高波道的利用率,即在一定的频率范围内,采用单边带通信,电台的容量可比调幅制增大一倍;或者保持原有频道宽度,而用上、下边带同时传送两路话音。若有一个干扰电台落在通道内,不用改变通信频率而只要选择另一边带即可正常通信。另外由于单边带通信接收机的中放带宽压缩了一半(只用一个边带),所以单边带接收机的信噪比比调幅接收机大为提高。

2) 节省功率消耗。由调幅原理可知,调幅波的载频幅度比上、下边带各频率分量的幅度大得多。在调幅发射机中,载波不含信息,却占了大量的功率,功率白白地消耗在载波上了。如一个 150 W 的调幅发射机,它的载波功率占 100 W,而一个边带只占 25 W,可见若用单边带用 25 W 就可达到相同的效果,这不但节约了功率还减轻了设备的重量和体积。

3) 抗干扰性强,受电波传播条件影响小,抗选择性干扰尤为突出。由于普通调幅信号传输过程中电离层的变化,使电波沿不同途径到达接收机,这样它们在接收天线处相加时,会使载频部分抵消或者改变载频与边带原来的相位关系,因此会使收到的信号强度变弱(相当于降低了发射机功率),这称之为选择性衰落。单边带通信由于不发射载频,故选择性衰落的影响很小,因而提高了通信质量。

4)单边带通信的缺点主要是设备复杂昂贵。要求有高稳定的晶体振荡器,要有晶体滤波器或机械滤波器,并要求对本机振荡器进行必要的温度补偿。尽管如此,由于单边带利多弊少,还是被广泛使用。

二、高频通信系统

1. 组成与工作概况(见图 5-27)

(1)装在飞机上的两套高频系统用于与地面电台或者与其他飞机进行远程通信。驾驶员在选择工作频率和方式之后即可发射或接收信号。高频系统的工作频率范围为 2～29.999 MHz,频道间隔为 1 kHz。高频通信系统的工作方式分为调幅、下边带和上边带,还可使用电报和数据通信方式。

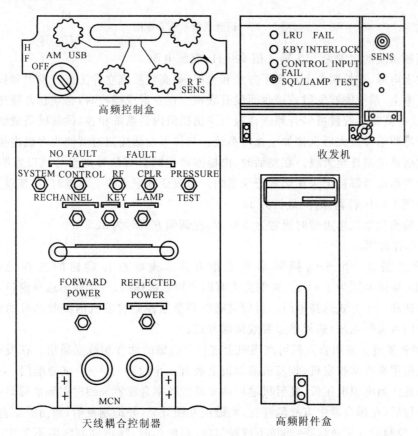

图 5-27　高频系统的主要部件

(2)每套通信系统包括下述组件:高频控制盒,高频收发机,天线耦合器,天线耦合控制器,高频附件盒,天线,避雷器和电键控制板。两套系统共用一部高频附件盒。每个高频系统都连接至音频选择盒,话筒和耳机。

高频通信系统方框图如图 5 - 28 所示。

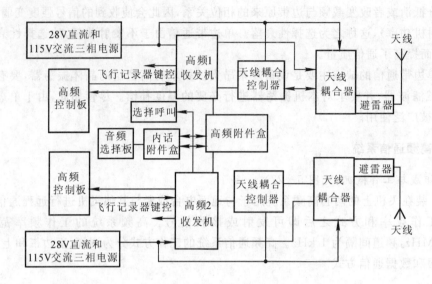

图 5 - 28 高频通信系统方框图

通常高频系统的电源为 115 V 三相 400 Hz 交流电源。

一旦加上电源,在控制盒上选择了方式和频率,则高频系统立即工作。发射和接收可工作在相同的频率上,系统能够发射或接收而没有联锁。在发射或接收时,必须在音频选择板上选择高频位,这样高频系统就可经音频选择板与飞机机组内话系统相连,供驾驶员通话联络。接收机对选择呼叫信号放大后直接加至选呼系统。当按下发话按钮时就使收发机内接收机电路断开而把发射机电路连至天线。在发话时,由检波产生的自听信号加至耳机以监听发射机的工作。每个发话信号都被记录在话音记录器内。当改变频率或按下电键时,系统就开始调谐,调谐时能听到 1 kHz 音调,时间最长为 12 s。

收发机输出功率在单边带时通常为 400 W;在调幅方式时为 125 W。

(3) 各部件说明。

1)高频控制盒。用于选择频率和工作方式。频率选择旋钮的选择范围为 2 ～ 29.999 MHz,频道间隔为 1 kHz。控制盒上有四个频率选择钮,一个频率选择窗口,一个射频灵敏度调节钮和一个方式选择电门。射频灵敏度调节钮控制收发机内接收部分的射频增益,方式选择电门可关断系统,选择单边带或调幅方式。

2)高频收发机。使用收发机可在飞机上进行单边带的话音和数据通信。在发射期间,有一个机内风扇用来冷却收发机,收发机前面板上装有三个故障灯,一个试验电门,一个话筒和一个耳机插孔。当电源电压低,发射机输出功率低或频率合成器失锁时射频故障灯亮;如果在发射机被键控后,在耦合器中有故障存在,则键控互锁灯亮,并抑制发射;当由控制盒来的频率数据失效时,控制输入失效灯;当按下静噪/灯试验电门时,噪声抑制电路不工作,在耳机内可听到噪声,同时上述三个灯亮。

转接器的前面板上有一个主天线插头,一个静噪/射频灵敏度电门和一个接地/不接地电门。主天线插头用于与天线连接,静噪/射频灵敏度电门一般放在灵敏度位,此时与控制盒上射频灵敏度控制配合起作用。接地和不接地电门根据机型来选择正确的音频。

3）天线耦合器。天线耦合器用于使天线阻抗与传输线阻抗在 2～4 s 内相匹配,匹配阻抗为 50 Ω,耦合器可在 2～30 MHz 内调谐,调谐后的电压驻波比不大于 1.3∶1。

耦合器对单套或双套的高频系统都适用。耦合器内的互锁电路使在一个高频系统被使用或被调谐时防止相联的另一系统的收发机被使用或调谐,一个系统的故障不影响另一个系统的工作。调谐器使用 115 V 交流电源。

4）天线耦合控制器。耦合控制器确定、监控和显示系统的操作状态。耦合器前面板上有用于自测本控制器的按钮电门和 7 个系统状态指示器。耦合控制器指挥完整的调谐顺序以便使收发机在所选的频率上与天线耦合器的阻抗匹配。

耦合器故障灯:当耦合器在 15 s 内未调谐好或者在 15 s 内不能复位回零时,该故障灯亮。

射频故障灯:当发射机发射功率不足,收发机故障,同轴电缆开路时该故障灯亮。

压力故障灯:当耦合器内压力降至 106.9 kPa(15.5 lbf/in²)时,该故障灯亮。

系统无故障灯亮:当高频系统处在工作状态时,即耦合器在工作状态时则无故障灯亮。

5）高频附件盒。用于内话系统和每个高频接收机之间的阻抗匹配。

6）高频天线用于发射或接收射频信号。

7）避雷器。在有的飞机上装有高频避雷器。避雷器可将闪电直接经机体接地,避免进入系统各部件从而保护了高频通信系统。避雷器是由一个串连电容器,一个并联电阻和一个放电器组成的。并联电阻是使聚积产生的静电有直流通路。

（4）工作说明。在电源有效并在控制盒上选择了一种工作方式和一个频率后,高频系统就工作。系统的电源来自于 115 V 三相 400 Hz 交流电源。

在电源接通或者一个新的频率被选定后,每个系统就重新回到接收-等待状态。在这种状态,系统通过天线耦合器内的隔离放大器接收射频信号并处理音频信号,然后加到音频综合电路。当通过继电器的控制使该发射机工作时,则相应的调谐元件被驱动至所选频率相应调谐点。在这段时间内,调谐过程指示灯亮,并有 1 000 Hz 音频加至音频综合电路。

在调谐完成后,调谐指示灯灭,1 000 Hz 音频消失,工作指示灯亮,系统进入所选工作方式和准备供发射。在已调好的这个频率工作期间工作指示灯一直亮。

当高频系统发射时,按下发话按钮产生逻辑低电平,同时话筒音频加至收发机,产生高压电源并使话筒音频对高频载波进行调制,然后射频经调谐元件送至天线发射出去。在停止发射期间,收发机从天线接收信号。

（5）收发机方框图（见图 5-29）。

1）电源。当供电时,从控制引线加来的地线使通/断继电器 K_1 衔接,K_1 装在电源 A_6 底架上。K_1 继电器各触点把 115 V 交流 400 Hz 三相电源加到变压器 T。此处一个单相 115 V 输至天线作为天线耦合器电源,T 的输出经整流和滤波提供功率放大器 A_4 所需的 50 V 直流电源,另外还为 A_6A_3 的上底架的直流稳压器供给 28 V 直流电源。

稳压器使用 28 V 直流电源来产生 5 V,10～12 V 和 20 V 直流电源,风扇电源是经继电器 K_2 并且当发射机发射时使风扇工作。

按下发话按钮时,继电器 K_4 工作使在发话时能够进行话音记录,但不能记录等幅报和发送的数据。

2）频率与方式选择和故障监控。高频发射机的工作频率是由控制盒上的一组控制钮以 ARINC 559A 可重调编码格式来选择的,然后输至频率控制器 A_2。21 根并行可重调信息和

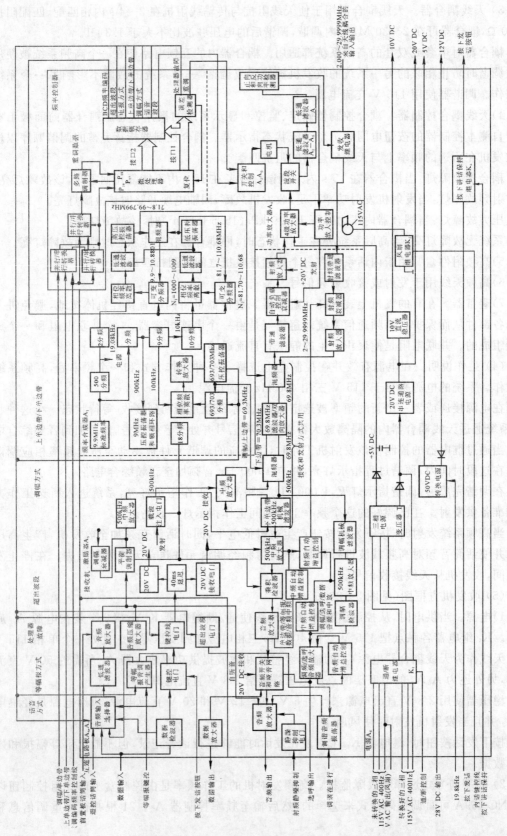

图 5-29 高频系统收发机方框图

两根方式线的解码是由 A_2 内的 8748 微处理器完成的。首先把并行数据转换为串行数据,然后对 8748 定时,使之在 8748 内转换成 BCD 数据。使用译码的 BCD 频率数据去调谐频率合成器 A_1 的工作方式,即上边带或下边带或者调幅/单边带方式选择开关可使 A_1 内的 69.3 MHz 或 70.3 MHz 的振荡器中的一个工作:在调幅或上边带时使用 69.3 MHz 振荡器;在下边带方式时使用 70.3 MHz 振荡器,并把接收机-激励器 A_3 也分别调定为上边带或下边带或调幅工作方式。

微处理器具备故障检查功能,它可检查 BCD 调谐信息是否有正确的内容,检查有无内部控制故障,检查有无超出频带的频率选择。检查到的任何失效都会使前面板上指示灯亮或抑制发射机的工作。

波段译码器进行周期检查以确定所选的工作频率是在 $2\sim29.999$ MHz 频率范围中 7 个波段中那一个波段内。然后波段范围信号被加至电机控制器 A_5A_8 内的晶体管开关。这些开关把工作电压加至低通滤波器 A_5 内的电机。电机把开关驱动到所选波段的低通滤波器,收发机内的发射机部分使用这些滤波器。

在频率合成器 A_1 内,BCD 频率数据加至双锁相环路内的可变分频器。来自压控振荡器环路的 $71.8\sim99.799$ MHz 输出信号是加到接收机-激励器 A_3 内混频器的本振信号。频率合成器 A_1 还有另外 3 个输出信号:500 kHz,69.3 MHz(或 70.3 MHz)和 19.8 kHz。由 9.9 MHz 振荡器分频可得到 500 kHz 信号(先 9 分频,再 2 分频)。500 kHz 信号供接收机-激励器 A_3 内的乘积检波器,平衡调制器和载波注入开关使用。上边带振荡器的 69.3 MHz 是由晶体振荡器产生并经锁相环路电路稳定的。69.3 MHz 信号供接收机-激励器 A_3 内的混频器使用,以检出上边带信号。

下边带振荡器的 70.3 MHz 信号的产生方法与产生上边带 69.3MHz 的方法相同。

由频率控制器 A_2 来的上边带/下边带控制线选择相应的边带信号。

19.8 kHz 信号是由 9.9 MHz 标准频率使用三个计数器进行 50 次分频而得到的。19.8 kHz 信号用做电源 A_6 内的 5 V 电压稳压器的转换信号,并加到互连电路板 A_6A_7 的等幅报音调分频器,经分频作为等幅音调来使用。

在控制盒上选择频率以后,由 A_2 插件板来的重调信号加至外部天线耦合器。这个信号使天线耦合器返回到回零方式。当键控或按下发话电门时,天线耦合器开始调谐。在调谐中,天线耦合器把一个调谐正在进行中的信号加到收发机并保持键控线工作直到调谐结束为止。调谐信号产生下列结果:发射机工作在低功率输出(最低 72 W)的调幅方式;调谐音调振荡器产生一个 1 000 Hz 输至外部内话系统。当调谐结束时,调谐在进行中信号不再存在,耦合器不再键控发射机,收发机返回到接收方式。在天线耦合器调谐至所选工作频率后,系统可进行正常通信。

天线耦合器未正确地调谐好,则抑制发射,同时在发射时前面板上键控互锁灯亮表示天线耦合器故障和功率输出被抑制。

3)发射方式。高频发射机在单边带方式产生 400 W 峰值射频功率,在调幅方式产生25 W 平均射频输出。

当按下发话按钮或键控开关时,从内部键控线来一个逻辑"0"。它使接收机-激励器 A_3 内的20 V直流接收开关不工作,并在 40 ms 后使 20 V 直流发射电路衔接工作。20 V 直流发射向接收机-激励器 A_3 提供发射电路电源,并经交连电路板 A_6A_1 使功率放大器内的自动负载控制电路工作。可用话音、数据或等幅报音调调谐发射机的载波。在 A_6A_1 内,音频输入有两种方法。正常情况是话筒输入音频输至音频输入选择器,经低通滤波器,然后输至音频压缩器,在测试时,话筒音频可由机器前面板输入,而不经音频选择器。

数据音频可通过交连电路板 A_6A_1 内的音频选择器,低通滤波器和音频压缩电路。当音频存在时,数据检波器自动键控发射机。

当等幅报电键按下时,进行等幅报发射。A_6A_1 内的等幅报逻辑使 1 237 Hz 音调分频器工作。等幅报音调经音频输入选择器输出至音频压缩器。同时发射被键控,功率放大器 A_4 的自动负载控制电路和自听音频电路工作。

在平衡调制器内,音频信号调制是由频率合成器 A_1 来的 500 kHz 注入信号。在加至下边带机械滤波器之前用电子开关衰减调制器的已抑制了 500 kHz 载波的双边带输出。滤波器滤除上边带和 500 kHz 载频而仅让下边带通过。然后另一个中频放大器把下边带信号加大到足以激励向上变换频率转换器的第一混频器。

当工作在全调幅方式时,中频放大器还接收由频率合成器 A_1 来的经过载波注入开关的 500 kHz 载波信号。

当工作于上边带方式时,下边带信号在第一混频器中与来自频率合成器的 69.3 MHz 信号混频;当工作于下边带方式时,则与来自频率合成器的 70.3 MHz 信号混频;若为调幅方式,则信号包括边带信号与 500 kHz 载波信号。只有混频器产生的 69.8 MHz 输出能通过 69.8 MHz晶体滤波器而加入第二混频器。在第二混频器内,69.8 MHz 信号与由频率合成器来的 71.8~99.7999 MHz 可变信号进行混频。经第二混频后产生 2~29.999 MHz 信号。若工作在上边带方式,第二混频器的注入频率固定在 69.3 MHz,这使下边带的 500 kHz 信号被转换为 69.8 MHz 的上边带信号。相反,当工作在下边带方式时,混频器注入频率固定在 70.3 MHz,这样就产生了 69.8 MHz 的下边带信号。总之,在两次混频过程中,500 kHz 的单边带信号首先转换为 69.8 MHz 信号,随后降为 2~29.999 MHz 信号。

第二混频器的输出先由低通电感电容滤波器滤波,再经自动负载控制衰减器加至射频放大器。射频放大器的输出功率为 100 mW,加至功率放大器 A_4 内的 4 级功率放大器。功率放大器把 100 mW 的输入信号放大为额定 400 W 峰值功率输出。该输出加至低通滤波器 A_5。功率放大器 A_4 中设有保护电路,当功率放大器内部功耗过大时,该电路可瞬时关断功率放大器。

在低通滤波器 A_5 内,射频信号经一个共用的滤波器和一个电机驱动的波段电门来选择的滤波器传送(共有 6 个滤波器)。选 6 个滤波器中哪一个由工作频段而定,7 个固定调谐的低通滤波器覆盖了 2~29.999 MHz 整个频段。

低通滤波器的 400 W 射频输出经发-收继电器加至外部天线耦合器。A_5A_9 内的正反功率检测器提供各种电压。这些电压用于产生自听控制信号,自动负载控制信号,并用以驱动功率放大器保护电路。继电器使接收机与天线耦合器断开并把发射机连至天线耦合器。

为防止超温,当工作于发射方式时,内部风扇提供强力风冷。

4)接收方式。在接收方式时,收发机从外部天线耦合器接收 2~29.999 MHz 的上边带、下边带或调幅信号。接收机使用双变频电路以便产生 100 mW 的话音输出、0.5 V 选呼及 0.5 V数据音频输出。在发射方式,接收机还提供一个 100 mW 的自听音频输出。

由天线耦合器来的 2~29.999 MHz 信号经低通滤波器 A_5 内的发-收继电器输至接收机-

激励器 A_3 内的射频带通 LC 滤波器。滤波器的输出经由 4 个销钉式二极管组成的自动增益控制的射频衰减器加至推挽射频放大器。放大器的输出加到在接收和发射状态均要使用的双向上变频器。

在第一混频器中,射频放大器的 $2 \sim 29.999$ MHz 输出与由频率合成器 A_1 来的 $71.8 \sim 99.7999$ MHz 的可变信号进行混频。如接收的射频信号是下边带,则混频器的输出为上边带,这是由于注入混频器的为高边带信号的缘故。仅混频器的 69.8 MHz 输出能通过 69.8 MHz 晶体滤波器,然后加至第二混频器。在第二混频器内,69.8 MHz 信号在上边带工作方式与由频率合成器 A_1 来的固定的 69.3 MHz 信号混频。对下边带工作方式则与 70.3 MHz 信号进行混频。混频器的 500 kHz 输出分为两路输出:一路至单边带中频放大器,另一路至调幅中频放大器。使用两组分开的中频放大器是为了当工作于单边带方式时使选呼工作。

在单边带工作方式,混频器的输出中在高端只包括下边带信号。这是因为 69.8 MHz 信号与高带信号 70.3 MHz 混频,使上边带转换为下边带,在低端下边带 69.3 与 69.8 MHz 混频则不会引起转换。混频器的输出加至下边带 500 kHz 机械滤波器。滤波器的输出经中频放大器放大后加至乘积检波器。在乘积检波器中,下边带信号与由频率合成器 A_1 来的 500 kHz 注入频率综合,产生音频输至音频放大器放大。音频放大器的输出加至末级音频放大器,产生 100 mW 的输出加至外部音频系统。第一音频放大器的输出用于产生中频放大器的自动增益控制电压。中频自动增益控制电压还被用来产生去控制射频衰减器输入的射频负载控制电压。

在调幅方式,混频器的输出加至能通过上、下边带信号的调幅机械滤波器。滤波器 500 kHz 的输出经中频放大器放大后加至调幅包络检波器。检波器的音频输出经自动增益控制的调幅/选呼音频放大器放大并加至末级音频放大器。末级放大器的 200 mW 输出加至外部音频系统。如接收到选呼信号,0.5 V 音频信号不经转换而直接加至外部的选呼音频系统。

末级音频放大器有两个其他输入。当外部天线耦合器正在调谐时,放大由调谐-音调振荡器来的 1 000 Hz 信号。另一个输入是在发射方式中产生的自听信号。

由单边带或调幅信号产生的数据音频可以从接收机-激励器 A_3 内的哑音网路输至装在分开的单元的单独可调数据输出放大器。

(6) 高频探针天线耦合器。

1) 输出回路的一般理论。我们从发送设备理论知道,发射机的输出功率、总效率、频率稳定度和准确度是发射机的主要指标。

发射机的输出功率是指输至天线的功率。发射机的总效率是发射机输出功率与发射机所消耗的全部电源功率之比。频率稳定度是发射机的一项极为重要的指标,它决定了高频通信的抗干扰能力。

高频输出电路的任务是把射频功率有效地输送到天线上去。我们知道,短波发射机的特点是频率高、波段宽,而飞机上天线长度是固定不变的。为了使输出电路在整个波段范围都能得到满意的工作效率,末级功放的输出电路就应在所有工作频率上调谐,天线与发射机末级输出电路应当匹配,并具有足够的工作效率。只有达到上述三方面的要求,才能保证有足够的功率送到天线上。

为什么输出电路必须调谐呢? 这是因为输出级的环路失谐会使功率放大器的输出波形产

生畸变。另外,由于高频天线电阻很小,容易使末级功率放大器发热导致寿命缩短,甚至烧毁。如果负载阻抗过大,输出功率就很小,不能发挥末级功率放大器应有的效用。因此负载阻抗必须满足匹配的要求,使输出回路能把足够大的功率送到天线上。

为了满足上述三方面的要求,高频通信系统采用了较为复杂的复合输出电路。

2)飞机上的高频探针天线耦合器系统。飞机上的高频探针天线耦合器系统用于使发射机输出阻抗与飞机的探针天线自动地调谐并达到匹配状态(即使电压驻波比为 1.3∶1 的状态),从而保证高频通信能在 2～29.999 MHz 波段内可靠地工作。

飞机上的高频探针天线耦合器系统由两个部件组成:天线耦合器和耦合控制器(见图 5-30)。

高频耦合控制器的功用是指挥完整的调谐顺序,以便在所选的频率上使收发机与天线耦合器达到阻抗匹配。它还能监控和显示系统的工作状态,通过它把收发机和天线耦合器连接起来,把控制信号送到天线耦合器。在其面板上有一个绿色无故障指示灯,四个红色故障灯,它们是耦合控制器、收发机射频电路、天线耦合器增压故障灯。面板上的绿色正向功率指示灯在检测到正向功率时亮,红色反向功率指示灯在检测到电压驻波比大于 1.3∶1 时亮。面板上的三个电门按钮分别用于:重调按钮用于模拟频率改变使系统重新循环调谐;电键按钮用于模拟电键按下情况;灯试验按钮用于测试面板各灯泡的好坏。

天线耦合器组件的作用是在按下电键时,自动地调整它的调谐元件以在所选的频率上使天线和收发机匹配。耦合器内的调谐元件被伺服系统驱动并定位。它用氮气密封好,使之不受高度的影响。该组件内主要包括可变电感线圈,步进的加感线圈和固定电容三种调谐元件,另外还有一套温度控制系统。耦合器还包括一个指令组件,它包含有控制和监控电路。这些电路的作用是把耦合控制器来的信号进行译码,检测误差信号,输

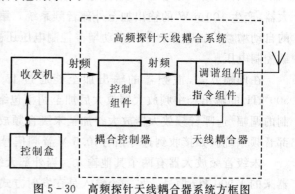

图 5-30　高频探针天线耦合器系统方框图

出各种指令加至天线耦合器,去控制调谐回路的工作。

综上所述,在发射机与天线之间设置天线耦合器系统的目的是:

首先,由于飞机上的短波天线的长度远小于 $\frac{\lambda}{4}$,它的等效阻抗的性质为电容性,并且天线电阻小于发射机末级负载电阻,为了能有足够大的射频功率送至天线,必须使两者之间达到匹配,天线耦合器系统正是起这个作用。它利用改变输出回路 $\frac{L}{C}$ 的比值使天线与发射机输出电阻值相等,以达到匹配。

其次,由于高频系统工作频率为 2～29.999 MHz,因而天线的阻抗在整个工作频段内随频率的变化很大。这要求调谐元件参量的变化也能适应于天线参量的变化。因此要求天线耦合器包括有可变电感线圈,步进的加感线圈和固定电容的自动调谐元件。

2.飞机上高频调谐过程(见图 5-31)

(1)回零状态。在接通电源、重调频率或者按下耦合控制器前面板上的重调按钮时,耦合

控制器便输出一个频率转换信号去控制电机 B_1，B_2 转动，将调谐元件驱动至回零位（即起始 2 MHz）。调谐元件全部被短路（电感短路）。电机 B_1 还带动 B_4 转动，使 L_2 短路，这时与所选频率无关，这是由于耦合器提供了旁通使接收机工作在所选的频率上。

（2）等待方式。调谐元件回到零位并被短路后，电机停转。耦合器提供旁通回路使接收机工作在所选的频率上，此时系统处于等待方式。在按下发话按钮后，即可将天线调谐元件调谐到所选的频率上。

（3）射频接入方式。当按下发话按钮或电键时，由发射机输入的键控信号使低功率的未调制的射频信号经一组电阻接到调谐元件，然后输往天线。键控地线一直加上直到调谐完成为止。与此同时，1 kHz 调谐音频加至机组内话音频线，以告知驾驶员电台正在调谐，且耦合控制器前面板上的绿色调谐灯亮。在这一方式，耦合器的鉴别器对射频电压和电流间的相位差进行鉴别使之同相，使调谐回路呈电阻性（谐振状态）。

（4）调谐方式。当在天线耦合器内检测到足够的正向功率时，即开始调谐方式。B_1，B_2 开始工作，带动 L_1 转动搜索调谐点，当 L_1 电感量不够时，B_4 马达工作，加上 L_2 的部分线圈直到匹配为止，电机停止工作。如果 L_1 电感量足够，则 B_4 不工作，L_2 不接入。这个调谐过程也称为负载调谐过程，即达到电压驻波比小于 1.3：1。调谐过程应少于 12 s。调谐停止，键控线不再生效，随后进入工作方式。在调谐方式中，1 kHz 音频始终存在，调谐灯亦亮。

（5）工作方式。调谐方式结束后，指令组件发出工作状态指令，此时高频系统已准备好进入发射状态，并处于正常接收状态。当发话或按下电键时，即以全功率发射。

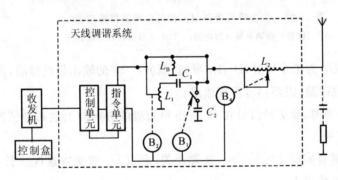

图 5-31　高频系统调谐示意图

三、主要电路的工作原理

1. 平衡调制器与环形调制器

在高频系统内产生单边带信号，首先要用平衡调制器产生双边带信号，然后再用滤波器滤掉一个边带，而得到另一个边带信号。

图 5-32 所示为二极管平衡调制器与环形调制器的原理图。环形调制器实际是由两个平衡调制器组合而成的。

当 U_c 和 U_Ω 为正半周时，D_1，D_2 导通，U_c 电压同时加至 B_2 上。由于在 B_2 的初级电流反相，大小相等（设电路各参数均相同），所以在 B_2 的次级感应电压相互抑制而无输出，即无载波 U_c 的输出，而 U_Ω 信号经 B_1 与 B_2 的中间点构成回路，在 B_2 的次级产生音频输出。

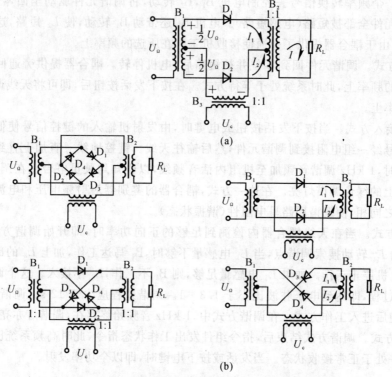

图 5 - 32　二极管平衡调制器和环形调制器原理图

(a) 二极管平衡调制器原理电路；(b) 环形调制器原理电路

　　当 U_c 为负半周而 U_Ω 为正半周时，D_3、D_4 导通，载波在 B_2 的输出仍被抑制，而 U_Ω 则经中间点→D_3→B_1 两端构成回路，因而仍有音频输出。

　　当音频信号为负半周时，双边带信号在 B_2 变压器初级的方向与上述两种情况相反，这样在次级得到两个边带信号。

　　应当指出，平衡调制器实际上是一个二极管开关，它以 U_c 的变换速度来控制输入的极性。U_c 通常比 U_Ω 大 10 倍以上。

　　2. 单环数字式频率合成器

　　20 世纪 80 年代高频系统使用的典型频率合成器为单环数字式频率合成器，如图 5 - 33 所示。它是将稳定的晶体振荡器产生的频率，经过加、减、乘、除运算，得到一系列和晶体振荡同稳定度的频率去控制其他振荡器。单环数字式频率合成器由基准晶体振荡器、固定分频器、鉴相器、低通滤波器、压控振荡器和可变分频器构成。

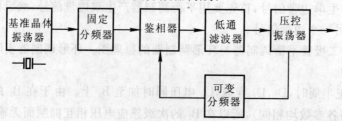

图 5 - 33　单环数字式合成器

高频系统使用的是 9.9 MHz 晶体基准频率产生器,它经过分频变化后产生 4 个信号:

500 kHz 方波:作为中频载波输往平衡调制器,供边带调制和发报,加至乘积检波器供解调用。

69.3 和 70.3 MHz 正弦波:用于接收机混频器注入信号。

19.8 MHz 方波:作为压控振荡器环路的基准信号。

71.8~99.7999 MHz 正弦波:作为本地振荡频率加至混频器。

我们知道,一般频率合成器是利用锁相环路来稳定频率的。当压控振荡器的频率由于某种原因而变化时,必然使相位相应变化。通过相位检波器(鉴相器)产生的直流误差电压是与相位偏离成比例的。通过变容二极管的控制作用将振荡器的频率拉回到原始值,从而使压控振荡器频率稳定在与晶体振荡器相同的数量级上。单环数字式频率合成器的特点是加入了一个分频比可以变化的分频器,称为可变分频器。由于通常鉴相频率远低于压控振荡器的工作频率,所以可变分频器的第一个作用是将压控振荡器的频率降低到鉴相频率附近,以便在鉴相器内与基准频率相比,产生控制压控振荡器的误差信号,使压控振荡器为基准频率的整数倍。它的第二个作用是改变频率合成器的工作频率。当压控振荡器的工作频率改变时,环路失锁,鉴相器即输出一个控制信号,使压控振荡器的工作频率改变,直到重新锁定。固定分频器和可变分频器都是一个把振荡频率降低的他激振荡器。为了实现分频,其工作状态应是非常不稳定的。

3. 晶体特性及其等效电路

在单边带收发机中,为了使频率稳定,振荡器和滤波器内均使用了晶体,即晶体振荡器和晶体滤波器。下面介绍晶体的特性及其等效电路。

把天然的石英按一定的角度切割成薄片,涂上一薄层铝、银或其他金属,然后安装到弹簧夹上,称为晶体。晶体片的机械振动可以转化为电信号,反之电信号也可以使晶体片产生机械振动。例如,当晶体片受机械力的作用被压缩时,晶体片表面会产生一定极性的电荷分布;当机械力的作用使其伸张时,电荷分布的极性随之改变。相反,若在晶体片两表面加一交流电压,就能使晶体片发生与该电压同频率的机械振动。这就是压电效应和逆电效应。

同所有弹性物质一样,晶体本身也具有固定的振动频率。当外加电压的频率等于晶体的固有频率时,晶体的振动幅度最大,表面所产生的电荷数量最多,外电路的电流最大。另外,外加电压与晶体压电电流之间存在相位差,此相位差随频率的变化关系与 LC 串联谐振回路相同。晶体片与电极支架间具有分布电容,相当于在串联回路上并联的电容 C_0,石英晶体的等效电路如图 5-34(a)所示。

石英晶体的突出特点是,动态电感 L_q 很大,而动态电容 C_q 和动态电阻 R_q 都很小,因此它的 Q 值非常高,可达 $10^4 \sim 10^5$。

石英晶体的等效电阻很小,当忽略它时,其对应的等效电路及其电抗特性曲线如图 5-34(b),(c)所示。

由图 5-34(c)可以看出,在其串联和并联谐振频率附近,电抗曲线变化很快,因此可用它组成频率稳定度很高的晶体振荡器。也就是说晶体振荡器的谐振频率必须选在晶体的串联谐振频率和并联谐振频率之间,此时晶体的等效阻抗呈电感性。由于在感性区两侧均呈容性,故可把石英晶体当做电抗性质在谐振点发生变化的元件使用,以组成通带频率稳定、具有良好衰耗特性的带通滤波器。为了得到通带较宽的滤波器,需在石英谐振器上串联一个电感线圈。

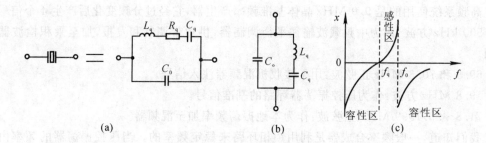

图 5 - 34　石英晶体及其等效电路、阻抗特性

(a) 石英晶体的等效电路；(b) 忽略等效电阻时石英谐振器的等效电路；(c) 电抗特性曲线

4. 接收机各电路的工作情况

(1) 接收天线。接收天线用来"收集"空间电磁波能量，它是接收机的信号源。接收机天线不管其形式如何，工作频率怎样，都可等效为信号电动势和阻抗串联的电路。接收机垂直天线的等效电路是电阻、电容和电感的串联电路。

(2) 输入电路。输入电路是天线和接收机第一级之间的耦合电路。

输入电路的第一个作用是把天线上的信号电压传送到接收机第一极的输入端。第二个作用是减弱作用于第一极输入端的干扰电压。

要完成第一个作用，接收天线和输入电路之间应该有适当的耦合，以便于信号的传输。要完成第二个作用，输入电路应该具有选择性，因此输入电路通常由耦合元件和谐振回路组成。

输入电路有多种组合形式。接收天线与回路间用电容耦合的叫电容耦合电路。其等效电路如图 5 - 35 所示。

图 5 - 35 所示中，C_C 的主要作用是用来减少天线变动时对预选环路的影响，这是因为

$$C = \frac{C_A C_C}{C_A + C_C}$$

当 $C_A \gg C_C$ 时，$C \approx C_0$ 可见当天线变化时，对 C 几乎无影响，而完全决定于 C_C 。

另一种输入电路是电感耦合输入电路。在天线阻抗为电容性阻抗的情况下（如使用鞭状天线的高频接收机），其输入电路为电感耦合输入电路，如图 5 - 36 所示。

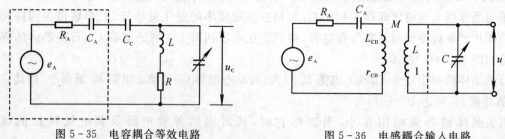

图 5 - 35　电容耦合等效电路　　　　　　图 5 - 36　电感耦合输入电路

我们知道在电感耦合输入电路内，天线回路在次级回路中会产生反射阻抗，其中包括反射电阻。由于反射电阻随耦合程度减弱而变小，所以耦合程度会影响输入电路的选择性。当次级电容、电感并联回路内反射电阻较小时，回路谐振曲线较陡，因而选择性好。所以为获得较高灵敏度和较好选择性，电感输入电路应采用松耦合。

在电感输入电路中，为使电感耦合电路具有均匀的电压传输系数，应使天线的固有频率远

低于波段最低频率。以下结合图 5 - 37 加以说明。电感耦合输入电路的主要元件参数为回路电感、调谐电容、互感和天线回路电感。其中回路电感和电容由工作波段而定;耦合系数若选为弱耦合,则只有天线电感可加以选择。显然天线电感必须从决定天线回路的谐振频率着手研究。如果使天线谐振频率低于工作频段 f_{min},则由图 5 - 37 可见,低频端由于

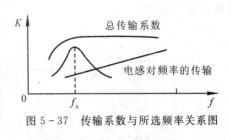

图 5 - 37　传输系数与所选频率关系图

天线回路谐振使总传输系数升高,随着频率的升高,天线回路谐振曲线下降但回路电感阻抗增大,两条曲线合成,即可得到较平稳的传输系数。

(3) 增益控制电路。一般接收机内均采用自动增益(或自动音量)控制电路。它的作用是在输入信号电压改变时自动地改变接收机的放大系数,即接收强信号时灵敏度降低,而接收弱信号时灵敏度提高。值得注意的是当自动增益控制偏压电路滤波器的时间常数不够大时,由于偏压不是一个固定值,即信号大偏压大,就会产生反调作用。在晶体管电路中,常用检波输出电压的直流成分加到被控中频放大器的基极,来控制它的基极偏置,改变中频放大器的放大量,因此要求控制电压极性与原来基极偏流的极性相反,这样,当外来信号增强时被控制管的总偏流就减小,放大量下降从而使输出信号电平稳定。

(4) 天电干扰及其消除。大气中发生的各种自然现象而引起的干扰称为天电干扰。其主要来源是雷电放电,带电水滴和灰尘的运动以及大气层电离程度发生变化所引起的辐射等。此外,灰尘、水滴、雪花等带电微粒与天线接触也可能是天电干扰的一种来源。

天电干扰与接收机的工作频率有关。频率升高,干扰电平降低,一般情况下在超高频波段内,干扰电平急剧下降。

天电干扰对接收机影响的严重波段是中、长波段。

避免天电干扰的最有效方法是将电火花源、接收机分别屏蔽,搭铁和采用高、低通滤波器。

第四节　选择呼叫系统

一、系统功能与组成

飞机上装有两套相同的选择呼叫系统。

选择呼叫指地面塔台通过高频或甚高频通信系统对指定飞机或一组飞机进行联系。当被呼叫飞机的选择呼叫系统收到地面的呼叫后,指示灯亮、铃响,告诉驾驶员地面在呼叫本飞机。

选择呼叫系统包括一个选择呼叫控制盒,一个具有双通道的选择呼叫译码器和钟声装置(见图 5 - 38)。

选择呼叫控制盒上装有两个指示灯,每个通道一个。当接收到对本飞机的选择呼叫码时,指示灯亮。这两个灯按钮又是按下测试电门,当按下它时灯应亮。如果其中一只一直亮,则应检查试验灯是否弹出。若未弹出可先将其拉出,再做试验。在控制盒上还有两个选择转换旋钮,为每个通道选择通信接收机用。

选择呼叫译码器面板上有两套开关。每个通道一套,每套四个开关,用于选择指定的飞机选择呼叫码。两个相同的译码器电路分别控制选择呼叫控制盒上的一个指示灯和音响警告组

件内的钟声装置。

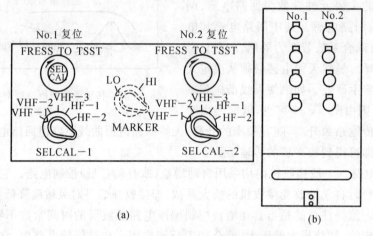

图 5-38　选择呼叫各部件

(a) 选择呼叫控制盒；　(b) 选择呼叫译码器(双通道)

　　每个译码器电路包括谐振簧片继电器、放大器和继电器转换电路,此电路用于调谐所选择的频率(频率范围从 300 Hz~1 kHz)并控制指示灯和钟声装置。

　　钟声装置用于当选择呼叫系统接收到与本飞机所指定的选择呼叫编码频率相同的地面台呼叫时,发出高音频率为 887 Hz,低音频率为 487 Hz 的钟声,以告诉驾驶员地面在呼叫飞机。

二、工作原理

　　在选择呼叫译码器上选定飞机呼叫码后,选择呼叫系统就处于待用工作方式。当地面通过高频或甚高频发射机呼叫该机时,飞机上的高频通信系统或甚高频通信系统将收到的信号加到译码器。若地面呼叫代码与飞机的代码相同,译码器便使控制盒上的灯亮,铃响(有的飞机是高低谐音钟声响)。这时驾驶员按一下灯按钮使灯灭,铃不响,即可用高频通信系统或甚高频通信系统进行联系。其工作原理如图 5-39 所示。

　　来自甚高频或高频接收机的音频信号经选择呼叫控制盒加到选择呼叫系统。如果所选择的配对音频与输入的音频相符,则音频信号经过放大和限幅,使簧振动电路接通译码继电器。28 V 直流电压经过继电器触点使其保持接通状态。译码继电器的触点将 28 V 直流电压加到断续继电器线圈,断续继电器接通,并将 28 V 直流电压经过其中的一个触点直接加到指示灯,同时还经过译码继电器触点加到铃(谐音钟)装置。由于断续继电器线圈与 RC 电路的输出端相接。该继电器时通时断,使指示灯闪亮,而铃(谐音钟)装置重复地发出音响信号。当驾驶员发现控制盒上的灯亮和铃响时,即按下按钮。此时,控制盒所提供的直流接地复位信号使译码继电器和断续继电器断开,从而断开输往铃和指示灯的 28 V 直流电压。

　　值得说明的是在老式选择呼叫系统内选择不同选择代码的关键部件是通过 12 个舌簧继电器实现的。这 12 个继电器分别命名为 12 个字母,并且它们在不同的专用频率下工作。有关字母的定义和相应的工作频率如表 5-4 所示。通过选择呼叫译码器前面板的旋钮以选择字母即选择不同的舌簧继电器,从而达到不同飞机有不同的选择呼叫编码的目的。

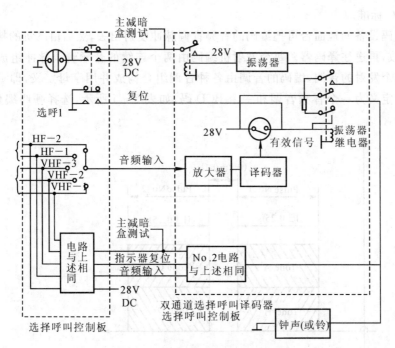

图 5-39　选择呼叫原理图

表 5-4　音调定义

通　　道	TU-202 音调定义	P-7810 音调定义	频率/Hz
A	A	BZ	312.6
B	B	CZ	346.7
C	C	DZ	384.6
D	D	EZ	426.6
E	E	FZ	473.2
F	F	GZ	524.8
G	G	HZ	582.1
H	H	JZ	645.7
J	J	KZ	716.1
K	K	LZ	794.3
L	L	MZ	881.0
M	M	NZ	977.2

　　20 世纪 80 年代后期选择呼叫译码器的工作原理与前述基本相同,但是改进为使用集成或离散的固态电子器件,使其工作更加可靠。这种机载选呼译码器上已没有任何选择字母的控钮,代替它的是以给定的顺序通过选择选呼机器外部的销钉(经过开关或电路板跨接线)来完成音频音调对的选择。这个顺序由来自地面电台发射的编码的音调顺序而定。当地面电台的顺序与飞机上已编程序的顺序相对应时,飞机上的外部的信号灯亮或发出钟声,告诉机组人员地面正在呼叫本飞机。这些信号装置的复位可通过人工进行。指定飞机的编码插头连接情

况应符合 ARINC 标准。

　　装有音调编码设备的地面台可把编码的音频音调脉冲发射出去,然后由飞机的接收机(甚高频或高频)接收,再送往译码器。每个发射机编码由两个连续的音频音调脉冲组成,而每个脉冲又同时有两个发射的音调,编码的音调由各种音调组合构成并用字母定义,即 AB - CD,对每个编码字母定义为一个音频音调和一个 BCD 码,如表 5 - 5 所示,选择呼叫编码格式如图5 - 40 所示。

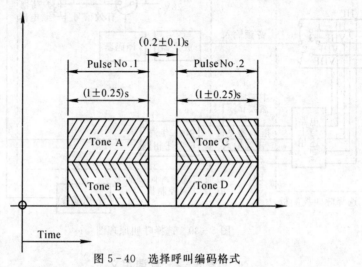

图 5 - 40　选择呼叫编码格式

表 5 - 5　音调定义

标志符	参考标志符	频率/Hz	BCD 格式			
			5	4	2	1
T - A	AF101	312.6	0	0	0	1
T - B	AF102	346.7	0	0	1	0
T - C	AF103	384.6	0	0	1	1
T - D	AF104	426.6	0	1	0	0
T - E	AF105	473.2	0	1	0	1
T - F	AF106	524.8	0	1	1	0
T - G	AF107	582.1	0	1	1	1
T - H	AF108	645.7	1	0	0	0
T - J	AF109	716.1	1	0	0	1
T - K	AF110	794.3	1	0	1	0
T - L	AF111	881.0	1	0	1	1
T - M	AF112	977.2	1	1	0	0
T - P	AF113	1 083.9	1	1	0	1
T - Q	AF114	1 202.3	1	1	1	0
T - R	AF115	1 333.5	1	1	1	1
T - S	AF116	1 479.1	0	0	0	0

　　信号处理过程如下所述:如图 5 - 41 所示,本图只示出了第一通道,其他通道均与第一通道相同,故未画出。

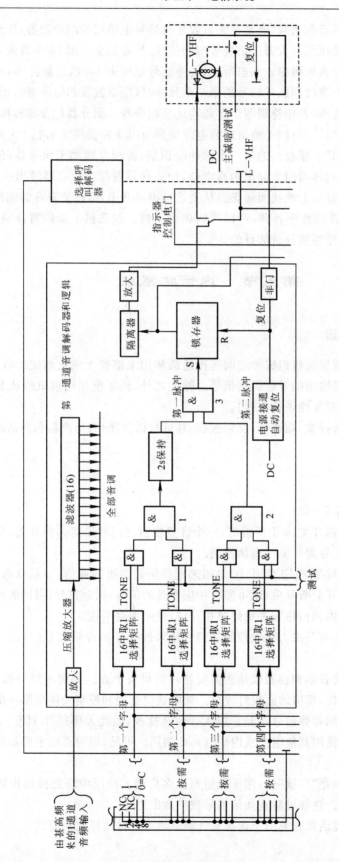

图5-41 选择呼叫功能方框图

由甚高频或高频来的音频信号(通常是来自收发机静噪电路之前的检波器)加至选呼系统通道内。首先音频输入经压缩放大器压缩成等幅的信号,然后加至一组 16 个滤波器。每个滤波器只能通过一定的选呼音频频率。如前所述,选呼信号是两个 1 s 的音频脉冲,每个脉冲由两个不同的频率所组成。当收到选呼信号的第一个脉冲时,经滤波器和矩阵进行识别,以确定是否为该飞机所指定的音调,若相符则两个音调输送至积分器。积分器把音调转换为高电平。然后逻辑"1"被送至与门"1"。与门 1 输出的高电位加到与门 3 并保持 2 s,在 2 s 内脉冲一直使与门 3 的一个输入为"1"。接收到的第二个脉冲经识别,若相符则加至积分器,使与门 3 的另一输入端从低变为高,这样与门 3 输出为高电位,使锁存器置位。锁存器输出一个逻辑"1"加至指示灯开关,使指示灯加上地线而通亮。从上述过程可看出,通过装有音调编码设备的地面电台发射两对经过选择的音频音调,可以呼叫单个飞机。经飞机上译码器译码,若两者相符,则灯亮,铃响,达到了呼叫驾驶员的目的。

第五节　内话机系统

一、系统的功能与用途

机组内话系统可供驾驶舱机组成员之间进行通话和用来键控无线电系统的收或发工作,亦可用于收听导航接收机输出的音频识别信号。除此之外,该系统还可供机组成员进行广播(老式飞机机组内话不能对客舱进行广播)。

通常该系统由音频选择盒、插孔板、发话按钮、耳机与话筒插孔、扬声器和内话附件盒中的有关设备等组成。

二、部件说明

1. 音频选择盒(见图 5 - 42)

它包括 18 个监听按钮开关、6 个面板灯、一个音量控制旋钮和话筒选择开关、氧气面罩一吊杆式话筒开关和无线电发射—关—内话开关。

(1) 17 个监听开关(除紧急/正常开关)是用来选择所要监听的通信、导航或内话信号的。上位是开,下位是关。打开监听开关,就可监听相应设备的信号;同时打开,可同时收听。为了保证机组成员随时通话,内话按钮开关始终放在开位,并用保险卡住。

(2)音量控制旋钮/话筒开关。音量控制旋钮可用来改变输出音频信号的强弱,以适合收听者的需要。

话筒开关用于将话筒音频和控制线接到需要使用的设备上去。如使用第一部高频通信,则可将开关搬到 HF—1 位,相应的面板灯应亮。此时话筒音频和控制线接至第一部高频收发机;同时第一部高频输出的音频信号亦经它加入音频选择板,因此无须打开 HF—1 开关就可以听到 HF—1 的信号。使用其他电台或内话时与此相同。可见,机内通话主要靠音频选择盒控制与外界通信。

话筒开关的最后一档是"广播"位,用于机组对旅客广播。使用中应先拉出再转动才能转至"广播"位,否则转不动。这样可防止通信信号被广播出去。

(3)氧气面罩-吊杆式话筒开关用于选择氧气面罩话筒或是吊杆式话筒。

（4）无线电发射-关-内话三位开关在使用氧气面罩话筒或吊杆式话筒时才用。在正、副驾驶的驾驶盘上也各有一组与它功用相同的开关。

关位：把氧气面罩话筒或吊杆式话筒与音频电路断开。

无线电发射位：把氧气面罩话筒或吊杆式话筒与音频电路接通,同时把所选电台的控制线接地,使电台工作于发射状态。

内话位：把话筒线接至内话系统以进行机内通话。

在使用手握式话筒时,只要扳动话筒上的发话按钮,就可把话筒音频和控制线接到所选的设备上去,无须扳动三位开关。

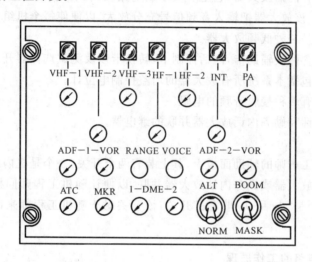

图5-42　747飞机内话系统内话选择板

（5）紧急/正常开关。开关平时放在正常位且有保险卡位。当音频选择板内的放大器出现故障而无法收听信号时,可将开关放在紧急位。此时音频信号直接加至耳机及扬声器,所以仍可监听信号。但是监听开关不能同时打开,只能是需要哪个信号就打开相应的开关。如果几个开关同时打开就只能听到第一个开关相应的信号。开关的次序是从左至右,从上到下,故VHF—1是第一个,而ADF—2R是最后一个。

（6）有的音频选择面板上还有话音（宽）和导航（音域）按钮开关。它应与定向机和全向信标监听开关一起使用。这两个按钮控制加至话音/导航滤波器的音频信号。如果这两个按钮都断开或都接通,则音频信号不通过滤波器而直接加到一个隔离放大器上。如果接通导航按钮,则滤波器把导航识别频带信号加到一个隔离放大器上,如接通话音按钮则滤波器把话音频带信号加至另一个隔离放大器上。所有接收到的音频信号都通过备用/正常开关加到上述两个隔离放大器中的一个。所选放大器的输出加至有关机组成员的耳机电路。

（7）有的音频选择面板上还有备用/正常开关。它用来选择音频选择盒中的1号或2号放大器。1号为正常放大器,当1号放大器出现故障时,把开关扳至备用位,可将2号放大器接入接收电路。

总之音频选择板（用户盒）的作用是选择各收发机的耳机话筒的输出和输入线。

2.话筒和耳机

手握式话筒可以用在装有手握式话筒插孔的任何位置。在话筒上的按下发话电门接通话筒内部的前置放大器的电源。话筒音频加到音频选择盒上所选系统的控制线路。

氧气面罩上装有一个碳粒式话筒。音频选择盒上或机长、副驾驶盘上的 PPT 开关，用来接通氧气话筒的电路。

吊杆式话筒/耳机装置是耳机和连在耳机上可以调节放大量的话筒的组合。音频选择板上和驾驶盘上的 PPT 开关用来把吊杆式话筒的音频接到音频选择板上所选的系统去。

耳机的阻抗为 600 Ω，机组每个成员位置均装有，故可直接通过音频选择盒监听音频。

3. 内话附件盒

内话附件盒内装有内话放大器，它是一块印刷电路板（在有的飞机上，它作为单个放大器装在电子设备舱内）。该放大器把输入音频信号充分放大，以便使每个机组内话板位置都能相互通话。内话放大器是一种低频放大器。

内话附件盒还包含两块辅助卡，内话控制卡，转换卡以及测试选择器开关和插孔。

内话控制插件板包括本系统所有放大器的增益控制电位计。

内话附件卡包含有多种接收音频的电阻。

转换卡包含让内话和勤务内话放大器并联的继电器。

4. 内话机开关板

该开关位于随机工程师的辅助面板上，其上装有两个开关：一个是机内/勤务转换开关，用来把输入电路同内话放大器或勤务内话放大器并联，以便让随机工程师同机组内话或勤务内话各位置通话；另一个是"内话-关-收/发"开关，该开关对于随机工程师来说相当于两个发话按钮。

三、音频选择盒电路的工作原理

参见图 5-43。话筒开关共有四片。a 片把所选电台或内话的音频信号送入音频放大器，放大后加至音量控制电位计，由其滑动点输出至耳机或扬声器。b 片把话筒音频送至所选电台或内话、广播系统。c 片则接所选设备的控制线。d 片接通所选设备指示灯的电源，使相应的指示灯亮。

当无线电发射-关-内话开关置于关位时，收发继电器工作，把氧气面罩话筒和吊杆式话筒电路从话筒开关 d 片断开，所以这两种话筒不能使用。当该开关置于无线电发射位时，收发继电器无接地点而停止工作，由氧气面罩-吊杆式话筒开关把其中之一接至话筒开关的 b 片，从而使话筒音频加至所选设备，同时经系统控制片 c 提供接地点，使所选设备处于发射状态。当该开关处于内话位时，不但收发继电器仍工作，而且内话继电器也工作，这时氧气面罩话筒或吊杆式话筒音频经内话隔离放大器和 b 片接至内话系统，以进行机内通话。此开关为一弹性开关，松开时始终位于断开位。正、副驾驶手柄上的三位开关的作用与此相同。

使用手握式话筒时，由于它的音频线没有经收发继电器触点，所以与三位开关无关。

第六节　客舱广播系统

一、系统的用途

旅客广播娱乐系统的用途是供机组或服务员对旅客进行广播以及播放预录通知和向旅客

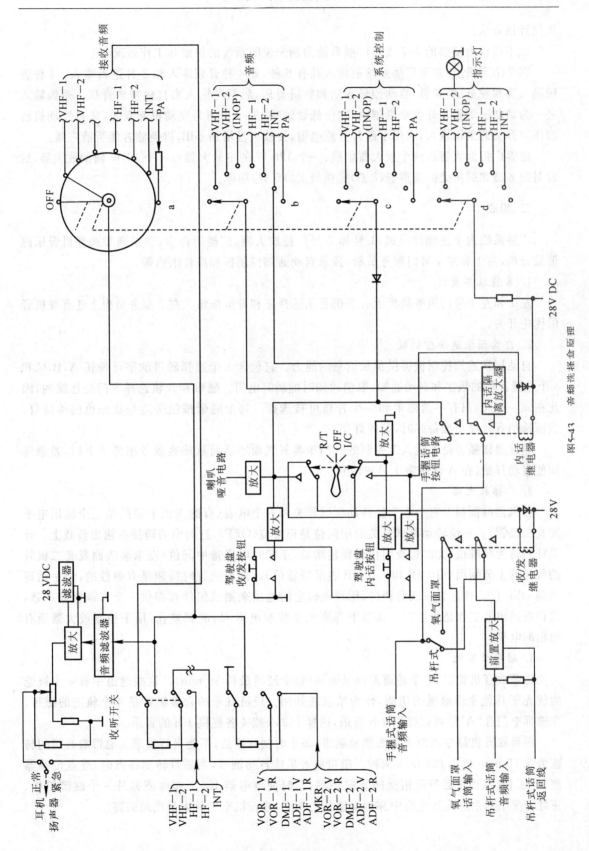

图5-43 音频选择盒原理

提供登机音乐。

以下以较为复杂的 747 飞机广播系统为例来说明系统的组成和工作概况。

在 747 飞机上,加至广播系统的输入共有 6 种,即 4 种音频输入和 2 种逻辑输入。4 种音频输入为驾驶员、服务员、自动预录通知和登机音乐,后两种输入来自磁带放音机。逻辑输入之一为请勿吸烟和系好安全带逻辑,它使低音钟响;另一个则为发动机起动时,来自发动机滑油压力开关的逻辑输入,它用于断开分流电阻,使放大量增加 6 dB,以便旅客能听清广播。

旅客广播放大器由两个放大器组成:一个 120 W 的主放大器和一个 16 W 辅助放大器,后者对服务员和厨房处的扬声器(8 Ω)提供最大(16 W)功率。

二、组成

广播系统由下述部件组成:1 号和 2 号广播放大器、广播附件卡、预录通知和登机音乐磁带放音机,左 1 和左 4 号门服务员板,预录自动通知控制板和高音喇叭等。

1. 客舱服务员板

左 1 和左 4 号门服务员板上有登机音乐选择钮和音量按钮。左 1 服务员板上还有登机音乐优先开关。

2. 自动预录通知控制板

自动预录通知控制板提供预录信息的能力。它包含 3 个选择磁带的字母按钮 A,B,C 和 8 个选择音轨的数字和起动通知、取消通知时的瞬时电门。磁带和音轨选择电门是连续的,因此在同一时间,只有一盘磁带和一个音轨可被选择。每个磁带按钮旁边是琥珀色的等待灯。当所选的音轨尚未准备好时,等待灯亮。

紧急通知播音是不能人工控制的。当旅客氧气面罩话筒从旅客服务组件落下时,紧急通知便自动开始(在 A 盒磁带 1 号磁轨)。

3. 广播放大器

在机器前面板上有一个三位转动测试开关和一个电表(有的飞机上装的是三个输出电平发光二极管)。三位转动测试开关的中间位是正常位(OFF),这时电表跨接在输出负载上。开关往右转为校准位,此时检查组件的额定增益,正常时电表指中间位(在未装表面发光二极管的放大器上分别用 -10 dB 和 $+10$ dB 表示增益值)。这个位置时按钮是有弹性的,松手后即回到 OFF 位。往左为测试音调位,用预先确定的输出来测试组件和提供一个音调至扬声器,以检查扬声器工作是否正常。面板下部有电平控制电阻 R_{71} 的调整孔,用于控制放大器所有输出的电平。

4. 磁带放音机

磁带放音机提供 24 个通道的预录通知(每个通道最长 30 min)。这些通道中有一个被选为优先于其他全部通道的功能,作为紧急通知用。登机音乐的盒装磁带是 4 个轨迹的磁带。在选择电门在"A"位可以提供 4 h 音乐,选择 1,2,3 或 4 各提供 1 h 的音乐。

磁带放音机是专用的无端头预录磁带,每小时循环播放,不能自行重录。磁带放音机的转速为 3.75 in/s 和 2.125 in/s 两种。磁带放音机能自动倒带,当磁带转到终点时,终点传感器使 K_1 工作,从而使磁带向相反的方向转动,同时使继电器 K_3 工作而使另外一个磁带工作。正常情况下为适应人耳在空中和地面感觉的不同,放音机空中放大量比地面高。

5. 广播附件盒

附件盒内的控制插件板用于控制客舱广播音频电平。服务员插件板将左1和左4号服务员话筒音频接到客舱内话转换组件和广播放大器。

三、工作说明

从图5-44可以看出,广播机系统的作用是通过喇叭网路向主客舱和上舱的旅客播放登机音乐,预录通知和讲话信息。每一个广播机都有自己的优先顺序,以使某些信号超控其他信号。最优先的是驾驶员广播讲话,其次是服务员讲话,再次是预录通知,最后是登机音乐。除登机音乐外,所有通过喇叭系统进行广播的客舱广播音频信号都可以超控旅客音乐,使带听诊式耳机的旅客收听通知,或者在客舱失压情况下,自动播放紧急通知。

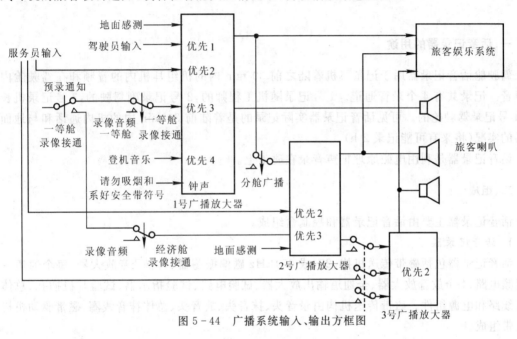

图5-44　广播系统输入、输出方框图

从服务员呼叫系统来的控制信号通过所有喇叭发出低音钟声。这种钟声信号在接通或断开"系好安全带"或"请勿吸烟"信号牌和在客舱失压时发出。

由机组内话机系统来的驾驶员话音或经由客舱内话机系统来的服务员话音,经放大器放大后加至喇叭。自听音频则经内话机返回到驾驶员的耳机内。

取下左1号或左4号门服务员手机后,听话筒与客舱内话机系统相连,按下发话按钮即可广播。

登机音乐的选择和控制情况如下:

当接通登机音乐音量电门(接通115 V交流通断信号)时,磁带放音机的马达和驱动电路工作。登机音乐磁带节目由4条连续播放的磁轨组成。这4条磁轨可以从一条磁轨转换到另一条磁轨上。磁带输出经前置放大后,送到客舱广播放大器。当接通登机音乐的音量电门时,4号控制线信号送到1号客舱广播放大器,使音乐得到放大。音量由音量旋钮进行调节。

预录通知的选择和控制情况如下:

在左1号服务员站位的自动预录通知控制板上选择预录通知。按下按钮后,选择信号启动广播磁带放音机内的磁带卡盒。当接通音量开关时,电机和驱动电路工作。所选的每个磁带卡盒内有 4 条连续播放的磁轨,这 4 条磁轨循环一周后,每条磁带退回原处,从头再开始播放。在倒带期间,预录通知控制板上的等待指示灯亮。在同一磁带卡盒上不能进行磁轨选择,倒带结束后,等待指示灯灭,磁轨可以进行转换。

磁带各磁轨的输出送至优先电路。优先电路使紧急通知超控其他所有通知。3 号控制信号送到广播放大器,任选的音乐通道也受到超控。通知开始后,音乐自动中断,通知结束后,音乐继续播放,音频信号经过前置放大后,送到 1 号广播机放大器。如果选错通道,按下清除按钮,此时磁带放音机内的音频锁定电路导通,抑制至放大器的音频信号。

第七节　话音记录器

一、话音记录器的用途

驾驶舱话音记录器用于记录飞机着陆之前 30 min 内的机组耳机内的音频和在驾驶舱内的声音。记录共有 4 个录音通道。1 号记录随机工程师的,2 号记录副驾驶的,3 号记录机长的,4 号记录驾驶舱的。可见话音记录器实际记录的是着陆前 30 min 内的机内通话和与地面通话的实况(将来有可能记录 2 h)。

话音记录器是利用电磁原理把声音录在磁带上。

二、组成

话音记录器主要由话音记录器和控制盒组成。

1. 话音记录器

话音记录器包括磁带传送机构、23(或 65)kHz 磁偏振荡器、4 个录音放大器、每个通道一个混频电路、4 个放音放大器、全通道输出放大器、试验电路、试验指示器、试验耳机插孔、总体抹音线路和电源组件。磁带传送机构由录音头、抹音头、放音头、总体抹音线圈、磁带驱动机构和磁带组成。

试验指示器、耳机插孔、通道选择电门和试验按钮都装在记录器的前面板上。各通道可以同时试验,也可以单独试验。按下控制盒上的"试验"按钮,试验电路就把一个 800 Hz 的信号加到 4 个录音放大器上,如各通道录音正常,则从插入插孔的耳机中就可以听到一个 800 Hz 的声音信号,试验信号灯亮。若要检查某一通道,就用录音机面板上开关选择该通道,接下试验按钮,如果该通道录音正常,则从耳机中可听到一个 800 Hz 的声音信号。当把机器面板上通道电门放在某一通道时,若该通道正常,则耳机内应听到没有杂音的录音信号。

在话音记录器前面板下方有一水下定位器。其作用是当话音记录器落入水中后,帮助确定记录器的水下位置。应该指出的是水下定位器电池按 1985 年 4 月 24 日民航总局工特字006 号文件规定,电池在出厂日期后两年更换一次。

2. 控制板

话音记录器控制板用于对记录器进行远距控制和试验。检测驾驶舱声音和谈话情况,并控制抹掉录音带上的声音。

耳机插孔:可监听记录器所有通道的声音。

试验按钮:当按下试验按钮时,就顺序地测试 4 个记录通道。

试验监视灯:按下按钮时,如果所有的监视通道都有音频输出,则灯亮(有的控制板上装的是表,正常时表针应指示在绿区)。

话筒:可通过它记录驾驶舱内的谈话及 4 个通道音频的输入。

抹除按钮:飞机落地和刹车后,在按下抹除按钮,并保持 5~10 s 后,记录器磁带即能被抹除干净。

三、工作方式

语音记录器系统共有 4 种工作方式:记录、抹除、监听和试验。

记录方式:3 个音频通道输入来自音频附件盒、第 4 个通道输入来自驾驶舱控制盒上话筒的音频。

抹除方式:在飞机落地和停放好并停留刹车后,按下抹除按钮就可抹除记录器信号。

监听方式:音频信号从记录器的所有通道加至控制板的音频输出端。

试验方式:控制板测试电门起始记录器测试,记录器把各信号返回加至控制板。

四、工作原理

话音记录器原理图如图 5-45 所示。

(1)记录器系统自动记录驾驶舱中着陆前 30 min 内所有通信与对话。只要 115 V 交流电压加到主无线电汇流条上,该系统就开始工作。来自随机工程师及正、副驾驶音频选择盒的通信和内话音频通过内话机音频附件盒分别加至记录器的 1,2,3 通道;驾驶舱的谈话信号由控制盒上的话筒接收,经前置放大器进行放大后送到记录器的第 4 通道。

(2)一个共用磁偏振荡器产生 23 kHz 的振荡信号加至 4 个通道的录音磁头,以消除杂音,还加至抹音磁头以抹除 30 min 前磁带记录的信号。

(3)上述磁偏频率用来使音频频带上移至适合于磁带上录音的频率范围。该磁偏频率信号由每个录音放大器输出端的电阻性混频器与音频信号进行混顿。该混频信号带动一个感应(电磁)录音头,产生一个交变磁场。当磁带传送机构恒速带动磁带经过录音头时,由录音头产生的交变磁场就使磁带上的金属氧化膜磁化,从而产生一个不同场强的磁道。当该磁道通过放音头时,在放音头的线圈内产生很小的音频电流。放音放大器的已调谐的输入端相当于一个低通滤波器,可将磁偏频率过滤掉。

(4)放音放大器的音频输出加至测试门、全通道放大器和通道开关。当所有放音放大器的音频信号都加至试验门上时,它接通一个固态开关,使控制盒上的试验信号灯经控制盒上的试验开关接地。全通道放大器把来自 4 个通道的合成信号加到控制盒的插孔和记录器的通道开关上。通道开关用来将每一个通道音频信号和所有通道的合成信号转接到录音机上的耳机插孔,它也把每个通道的音频信号分别送到试验指示器(或表)中。

(5)按下控制盒上的试验按钮后,试验信号门导通,把来自电源的一个 800 Hz 信号加到每个录音通道的输入端上。按下上述按钮大约 1 s 后,如果试验门接收到了来自每个放大器的输出信号,控制盒上的试验按钮也能把一个 800 Hz 信号加到各录音通道中。用通道选择开关选择的每个通道的输出加到试验指示灯(表)和耳机插孔上。当通道电门置于全通道位置时,合成音频只加到耳机插孔。

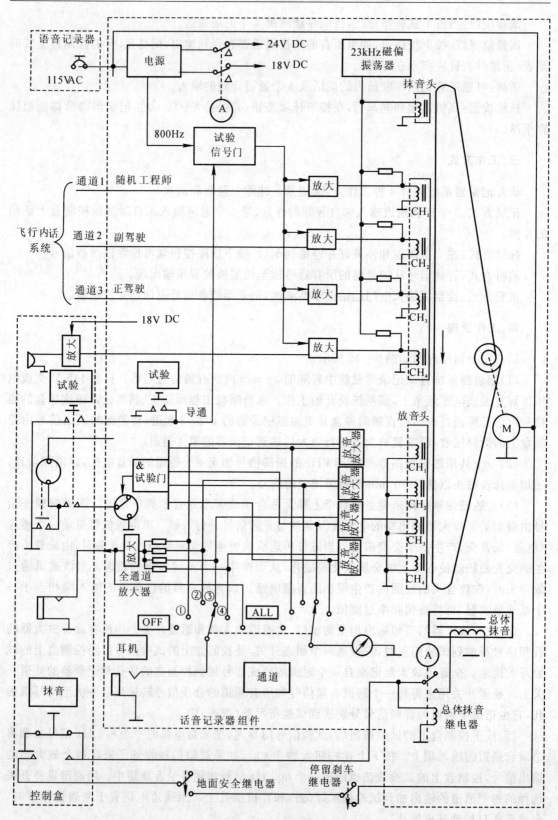

图 5-45　话音记录器原理图

(6)当 115 V,400 Hz 的交流电加到总体抹音线圈上时,就可以将磁带全部洗掉。当飞机停在地面上并使用停留刹车时,按下控制盒上的抹音按钮,115 V 交流电就加到了总体抹音继电器上。大约 0.5 s 后,该继电器就把此交流电加到总体抹音线圈上。与此同时,总体抹音继电器断开录音、放音和试验电路上的直流电源。为保证将磁带全部洗掉,抹音按钮至少须保持在接通位置 6 s,这是 1 盘磁带转 1 周所需的时间。

第八节　应急电台

根据美国联邦航空条令 FAR91 要求,在美国注册的每一架飞机必须备用一架应急电台。应急电台的作用是在飞机发生事故时,使用它发出呼叫信号以便能够得到救援。

应急电台最常用的电源是一个自备的干电池,它必须能供电 48h。通常紧急发射机电源的更换日期必须标在发射机外部,通过观察在发射机外部电池的更换日期就可确定紧急定位电台的更换日期。

应急电台较好的位置是尽可能地靠后,但要在垂尾之前。

在检查飞机时,通过将一台通信接收机调到民用警告频率上,然后使应急电台短时间工作,就可检验应急电台的工作状况。

根据 1975 年 12 月 30 日发布的指令 FAR121.339 和 FAR121.309,要求对新电池在初次安装 5 年以后作试验台/电池检查,以后每隔 2 年进行一次。

习　题

1. 说明频率选择五中取二的原理。
2. 说明移位寄存器的组成和工作原理。
3. 分别说明飞机高频和甚高频通信系统的组成。其收发机结构有什么不同?哪一个是必装系统?
4. 为什么高频通信系统中有天线耦合器,而甚高频通信系统中没有?甚高频通信系统收发机中定向耦合器起什么作用?
5. 分别画出二极管平衡调制器与环形调制器的原理电路图,并指出它们各有什么特点。说明为什么环形调制器的传输效率比平衡调制器高 1 倍(用公式说明)。
6. 试说明选择呼叫系统的组成和工作原理。
7. 试说明飞机内话系统的分类和工作特点。
8. 试说明音频选择面板的作用。
9. 试说明话音记录器的作用,说明水下定位信标的作用及原理。

第六章 气象雷达

机载气象雷达用于在飞行中实时探测前方航路上瞬息万变的气象状况,是保证飞行安全的重要机载电子设备之一。

20 世纪 70 年代以来,机载气象雷达在电路结构和器件工艺方面都获得了明显的改进和发展,提高了设备的性能和可靠性。目前,民航干线飞机大都已装备彩色气象雷达,但也有一些机型所装备的气象雷达仍使用黑白显示器。彩色气象雷达应用大规模集成器件和微机技术,利用彩色显像管提供空中气象目标或地面目标的彩色地形图显示画面,使用十分方便。

雷达的工作频率很高,采用显示器作设备终端,其工作原理和电路器件与其他无线电通信导航设备有较大的差别。本章着重说明气象雷达探测目标,显示目标图像和确定目标位置的基本原理,说明雷达主要功能电路的结构和基本工作原理。

第一节 气象雷达基础

气象雷达是一种自主式的机载电子设备。它是通过气象目标或其他目标对雷达所辐射的雷达信号的反射来探测目标的。雷达的工作无须任何地面设备的配合。

一、气象雷达的基本功用及工作概况

机载气象雷达的基本功用是在飞行中连续向驾驶员提供飞机前方航路上及其两侧的气象状况以及其他障碍物的平面显示图像。驾驶员根据所显示的图像,即可选择安全的航线避绕危险的气象区域或障碍物。气象雷达也可提供关于飞机前方地表特征的地形图显示,以帮助驾驶员识别地标,判断飞机的位置。

1. 雷达对气象目标及其他空中障碍物的探测

(1) 雷达对气象目标的探测。众所周知,激烈的雷雨区、无形的湍流,是威胁飞行安全的一个重要因素。如果能对航路上的气象情况得到准确的了解,则对飞行安全和舒适性是十分有益的。然而,对于航程中数千公里的飞行来说,要在飞行前依靠地面气象通报做到这一点是十分困难,甚至是不可能的。利用机载气象雷达则可以使这一问题得到解决。在飞行中,机载气象雷达通过不断扫掠的天线向飞机前方及两侧扇区辐射功率强大的雷达脉冲信号,同时接收由降雨区等含水气象目标所产生的雷达回波。回波信号在雷达接收机和显示器中经过复杂的处理,最终以光信号——明亮的目标图像——的形式在显示器上显现出来。气象雷达所提供的目标显示图形如图 6-1 所示。

观察这一显示图形,驾驶员可以十分方便地直接了解飞机前方数百海里范围内的气象情

况,选择安全的航线。

图6-1所示的气象目标分布图形,是目标在飞机前方飞行高度平面内的平面位置分布图形。显示画面底部中央(图6-1中的O点)代表飞机的位置。从O点出发的画面正中央的射线OA(实际显示画面上不一定显示出来)代表飞机纵轴线的延长线。图中以O点为圆心的弧形亮线代表不同距离的距离标志圈,利用距离标志圈可以很方便地判断目标与飞机的相对距离——通常在每圈距离标志圈的一端显示由该圈所代表的距离(海里)数。显示器上还可以显示出从O点出发的明亮射线,这就是方位线,所显示的方位线是等间隔的。利用方位线可以判断目标相对于飞机纵轴的方位。

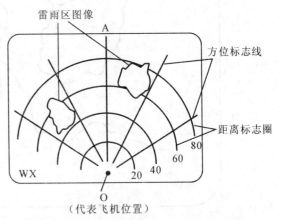

图6-1　雷达所提供的气象目标显示图像

在通常情况下,不论飞机是平飞还是有一定的俯仰角或倾斜角,气象雷达显示器所提供的总是在飞行高度上与水平面平行的平面中的目标位置分布图形。只有当雷达工作于"稳定解除"状态时,雷达才提供飞机俯仰平面内的目标分布图形。

(2) 气象雷达对其他空中目标和障碍物的探测。机载气象雷达除了能发现和探测空中气象目标外,还能有效地发现和探测航路上的山峰、相遇飞机等目标。这些目标也能和降雨区等气象目标一样,有效地反射雷达电波。

气象雷达的这一特性,对在恶劣气象条件下和夜间飞行的飞机,以及在地形复杂地区飞行的飞机来说,具有特别重要的意义。但是,必须强调指出,绝不能把气象雷达作为防撞引导设备来应用。

2. 气象雷达的地形观察功能

当把雷达波束指向地面时,利用地表不同物体对雷达电波反射特性的差异,可以在雷达显示器上显示出飞机前下方扇区内的地表特征的图像,这就是气象雷达工作于"地图"方式时的地形观察功能。

含有大量钢铁或其他金属结构的工业城市具有比周围大地更强的反射特性。河流、湖泊、海洋对电波的反射能力则明显不同于其周围或相邻的大地表面。当雷达电波投射到地表面时,不同地表特征便形成了强弱差别明显的雷达回波。根据雷达回波的这一特性,气象雷达便可在显示器上显示出地表特征的平面位置分布图形来。图6-2所示是雷达工作于地图方式时的显示画面,画面清晰地显示出海岸线、湖泊(2)及较宽的河流(1)的轮廓线。驾驶员利用所熟悉的这种地貌特征的平面位置图形,可以方便地判断出飞机的位置。为清晰起见,图中没有画出距离标志圈。

气象雷达除了具有气象目标探测和地形观察功能外,不同型号的机载气象雷达(有的雷达称为航行雷达)还可以具备其他一些功能,这里不再详述。

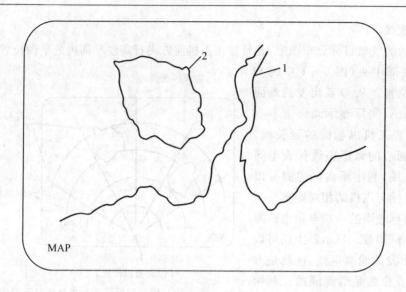

图 6-2　雷达工作于地图方式时的显示画面

二、雷达的基本组成

机载气象雷达的基本组件为雷达收发组、雷达天线、显示器、控制盒和波导系统。有的机载气象雷达系统具有和显示器分离的控制盒;有的则包括两套收发组,还可能包括单独的定时(同步)组件。此外,机载气象雷达还需由垂直陀螺提供倾斜和俯仰稳定信号,倾斜和俯仰信号可以由单独的垂直陀螺组件提供,也可由惯性基准系统提供。图 6-3 所示是由一部雷达收发组、一部显示控制器、天线及波导组成的气象雷达方块图。

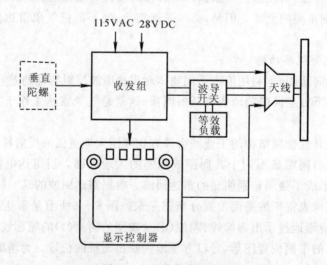

图 6-3　机载气象雷达系统

在装备电子飞行仪表系统(EFIS)的飞机上,雷达图像是和其他导航信息一起显示在电子式水平状态显示器(EHSI)上的,在有的飞机上,则通过导航显示器(ND)来显示雷达图像。因此,这些飞机上的气象雷达系统一般不再包含显示组件,而只由雷达收发组、天线、控制盒等组成。不过在有的装备电子飞行仪表系统的飞机上，仍装有专用的雷达显示器，以供备用。

1. 雷达收发组

雷达收发组是由雷达发射机和雷达接收机两部分基本电路组成的。此外，在雷达收发组中通常还包含一些其他功能电路。

雷达发射机用于产生强力的、周期性的微波脉冲信号。所产生的周期性脉冲信号经收发开关后，经由波导系统馈送至雷达天线辐射。

雷达接收机用于接收和处理由天线接收的雷达回波信号。接收电路将所得到的回波视频脉冲信号（或视频回波信息）输至显示器。

机载气象雷达的工作频率为 9 333 MHz，9 345 MHz 或 9 375 MHz。这一波段属于 X 波段。由于雷达的工作波长仅为 3.2 cm，所以雷达发射电路及接收电路中的高频部分是由各种微波器件组成的，其结构和工作原理与工作在甚高频或高频的无线电设备有较大的差别。

雷达收发组总是安装在尽量靠近天线的位置，例如前设备舱或机鼻罩内，以尽可能缩短连接波导的长度。由于发射机耗散的功率较大，收发组通常装有散热通风的专用风扇。

2. 雷达天线组

雷达天线组安装在飞机雷达罩（机鼻罩）内的密封舱前隔板上。雷达天线是一种方向性很强的微波天线。天线的功用是把发射机所产生的强力脉冲信号形成很窄的雷达波束辐射到空中，并接收由雷达目标反射回来的回波信号。气象雷达所使用的天线有平板型天线和抛物面型天线两类。

雷达天线的一个显著特点是需要进行复杂的运动。除了要自动进行周期性的往复扫掠即方位扫掠外，还需要自动进行天线的倾斜俯仰修正运动。通过天线的倾斜和俯仰修正运动，使天线波束轴扫掠平面稳定在与水平面平行的平面内。

雷达罩用于保护雷达天线，保持飞机的流线型外形。雷达罩是用非金属材料制成的，能保证电磁波的顺利穿透。

3. 显示器与控制盒

显示器是雷达的终端设备。雷达接收机输出的视频回波信号（信息）在显示器中经过一系列的处理后，在荧光屏上显现为相应的雷达目标图像。彩色气象雷达显示器应用高性能的彩色显像管和复杂的信号处理、存储电路，以不同的色彩表现降水强度不同的气象目标或反射特性不同的地面目标，色彩鲜明，图像清晰明亮。彩色显示器在显示气象目标时通常用绿、黄、红以及紫红色来表示强度逐渐增大的降水区。在显示地面目标时，通常用蓝绿色、黄色、紫红色来代表反射强度不同的地面目标。黑白雷达显示器则用明亮程度的强弱来反映目标反射特性的不同。

整个雷达系统的控制调节元件通常和显示器本身的控制元件一起，装在显示器的面板上，以使设备紧凑。但在有的雷达系统中，设有单独的雷达控制盒。

显示器安装在驾驶舱中的仪表板上或中央操纵台前端的电子设备板上。

4. 波导系统

波导系统用于实现雷达收发组和天线之间的射频能量的传输。由于雷达信号是频率极高的微波信号，所以不能用一般无线电设备所用的同轴电缆来传输，只能用封闭的波导系统传送。发射机产生的功率强大的雷达发射信号，通过波导系统传送给天线，辐射到空中去。同一部天线所接收的雷达回波信号，也是经过同一波导系统传送给雷达收发组中的接收机的。

波导系统由刚性波导和软波导组成。在有的气象雷达的波导系统中,还装设有一个波导开关和等效负载。

三、气象雷达的基本工作原理

机载气象雷达能够将飞机前方航路上的气象目标或其他目标的存在及分布状况呈现在显示器上。雷达的这一基本工作过程,可以看成是对目标的探测过程和确定目标的距离与方位的过程。以下分别说明气象雷达探测目标、确定目标的距离和方位的基本原理。

1. 气象雷达对目标的探测

气象雷达之所以能发现目力所不能及的黑暗及云雾中的气象目标或其他目标,把人的视力延伸到几百海里远的地方,从根本上讲是基于目标对雷达信号的反射特性。

(1)目标对雷达信号的反射。机载气象雷达之所以选择频率为 9 300～ 9 400 MHz 范围内的 X 波段的信号,其基本原因之一就是因为雨区及其他空中降水气象目标能够对这一波段的信号产生有效的反射。

我们知道,导体能够有效地反射电磁波。水是一种导体,所以也能够反射电磁波。空中的降雨区域、降水云区及其他降水气象目标同样也能够对照射它们的雷达信号产生一定程度的反射。当然,气象目标对雷达信号的反射程度与信号的波长密切相关。除此之外,不同气象目标对雷达信号的反射程度,还与它们本身的含水密度及状态等有关,这和疏密不同的金属网对同一信号的反射状况不同类似,这并不难理解。

气象雷达所辐射的是能量集中在极短时间内的射频脉冲信号。采用脉冲发射信号,可以有效地探测和区分空中的气象目标。

(2)回波信号的接收。雷达的接收机和发射机是共用一部雷达天线工作的。信号的发射与回波信号的接收过程交替进行。雷达发射机在极短时间内产生的功率强大的脉冲信号,通过天线辐射出去。在这短短的几微秒内,雷达接收机的输入端是关闭的,不与天线连通。雷达发射过程结束后,雷达工作于接收状态,此时天线与接收机输入端相连接,不同距离处目标所产生的回波信号由天线接收而加至接收机进行复杂的处理。雷达工作在接收状态的时间远远大于它的发射时间,几乎等于脉冲的周期,一般为 2 000～8 000 μs。在这段接收时间内,距离飞机约 400 n mile 范围内的明显气象目标所产生的回波信号,都能够被雷达所接收。

(3)天线波束及其扫掠。雷达发射机所产生的脉冲射频信号,由雷达天线汇聚成束后向空中某一方向辐射出去。这种情况,和探照灯汇聚光的情形十分相似。

在某一瞬间,雷达天线指向空间某一方向,此时,我们可以简单认为只有在这一方向的目标才会被雷达波束照射到,从而产生相应的回波信号而被雷达所探测。其他方位的目标,由于不可能被雷达信号照射到,所以在这一瞬间是不会产生回波而被雷达探测到的。当然,雷达天线所形成的波束实际上总是具有一定宽度的,所以当雷达天线指向某一方位时,被波束照射到的是以这一方位为中心的一个很窄的圆锥范围内的所有目标。

为了探测飞机航路前方及左右两侧的气象情况,气象雷达天线在一定范围内进行往复方位扫掠。通过天线的周期性方位扫掠,雷达就可以探测这一方位范围内被波束所依次照射到的目标,从而向驾驶员提供飞机前方扇形区域内目标的平面位置分布图像。

气象雷达对目标的上述探测过程如图 6-4 所示。

2. 气象雷达对目标距离的测定

雷达天线所辐射的电磁波是以光速 c 在空中向前传播的。在气象雷达中,通过度量所接收到的目标回波信号与发射脉冲之间的时间间隔,就可以确定目标相对于飞机的距离。

设目标的距离为 R,则信号往返于飞机与该目标之间所需的时间 t 为

$$t = \frac{2R}{c}$$

例如,对于距离为 1 km 的目标来说,信号往返所需的时间为 6.67 μs。这样,对于距离为

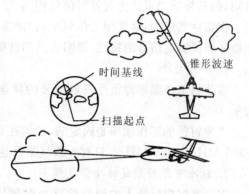

图 6-4　气象雷达对目标的探测

10 km,100 km 的目标来说,回波信号相对于发射脉冲的时间延迟就是 66.7 μs,667 μs。同样,对于距离为 1 n mile 的目标,其回波延迟时间为 12.36 μs;距离为 10 n mile,100 n mile 处的目标,回波延迟时间分别为为 123.6 μs 和 1 236 μs,以此类推。

3. 雷达显示目标方位的基本原理

前面已介绍过,由于雷达天线所形成的辐射波束是宽度很窄的圆锥形波束,因而可以认为当天线指向某一方位时只有该方位的目标回波才能被雷达所接收。基于这一事实,只要把接收到回波信号时的天线方位值正确地传送到显示器中去,使回波图像显示在荧光屏上的对应方位,就能正确地现出该目标的实际方位。

在模拟式的机载气象雷达中,是利用同步器或旋转变压器一类机电式同步系统来实现上述过程的。在现代数字式气象雷达中,实现上述显示目标方位的过程和电路要复杂得多,但其基本原理是一致的。

四、雷达信号及其基本参数

气象雷达发射机所产生的雷达发射信号,是一种工作频率在 9 300～9 400 MHz 之间的周期性脉冲射频信号,如图 6-5 所示。

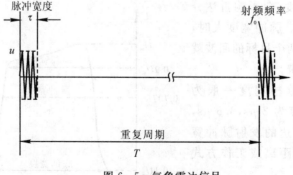

图 6-5　气象雷达信号

在雷达短暂的发射期内,雷达发射机产生功率很大的等幅正弦振荡,形成包络形状为矩形的周期性脉冲发射信号。在两次发射脉冲的间隔期内,接收机接收来自不同距离的目标所反射回来的回波信号。回波信号的幅度远远小于发射信号,在时间上延迟于发射脉冲一定的

时间,但其频率仍可认为与发射信号相同。

在雷达系统中,通常用工作频率、脉冲重复周期或脉冲重复频率、脉冲宽度和脉冲功率等参数来表征雷达信号的特性,说明雷达的性能。

1. 工作频率

雷达的工作频率即雷达发射信号的频率。工作频率也可以称为射频频率,通常用 f_0 来表示。

气象雷达的工作频率是固定的,通常在 9 300~9 400 MHz 范围内选择,例如 9 333 MHz,9 345 MHz,9 375 MHz。只有少数气象雷达的工作频率为 C 波段的 5 440 MHz。

2. 脉冲重复周期或脉冲重复频率

雷达发射机所产生的周期性脉冲射频信号的重复频率称为雷达的脉冲重复频率,记为 PRF。有时,也习惯用脉冲重复周期 PRT 来表示雷达脉冲信号的发射间隔时间。脉冲重复周期是周期性脉冲信号相邻两个脉冲之间的间隔时间,应从脉冲的前沿测量到下一个脉冲的前沿时刻,如图 6-5 所示。

机载气象雷达的脉冲重复频率一般在 120~500 Hz 之间,有的现代气象雷达也可使其脉冲重复频率高达 1 446 Hz。常用的 PRF 值为 120 Hz,181 Hz,400 Hz 和 500 Hz。

脉冲重复周期等于脉冲重复频率的倒数。对应于上述常用 PRF 值的脉冲重复周期分别为 8 333 μs,5 525 μs,2 500 μs 和 690 μs。

脉冲重复频率的选择必须与雷达的最大探测范围相适应。也就是说,要保证探测范围内最远目标的回波信号能在下一个发射脉冲信号产生之前被雷达所接收。因此,作用距离较远的雷达,其脉冲重复周期必须较长,或者说脉冲重复频率必须较低。

3. 脉冲宽度

脉冲宽度指射频脉冲信号的持续时间 τ,如图 6-5 所示。实际的脉冲往往是具有一定的上升沿、下降沿、波顶下降甚至尾部振荡的,不是理想的矩形脉冲,如图 6-6 所示。通常所定义的脉冲宽度 τ,指高频脉冲包络半功率点(0.707 电压点)之间或前后沿 0.5U_m 点之间的时间间隔。在需要进一步说明脉冲波形的特性时,则以脉冲最大值的 10% 处的时间间隔作为脉冲底部宽度,脉冲最大值的 90% 处的间隔作为脉冲顶部宽度。

发射信号的脉冲宽度,会影响雷达分辨距离相近目标的能力。脉冲宽度大时,同一方位上相距很近的两个目标的回波就会重叠在一起而无法分辨。

机载气象雷达的脉冲宽度一般为 1~5 μs,常用的脉冲宽度为 2 μs,3.5 μs,4.2 μs 等。有的新型雷达的发射脉冲宽度可以随所选择的探测距离或工作方式变化。

4. 脉冲功率与平均功率

雷达发射机在脉冲期间所输出的信号功率称为脉冲功率,常用符号 P_t 来表示。

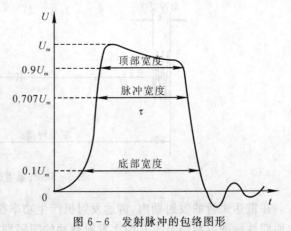

图 6-6　发射脉冲的包络图形

脉冲功率是决定雷达探测范围的主要因素之一。提高脉冲功率,所发射的信号能量增大,远距离目标所产生的回波信号能量也相应增大,因而能够增大雷达的探测范围。

机载气象雷达的脉冲功率为 100 W 至几十千瓦。旧式雷达的功率较大,通常为几十千瓦。新式雷达在探测范围相同的情况下,发射功率远低于旧式雷达。

平均功率指在整个发射周期中雷达发射信号的功率,常用 P_0 表示。气象雷达的平均功率约从 1 W 到几十瓦不等。

5. 占空比

脉冲占空比也叫脉冲占空系数或脉冲工作比,占空比等于脉冲宽度与脉冲重复周期的比值,即脉冲宽度与脉冲重复频率的乘积。

五、气象雷达的工作方式

不同型号的机载气象雷达,有着多种工作方式,但其共同的基本工作方式为气象(WX)和地图(MAP)两种。新型雷达一般都设有一种测试(TEST)方式,有的还具备湍流(TURB)、地面杂波抑制(G/C)、循环(CYC)等特种功能工作方式。旧型雷达在接通电源进入正常的工作方式之前,还必须工作于准备(STBY)方式一定的时间。下面简单介绍在气象、地图、测试、准备等方式时气象雷达系统的整机工作情况。

1. 气象方式

当气象方式是机载气象雷达最基本的工作方式。气象方式在苏式雷达中称为"障碍物"方式。

雷达工作于气象方式时,显示器上所呈现的是空中气象目标及其他目标的平面位置分布图形。此时,天线波束在飞机前方及左右两侧的扇形区域内往复扫掠,以探测飞机航路前方扇形区域中的气象目标,通常是飞机所处的飞行高度层中的目标。天线所辐射的是很窄的锥形波束,俗称"铅笔波束"。

雷达发射机产生周期性射频脉冲信号,经波导系统输往天线辐射。天线所接收的空中气象目标及其他目标(例如突立的山峰或大型飞机)的回波,经波导系统输到接收机进行放大及其他处理。接收机的增益在气象方式时可以自动控制,也可以进行人工调节。

2. 地图工作方式

地图方式是各型机载气象雷达所共有的一个基本工作方式,在苏式雷达中称为"观察"方式。

当雷达以地图方式工作时,呈现在荧光屏上的是飞机前下方地面的地表特征,诸如山峰、河流、湖泊、海岸线、大城市等的地形轮廓图像。为此,应使雷达天线波束照射飞机前下方的广大地区,在新型雷达中,这是通过将天线下俯一定角度来实现的。此时天线所形成的波束仍为锥形窄波束,与雷达工作在气象方式时的波束形状相同。在一些旧式气象雷达中,地图方式时的天线波束形状是不同于气象方式的余割平方波束,俗称为"宽波束"。这种波束在水平面内仍然是很窄的,其水平波束宽度与探测空中目标时的窄波束相同,所不同的是宽波束的能量在垂直平面内分布范围较宽,向天线转轴前下方约 30°俯角的范围内辐射。利用这种余割平方波束,就可以照射飞机前下方较宽范围内的地面区域,达到视察地形的目的。

3. 测试方式

大多数新型机载气象雷达都设置有功能完善的机内测试电路,以对雷达进行快速的性能检查。

图 6-7 所示是一种典型的雷达测试图形。当选择测试方式时,显示器上即显现如图 6-7 所示的彩色测试带及其他自检信息。维护和使用人员通过观察所呈现的彩色测试带与噪声带的状况及显示在屏面上的其他信息,即可方便迅速地了解雷达的性能状况。需要说明的是,不同型号雷达有各自规定的标准自检图形,以及所应显现的自检信息,检查雷达时,应与维护手册所规定的图形相对照,以做出正确的判断。

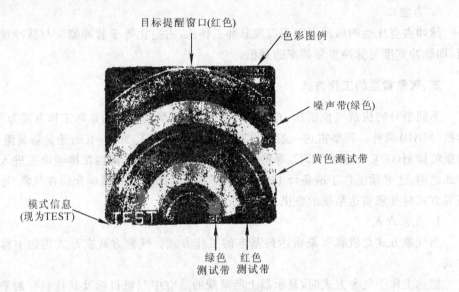

目标提醒窗口(红色)

色彩图例

噪声带(绿色)

黄色测试带

模式信息
(现为TEST)

绿色　红色
测试带　测试带

图 6-7　典型的雷达自检图形

当雷达以测试方式工作时,雷达收发组内的噪声产生器产生供测试用的噪声信号,加到接收机的高频输入端,以检查接收通道以及显示组件。此时,在显示器上显示三圈或四圈彩色测试带,或者产生彩色测试带及噪声带,这视雷达型号不同而不同。有的雷达发射机部分仍如正常工作时一样产生射频脉冲信号,但所产生的射频能量被引导到等效负载上去耗散掉,天线并不向外辐射能量,因此当飞机停放在地面时,可以不受各种条件的限制而方便地检查雷达的性能状况。有的雷达则使发射机工作约 1 min,以检查收发组工作状况。

自检期间,在显示器上还显示规定距离的距离标志圈及其读数、天线姿态信息、增益读数、故障信息(如果存在的话)以及其他信息。

4. 准备方式

有的气象雷达设置有准备方式,以使发射机中的高频功率振荡器及显示器有一定的加温准备时间。准备时间约 70 s,有的则长达 3～4 min。应用全固态器件的雷达通常不需要设置准备方式。

在准备方式,发射机不产生射频振荡,因此天线不会辐射电磁能量。

第二节　雷达收发电路的基本工作原理

雷达收发组是机载气象雷达的核心组件。不同型号雷达收发组的电路结构及所应用的器件有很大的不同。本节介绍雷达产生发射信号和处理回波信号的基本原理。

一、电路组成与结构特点

1. 收发组的功用和组成

各种型号气象雷达收发组都是由发射电路、接收电路、收发转换电路3部分基本电路及电源供给电路、状态监控电路等组成的,如图6-8所示。除上述雷达信号的产生与接收处理电路外,通常还把控制天线稳定的电路设置在收发组中。

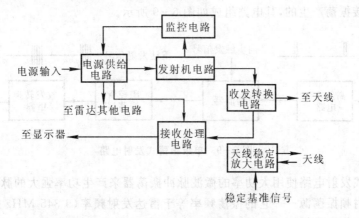

图 6-8　雷达收发组的简化方框图

（1）发射机电路。发射机电路用于产生功率强大的周期性脉冲射频信号。它所产生的发射信号由收发转换开关输出,通过波导系统传送到天线上辐射。

（2）接收处理电路。气象雷达的接收机部分用于对天线所接收的微弱的回波信号进行放大及其他处理,产生视频回波信号或相应的视频信息输至显示器,以进行进一步的处理、显示。

（3）收发转换电路。因为雷达的发射机与接收机是共用一部天线和一套传输波导工作的,所以必须设置性能完善的收发转换电路。收发转换电路应能自行完成雷达天线及波导系统与发射机或接收机之间的良好连接,并使接收端与发射端互相隔离。

（4）电源供给电路。机载气象雷达使用的是机上 115 V,400 Hz 交流电源。有的雷达需使用 28 V 直流电源。输入的电源通常由收发组内的电源供给电路转换为各种不同的直流稳定电压,供给收发组内的各部分电路,以及雷达系统的其他组件。

有的雷达发射机有高达几千伏甚至 14 kV 的直流高压。在维护修理中应特别注意,以保障人身与设备的安全。

（5）监控电路。收发组特别是发射电路是在高电压、大功率的状态下工作的,所以需要对这些电路进行严密的监控,以便在工作异常时自动采取相应的措施,保证设备的安全。监控电路主要用于监控发射机振荡器、调制器、高压电源等电路的工作状况。

（6）天线稳定放大电路。这一部分电路的工作原理将在天线一节中予以说明。

2. 收发组电路的结构特点

在电路结构方面,雷达收发组可以分为高频部分与中、低频部分两种不同的结构。雷达收发组具有与其他电子设备不同的特点,这是由它的高频率与大功率的特点所决定的。

雷达信号为 X 波段的微波信号。这一特点决定了发射信号的产生部分与接收电路的射频部分及收发转换部分必须用微波振荡器件及各种封闭的波导器件来构成,这就是连为一体的收发组中的射频电路部件,通常称为高频头。

收发组中的中、低频电路的工作频率为数十或上百兆赫,其电路结构与一般电子设备相似,是由集成器件或分立元件组成的电路板。

3. 两种类型的发射电路

目前所使用的机载气象雷达发射机有两种不同的电路类型,其电路结构差别较大。

(1) 单级振荡式发射电路。在这种发射电路中,输送给天线的大功率射频脉冲信号是由高频振荡器直接振荡产生的,其电路组成如图6-9所示。

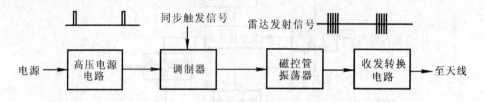

图6-9　单级振荡式发射电路

单级振荡式发射电路使用大功率的微波脉冲振荡器来产生功率强大的脉冲射频信号。振荡器本身既是射频振荡源——它的振荡频率等于雷达发射频率(9 345 MHz 或 9 375 MHz),又是实现对射频信号进行脉冲调制的器件,它的振荡功率可以直接满足雷达对发射功率的要求。采用这样的振荡器件,可以将其产生的射频信号直接经过收发转换电路输至天线辐射,中间不需经过任何功率放大或频率变换环节。

这类发射机通常利用磁控管振荡器来产生所需要的大功率脉冲射频信号。

发射机中的调制器用于实现对磁控管振荡器的控制,以使磁控管振荡器形成的周期性脉冲射频信号的重复周期、脉冲宽度、幅度符合要求。调制器的工作受同步触发脉冲控制。

与磁控管振荡器配合工作的调制器可以分为软性开关调制器和刚性开关调制器两种类型。调制器的结构和工作原理将在本节第二部分中说明。

电源电路用于供给发射机调制器、振荡器以直流电源。由于振荡器是以脉冲方式工作的,其振荡功率很大,所以电源和调制器应能在极短的期间内(几微秒)供给振荡器以足够的能量。

(2) 主振放大式发射电路。新型数字式气象雷达通常采用如图6-10所示的发射电路,这种电路可以称为主振放大式发射电路。振荡源所产生的高频振荡,需经多次倍频后才能达到雷达所要求的发射频率;雷达所需的发射功率是通过功率放大器保证的;周期性的射频脉冲波形则由调制器来实现。

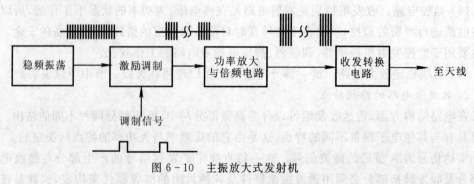

图6-10　主振放大式发射机

4. 雷达维护中的一些注意事项

(1) 散热问题。雷达发射机所产生的发射功率较大,整个系统需要耗散较多的电源功率。相当一部分电源功率在发射机中被转化成不需要的热能而耗散出来。如果不采取充分的散热措施,则在较长时间的连续工作过程中,组件局部温度的增高会引起某些元件性能的变化,导致发射频率漂移、电路工作不稳定或其他性能下降,设备的寿命也会因此而缩短,所以,雷达收发组设置有专用的冷却风扇,以利于散热。冷却风扇安装在收发组安装架后部,或者安装在收发组面板上。维护中应注意检查风扇是否正常运转,并注意防止尘土碎屑等阻塞滤尘网。

有的收发组面板上装有超温指示器。该指示器置位表明发生超温现象。在使指示器复位之前,应检查风扇的工作情况,查明引起超温的原因。

(2) 防磁。使用磁控管的雷达收发组的磁控管外装有磁性很强的永久磁铁,有的雷达使用包含有铁磁物质(铁氧体)的收发开关。工作中应注意避免影响它们的磁性,也要防止其他器具被磁化。

(3) 电磁辐射及其他。在维护、使用雷达过程中应特别注意的一个问题是天线及发射机的电磁辐射。雷达所辐射的微波波束能量集中。这种微波波束对人体的长时间照射有害人体健康。因此,当雷达必须以辐射能量的方式工作时,应通知人员离开飞机前方的扇形区。另外,能量集中的微波波束有可能引起易燃蒸气(如汽油蒸气)的燃烧,所以当本架或附近的飞机正在加油或抽油时,雷达不得以辐射能量方式工作。

收发组高频部件、波导系统和天线高频辐射部分工作于微波波段,这些器件的特性参数与它们的几何形状有着直接的关系,任何微小不易觉察的变形都会影响它们的性能。因此,在拆换维护过程中应避免敲打撞击与强力扭曲。

二、发射电路的基本工作原理

1. 磁控管振荡器

磁控管振荡器是一种微波波段常用的大功率振荡器。目前在机载气象雷达及地面雷达中均有应用。

(1) 磁控管的构造。磁控管是一种特殊的电真空器件。图 6 - 11(a)所示是典型的磁控管的外形图,图 6 - 11(b)所示为磁控管的电路符号。由图可见,它是由阳极及阳极散热片、阴极、灯丝和外加永久磁铁等几部分组成的。

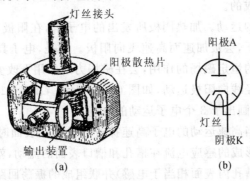

图 6 - 11　磁控管

(a) 外形;　(b) 电路符号

1)阳极及阳极槽孔。磁控管的阳极是用纯铜制成的圆柱形导体,两端封闭,内部抽成高度真空。从外表所看到的是与圆柱形阳极连成一体的圆形散热片。

阳极的内表面也是圆柱形的,内表面上开有若干纵向的规则槽孔。槽孔可以是带有槽口的圆柱形,也可以是其他形状。图 6-12 为一种常见磁控管的在与圆柱体相垂直的平面中的剖面简图,由图可以看到 8 个规则的圆形槽孔。不同型号的磁控管的槽孔数量可以不同。

阳极内表面所开槽孔的几何形状及尺寸决定了磁控管振荡器的振荡频率。在微波波段,我们可以把槽孔看成是等效的并联振荡槽路。因此,磁控管振荡器不需要外加振荡元件。一个磁控管制成后就是一个完整的振荡器,按要求供给磁控管以所需的电源,即可正常产生振荡。

2)阴极与灯丝。磁控管的阴极也是圆筒形的,它安装在磁控管阳极中央,与阳极圆柱体同轴。阴极外表面敷有脉冲放射能力很强的氧化物。

阴极内装有它的加热灯丝。灯丝的一端可以与阴极共用一根引出线。

磁控管阳极 A 和阴极 K 之间加有极高的直流电压 U_{AK}。出于安全及散热的考虑,与阳极相连的金属散热片直接与机壳相接触(接地),实际电路中是把负高压加到它的阴极上。

3)外加永久磁铁。磁控管内部电子的运动是受外加永久磁铁所产生的恒定磁场控制的——磁控管因此而得名。外加永久磁铁作用在磁控管内部阳极与阴极之间的作用空间,其方向与管轴平行。在图 6-12 中,"×"表示磁场是射入纸面的。永久磁铁的磁性很强,其磁感应强度可达几百毫特(斯拉)。由于在管内作用空间中,磁场与由阳、阴极之间的直流高压所形成的电场互相垂直,所以这类振荡器件称为正交型振荡器件。正是由于正交的电场与磁场的共同作用,才使管内电子的运动形成特殊的轨迹,从而产生振荡。

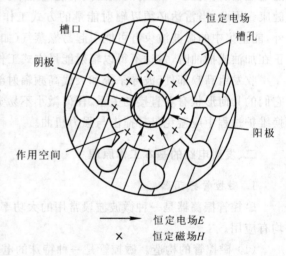

图 6-12 磁控管剖面示意图

(2)磁控管产生振荡的基本原理。磁控管内电磁振荡的产生,是由正交的电磁场和磁控管的特殊构造而共同形成的。

1)电子在正交电磁场中的运动。加热阴极所发出的电子群,在阳极与阴极之间的直流高压所形成的直流电场的作用下,会被加速而高速飞向阳极。但是,电子具有一定的速度后,由于受到与其运动方向相垂直的恒定磁场的作用,会在磁场力的作用下改变其运动方向,最终使电子沿所谓滚轮线而不是沿径线向阳极运动,如图 6-13 所示。图 6-13 所示是展开的部分阳极表面与阴极图形,图中只画出了 3 个电子运动的轨迹。

2)振荡的产生与维持。当高速运动的电子高速掠过阳极槽孔表面时,会引起阳极内表面上自由电子的感应运动。所形成的感应电流在槽孔和槽口表面的流动,就像电流在由电容(槽口可以等效为电容)和电感(槽孔内表面相当于电感)并联组成的振荡回路中的流动一样,会在槽孔与槽口空间激发起电磁振荡。不难理解,所产生的振荡的频率,主要决定于等效电容和等效电感的数值,即决定于槽孔和槽口的几何形状与尺寸。

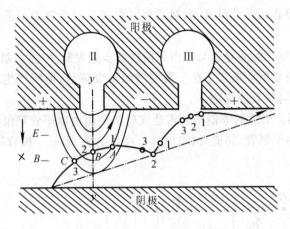

图 6-13　作用空间中电子运动的轨迹

　　所建立的交变电磁振荡会延伸到阳极与阴极表面之间的作用空间。图 6-13 表示某一瞬间的交变电场的分布情况。所产生的交变电磁场同样会对后续电子的运动产生影响,最终使管内作用空间的电子群聚成旋转的车轴状的运动电子云,不断地从阴极飞向阳极,使振荡得以加强和维持。

　　从能量的角度来看,上述振荡的过程实际上是直流电源的电能转化为运动电子的动能,进而转化为高频交变电磁能的过程。

　　(3) 交变电磁能的输出。磁控管内所产生的高频电磁振荡的磁场,集中在槽孔空间内。在阳极某槽孔壁上开孔,装设耦合环,即可将管内所产生的高频电磁振荡能量耦合到与磁控管输出装置紧连的波导中去。

　　(4) 磁控管振荡器的电源电路与振荡的调制。从原理上讲,磁控管振荡器的外电路只是它的阴极负高压的供给电路和灯丝电路,十分简单。

　　阴极负高压的高压电源电路,实际上是受调制器控制的。当调制管导通时,直流负高压通过调制器加至阴极,磁控管振荡的条件得到满足,即可产生高频电磁振荡,这个时间段就是雷达脉冲信号的作用期间。调制器关闭时,没有直流负高压作用到阴极,磁控管就停止振荡,这个时间段就是雷达发射脉冲之间的接收期。

　　阴极灯丝电源是通过变压器供给的。需要说明的是,在管内振荡建立起来后,部分从阴极出发的电子会返回阴极,这些返回的电子对阴极的轰击起到对阴极加热的作用。因此,有的雷达发射机在正常工作后会需要降低灯丝电压,有的雷达发射机则在正常工作后完全切断磁控管的灯丝电压。

　　2. 脉冲调制器

　　机载气象雷达发射机中所使用的脉冲调制器有多种。模拟式雷达通常使用由电子管组成的刚性调制器或用可控硅及仿真线组成的软性开关调制器。数字式雷达发射机则利用数字编码电路来实现对脉冲波形的控制。

　　(1) 脉冲调制器的基本功用。脉冲调制器的基本功用是控制脉冲的波形,以形成具有一定宽度和形状的周期性脉冲射频信号。

　　通过上述磁控管产生射频振荡的过程可以看出,如果正常供给磁控管振荡器以所需要的直流高压及灯丝电压,磁控管振荡器就能产生连续的等辐射频振荡,如果切断其直流高压,磁控管振荡器的振荡就会停止。由此可见,调制器可以看成是一个等效的能在极短时间内导通的"电子开关"。

在雷达发射机中,调制开关的导通与否由周期性同步触发脉冲(发射触发脉冲)控制,即雷达所产生的射频脉冲的重复周期决定于这一周期性的触发信号,但所产生的射频脉冲的宽度及波形,则主要决定于调制器及振荡器。

(2)电子开关调制器。旧式的苏制机载雷达发射机使用由电子管等组成的电子开关调制器。这类调制器主要是由调制管、储能元件(电容)、峰化电感、阻尼二极管等组成的,其原理图如图 6-14 所示。

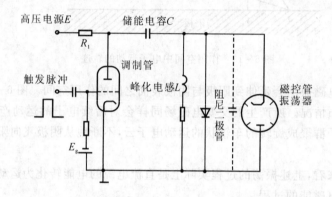

图 6-14　电子开关调制器原理图

电子开关调制器的工作是由外加的周期性触发脉冲控制的。在触发脉冲输入前,加到调制管控制栅极的负的直流偏压 E_g 使调制管截止——相当于调制开关开路。在此期间,直流电源 E 通过隔离电阻 R_1 和峰化电感 L 向储能电容 C 缓慢充电,使电容电压达到与电源 E 接近相等的数值,约十几千伏。这一过程,实际上是储能电容储能的过程。当外加触发脉冲(正极性)加到调制管的控制栅极时,调制管导通,储能电容通过导通的调制开关迅速放电,在与磁控管并连的分布电容 C_0 两端建立起脉冲高压——作用在磁控管阴极与阳极之间的负高压。当外加触发脉冲消失后,调制管截止,分布电容 C_0 通过峰化电感迅速放电,加在磁控管两端的直流高压也随之消失,磁控管停止振荡。

峰化电感除了作为充、放电的通路外,还可以起到缩短脉冲后沿的作用。阻尼二极管用于消除脉冲尾部振荡。

实际的电路中可以用四极管来代替三极管,可以把调制器设计成间歇振荡器的形式以利用调制器来控制脉冲的宽度与波形。但其基本原理与图 6-14 所示的原理电路相似。由于这类电子开关能够迅速地随控制脉冲而通断,所以称为刚性开关调制器。

(3)由可控硅与仿真线组成的调制器。这是一种在雷达中应用较为广泛的脉冲调制器。调制器利用可控硅(SCR)作为电子开关;利用仿真线(脉冲形成网路 PFN)作储能元件并控制脉冲的宽度与波形;利用脉冲变压器实现阻抗匹配,升高脉冲电压。扼流圈为充电元件。电路简图如图 6-15 所示。

在外加触发脉冲到来之前,直流电源通过充电扼流圈向仿真线缓慢充电,电源的能量被储存到仿真线上。外加触发脉冲到可控硅的控制极时,可控硅导通,使仿真线通过导通的可控硅及脉冲变压器初级放电,脉冲变压器次级即产生磁控管所需要的脉冲高压,使磁控管振荡器产生射频振荡。仿真线放电完毕后,可控硅开关截止,磁控管停止振荡,从而成一定宽度的脉冲射频信号。此后,电源重又缓慢地对仿真线充电以储存能量,直至下一个触发脉冲到来时重复上述过程。

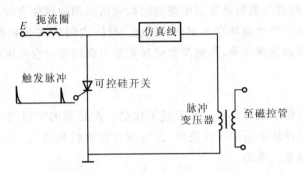

图 6-15　可控硅仿真线调制器电路简图

在这种调制器中,磁控管振荡器所产生的脉冲射频信号的频率决定于磁控管本身,其重复周期决定于加到可控硅开关控制极的外加触发脉冲的周期。射频脉冲的宽度与波形,则取决于仿真线的延迟时间及脉冲变压器。

3. 主振-放大式发射电路

现代先进的彩色气象雷达发射电路的体制与上述利用磁控管直接产生大功率脉冲射频振荡的体制有较大的区别。图 6-16 所示为一种典型的彩色气象雷达发射电路的原理方块图。

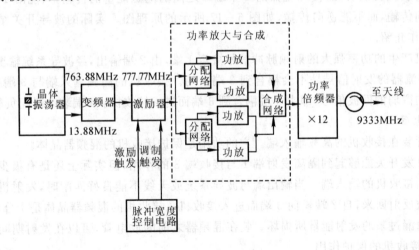

图 6-16　主振-放大式发射电路

振荡源利用晶体振荡器产生两路频率稳定的激励信号输至变频器,两路信号的频率分别为 763.88 MHz 和 13.88 MHz。变频器输出两者的和频 777.77 MHz 的信号,经缓冲放大后加至脉冲调制电路。这一信号在脉冲调制电路中,由发射触发信号与激励触发信号调制,形成一定宽度、一定重复周期的周期性脉冲射频信号。但所形成的周期性脉冲信号的频率仍为 777.77 MHz,远低于发射频率,同样也远低于发射机的功率要求。此后,这一信号在功率放大器中进行组合放大,以满足对发射功率的要求。然后再在功率倍频器中两次倍频组合,最后形成频率为 9 333 MHz 的功率符合要求的周期性脉冲射频信号,经收发转换电路输至天线辐射。

采用这种倍频-放大体制所产生的周期性脉冲射频信号的重复周期与脉冲宽度,可以按照要求在脉冲调制电路中加以控制。

综上所述,尽管各种机载气象雷达发射电路的结构和所采用的器件有较大的差别,但它们的发射电路的基本任务都是产生频率在 9 300～9 400 MHz 之间的 X 波段的脉冲射频信号。所产生的信号应具有足够的射频功率,其脉冲宽度和重复周期均应符合系统的要求。

三、收发转换电路

气象雷达的发射机与接收机是共用一部天线工作的。在短暂的发射期间,天线与发射机输出端相连接。在发射脉冲结束后的接收期内,天线应与接收机相连接。这一转换功能是由收发组中的收发转换电路来实现的。

1. 收发转换开关

收发转换开关应能满足两方面的要求。一方面,应能实现天线与发射机或接收机的电气连接。另一方面,应能保证发射机输出端与接收机输入端之间的隔离,即在发射时发射机所输出的能量能够输至天线而不会耦合到接收机的输入端,而在发射脉冲结束后天线所接收的回波能量能够输入接收机。

机载气象雷达所使用的收发开关是由波导器件组成的环流器。环流器的内部装有一定形状的铁氧体。铁氧体的非互易特性和波导器件内电磁场的幅度与相位分布特性,共同形成了它所特有的收发转换功能,使环流器的 4 个端口之间的电磁能量的传输,只能沿 1→2,2→3,3→4 的方向传输,而不能逆向传输,如图 6-17 所示的原理图。实际的波导开关结构比较复杂,这里不作介绍。

发射机产生的功率强大的射频脉冲信号接至 1 端,由 2 端输出,经波导系统输至天线。由 1 端进入环流器的发射信号是不会耦合到 3 端去的。接收机的高频输入端与 3 端相连接,由天线输入的微弱的回波信号,即由 2 端耦合到 3 端而进入接收机。4 端装有匹配负载。

2. 放电管

放电管装在接收机的高频输入端。它的功用是保护接收机的混频器晶体。

尽管收发开关能够起到隔离发射端 1 与接收端 3 的作用,但实际上还是有极少量的发射能量逸漏到接收机的输入端。当输出端与波导系统或天线不能良好匹配时,发射机输出的能量就可能被反射回来,自 2 端输向 3 端而进入接收机。接收机的混频器晶体是十分灵敏的,因而极易被逸漏过来的发射能量所损坏。装在混频器之前的放电管,可以在发射期间阻塞接收机,起到对接收机的保护作用。

放电管从外形上看是一段矩形的波导。图 6-18 是气体放电管的结构原理图。放电管两端是封闭的。封闭端面上有能使电磁能量通过的窗口。管内上、下壁间装有两对锥形电极,形成放电间隙。管内充满惰性气体,所以称为气体放电管。

当逸漏到接收机输入端的能量远远大于正常接收时的回波能量时,进入放电管的电磁能量就会使锥形电极之间的气体电离放电,从而在管内形成短路屏障而阻塞放电管,起到保护后面的接收机混频器晶体等器件的作用。放电管电离后,能量被反射回来,沿端口 3 传输到端口 4,被装在端口 4 的匹配负载吸收。正常接收期间,由于回波能量很微弱,不会引起放电管内气体的电离放电,因而能够顺利通过放电管而进入接收机的高频电路。

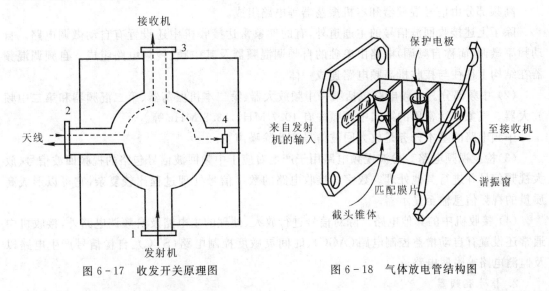

图 6-17　收发开关原理图　　　　图 6-18　气体放电管结构图

四、接收电路的基本工作原理

气象雷达接收机的基本任务是从杂乱的背景噪声中检测出微弱的目标回波来,产生足够幅度的视频回波信号输送给显示器。在数字式气象雷达中,接收机输往显示器的是数字化的视频信息。

1. 接收电路的基本组成与工作概况

机载气象雷达接收机通常都采用二次变频的超外差式接收电路。图 6-19 为一种常见的气象雷达接收电路的组成方块图。按照信号的工作频率,我们可以把接收电路分为高频、中频、视频三个基本组成部分以及其他附属电路。

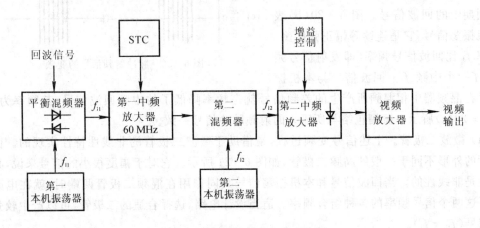

图 6-19　雷达接收电路方块图

(1)高频部分。由天线输入接收机的回波信号的频率,可以认为等于发射信号的频率 f_0。接收机高频部分的基本任务,就是通过变频降低回波信号的频率,以利于对信号进行放大及进行其他处理。机载气象雷达通常所选择的中频(第一中频)信号频率为 30 MHz,60 MHz,

166.6 MHz 或其他与此相近的数值。

高频部分由信号混频器和本机振荡器等电路组成。

除了上述接收回波信号的主通道外,有的气象雷达接收机中还设置有自动微调电路。自动频率微调(简称自频调)电路由单独的自频调混频器及其中频、视频电路组成。自频调混频器在结构上往往与接收机高频电路连成一体。

(2)中频部分。中频电路包括第一中频放大器、第二本机振荡器、第二混频器和第二中频放大器。气象雷达常用的第二中频频率有 10.7 MHz,13.8 MHz 等。

中频电路的基本任务是放大回波信号和滤除噪声。

(3)检波视频电路。检波视频电路用于产生对应于中频回波信号包络的视频回波信号、放大视频信号并进行其他处理。数字式接收电路的数字信号处理过程比较复杂,它可以形成高质量的视频信息输至显示器。

(4)接收机中的其他电路。除对信号进行放大、处理的主电路及自频调电路外,接收机中通常还设置有自动增益控制电路(AGC)、时间灵敏度控制电路(STC)、自检信号产生电路以及监测电路等附属电路。

2. 信号混频器

信号变频的作用是把回波脉冲的填充频率 f_0 由 9 300 MHz 左右降低到十几兆赫至一百多兆赫的中频频率。脉冲射频信号的变频原理与第二章中所介绍的等幅连续信号的变频原理相同,这里不再重复。其变频过程如图 6-20 所示。图 6-20(a)表示射频回波信号,它是脉冲信号。其射频频率与发射信号频率 f_0 一致。为简单起见,图中只画出了一个目标在连续两个发射周期中的回波信号。图 6-20(b)表示本机振荡信号,它是连续等幅正弦振荡,其频率 f_1 比回波信号频率(即发射信号频率)低了一个中频 f_i。回波信号与本机振

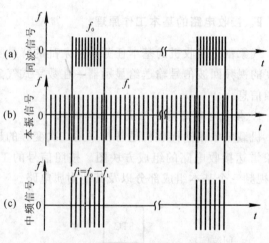

图 6-20　脉冲射频信号的变频

荡信号在混频器中相混频所产生的差频信号就是频率降低了的中频回波信号,其频率为 f_i,如图 6-20(c)所示。振幅包络与所输入的射频脉冲信号一致。

(1)微波二极管。上述信号变频过程,是借助于微波二极管的非线性特性实现的。微波二极管的外形不同于一般的高频二极管,如图 6-21 所示。它对于幅度很小的信号来说,其伏安特性是非线性的。当回波信号和本机振荡信号共同作用在混频二极管两端时,就在电路中产生了这两个信号频率的各种组合频率。适当设计电路,选择合适的二极管,可以产生较强的差频信号(f_0-f_1)。

需要指出的是,为了保证电路的性能,必须使一对混频二极管的特性尽可能地一致,因此在需要时总是成对地更换混频二极管。应当注意,一对二极管的外形是相同的,但其极性却是相反的。此外,微波二极管十分灵敏,极易烧毁,故不应使它们暴露在强磁场中。

(2)信号混频器的基本结构。雷达信号混频器通常采用平衡混频电路,但其结构与高频、

甚高频接收机中的平衡混频器有很大的不同。雷达回波信号与本机振荡信号均为 9 300 MHz 左右的微波信号,所以混频器是用波导器件组成的,其电路结构简图如图 6-22 所示。

回波信号自 3 dB 电桥的一端输入,均匀地分配到如图 6-22 所示的上、下两路波导里;本机振荡信号则加到电桥的另一输入端,通过耦合孔作用到两个混频二极管上。两个混频二极管的特性是对称的,但极性相反。混频器的输出用同轴电缆接至第一中频放大器的输入回路,在中频放大器回路两端获得中频回波信号。

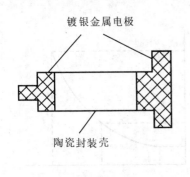

图 6-21　微波二极管

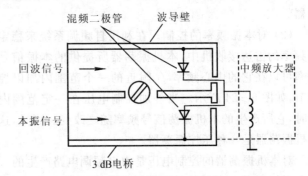

图 6-22　信号混频器结构原理图

3. 本机振荡器

气象雷达中的本机振荡器也是一种微波振荡器。它的振荡频率与发射频率相差一个中频,通常是低于发射频率。例如,设雷达的发射频率为 9 345 MHz,中频为 60 MHz,则本机振荡频率为 9 285 MHz。

(1) 本机振荡器的结构和基本工作原理。机载气象雷达中所应用的本机振荡器有多种类型。旧式雷达中常用速调管本机振荡器来提供本振信号,其构造和工作原理可参见第三章中的有关说明。现代气象雷达通常利用各种微波固体器件来产生本振信号,图 6-23 所示为 P—90 雷达收发组所应用的本机振荡器的结构简图。

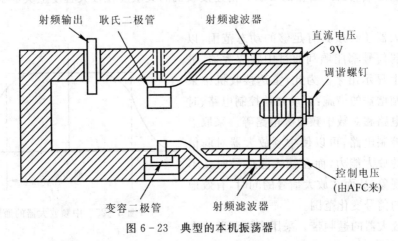

图 6-23　典型的本机振荡器

这种本机振荡器是由耿氏二极管、变容二极管和波导器件等组成的。波导器件相当于振荡器的振荡槽路,按照第四章中所介绍的谐振腔和分布参数的概念,不难理解在正确设计波导器件的结构和几何尺寸后,可以使波导谐振腔的谐振频率等于所要求的本振频率。波导谐振腔(图6-23中打剖面线的部分)的右侧还设置有一个机械调节螺钉,微调这一螺钉即可使本振频率达到9 285 MHz。

本机振荡器中的耿氏二极管是一种特殊的微波半导体器件。当供给耿氏二极管所需的直流电压时,即可在谐振腔内激励起所需频率的微波振荡,直流电压(在P—90中为9 V)通过射频滤波器加至耿氏二极管,以消除本机振荡器和供电源之间的射频耦合,保证振荡的稳定。所产生的本机振荡信号由图6-23中的射频耦合装置输至平衡混频器(信号混频器)和自频调混频器。

(2)对本振频率的控制。在利用自频调系统来稳定中频频率的雷达接收机中,本机振荡器所提供的本振信号的频率可以在它的中心频率f_{10}附近的一个范围内加以控制调节,如图6-24所示。当外加控制电压在一定范围内变化时,它所产生的本机振荡信号频率随之改变。可见,这种本机振荡器是一种压控振荡器。

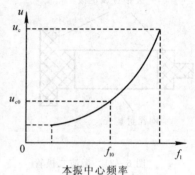

本振中心频率

图6-24 本机振荡器的频率控制特性

对本机振荡器的控制电压是由自频调电路产生的。控制电压加到图6-23所示的本机振荡器中的变容二极管,变容二极管相当于一个等效的并联电抗元件。当作用在变容二极管两端的控制电压改变时,它的等效电容随之变化,从而使本振频率按照自频调电路所产生控制电压而变化,达到控制本振频率的目的。

4.中频与视频电路

(1)中频放大器。中频放大器由第一中频放大器和第二中频放大器组成。通常,雷达接收机的中频放大器包括4至6级调谐放大器。

1)中频放大器的增益与增益控制。由于回波信号的幅度很小,所以中频放大器必须具有很高的增益,以提高雷达对远距离目标的探测能力。利用多级调谐放大器组成的中频放大器,可以很好地满足接收机对增益的要求。雷达接收机的灵敏度在很大程度上决定于中频放大器的性能。

中频放大器还必须具有足够的动态范围,以使强信号和弱信号都能顺利通过中频放大器,最终在显示器上显示出来。为此,雷达接收机中采取了多种控制增益的措施:自动增益控制电路、时间增益控制电路和对数中频放大电路等。采取上述各种增益控制电路,可以使中频放大器对弱信号具有较强的放大能力,而在输入强信号时又不会产生饱和现象,从而在放大信号的同时,有效地控制输出端的信号变化范围。

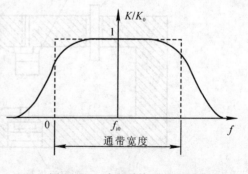

图6-25 中频放大器的通频带

2)中频放大器的通频带。采用多级调谐放大器,可以获得较为理想的通频带——具有一定宽度的接近矩形的通频带,如图6-25所示。这种中频放大特性可以保证回波信号能量的顺利通过和放大,有效地滤除噪声,并抑制邻道的各种干扰信号。

3)对数中频放大器。有的气象雷达接收机采用对数中频放大器以获得足够的动态范围。

所谓对数中频放大器,就是指中频放大器输出端的信号幅度 U_o 与输入幅度 U_i 的对数成正比的放大器。这种对数中频放大器能在输入信号幅度变化范围很大的情况下,大大压缩放大器输出电压的变化范围,防止接收机过载,从而保证系统正常工作。为了保证对数中频放大器能够有效地放大弱信号,当输入信号低于某一门限值时,放大器的输出是随输入信号的增大而线性增大的。

对数放大器的电路是由多级调谐放大器和各级的二极管检波电路组成的。

(2)第二混频器与第二本机振荡器。第一中频放大器输出的中频回波信号,在第二混频器中与第二本振信号相混频,所产生的差频信号($f_{i1}-f_{i2}$)输至第二中频放大器进行放大。例如,当第一中频为 60 MHz 时,使第二本振频率为 49.3 MHz,则第二中频为 10.7 MHz。

第二本机振荡器应能提供频率稳定的第二本振信号。振荡器通常为晶体振荡器。所提供的本振信号频率也总是低于第一中频频率。

(3)检波与视频放大电路。第二中频放大器的输出端为视频检波器。中频脉冲回波信号经过视频检波器后,成为视频脉冲回波信号,输至视频放大器。视频放大器在进一步放大回波信号的同时,还能实现一些其他的功能,对视频信号进行进一步处理。

有的气象雷达为了使雷雨中心区超过一定电平的回波信号在显示器上产生更为醒目的回波图像,在视频电路中设置有轮廓电路。在采用黑白显示器的雷达显示上,最强的雷雨中心区域呈现为环绕明亮回波的中心黑洞。在视频放大电路中,设置一个与视频放大器并联的反向视频通道。该反向放大器之前为轮廓电平门限电路,只有超过轮廓电平的视频信号,才能进入此反向放大通道,产生与正常视频极性相反的反向视频,它在轮廓电路输出端与正向视频互相抵消,从而在显示器上显示为黑洞。视频轮廓电路如图 6-26 所示。当轮廓电路输入端的视频信号幅度尚未达到轮廓电平时,反向放大通道是截止的,因而视频信号由正向放大通道放大输出。

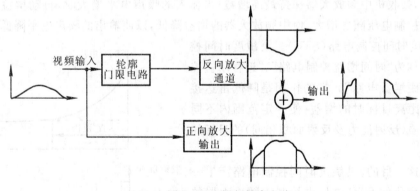

图 6-26　视频轮廓电路

数字式雷达接收机的视频处理电路比较复杂。在对视频信号进行一系列复杂的处理后,使视频信号的质量大为提高,最后以数字视频信息的形式输至显示器。

5. 自动增益控制与灵敏度时间控制电路

(1)自动增益控制(AGC)。气象雷达接收电路中设置有比较完善的自动增益控制电路,使接收机的输出稳定。把增益控制按钮置于"预置(PRE SET)"或"校准(CAL)"位,或使雷达工作于某些工作方式,便可使自动增益电路起作用。采用人工增益方式时,调节增益旋钮即可调节接收机的增益;此时,自动增益电路不起作用。

气象雷达接收机的自动增益电路,通常是根据视频放大器所输出的视频噪声电平来自动调节中频放大器的增益,从而使接收机的输出保持稳定。电路的组成可有多种形式,一种典型的自动增益电路的原理图如图6-27所示。

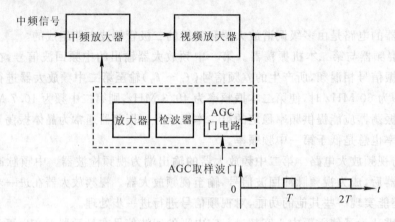

图6-27　自动增益控制电路

接收机的视频输出接至自动增益控制电路的输入端。自动增益电路取样控制门电路的工作由同步定时电路(或程序控制电路)所产生的 AGC 波门控制。这一波门与发射触发信号同步,它的作用是使取样控制门只在每一个发射周期后期的部分时间内开启,例如在 8.2 ms 周期的最后 2 ms 内开启。这样,就使得进入自动增益控制电路的只是雷达作用距离之外的视频噪声。自动增益控制电压产生电路的功用是根据所输入的取样噪声电平,产生一个增益控制直流电压,加到中频放大器调节增益。当输入的噪声电平很低时,自动增益电路所产生的增益控制电压很小,接收机中频放大器保持最高增益;当输入的噪声电平增大时,自动增益控制电路产生的直流控制电压随之增大,使中频放大器的增益降低,以使输出的噪声电平降低。

(2) 灵敏度时间控制电路(STC)。灵敏度时间控制电路又可以称为"时间增益控制电路"、"近程增益控制电路"或"近距增益电路"。它的作用是降低雷达接收机在接收近距离目标时的增益,使一定范围内不同距离处同样性质(反射能力及反射面积相同)的目标的输出近乎相等。

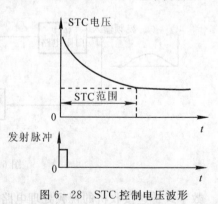

图6-28　STC 控制电压波形

为了达到这一目的,灵敏度时间控制电路产生一个幅度随时间变化的 STC 电压去控制中频放大器的增益。STC 电压的波形如图6-28所示。它与 AGC 控制电压一样,也是与发射触发信号同步的,通常用同步定时电路产生的 STC 同步触步脉冲来触发。它的特点是在发射脉冲结束(接收期开始)时的幅度较大,而后随时间的增大——对应于目标距离的增大——而很快地衰减,在超出 STC 控制范围后稳定不变,这样就可以在 STC 控制范围内按距离来控制接收机的增益:距离近时增益降低较多,距离增大时增益逐步增大,超出 STC 作用范围时增益恢复到正常值。上述控制特性可使 STC 作用范围内的具有同样反射能力目标的输出基本相同,从而避免出现近距离目标的输出远远高于较远目标的输出的情况,同时可以防止近程干扰或强回波所引起的接收机过载。

各种雷达接收机中的 STC 作用范围可能会各不相同;有的雷达地图方式的 STC 作用范围还可以与气象方式略有不同。调节相应的电位计,可以调节 STC 控制电压的波形和作用范围。

STC 控制电压通常是利用电容器的充、放电过程来产生的。用二路或三路并联的阻容串联电路,选择不同的放电时间常数,即可用叠加的方法产生所需要的 STC 控制电压波形。

五、本机振荡频率的自动微调

直接振荡式雷达发射机所消耗的功率较大,在连续工作过程中器件的温度会有所增高,同时机载气象雷达受环境温度及散热状况等外界条件的影响也比较明显,所以这种发射机所产生的发射信号频率不可避免地会产生频率漂移现象。与此同时,接收机本机振荡频率也可能不很稳定。这种现象在采用磁控管、速调管作微波振荡源的雷达收发组中尤为明显。如果不采取有效的措施,回波信号与本机振荡信号在信号混频器中所产生的差频就会严重偏离中频放大器的中心频率。为此,在收发组中设置了完善的自频调电路。

对自频调电路的电路结构和工作原理的说明可参见本书第三章第二节,此处不再重复。这里只简略说明雷达收发组中自频调电路的频率控制关系和控制过程。

1. **频率控制关系**

直接振荡式雷达收发组中的自频调电路所控制的是接收机本机振荡器的振荡频率,而不是发射机的振荡频率。当雷达发射频率 f_0 发生漂移时,自频调电路自动调节接收机本机振荡器的振荡频率 f_1(在采用双变频体制的雷达接收机中,所控制的是第一本机振荡器的振荡频率),使两者的差频稳定在接收机的额定中频(第一中频)f_{i0} 附近,即

$$f_0 - f_1 = f_{i0}$$

其控制关系如图 6-29 所示。

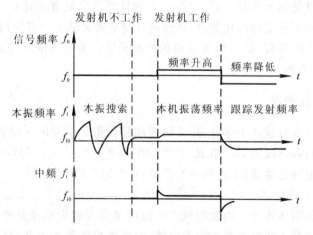

图 6-29 自频调系统的频率控制关系

由此可见,尽管这种雷达发射机的发射频率和接收机的本机振荡频率实际上都存在着频率漂移现象,且应用自频调电路后,可以使回波信号与本机振荡信号混频所产生的差频信号稳

定在接收机中频放大器的中心频率上,从而保证雷达接收机对回波信号的正常放大和处理。

2. 自频调电路的工作过程

自频调电路对本机振荡频率的控制调节过程,可以分为正常工作时的跟踪过程和开机时的搜索过程两种不同的过程。

(1)跟踪状态。雷达正常工作时,发射信号的频率可能产生缓慢的漂移。此时,自频调电路自动微调本机振荡频率,以跟踪发射频率。这种工作状态称为跟踪状态。

设发射信号的频率 f_0 向增大的方向漂移,此时动频调混频器输出的差频信号($f_i = f_0 - f_1$)也随之增高,并高于额定中频。于是,鉴频器所产生的负极性的误差电压幅度增大,使控制电压产生电路所输出的正极性的直流控制电压(U_c)增大。这样,本机振荡频率 f_1 随之增高,从而保持差频($f_i = f_0 - f_1$)稳定不变。反之,当发射频率 f_0 降低时,鉴频器产生的正极性的误差电压幅度增大,使直流控制电压减小,从而使本振振荡频率随之降低,同样可以保持两者差频 f_i 稳定。

上述过程(以 f_0 增大为例)可表示为

$$f_0\uparrow \rightarrow (f_0-f_1)\uparrow \rightarrow U_c\uparrow \rightarrow f_1\uparrow \rightarrow (f_0-f_1)\downarrow(稳定)$$

(2)搜索状态。当发射信号频率发生突变,超出正常的自频调跟踪范围,或发射机尚未产生正常发射信号输出时,自频调电路处于搜索工作状态。此时,控制电压产生电路产生较大幅度的周期性锯齿扫掠电压,加到本机振荡器,使本机振荡频率随之在较大范围内周期性地变化,以搜索发射信号。在接近发射信号频率后,即进入前述跟踪过程。通常,周期性搜索电压是利用电容器的充、放电形成的。

需要说明的是,以上过程是在 $f_0 > f_1$(即 $f_i = f_0 - f_1$)的情况下自频调系统的跟踪和搜索过程。如果 $f_0 < f_1$,则跟踪搜索过程与上述过程与图 6-29 所示的情况相反。

第三节 雷达天线基础

与其他机载无线电设备的天线相比,气象雷达天线具有两个显著的特点。一个是雷达天线除了要完成辐射和接收雷达信号的任务外,还要进行复杂的运动——方位扫掠与俯仰、倾斜稳定。另一个特点是工作频率高,是一种 X 波段的微波天线。本节将围绕雷达天线的这两个特点,说明它的基本工作原理。

一、天线的组成与工作概况

雷达天线从结构上可以分成两个部分:用于辐射和接收雷达信号的天线部分和控制天线运动的天线支座部分。前者由微波器件组成,工作频率为 9 300~9 400 MHz,可称为天线高频部分。后者由各种机电部件组成,工作频率为低频,可称为天线低频部分。

1. 天线高频部分的工作概况

天线组件安装在机鼻雷达罩内。由发射机产生的功率强大的周期性脉冲信号,经波导系统输至天线高频部分。雷达天线具有很强的方向性,它把信号能量集中在天线轴线方向的很窄的范围内,形成圆锥形的波束辐射出去。在发射脉冲之间的间隔内,天线接收由各种目标反射回来的回波信号。

天线高频部分除辐射器本身外,还包括天线波导部分和波导旋转关节。天线波导旋转关节的任务是向不停地运动着的天线输送电磁能量。它既要能实现电磁能量的传送,又要能保证天线的灵活运动。由于天线要进行方位扫掠和俯仰修正两个不同方向的运动,所以天线高频部分装有两个旋转关节。有的雷达天线要进行方位、俯仰及倾斜 3 种运动,所以装有 3 个旋转关节。除此之外,天线高频部分还包括天线组内的传输波导,它通常利用快速脱开装置与雷达波导系统相连接。

2. 天线的运动概况

(1)方位扫掠。为了探测飞机前方及其两侧空域内的气象情况及其他目标,天线应能围绕垂直轴进行往复的周期性扫掠。

天线扫掠的范围一般为 ±80° 或 ±90°。有的雷达天线的扫掠范围可以转换为较小的扇区(例如 ±40°),有的则可使天线扫掠右侧或左侧区域,由显示器面板上的相应按键控制。天线的方位扫掠速率一般为 14~18 次/min。

为了维护方便起见,天线组件上装有方位扫掠控制开关,将开关扳至断开位,即可停止天线的方位扫掠。

(2)天线的稳定。当飞机水平飞行时,天线辐射器的波束轴扫掠平面与水平面平行。当飞机倾斜时,如果不采取修正措施,天线波束轴扫掠平面也将是倾斜的;同样,在飞机俯仰时,天线波束轴也将会在俯仰平面内扫掠。这种情况如图 6-30 所示。可见,当飞机俯仰或倾斜时,如不采取稳定修正措施,则天线波束所扫掠的不是飞机前方水平面内的气象目标,此时显示器上所显示的也不是目标在飞行高度平面中的平面分布图形。

为了得到正确的目标平面分布图形,雷达天线组件中设置了完善的稳定修正机构。当飞机的俯仰或倾斜角度没有超过一定极限时(例如 ±40°),稳定机构都能使天线波束轴扫掠平面与水平面平行。例如,当飞机上仰时,稳定修正机构使天线进行相对于飞机机身平面的下俯修正运动;当飞机倾斜时,稳定修正机构同样能够把波束轴修正到水平面内,如图 6-30 中虚线所示。

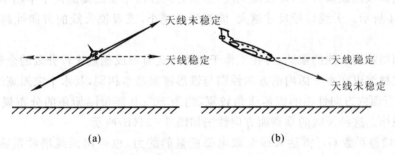

图 6-30　天线的稳定状态与扫掠平面

(a)飞机倾斜时;　(b)飞机俯仰时

(虚线表示天线稳定时的平面;实线表示天线未稳定时的扫掠平面)

上述稳定修正运动是自动进行的。气象雷达设有"稳定解除"控制元件,当选择稳定解除工作状态时,天线扫掠平面是随飞机姿态的变化而变化的,不再保持在与水平面平行的平面内。

(3)天线的人工俯仰。天线除了能自动地进行方位扫掠和稳定修正运动外,还可以人工进行俯仰。转动控制盒(或显示器)上的人工俯仰旋钮,即可按需要人工俯仰天线。人工俯仰的范围一般为 ±15°。

选择稳定解除与否,不影响对天线的人工俯仰操作。

二、天线高频系统

气象雷达的天线有两种类型。新式的彩色气象雷达通常使用平板辐射天线,黑白气象雷达通常使用抛物面天线。这两类天线的基本功能相同,但结构和工作原理却有较大的区别。

1. 天线的方向性特性与增益

(1)方向性特性。雷达天线所形成的锥形波束能量,绝大部分集中在天线轴线方向的主波瓣内,只有少量的能量分布在其他方向的副波瓣内。天线汇聚电磁能的能力,可用波瓣的宽度来衡量。通常,用水平面内的方向性图和垂直面内的方向性图的波瓣张角来表示。在天线对称于轴线的情况下,所形成的波束也是对称于天线轴线的圆锥形波束,天线在水平面和垂直面内的方向性图通常是相同的。图 6-31(a)所示为天线在水平面内和垂直面内的方向性图。

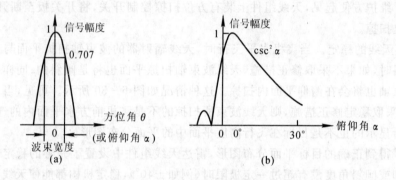

图 6-31 天线的方向性图
(a) 窄波束方向性图(垂直面与水平面); (b) 宽波束方向性图(垂直面)

气象雷达天线的波瓣张角(即波瓣宽度)是指方向性图中主波瓣的两个半功率点之间的夹角,如图 6-31 所示。天线口径尺寸越大,波瓣张角越小,或者说天线的方向性越好。波瓣宽度为 3°~5°。

有的使用抛物面天线的雷达,可在工作于地图方式时形成能量比较分散的余割平方波束,即宽波束。这种波束在水平面内的方向性图与锥形波束基本相同,其水平波瓣宽度仍很窄,为 3°~5°。但垂直面内方向性图的波瓣张角较宽,约为 30°;其能量随俯角的分布规律基本上符合余割平方规律。这种天线的垂直面方向性图如图 6-31(b)所示。

(2)天线增益系数 G。雷达天线汇聚电磁能量的能力,也可用天线增益系数 G 来衡量。天线的方向性愈好,增益系数就愈高。

雷达天线具有良好的方向性,它的天线增益系数总大于 1。同一部天线的增益,在辐射窄波束和宽波束时的增益系数不同,前者的增益系数高于后者。雷达天线的增益,常用增益分贝数(dB)来表示。天线增益与天线口径平面直径的大小有关,直径越大则增益越高。

雷达天线的增益,可达 33~35 dB。

2. 平板型天线

现代机载气象雷达常用平板型天线,如图 6-32 所示。这种平板型天线从原理上讲,实际是由多条波导管并列组成的,其外形一般为圆形平板。在面向天线前方的波导壁上,开有很多窄长的缝隙。波导内的电磁波就是从这些缝隙中辐射出来的,每一条缝隙相当于一个等效的天线。因此,可以把这种微波天线称为缝隙波导天线。这种天线对缝隙的长度、宽度及位置要求极其严格。维护中应注意避免天线的变形。

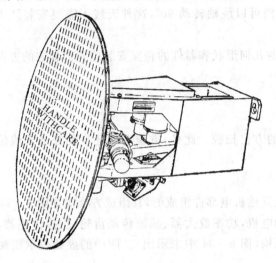

图 6-32 平板型天线

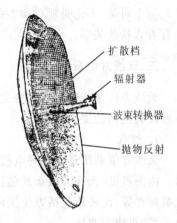

扩散档
辐射器
波束转换器
抛物反射

图 6-33 抛物面天线

平板型天线具有较高的增益,其旁瓣电平也较低。对于天线前方某一点来说,该处的电磁能量由各缝隙所产生的电磁能量叠加组合而成。各缝隙到该点的距离的差别,导致了该处各电磁波分量的相位的差别。因此,点的位置不同,所叠加合成得到的电磁波强度就可能不同:在天线的法线方向,形成最强的辐射;偏离法线方向,合成场强很快衰减,从而形成波束宽度只有 3°～5°的锥形波束。

3. 抛物面天线

传统的机载气象雷达使用抛物面天线,如图 6-33 所示。这种天线可以形成窄波束和宽波束两种不同的波束,由辐射器、抛物面反射器、扩散档等组成。

(1)抛物反射面的特性。抛物反射面是对称于轴线的旋转抛物面。它的作用是把由辐射器辐射出来的电磁波汇聚成轴向的波束,就像探照灯的聚光镜汇聚由光源发出的光线一样。这种特性,是由抛物线的几何特性所决定的。当波源(或光源)位于抛物面的焦点时,它射向反射面的电磁波射线经反射面反射后,就会形成平行于反射面轴线——天线轴线——的平行波束,即电磁能量只沿天线轴向传播而不会偏离轴线方向。这就把电磁能量汇聚在天线的轴向。当然,实际天线与上述理想情况有所差别,波束是具有一定的宽度的,并且除轴向主波瓣外还会存在一些较小的旁瓣。

(2)辐射器与波束转换器。天线辐射器应准确地安装在抛物反射面的轴线上,并且辐射器的反射片应准确地置于反射面的焦点处。只有这样,才能保证由辐射器所辐射的电磁波能被反射面所汇聚,形成很窄的锥形波束。

辐射器实际上是由一段圆形的波导和前面的锥形波导、反射片构成的。圆形波导内装有波束转换器——一定形状的铁氧体棒及绕在圆形波导上的电磁线圈。波束转换器的作用是改变电磁波的极化方向,以实现波束形状由锥形波束向余割平方波束的转换。

(3)扩散档。所谓扩散档是指天线上部的反射栅,它的作用是形成电磁能量分布范围较宽的余割平方波束,因此称为扩散档。扩散档实际是由平行的极细金属栅条组成的,有的则由镀银钢丝组成。当栅条与电磁波的电场方向平行时,扩散档本身便对电磁波起反射作用,形成宽波束。此时,它后面的抛物反射面基本上不起反射作用。

有的气象雷达天线的反射器连同扩散档可以绕轴转动 90°,这种天线不需要安装波束转换器。

由上可见,不论是哪种类型的天线,它的几何形状和器件的相互安装位置都和它的方向特性有着直接的关系。

三、天线方位系统

天线方位系统的基本任务是实现天线的方位扫掠。此外,方位系统还应能完成天线位置传感及其他功能要求。

1. 组成

天线方位系统是由各种电机、传感器及其他机电部件组成的,其组成方框图如图 6 - 34 所示。由图可见,天线方位系统包括方位驱动电机,功率放大器、减速传动齿轮、扫掠传感器,方位解算器等,此外还包括方位换向元件或机构(图 6 - 34 中未示出)。图中的虚线表示机械传动关系,双线为波导。

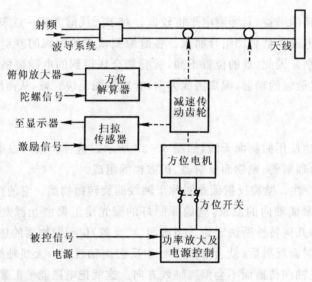

图 6 - 34　天线方位系统

方位系统的基本功用可以分为以下 3 个方面:

(1)驱动辐射器进行往复扫掠;

(2)把天线波束轴的扫掠信息输至显示器;

(3)实现对稳定信号的修正。

2. 方位扫掠与换向

(1) 方位电机及其驱动信号。气象雷达天线通常用步进电机或两相异步电机来驱动天线进行方位扫掠。

应用平板型天线的方位系统通常用步进电机来驱动天线进行方位扫掠。电机的驱动信号为两相脉动信号,由显示组或收发组提供的扫掠激励信号经功率放大器进行功率放大后加至电机的绕组。

应用抛物面天线的方位系统则大多使用两相交流异步感应电机。这种电机使用 $400\,Hz$ 交流电源,经变压器降压后作为驱动电压。电机的两相绕组中的电流应有近 $90°$ 的相位差。为此,在一相电路中串入大容量的电容器,以改变该相绕组中电流的相位。

(2) 方位扫掠的换向。改变电机一相绕组中的电流方向,即可改变电机的转向。对两相异步电机的换向则通过机械换向机构和继电器来实现。当天线辐射器方位支架扫掠至两侧止动位置时,机械换向机构使微动开关动作,通过继电器而改变电机控制绕组中的电流方向,使电流反相。利用这种方式换向的方位扫掠范围是固定的,通常为 $180°$。调节换向机构,可以微调换向时刻,以尽可能降低电动机换向时的负荷,减小天线支架与减震装置的撞击力。

利用步进电机的方位扫掠换向是通过换向电路控制激励信号的相位关系来实现的。这种换向方式不需要利用机械机构,雷达天线的方位扫掠范围可以通过控制键很方便地加以选择。

(3) 方位人工转动。在苏式航行雷达中,为了测量飞机的偏流角,天线波束轴的方位指向可以通过旋钮人工转动。转动旋钮时,方位刻度盘随之转动,指示出天线波束轴与飞机纵轴之间的夹角,与此同时,领航员显示器上的扫描线也指向方位刻度盘所指示的位置。扫描线、方位刻度盘与天线波束轴的实际方位(通过天线上的方位刻度盘可以读出)三者应当是一致的。

这种方位人工转动系统通过同步器来控制。旋转方位人工转动旋钮时,带动与旋钮机械交连的同步器的转子一起转动。同步器所产生的方位信号经放大器放大后,用于控制方位电机的转动,把天线波束轴驱动到所指定的方位。

3. 天线扫掠传感装置

天线扫掠传感装置(见图 6-34)用于感受天线的方位扫掠信息并将信息传送给显示器。模拟式气象雷达天线一般用机电式的方位传感器件。常用的一种传感器件是方位同步器,另一种是正余弦变压器。这两种器件都有转子、定子和绕组,其结构与微型电机相似。它们的转子和方位轴交连,当方位电机驱动天线进行方位扫掠时,也同时通过传动机构带动传感器的转子一起转动,从而在传感器件的绕组中产生相应的电信号,输至显示器。

在数字式气象雷达中,不再使用上述机电式器件,而通过对电机驱动信号的控制来实现天线扫掠传感。由于不再使用带有转动机构的机电器件,不仅使系统的精度大为提高,同时也提高了整机的可靠性。

4. 对陀螺信号的方位修正

当飞机的俯仰角不等于零时,垂直陀螺(或惯性基准系统)将产生与飞机的俯仰角成比例的俯仰信号,供雷达修正天线的俯仰姿态。俯仰系统所需要的俯仰修正信号与天线的方位角有关,所以俯仰信号须经过方位解算器的修正后,才能供给天线俯仰系统,如图 6-34 所示。方位解算器是一种特殊的机电器件,它的转子也与天线的方位轴机械交连。垂直陀螺所产生的俯仰和倾斜信号,分别加到方位解算器的两相定子绕组——余弦绕组与正弦绕组。当解算器的转子随方位轴转动时,其转子绕组输出与天线方位角有关的组合修正信号。

有的雷达只须对俯仰信号进行修正,所用的修正器件称为俯仰余弦修正器。

四、天线姿态稳定系统与人工俯仰

视线稳定系统是最常用的天线姿态稳定系统。当飞机俯仰或倾斜时,系统的俯仰修正电机驱动天线俯仰支架绕俯仰轴运动,使天线扫掠到不同方位时波束轴都保持在水平面内。也有的雷达天线中应用俯仰与倾斜两个分离的修正系统,以分别修正天线的俯仰与倾斜姿态。这种系统结构较为繁杂,应用较少,其基本原理与视线稳定系统相同。

1. 姿态稳定系统

姿态稳定系统的主要部件为倾斜和俯仰前置放大器、方位解算器、功率放大器、俯仰驱动电机及减速机构、俯仰同步器及俯仰测速电机。上述部件中除前置放大器和功率放大器通常安装在收发组中外,其余部件均安装在天线组中。向天线稳定系统提供俯仰和倾斜稳定信号的垂直陀螺不是气象雷达的固有组成部分,它可以是机上单独的垂直陀螺,也可以是姿态基准系统的一个部件。稳定系统的组成方框图如图 6-35 所示。

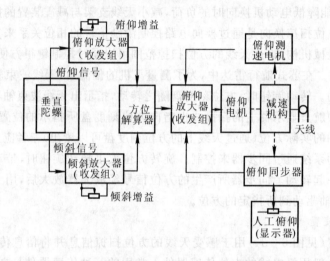

图 6-35　天线稳定系统

(1)垂直陀螺及稳定信号。垂直陀螺的转子高速转动时具有定轴特性——不论飞机的姿态如何,转子轴可以始终保持与水平面垂直。这样,当陀螺组件的外壳随飞机而俯仰或倾斜时,其转子轴与外壳间的相对角度发生变化,从而感受飞机姿态的变化。

垂直陀螺所产生的俯仰和倾斜信号为 400 Hz 交流信号,它们的幅度与飞机的俯仰角或倾斜角成比例,相位与俯仰或倾斜方向有关。

(2)俯仰与倾斜前置放大器。俯仰和倾斜信号加至收发组中的俯仰前置放大器和倾斜前置放大器分别进行电压放大。放大器的输出分别加至天线方位解算器的余弦和正弦绕组。

对放大器增益的要求很严格。在收发组面板上装有俯仰增益和倾斜增益调节电位计,用于校准这两个放大器的增益。必须严格遵照维护手册中所规定的程序来校准这两个电位计,不恰当的调节可能使天线波束轴不能准确地保持在稳定平面中扫掠,从而导致显示图像的失真。

(3)俯仰放大器及稳定解除控制。俯仰放大器用于对俯仰信号进行功率放大,以满足俯仰电机对功率的要求。由方位解算器输出的组合稳定信号,通过一个稳定解除控制电路输至俯仰放大器。这一稳定解除控制电路的工作状态受显示器或控制盒上的稳定键或稳定解除开关的控制。当稳定键(开关)位于解除位时,该电路处于开路状态,因而俯仰组合稳定信号不能输至俯仰放大器,从而不能驱动俯仰电机。此时天线姿态不受陀螺稳定信号的控制而随飞机俯仰而俯仰或随飞机倾斜而倾斜。当稳定键(开关)位于稳定位时,该稳定解除控制电路处于导通状态,使陀螺稳定信号正常输至俯仰放大器,放大后驱动俯仰电机修正天线的俯仰姿态,使天线波束轴受陀螺信号的稳定而保持在稳定平面内扫掠。

(4)俯仰电机驱动结构。俯仰电机的控制绕组加有俯仰放大器输出的控制电压,激励绕组加有频率为 400 Hz 的激励电压,激励电压由变压器及移相电路供给。俯仰电机用于驱动下列机构或器件:

1)安装在俯仰支架上的天线辐射器;

2)俯仰同步器;

3)俯仰测速电机。

俯仰同步器用于产生与输入的陀螺稳定信号相抵消的信号,它的转子受俯仰电机驱动,与俯仰支架——辐射器同步转动。

俯仰测速电机用于产生与俯仰电机转速有关的负回授信号,以使俯仰系统的工作稳定,防止产生振荡现象。

(5)天线稳定过程。当飞机俯仰或倾斜一定角度时,陀螺输出相应的稳定信号,经方位解算器修正放大后驱动俯仰电机转动,使天线辐射器朝着与飞机俯仰或倾斜方向相反的方向转动(例如,在飞机上仰时驱动天线辐射器下俯)。当俯仰电机驱动天线辐射器俯仰到一定角度时,被俯仰电机同时驱动的俯仰同步器产生的信号恰与方位解算器输出的稳定信号相抵消,俯仰放大器的输入电压趋向于零,于是俯仰电机停止转动。此时天线波束轴准确地被修正到稳定面内。由于天线不停地扫掠,飞机俯仰或倾斜时在不同方位时的修正量不等,所以上述修正过程是一个动态的平衡过程,使天线扫掠到任意方位时波束轴都被修正到所选定的稳定平面内,从而使天线波束轴扫掠平面不随飞机俯仰、倾斜而俯仰、倾斜,始终保持在稳定平面内。

2.人工俯仰控制

驾驶员有时需要人为地使天线波束扫掠平面上仰或下俯一定角度。这是通过转动俯仰按钮来进行的。人工俯仰的范围是 ±15°。

人工俯仰时俯仰系统的工作过程与上述飞机俯仰时的自动修正过程相似。转动天线俯仰旋钮至一定角度,就改变了俯仰同步器输出的信号。这一人工俯仰信号经俯仰放大器放大,使俯仰电机驱动天线辐射器向着与俯仰旋钮相同的方向转动。当辐射器波束轴到达俯仰旋钮所置定的角度时,俯仰同步器所输出的人工俯仰信号趋近于零,系统达到平衡状态,俯仰电机停止转动。此时,天线波束轴在俯仰旋钮所置定的俯仰平面内扫掠。

第四节　显示器的基本工作原理

显示器是雷达的终端设备。雷达所监测到的目标信息,通过显示器转化为荧光屏上的图像。观察呈现在显示器上的图像,驾驶员即可十分方便地了解航路上的气象状况或飞机前下方的地形。

机载气象雷达显示器有多种不同的形式,其电路结构和工作原理也有较大的区别。现代气象雷达通常使用色彩分明的彩色显示器,有的雷达仍使用黑白显示器;有的显示器采用大规模集成器件,应用微机技术和数字处理技术,有的则应用晶体管等分立元件和模拟处理技术;有的显示器采用极坐标扫描光栅,有的则采用电视扫描方式。尽管各种显示器的工作原理与电路有较大差别,但其基本原理都是相同的,都是平面位置显示器。本节着重说明平面位置显示器的基本组成电路和基本工作原理,并在此基础上介绍彩色显示的基础知识。

一、显示信息与控制功能

1. 平面位置显示器

根据雷达所显示的目标参数的不同和显示方式的不同,雷达显示器可以分为多种类型。像机载气象雷达这样的能够显示目标的平面几何位置和强弱信息的显示器,称为平面位置显示器,简称 PPI 显示器。

观察呈现在气象雷达显示器上的图像,可以获得以下几方面的信息:

(1)目标的存在及强弱情况。气象雷达显示器以明亮的回波图像来表示目标的存在。当雷达的探测范围内存在有意义的气象目标或其他目标时,荧光屏上就会显现相应的明亮回波图像。如果在雷达探测范围内不存在有意义的目标,例如在天气晴朗时,则显示器上不会显现回波图像。

对黑白显示器而言,气象目标的强弱程度(例如雷雨区的降水量的大小)反映为荧光屏上对应回波图像的明暗程度:相同距离处的雨区降雨率越大,所产生的反射回波的能量就越大,荧光屏上与其相对应的回波图像的亮度越亮,反之则越暗。这种显示目标的存在及其强弱的方式称为辉度显示。

在彩色显示器中,气象目标的强弱则由不同的色彩来区分。通常,弱的气象目标(弱的降雨区)呈现为绿色的图像;中等强度的降水气象目标呈现为黄色的图像;强烈的气象目标(暴雨区)呈现为红色的图像;对飞行安全危害最大的雷暴中心或湍流区则呈现为紫红色的图像。显然,这种气象目标的彩色分度图像和用明亮程度表示回波强弱的黑白图像相比较,具有易于判读、简明直接等突出的优点,因而现代气象雷达都采用彩色显示器。

雷达工作于地图方式时,地面目标反射率的强弱同样表现为回波亮度的明暗程度(黑白显示器)或图像的不同色彩(彩色显示器),只不过地图方式所采用的色彩可以与气象方式有所不同,以便于驾驶员区分这两种不同的工作方式。一般,在彩色显示器的左上角或右上角会显示当前工作方式所采用的色彩图例条块。表 6-1 表示了一种典型的彩色编排方式,并列出了距离标志圈的颜色。

需要说明的是表 6-1 所示的只是基本的彩色分度情况,各种彩色显示器所采用的色彩编排可能会略有不同。

表 6-1   显示器的彩色分度

目标反射能力		极弱或无目标	弱目标	中　等	强目标	距标圈
对应色彩	气象方式	黑	绿	黄	红	蓝
	地图方式	黑	青	黄	紫红	绿

(2)目标的平面位置几何信息——距离与方位。气象雷达显示器所提供的气象目标回波图像是飞机航路前方扇形区内气象目标的平面分布图像(地图方式时为前下方地表特征的图像)。一般情况下,驾驶员所关心的是飞机所处的飞行高度平面(平行于水平面)中的气象情况,所以气象雷达所显示的也是这一平面内的目标平面位置图像。只有在人为地俯仰天线一定角度时,显示器上才显示相应俯仰平面中的气象目标分布情况。

在恶劣气象情况下飞行时,驾驶员根据气象雷达显示器上所呈现的目标分布情况来选择安全的航线,避绕危险气象目标。因此,气象雷达显示器所提供的目标距离及方位信息必须准确可靠。维护中应严格按照维护手册所规定的程序和要求来进行雷达系统,特别是天线系统,的调整、拆装工作,以保证显示器上所提供的目标距离和方位信息准确地对应于目标在空中的真实位置。

平面位置显示器除了可以提供目标的距离、方位和强弱信息外,还可以显示系统故障、天线俯仰姿态及一些其他信息,有的雷达系统还可以显示诸如工作单等辅助信息,这里不再一一介绍。

2. 控制功能

显示器面板上装有控制显示器本身的控制元件。很多机载气象雷达为了精简组件和方便使用,常把用于控制雷达系统的控制元件(控制盒上的各控制元件)也安装在显示器前面板上。这样的显示器应该称为显示-控制器,雷达的控制元件,不论是显示-控制器的还是显示器与控制盒的,都用来实现下列控制功能。

(1) 方式选择与电源控制。雷达的工作方式与电源通断控制通过相应的方式按键或旋钮来实现。

图6-36为一种典型的彩色气象雷达控制显示器的面板图。有的显示器的方式控制键、距离选择键等控制元件安装在荧光屏的两侧,控制键或旋钮的名称也略有不同,但基本形式与图6-36所示的显示器一致,较老式的模拟式黑白显示器采用圆形屏面的显像管,其屏幕面积也较小,并且通常装有较多的调节控制元件。

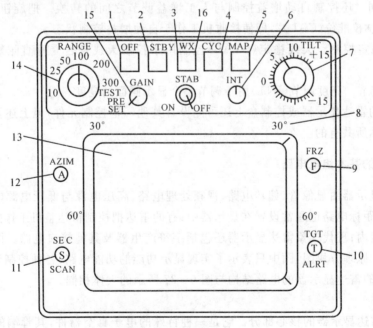

图6-36　典型的彩色显示器

1—电源断开键；　2—准备键；　3—气象键；　4—循环键；　5—地图键；

6—亮度旋钮；　7—俯仰旋钮；　8—方位刻度；　9—冻结(保持)旋钮；

10—目标警告按钮；　11—扇形扫掠按钮；　12—方位按钮；　13—荧光屏；

14—距离选择按钮；　15—增益控制按钮；　16—稳定控制按钮

在设置有 OFF 键的气象雷达中,只有按下该键才能断开雷达系统的电源,如果各方式键均未按下,则雷达将自行处于接通电源的准备状态,而不是断开状态。在不设置 OFF 键的雷达中,按下某方式键即接通了系统的电源并使系统工作于所选择的方式,如果各方式键均未按下则雷达系统的电源是被切断的。

(2)距离选择。距离选择键或距离选择旋钮用于选择显示器所显示的距离范围。改变所选择的距离,并不改变雷达的探测范围。选择较小的显示距离,可以获得较大的图像比例,以利于较细致地观察近距离目标;选用较大的距离,可以获得较大范围内的气象状况,及早选择安全有利的避绕航线。

(3)显示画面控制。

1)冻结或保持。现代气象雷达为了便于对目标图像做细微的观察,可以把某一瞬间的画面保持在显示器上不变,这种方式称为冻结(frz)或保持(hold)。选用这种方式时天线仍不断地扫掠,只不过显示器保持按下冻结或保持键时的画面,不随外界信息的改变而更新画面。取消上述方式时,显示器即显示最新的目标分布图像。

2)左右选择与扇形区域选择。使显示器显示飞机左前方或右前方的目标分布图像,或者改变显示器显示的扇区范围。

(4)天线人工俯仰控制。通常,利用天线俯仰旋钮可以使天线的扫掠平面上仰或下俯,控制的范围为 ±15°。

(5)增益控制。用于人工地调节雷达接收机的增益电平,将增益旋钮顺时针转动,可以提高接收机的增益。

增益旋钮同时还控制自动增益控制与人工增益调节之间的转换。把旋钮转至"预置位(PRE SET)"或"校准位(CAL)",即使接收机工作于自动增益控制状态。

(6)天线稳定控制。天线稳定(STAB)控制用于控制天线是否受垂直陀螺稳定信号的影响。

(7)亮度调节。亮度调节(INT)用于调节整个显示画面的亮度。

不同型号的雷达显示器或控制盒上还可能设有其他一些控制元件,但上述控制功能则是大部分气象雷达所共有的。

二、显示器的基本组成电路

气象雷达显示器由显像管、偏转电路、视频处理电路、高压电源与低压电源电路等基本部分组成。此外,距标电路也通常设置在显示器中;有的雷达把控制雷达整机工作的定时同步电路也装在显示组内;现代气象雷达显示器还包括字符产生器及其他接口电路。图 6-37 所示为雷达显示器的原理方块图,图中只表示了实现显示功能的功能电路,各种控制调节元件没有画出,不同型号的雷达显示器的电路结构与图 6-37 所示的大体相同。

1. 显像管

显像管是雷达显示器的核心部分。它是一种特殊的电子真空器件,其管端的荧光屏朝向显示器的前方。管内电子束轰击荧光屏内侧表面上敷涂的荧光质,使被轰击区域的荧光质发出明亮的可见光,产生相应的明亮图像或彩色图像。

2. 高压电源电路

高压电源电路用于产生显像管各电极所需的直流高压。显像管的加速阳极上所加的直流高压通常为 8~13 kV。在一些显示器中,利用常规的升压变压器直接把 115 V,400 Hz 的电源升压,再通过高压整流电路产生所需的直流高压。另一些显示器则是把显示器内产生的脉冲或方波信号加到回扫变压器的初级,从次级获得所需的高压,再经过整流电路产生直流高压供给显像管的加速阳极。

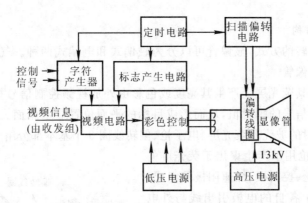

图 6 - 37　显示器电路方框图

高压电源电路除了产生供给加速阳极的十几千伏的直流高压外,还产生供给显像管其他各控制极的直流电压,以实现电子束的聚焦。聚焦电压的数值视显像管的不同而不同,为数百伏或 2~3 kV 不等。

高压电源组件通常不需维护,制成密封的组件模块。

3. **偏转电路**

偏转电路用于产生控制显像管内电子束偏转的扫描信号——周期性的锯齿形扫描电压。偏转电路是显示器的主要电路之一。在采用不同扫描方式的显示器中,其偏转电路的组成结构及基本工作原理有较大的差别。本节将分别介绍极坐标扫描方式和电视扫描方式的偏转电路。

4. **视频放大及处理电路**

这部分电路的功用是对由接收机输至显示器的回波视频信号进行放大及一系列的处理。经放大、处理后的视频脉冲信号加至显像管的阴极,控制电子束的产生与密度。

数字式显示器的视频处理电路相当复杂,有的显示器应用微处理器来控制显示器中的信号处理过程。模拟式显示器的视频电路则往往比较简单。

5. **标志产生电路**

为了便于判断目标的距离,显示器上必须能够显现明晰的距离标志圈;同样,为了判断目标的方位,显示器上还应产生方位标志线。距离标志圈由距离标志脉冲产生。距离标志产生电路用于产生所需的距离标志脉冲和方位标志脉冲。

6. **低压电源电路**

低压电源电路产生显示器各部分电路所需要的各种直流电压。通常是将机上 400 Hz 电源经变压器降压后,由多组整流电路和稳压电路分别产生雷达所需的不同数值的稳定直流电压输出。

7. **其他功能电路**

除了上述基本电路外,不同型号的显示器中还可能包含有一些实现其他功能的电路。如定时电路、字符产生电路、故障监测电路等。

三、显像管的基本工作原理

气象雷达所用的显像管有黑白显像管与彩色显像管两类。在此先说明磁偏式黑白显像管的基本工作原理。

1. 显像管的基本结构

按照控制电子束偏转的方式,显像管可以分为磁偏式和电偏式两种。气象雷达显示器无一例外地应用磁偏式显像管。

显像管的功能是在其荧光屏上产生其亮度或色彩由外加视频控制信号控制的辉亮光点,亮点的位置决定于偏转信号的瞬时值,从而形成目标的平面位置显示画面。显像管是一种密封的电真空器件,由密封的玻壳及荧光屏、电子枪、偏转线圈 3 个基本部分组成。

(1) 电子枪。电子枪用于产生聚焦于荧光屏的电子束。它由阴极、灯丝、控制极、加速阳极等组成,安装在显像管玻壳内,由各自的电极引出线与外电路相连接。图 6-38 所示为一种磁偏式显像管的结构原理图。尽管各种显像管的电子枪的构造、电极数量及名称可能会有所不同,但其作用都是发射电子束并实现对电子束的聚焦和加速的。

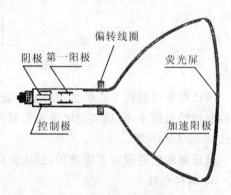

图 6-38　磁偏式显像管构造简图

阴极、控制极等同轴安装在显像管的轴线上。显像管的阴极 K 是圆筒形的金属电极,具有很强的电子反射能力。加热灯丝安装在圆筒形的阴极内,使阴极能获得足够的热量以正常反射电子。

控制极也可称第一栅极 G_1,也是圆筒状的,但两端不封闭。它离阴极最近,用于控制阴极放射电子流的密度。通常,控制极与阴极之间的电压 u_{GK} 为负值。两者之间的电压绝对值越大,阴极放射电子流密度就越小。在实际电路中,调节显示器面板上的亮度旋钮,就可以改变阴极与栅极之间的电位差,控制阴极发射电子流的密度,从而调节画面的亮度。

装在控制极后面的为第一阳极(有时也称为第二栅极)。有的磁偏式显像管中,除阴极、控制极、第一阳极外,在第一阳极之后还装有第二阳极。第一阳极、第二阳极上加有较高的直流电压,一般为 2～3 kV,这些电极除了具有对阴极放射电子的加速作用外,主要用于实现电子束的聚焦。

加速阳极实际上是涂在管内壁上靠近荧光屏一端的导电石墨层,由玻壳上的阳极帽引入阳极高压。加速阳极电压可高达 13 kV,由专用的直流高压电源电路供给。加速阳极的作用是对电子流加速,使其获得足够的速度去轰击荧光质,以产生明亮的辉斑。

由于加速阳极电压很高,安装时应保证阳极帽的牢靠连接,并注意人身安全。

(2) 玻壳与荧光屏。玻壳用于安装电子枪及偏转线圈等。玻壳的端面平坦,制成矩形或圆形,端面内侧敷涂荧光质,即形成荧光屏。

荧光质由氧化锌等轻金属或非金属化合物构成,并加有少量的激活剂,如银、铜等。荧光质受电子束撞击而发光,产生明亮的光斑。发光的颜色取决于荧光质的材料,发光的亮度取决于电子束的密度和速度,也与材料有关。

　　荧光质在电子束停止轰击后,仍能保持一定程度的辉亮,因而可以在荧光屏上保持回波的图像。荧光质辉光所能保持到一定程度的时间,叫做余辉时间。按余辉时间来分,可以分为短余辉——0.001 s 以下,中余辉——0.001～0.1 s 和长余辉——0.1 s 以上 3 种。黑白气象雷达显示器一般用长余辉管。

　　(3)偏转线圈。偏转线圈套在管颈上,用于产生与管轴相垂直的均匀偏转磁场,以使管内电子束产生与管轴垂直的偏转运动。偏转线圈由水平偏转线圈与垂直偏转线圈两部分组成。

　　偏转线圈有空心偏转线圈与铁心偏转线圈两种,如图 6-39 所示。

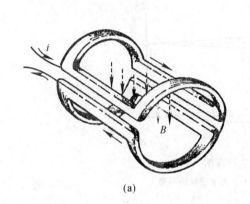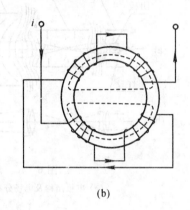

(a)　　　　　　　　　　　　　　(b)

图 6-39　偏转线圈
(a)空心偏转线圈;　(b)圆形铁心偏转线圈

　　图 6-39(a)所示是空心偏转线圈中的水平偏转线圈,它产生垂直方向的水平偏转磁场。线圈由两组完全相同的马鞍形线圈组成。图 6-39(b)是具有圆形铁心的偏转线圈的原理图。

　　为简单起见,图 6-39(b)中只画出了垂直偏转线圈。由图可见,它也是由两组完全相同的线圈组成的。当同一偏转电流通过这两组线圈时,在铁心内产生大小相等、方向相反的磁动势,迫使磁力线通过中央空间——管内空间——完成回路,形成水平方向的垂直偏转磁场,如图6-39(b)中虚线所示。

　　2. 聚焦原理

　　阴极放射的电子流,受到加速阳极、第一阳极等电极的吸引而加速飞向荧光屏。与此同时,电子流还被管内电场或外加聚焦磁场汇聚成束——聚焦,从而在到达荧光屏时形成直径很小的电子束。利用管内电场实现聚焦的过程称为静电聚焦,利用外加电场实现聚焦则称为磁聚焦。

　　(1)静电聚焦。静电聚焦由管内阳极、控制极、阴极之间的电场实现。第二阳极、第一阳极、控制极及阴极的形状、位置及各自的电位,决定了各电极之间的电场分布状况。正确选择各极电位,可以使电子流通过极间电场时受到偏向管轴的作用力而汇聚成束,如图 6-40(a)所示。

　　图 6-40(a)中管内电场对电子束的汇聚特性,与光学透镜十分相似(见图 6-40(b))。其中,第二阳极与第一阳极之间形成的透镜为主聚焦透镜,第一阳极、控制极、阴极之间形成的透镜为预聚焦透镜。当电子流通过透镜时,透镜左边部分凸向阴极,其作用与光学凸透镜相当,

对电子束起汇聚作用；右边部分凹向阴极，对电子束起发散作用，与光学凹透镜相当。但是，由于电子流在向荧光屏的运动过程中是不断被加速的，电子进入右边凹透镜区时的速度大于在左边凸透镜区时的速度，所以不易偏折。加之汇聚电场比发散电场强，因而总的效果是汇聚作用大于发散作用，使电子束通过透镜后能汇聚于一点。阴极所放射的电子流通过预聚焦透镜后，在管轴 A 上所形成的电子束横截面积远比阴极处的小。经 A 点之后又分散开来的电子束，再经主聚焦透镜聚焦后，在荧光屏上所形成的电子束横截面积更小。

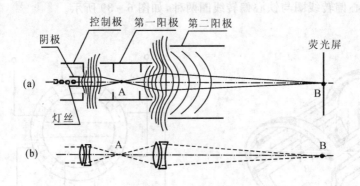

图 6 - 40　静电聚焦原理图

(a) 电极结构及电场分布；　(b) 与光学透镜的对照

（2）磁聚焦。有的磁偏式显像管中电子束的聚焦主要依靠聚焦线圈来实现。聚焦线圈套在管颈上，位于偏转线圈与阴极之间，其结构如图 6 - 41 所示。线圈装在以软铁制成的屏蔽罩内，屏蔽罩内表面一端开有小槽。当线圈中通过直流电流时，所产生的磁场即从槽口进入管内，使电子产生偏向管轴方向的运动。适当调节聚焦电流，即可使电子流汇聚于荧光屏处。

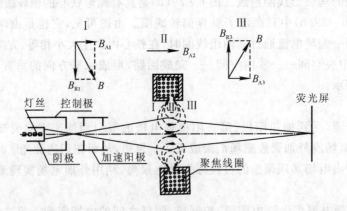

图 6 - 41　磁聚焦原理

3. 电子束的偏转

气象雷达显示器通过偏转线圈来实现对电子束的偏转扫描。图 6 - 42 所示为垂直偏转原理图。图中黑点表示垂直偏转线圈的水平方向的偏转磁场，在此瞬间是射出纸面的，磁场与管轴互相垂直。

高速运动的电子束沿管轴方向进入偏转磁场以后,受到磁场力的作用而发生偏转。偏转的方向即磁场力的方向垂直于磁场的方向和运动方向。这样,就使高速前进的电子束沿圆弧轨迹通过偏转磁场,并沿离开偏转磁场时的圆弧切线方向飞向荧光屏。控制偏转电流的大小以改变磁场力,即可改变电子束飞离偏转磁场时与管轴之间的夹角,从而使电子束在荧光屏上的偏转距离随偏转电流而变化。改变偏转电流的方向,即可使电子束向反方向偏转。

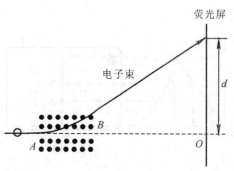

图 6-42　垂直偏转原理图

同理,水平偏转线圈所产生的垂直方向的偏转磁场,将使电子束产生水平方向的偏转。

四、极坐标扫描与电视扫描

机载气象雷达显示器有两种形成平面位置显示画面的方法:一种是常规的黑白显示器所常用的极坐标扫描方式,另一种是彩色显示器通常采用的电视扫描方式,即 $X-Y$ 扫描方式。

1. 极坐标扫描

极坐标扫描又叫距离-方位扫描,即 $\rho-\theta$ 扫描。

在采用极坐标扫描方式的显示器中,光点在扫描信号的控制下由扫描起点 O——它代表飞机的位置——作径向直线扫描,形成径向扫描线。与此同时,扫描线随着天线的扫掠同步旋转,从而形成扇形的平面扫描画面。这里,径向扫描对应于目标的距离信息。扫描线的旋转反映目标的方位信息,从而共同形成反映目标距离-方位信息的平面位置显示画面,如图 6-43 所示。

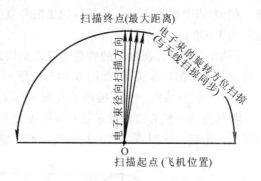

图 6-43　极坐标扫描

（1）距离扫描与锯齿波。

1）距离扫描。在偏转线圈中通以锯齿电流,即可产生径向距离扫描。

图 6-44 表示当线性增长的锯齿电流通过垂直偏转线圈时,在荧光屏上形成垂直方向的距离扫描过程。在锯齿扫描信号的起始时刻 $t_0(t_0=0)$,通过偏转线圈的扫描电流 i_s 等于零,电子束不发生偏转,光点位于荧光屏上的扫描起点 O。随着时间的延长,通过偏转线圈的电流与时间成正比增长,使光点逐渐偏离扫描起点。在 t_a, t_b 时刻光点的位置分别为 A,B;在 t_p 时刻锯齿扫描电流达到最大值 i_{sm},距离扫描也达到其扫描终点 P;t_p 时刻以后,扫描电流迅速回复到起始值零,光点也迅速回到扫描起点 O,这就是扫描回程,即扫描信号的回复期。在实际电路中,回扫期内显像管是消隐的,这是利用加在显像管控制极上的辉亮方波来实现的。辉亮方波与扫描信号同宽,在扫描正程内,它使显像管阴极有可能放射电子流;在扫描回程内,没有正的辉亮方波作用于控制极,阴极就不可能放射电子流。辉亮方波的波形图如图6-45(c)所示。

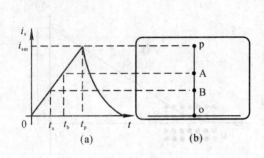

图 6-44　距离扫描
(a) 锯齿扫描电流；　(b) 光点在荧光屏上的位置

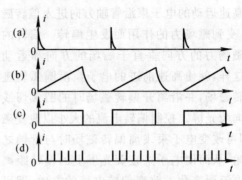

图 6-45　周期性的扫描信号
(a) 发射触发脉冲；(b) 锯齿扫描信号；
(c) 辉亮方波；(d) 距离标志脉冲

2)周期性扫描信号。通过偏转线圈的锯齿形扫描电流为周期性电流，它的重复周期和起始时刻均与发射机产生的发射脉冲周期完全一致，即每产生一次射频脉冲，显示器上即同步地产生一次距离扫描。这一关系借助于同步定时脉冲来实现，如图 6-45(a)所示。

扫描信号的正程宽度必须与所选择的雷达距离范围相适应。距离范围越大，扫描信号越宽。例如，当范围为 40 n mile 时，扫描信号宽度约为 500 μs；当范围为 80 n mile 时，扫描信号宽度为 1 000 μs。

同理，作用在控制极上的辉亮方波也是周期性的，它的宽度应与各量程的扫描信号一致，并且保持严格的同步关系，如图 6-45(c)所示。

(2) 旋转扫描线。为了准确地在显示器上显示目标的方位，必须使扫描线随天线同步旋转。将幅度随天线方位角的正弦和余弦变化和两组锯齿电流分别通过水平和垂直偏转线圈，就可以产生随天线同步旋转的扫描线。产生旋转扫描线的原理，可用图 6-46 来说明。

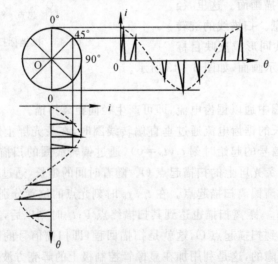

图 6-46　旋转扫描线产生原理

当天线的方位角 θ 等于 0°时，垂直偏转线圈的锯齿电流幅度最大，水平偏转线圈的电流为零，所以扫描线出现在 0°方位上（垂直方向）；当 θ 为 45°时，两线圈中的电流幅度相等，电子束在两线圈产生的合成磁场控制下,从起点 O 向 45°方位扫描;当方位角为 90°时,水平偏转线圈电流最大,垂直偏转电流为零,电子束向 90°方位水平扫描;其余依此类推。由此可见,扫描线随天线的方位扫掠同步旋转。

(3) 偏转扫描电路。实现极坐标扫描的电路有多种,主要区别在于获得正、余弦扫描电压的方法。图 6-47 是一种利用旋转变压器的距离-方位扫描电路原理图。有的雷达利用同步器来形成正、余弦调制的扫描电压,其电路组成与图 6-47 所示有所不同,但基本原理相似。

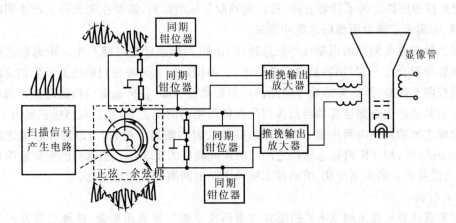

图 6-47　扫描电路方块图

1)扫描电压产生电路。扫描电压产生电路在同步定时信号的触发下产生周期性的扫描电压。所产生的等幅扫描电压经功率放大后加到旋转变压器的转子绕组两端。为了在偏转线圈中获得理想的锯齿电流,扫描电压必须是符合要求的梯形电压。

图 6-48 所示是简单的扫描电压产生电路原理图,它实际上是一个周期性充、放电的积分电路。当负方波加至三极管的基极时,三极管截止,电源通过电阻 R_c 对电容 C_s 充电,形成所需的梯形电压;当负方波终止时,三极管恢复导通,电容器通过三极管迅速放电,形成扫描信号的回扫期。在下一个负方波来临时,重复产生扫描电压,如此形成与同步信号同步的周期性等幅扫描信号。扫描信号的宽度与重复周期决定于外加同步信号。实际的扫描产生电路远比图 6-48 所示的电路要复杂。

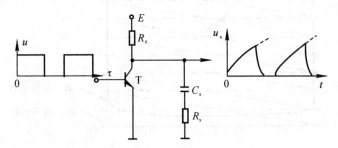

图 6-48　扫描信号产生电路

2)旋转变压器。旋转变压器(正弦-余弦机)安装在天线组中,它的转子随天线方位扫掠而同步转动。旋转变压器是一种特殊的电机,它有两组互相垂直的定子绕组和一组转子绕组。当转子绕组两端加有等幅的扫描电压时,两组定子绕组上便产生感应电势输出;其中一组的输出电压幅度按天线方位角的正弦变化,另一组的输出电压幅度按方位角的余弦变化。

3)推挽功率放大器。两组推挽功率放大器分别提供给水平和垂直偏转线圈足够功率的锯齿电流。

4)箝位器。图6-47中的同期箝位器(或称同步箝位器)的作用是箝制扫描电压起始点的电平,以使每一周期扫描电压都从一个固定电平开始增长,这样才能保证显示器的扫描线起始位置固定不变。这种箝位电路是与扫描信号同步的,由同步信号控制。

(4)距离标志电路。为了能够方便、直接地判断目标的距离,需要在荧光屏上产生明晰的距离标志圈,距离标志圈由距离标志脉冲形成。

距离标志脉冲是等间隔的周期性等幅脉冲串,由距离标志脉冲电路产生。距离标志脉冲与回波视频脉冲混合在一起,加到显像管的阴极,正的距离标志脉冲在扫描线上产生相应的光点。当扫描线随天线旋转时,即形成等间隔的圆形距离标志圈,各标志圈以扫描起点为圆心。

距离标志脉冲产生电路也必须与扫描信号保持严格的同步关系,它只在扫描正程内工作。距离标志脉冲之间的间隔时间决定于距离标志圈所代表的距离。例如,当距离标志圈之间的距离为10 n mile时,相邻距离标志脉冲之间的时间间隔应为123 μs。当选择的距离范围增大时,距离标志圈所代表的距离变化,距离标志脉冲之间的间隔也应随之变化。

2. X-Y扫描

彩色气象雷达显示器采用X-Y扫描方式来形成平面位置显示画面,这种扫描方式与电视机中的扫描方式相同,通常称为电视扫描方式。

(1) X-Y扫描的形成。采用X-Y扫描的显像管偏转线圈与采用极坐标扫描的偏转线圈一样,也是由水平偏转线圈和垂直偏转线圈两部分组成的,但其管内电子束的扫描方式不同。

图6-49所示为X-Y扫描过程的示意图。

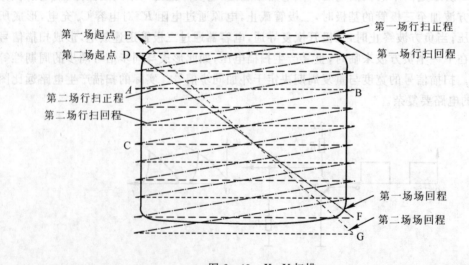

图6-49　X-Y扫描

1)行扫描与行频。通过水平偏转线圈的锯齿电流,使电子束在荧光屏上快速往复扫描,形成水平方向的行扫描线。这一过程称为行扫描,相应的扫描信号称为行扫描信号。由图6-49所示可见,扫描电流为零时,扫描起点位于荧光屏的左侧,如图6-49所示中的A,C,D,E;

扫描电流增长至最大值时,光点扫描至荧光屏的右侧,如图 6-49 所示中的 B,F,G 点。光点由 A 点扫至 B 点的过程为行扫的正程;到达 B 点时正程结束,开始扫描回程,如图中 BC 段所示。与极坐标扫描相同,BC 段所对应的回扫期很短(与正程相比),并且在回扫期内显像管是消隐的。所形成的行扫描线应能覆盖荧光屏的左右宽度。通常,荧光屏上的画面是由 500 条左右这样的行扫描线组成的。

行扫描信号的频率称为行频。行频一般为 15 kHz 左右。

2)场扫描与场频。为了使光点扫过整个荧光屏画面,在进行快速水平往复行扫描的同时,还在垂直偏转线圈的控制下使光点以较慢的速度上下扫描。这种扫描称为场扫描。场扫描使几百条行扫描线在垂直方向均匀地布满整个荧光屏画面。显然,通过垂直偏转线圈的场扫描信号也应是线性的锯齿波,只不过它的频率应远低于行扫描频率。

场频一般为 60 Hz 左右。

3)隔行扫描与帧频。在形成上述 X-Y 扫描画面的过程中,有时也可以采用隔行扫描的方式。所谓隔行扫描,就是把一帧完整的画面,分成两场来扫描:第一场先扫描其中的一半行,第二场再扫描另一半行,且使两场的扫描行均匀地镶嵌在一起,形成一幅完整的画面。如图 6-49 所示,第一场的行扫描从荧光屏左上角的 E 点开始,到荧光屏右下角(图 6-49 所示中的 F 点)结束,所完成的行扫描数为一帧画面总行数的一半,且各行均匀分布在荧光屏上。第一场的行扫正程用折线(——)表示,行扫描回程用间隔点折线(—·—)表示。第一场场扫描正程结束后,在场扫描回程中,光点从荧光屏的右下角 F 点回到荧光屏的左上角 D 点,场扫回程 FD 用间隔二点的拆线(—··—)表示。第二场场扫描的起点 D 恰位于第一场头两条行扫描线的中央,它的行扫正程用虚线(----)表示,行扫描回程用间三点的拆线(—···—)表示。第二场正程结束后,在第二场场扫描回程结束时光点又回到第一场行扫描的起点 E,以开始第二帧第一场的扫描。

由上可见,采用 X-Y 隔行扫描方式的显示画面,是由二场均匀镶嵌的行扫描线所形成的。二场画面合成一帧完整画面的过程,人眼是觉察不到的。采用这种方式,可以使帧频降低为场频的一半,例如当场频为 60 Hz 时,帧频为 30 Hz。

(2)扫描变换。在上述用 X-Y 扫描方式所形成的平面位置显示画面上,目标图像的位置以直角坐标形式的 X 坐标和 Y 坐标来确定。然而,天线对飞行高度平面中目标的搜索仍然按方位扫掠方式进行。因此,对于距离为 R,方位为 θ 的目标来说,就需要把它的以距离-方位形成所确定的极坐标参数转化为对应的 X-Y 坐标参数,以在 X-Y 扫描画面上准确反映其空中真实位置。这一过程,就是 X-Y 扫描显示器中的扫描变换。扫描变换由扫描变换电路来实现。

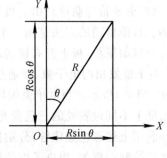

图 6-50　扫描变频

设目标与飞机的距离为 R,相对于飞机纵轴线的方位为 θ,则由图 6-50 可知,该目标在直角坐标中的位置坐标参数为

$$X = R\sin\theta$$
$$Y = R\cos\theta$$

五、彩色显示原理

彩色显示器形成平面位置显示画面的基本过程以及显像管内电子束的聚焦、偏转的基本原理,与黑白显示器基本相同,但所使用的显像管及相应的视频处理电路有着明显的不同。下面说明彩色显示的基本原理。

1. 三基色原理

对人眼视觉特性的研究分析表明,适当选择 3 种基本的颜色,将它们按不同的比例进行合成,就可以引起各种不同的彩色感觉。这一原理,称为三基色原理。三基色原理是彩色显像管所依据的基本原理。

彩色雷达显像管采用的 3 种基本颜色是红色、绿色和蓝色。利用这 3 种基本颜色加以混合,就可以得到其他所需的颜色。例如,黄色是用红色与绿色混合而成的;紫色则是由红色与蓝色混合而成的;青色则是由蓝色与绿色混合而成的。

2. 彩色显像管

彩色显像管产生彩色图像的过程与黑白显像管产生黑白图像的过程大体相似。从结构上看,彩色显像管也是由电子枪、偏转线圈、荧光屏及玻壳等基本部分组成的。但彩色显像管的电子枪与荧光屏的结构与黑白显像管的有着很大的区别,并且在管内设置有荫罩板等特殊结构。

(1)荧光屏。彩色显像管的荧光屏上敷涂着能分别产生红、绿、蓝 3 种彩色光的荧光质。为了能在荧光屏的整个屏面上均能产生 3 种色光,3 种荧光质组成很多条状的细小色组分布在屏上各处,图 6-51(a)表示一种条状色组的排列情况。3 种基色以同样的顺序,例如以红绿蓝的顺序组合成很多细小的色组,按一定的排列方式布满整个荧光屏。轰击屏上某一位置处三色色组中的红色荧光质,就使该位置区域显示红色;轰击同一位置色组中的绿色荧光质,即可在这一位置显示绿色;轰击该位置处的蓝色荧光质,则可在该位置显示蓝色……这样便可使屏上的任意区域产生所需的 3 种基色光或它们的混色光。

有的荧光屏上的微小色组是由点形或其他形式的基色荧光质组成的,其产生彩色图像的原理与上述条形色组没有根本的区别。

(2)电子枪与荫罩。由上可知,彩色显像管是通过轰击不同基色的荧光质而产生不同的色光的。目前常用的方法是用 3 个电子枪来分别产生 3 条电子束。在荧光屏与电子枪之间,设置有金属荫罩板,板上开有精密加工的细微槽孔。荫罩板与电子枪精密配合,使得由红、绿、蓝 3 个电子枪发出的电子束,在通过槽孔后只可能轰击色组中各自对应的荧光质,这种情况,如图 6-51(b)所示。当电子束偏转时,3 个电子枪发出的电子束即通过板上不同位置处的槽孔,轰击屏上不同位置处的三色荧光质组中各自对应的部分。

利用上述彩色显像管,分别控制 3 个电子枪发射的电子流的密度,即可实现对图像色彩及亮度的控制。例如,当电子束偏转到某一位置时,如果在该位置处产生红色图像显示,则可使红枪发射而绿枪、蓝枪停止发射,此时只有红枪发出的电子束能够轰击该区域色组中的红色荧光质,产生红色图像,而红枪电子束是不会轰击到同一色组中的其余两种荧光质的。同理,如要在某一区域产生黄色显示,则可在电子束偏转到该区域时使红枪与绿枪同时发射电子束而蓝枪不发射,这样红、绿电子束分别轰击同一色组中的红、绿两种荧光质而产生红色光与绿色光。由于色组微小,人眼是不可能分别察觉出红光与绿光的,同一色组中荧光质所产生的红光与绿光相混合，使人眼所感受到的是该处的混色光——黄色光。

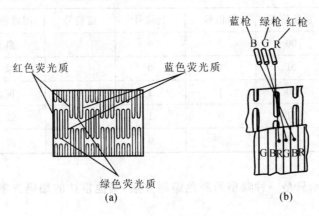

图 6-51　彩色荧光屏及电子枪工作示意图

(a) 荧光屏上的三色荧光质色组及其排列；(b) 电子枪工作示意图

3. 彩色控制电路

在黑白显示器中，回波的强弱——视频回波脉冲的幅度——最终是通过荧光屏上目标图像的辉亮程度来表示的。这是把视频脉冲加到显像管的栅阴之间，并控制阴极所产生的电子流的密度的结果。在彩色显示器中，回波的强弱则表现为图像的不同色彩，彩色画面的明亮程度只是为了适应观察者的需要而调节，并不反映回波的强弱性质。

彩色显示器视频电路中所设置的彩色解码电路的功用，就是根据视频信号的幅度，产生分别控制 3 个电子枪发射与否及发射电子流密度的三色控制信号，图 6-52 所示为原理图。

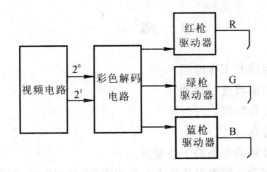

图 6-52　彩色控制原理图

彩色显示器中加至彩色解码电路的通常是二进制编码的视频数字信息，设为两位二进制信息，可以表示 0～3 四级信号电平。对应于视频输入信息"00"，应不产生图像（屏上为黑色），故三枪控制信号均为"0"——三枪均不产生电子束；当视频信息为"01"时，绿枪控制信号为"1"而红枪、蓝枪控制信号为"0"，依此类推。彩色解码电路产生的三枪控制信号如表 6-2 所示。

表 6-2 所列的是气象方式时的情况。在这种方式下，蓝枪只在对应标志圈、方位标志线或数字符号显示时发射。地图方式的三枪控制信号与表 6-2 不同，产生黑、青、黄、紫的四级彩色图像。此时视频信息与图像色彩的对应情况如表 6-3 所示。

表 6-2 气象方式的视频信息与图像色彩

视频电平	视频信息	绿信号	红信号	蓝信号	图像色彩
0	00	0	0	0	黑
1	01	1	0	0	绿
2	10	1	1	0	黄
3	11	0	1	0	红
距离标志圈		0	0	1	蓝

表 6-2 和表 6-3 所示只是一种典型的彩色编码方案,其他雷达的编码方案可能与此略有不同。

表 6-3 地图方式的视频信息与图像色彩

视频电平	视频信息	绿信号	红信号	蓝信号	图像色彩
0	00	0	0	0	黑
1	01	1	0	1	青
2	10	1	1	0	黄
3	11	0	1	1	紫
距离标志圈		1	0	0	绿

习　题

1. 简述气象雷达系统的组成及工作原理。
2. 试说明气象雷达如何对湍流进行探测。
3. 说明磁控管的结构和工作原理。
4. 说明主振式发射机的特点。
5. 简述气象雷达收发机自频调电路的工作原理。
6. 灵敏度时间控制电路(STC)的作用是什么? 画出 STC 控制电压波形。

第七章 空中交通管制应答机

空中交通管制的目的是有序地组织和实施空中交通,防止飞机相撞,保证飞行安全,同时提高航空交通繁忙空域特别是中心机场的利用效率。

空中交通管制系统可分为数据获取系统、数据远距传输系统、数据处理显示系统和空-地通信系统。

空中交通管制应答机(ATC transponder)是保证飞机在繁忙空域飞行和进行着陆过程中的安全的重要设备之一。应答机是空中交通管制雷达信标系统(ATCRBS)的机载设备。它的功用是向地面管制中心报告飞机的识别代码和飞机的气压高度。现代机载应答机则是机载防撞系统的主要组成设备之一,它可以利用数字形式传送更为广泛的信息。机载应答机是和地面二次雷达配合工作的,所以有时候把它叫做二次雷达应答机。

第一节 雷达信标系统的基本工作原理

空中交通管制雷达信标系统也可以称为航管二次监视雷达系统。通常,把系统的地面二次监视雷达简称为二次雷达。

一、空中交通管制

随着空中交通密度的不断增加,空中交通管制的作用和重要性日益明显。对空中交通的组织指挥与管理实施状况,在很大程度上影响着民用航空乃至整个航空事业的安全与效率。

空中交通管制通常分为终端区空中交通管制与航路(走廊)空中交通管制。对我国民航而言,通常所指的是以机场为中心的大约150 km范围内终端区中的空中交通管制,其目的是有秩序地组织和实施空中交通,防止飞机相撞,保证飞行安全,同时提高航空交通繁忙空域、特别是中心机场的利用效率。

空中交通管制所依赖的技术基础是空中交通管制系统。一般,空中交通管制系统可以分为数据获取系统、数据远距传输系统、数据处理显示系统和空-地通信系统。

目前,空中交通管制的数据获取主要依赖于一次雷达系统和二次雷达。系统将所获取的飞机代码、高度、距离、方位等信息传送到交通管制中心,经处理后显示在显示终端上。

二、一次雷达与二次雷达

一次雷达和二次雷达虽然都是通过发射和接收脉冲射频信号工作的,但它们的工作方式和设备组成有着明显的区别,其信号也具有不同的特点。

1. 一次监视雷达

地面一次监视雷达(PSR)的工作方式与机载气象雷达相似,是依靠目标对雷达天线所辐射的射频脉冲能量的反射来探测目标的。以一定速率在 360°范围内旋转扫掠的天线,把雷达发射信号形成方向性很强的波束辐射出去,同时接收由飞机或其他目标反射回来的回波能量,以获取目标的距离、方位信息,监视空域中飞机的存在及活动情况。

地面一次监视雷达通常工作于 L 波段(1 000～2 000 MHz)和 S 波段(2 000～4 000 MHz),具有很强的脉冲功率,其探测距离可达 400 km 甚至更远,因而其发射设备和天线都相当庞大。

2. 二次雷达系统

二次雷达工作于 L 波段,其询问发射频率为 1 030 MHz,接收频率为 1 090 MHz,作用距离与配合工作的一次雷达相适应,但发射功率远低于一次雷达。

(1)二次雷达的工作方式。二次雷达的工作方式与一次雷达不同,它是由地面二次雷达——询问器——与机载应答机配合,采用问答方式工作的。地面二次雷达发射机产生询问脉冲信号由其天线辐射,机载应答机在接收到有效询问信号后产生相应的应答信号发射,地面二次雷达接收机接收这一应答信号,在进行一系列处理后获得所需的飞机代码等信息。可见,二次雷达系统必须经过二次雷达发射机与机载应答机的两次有源辐射(询问与应答各一次),才能实现其功能。

在同时装备有二次雷达与一次雷达的空中交通管制系统中,通常总是使二次雷达与一次监视雷达协同工作。二次雷达的条形天线安装在一次雷达的天线上方,二者同步扫掠,如图 7 - 1 所示。二次雷达与一次雷达共用定时电路与显示终端,以实现同步工作。

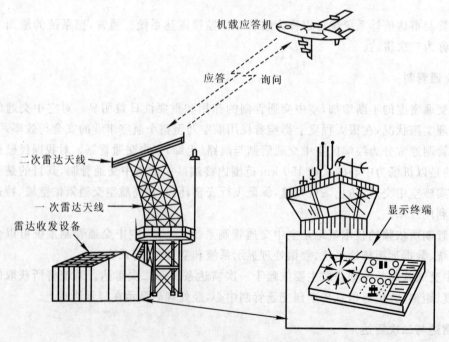

图 7 - 1   二次雷达与一次雷达

（2）二次雷达系统的组成及工作概况。二次雷达系统的组成方框图如图 7-2 所示。图中左侧虚线框为地面二次雷达（询问器），右侧虚线框为机载应答机。由图 7-2 可见，地面二次雷达包括发射电路、编码器及接收电路。机载应答机也是由接收电路、译码器、编码器和发射电路等电路组成的。

图 7-2 表示二次雷达与一次雷达协同工作的情况：共用的定时电路触发二次雷达与一次雷达同步工作，二者所产生的视频信息和数据传输至公用的显示终端上。

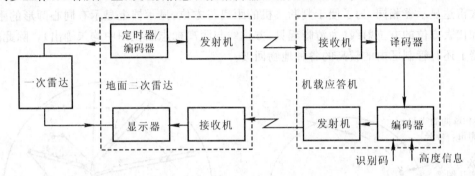

图 7-2　二次雷达系统的组成方框图

二次雷达发射机在编码器的控制下，产生一定模式的询问脉冲对信号。通过它的条形方向性天线辐射。天线波束的方向是与一次雷达协调一致的，发射时刻也是与一次雷达同步的。在其天线波束照射范围内的机载应答机对所接收到的询问信号进行接收处理与译码识别，如果判断为有效的询问信号，则由应答机中的编码电路控制发射电路产生应答发射信号。所产生的应答信号是由多个射频脉冲组成的射频脉冲串，它代表飞机的代码或高度信息。应答信号被地面二次雷达天线接收后，经过接收电路、译码电路的一系列处理，将所获得的信息输至数据处理与显示系统。在控制中心的圆形平面位置显示器上的同一位置，产生飞机的一次雷达回波图像与二次雷达所获得的飞机代码及高度信息。

（3）二次雷达信息。目前，航管二次雷达系统可以获得的信息主要是：

1）飞机的距离与方位信息；

2）目标的识别信息及飞机（军用或民用）的代码；

3）飞机的气压高度信息；

4）一些紧急警告信息，如飞机发生紧急故障、无线电通信失效或飞机被劫持等。

由此可见，二次雷达兼有雷达与进行指定信息交换的功能，它所提供的信息比一次雷达广泛。当然，装备二次雷达的主要目的是获取飞机的代码信息与高度信息，以利于空中交通管制员识别、指挥飞机。

上述 4 个信息在二次雷达显示终端的显示图像根据设备的不同而有所区别，图 7-3 所示是一种典型的显示图像。图中虚线表示的弧形图像为装备有应答机的飞机回波图像，点形图像则为没有装备应答机的飞机的图像。弧形图像旁的二层数字显示中的上层为飞机的代码信息，下层为飞机的气压高度信息（以 100 ft* 为单位）。当弧形图像闪烁时，表示该飞机遇到了紧急情况。加粗、增辉的图像为按下识别按钮发射 SPI 脉冲时所产生的图像。在现代空中交

＊　1 ft＝0.304 8 m。

通管制系统的数字处理与显示系统中,为了便于管制人员判断飞机在管制区域中的平面位置及航迹等情况,航管二次雷达显示器所提供的信息比图 7-3 所示的更为丰富。图 7-4 所示为一种实际的航管二次雷达显示画面。这种显示器称为综合显示器,它除了可以显示上述目标的图像、代码、高度及其他信息外,还可以显示地图背景及必要的标志和字符以及飞机的航迹等信息。图 7-4 中,虚线表示航空管制区域;双线表示航路和走廊,中央的双线图形表示机场跑道的位置和方向;单线表示小航路,在航路上的小点代表导航台的位置,其他小点是地标。与一次雷达显示器相同,为了便于判断飞机的距离与方位,显示器上显示有同心圆形的距离标志圈和代表方位的方位射线(为清晰起见,方位线与距离标志圈在图中均未画出)。除此之外,显示器上还有管制区内的较高的各种地物回波。

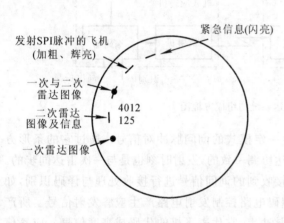

图 7-3　二次雷达图像举例

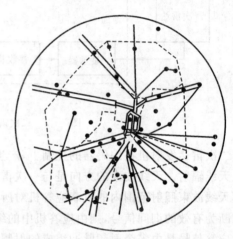

图 7-4　一种实际航管二次雷达显示画面

3. 二次雷达系统的特点

二次雷达系统能够提供比一次雷达更为丰富的信息内容。由于系统采用不同于一次雷达的问答工作方式,使系统的工作具有如下一些明显的特点:

(1) 发射功率较小。二次雷达与机载应答机配合工作,进行有源接收,其询问距离与发射功率的平方根成正比。而一次雷达依赖于目标对雷达发射能量的反射,其作用距离与发射功率的四次方根成正比。因此,在覆盖范围相同的条件下,二次雷达系统的发射功率要比一次雷达小得多。例如,当作用距离为 370 km 时,工作于同一波段的一次雷达应具有约 2 500 kW 的脉冲功率,而二次雷达仅需 2.5 kW 的脉冲询问功率。相应地,二次雷达及应答机的接收灵敏度的要求也可以比一次雷达的低一些。

(2) 干扰杂波较少。二次雷达系统的接收频率与发射频率不同,各种地物、气象目标对 1 030 MHz 发射信号的反射信号,不会被频率为 1 090 MHz 的接收机所接收,因此二次雷达基本上没有上述杂波干扰。这是与一次雷达不同的。

当然,二次雷达不可能像一次雷达那样,利用一些目标的反射特性获得这些目标的信息。

(3) 不存在目标闪烁现象。二次雷达回波是机载应答机主动辐射的信号形成的,不是目标反射能量形成的,因而与目标的反射面积无关,不存在由于目标姿态变化及散射所引起的回波忽强忽弱而导致的闪烁现象。虽然飞机机动飞行时可能会暂时遮挡住应答机天线而造成回波的瞬时中断,但这种情况不是经常出现的。

（4）方位精度较差而高度精度较高。前已说明，二次雷达系统可以获得较为准确的飞机高度信息。与一次雷达相比，这是一个突出的优点。另一方面，由于二次雷达通常采用较为简单的条形天线，所以它的方位精度较差。由于二次雷达与一次雷达相比具有上述特点，因此实用中往往是使二次雷达与一次雷达配合工作，取长补短，提供空中交通管制所需要的广泛信息。

三、询问信号

机载应答机所回答的信息内容，决定于地面二次雷达的询问信号。询问信号的模式与询问的方式，由管制中心确定。

1. 询问模式

地面二次雷达发射的是射频脉冲信号，这种信号由间隔不同的脉冲对信号组成。脉冲信号的编码方式称为询问模式。目前，国际民航组织规定的航管二次雷达询问模式共有 6 种，分别称为模式 1，2，3/A，B，C 和 D。其中模式 1，2 为军用；模式 3/A 可用于军用与民用识别；模式 B 只用于民用识别；模式 C 用于高度询问；模式 D 为备用询问模式，其询问内容尚未确定。可见，与民航有关的是 A，B 模式（用于飞机代码识别）和 C 模式（用于高度询问）。

图 7-5 为模式 A，B，C，D 的脉冲间隔关系。图中画出了一对脉冲 P_1 与 P_3，实际上在各模式的 P_1 脉冲之后还有一个幅度较小的脉冲 P_2，它的作用将在旁瓣抑制的介绍中说明。由图 7-5 可知，模式 A 的脉冲间隔为 8 μs，模式 B 为 17 μs，模式 C 为 21 μs，模式 D 为 25 μs。各模式脉冲间隔时间的误差为 ± 0.2 μs，脉冲宽度为 (0.8 ± 0.1) μs。

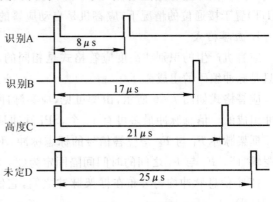

图 7-5　询问模式

2. 询问方式

实际上航管人员既需要掌握飞机的代码信息又需要了解飞机的高度信息，所以二次雷达总是交替发射不同模式的询问信号。

通常，采用每组三重模式的询问方式，即每组轮流发射三种模式的询问信号。三种模式以 1∶1∶1 的比例交替询问。当然，也可以采用每组二重模式的询问方式。模式之间的比例也可以是其他数值，比如三重模式的 2∶2∶2 和 2∶1∶1，二重模式的 2∶1，等等。

与此同时，还可以按天线的扫掠来改换询问方式，由天线通过正北方位时的信号来转换。例如，在某一天线扫掠周期中，以 X 组三重模式交替询问；在天线的下一个扫掠周期中，则以另一 Y 组的三重（或二重）模式编排方式询问。

对询问方式的控制由航管人员确定。通过询问方式开关，可以控制二次雷达询问器中的编码电路，产生所希望的询问模式与询问编排方式。编码电路通常由二极管编码矩阵及定时电路等组成。

3. 询问重复频率

询问重复频率主要取决于二次雷达的作用距离，同时与应答机所能承受的最大应答率有关。对二次雷达来说，应使最大作用距离内的飞机应答信号能在本询问周期内被接收到，而不能落在下一个询问脉冲之后。为此,就应保证信号的往返时间小于询问周期。例如最大作用距离为 370 km,则电磁波的往返时间约为 2.5 ms,这样重复频率就必须低于 400 Hz。再考虑机载应答机的询问阻塞、延迟时间,以及二次雷达与终端显示系统的处理、显示时间,实际的重复频率还应低于这一值。

另一方面,机载应答机只允许最大应答率为一定量。当询问率高于这一定量时,接收机中的自动过载控制电路将自动降低接收机的灵敏度,所以也限制了询问重复频率的提高。

综上所述,通常把询问重复频率限制在使每架飞机在一次扫掠中被询问 20~40 次的范围内。一般,询问重复频率为 150~450 Hz。当作用距离较近时,可以取较高的询问重复频率。

询问频率也是由二次雷达中的编码器控制的。

四、应答信号——识别码与高度码

收到地面二次雷达的有效询问信号后,机载应答机将产生相应的应答信号。对于识别询问,应答机所产生的是识别码应答信号;对于高度询问,则回答飞机的实时气压高度编码信号。所谓有效询问模式,是指与应答机置定模式相符合的主瓣询问信号,即应答机只对事先约定的识别询问模式产生识别应答信号。对高度询问模式 C,在应答机控制盒上的高度报告开关(ALT)置于接通位的情况下,应答机是自动应答的。

1. 应答格式

应答机产生的识别或高度应答格式是相同的,都是 1 090 MHz 的脉冲编码信号;所不同的只是脉冲编码的组成。

应答格式如图 7-6 所示,由图可见,应答脉冲串是由框架脉冲 F_1 与 F_2,信息脉冲及 SPI 脉冲组成的。信息脉冲最多可有 12 个,SPI 脉冲只在应答识别询问时才可能出现。

框架脉冲 F_1 与 F_2 是应答信号的标志脉冲,不论应答码的内容如何,它总是存在的,即恒为逻辑"1"。F_1 与 F_2 之间的时间间隔固定为(20.3+0.1) μs。

12 个信息脉冲均匀分布在框架脉冲之间,它们的顺序依次为 C_1,A_1,C_2,A_2,C_4,A_4,B_1,D_1,B_2,D_2,B_4,D_4。

在两个框架脉冲的正中位置处留有一个备份的 X 脉冲位置。X 脉冲恒为逻辑"0",所以 A_1,B_1 脉冲的间隔为 2.9 μs,其余脉冲的间隔均为 1.45 μs。

在框架脉冲 F_2 之后 4.35 μs 处的是特别位置识别脉冲 SPI。只有在按下控制盒上的识别按钮后才会产生 SPI 脉冲。当地面管制员需要从距离较近的几架飞机图像中识别某架飞机时,就通过通信系统要求该飞机驾驶员按压识别按钮。SPI 脉冲的出现可使地面显示终端上的该机图像更加辉亮或加粗,以便管制人员识别。

各应答脉冲的宽度均为(0.45±0.1) μs,脉冲的幅度均应相等。除框架脉冲 F_1 与 F_2 外,其余各信息脉冲出现与否取决于置定的飞机识别码或高度编码。

2. 识别代码

(1)识别代码的编码原理。当询问模式为识别询问 A 或 B 时,应答脉冲代表飞机的识别代码,由控制盒上的代码置定旋钮置定。

置定旋钮电路决定了 12 个信息脉冲的编码状况。每个脉冲都有"1"(表示该脉冲存在)和"0"(该脉冲不存在)两种状态,这样 12 个信息脉冲共可组成 2^{12} 种信息脉冲组合状态,即总共可表示 4 096 个识别代码。把 12 个信息脉冲分成 A,B,C,D 四组,每组表示四位数识别码中的一位:A组表示第一位,B组表示第二位,C组表示第三位,D组表示第四位。注意,这四组脉冲从高到低的顺序是 A,B,C,D,这一顺序和脉冲在实际脉冲串中的位置顺序 $C_1,A_2,\cdots,D_4$ (见图 7-6)是不一致的。

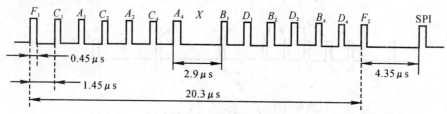

图 7-6　应答脉冲串格式

这样,每组脉冲都可以有 3 个信息脉冲。用这 3 个信息脉冲表示八进制数,可以得到 0,1,2,3,4,5,6,7 共 8 个八进制数。因此,飞机四位数识别码上的每一位数字只可能是 0～7 中的一个,而不可能出现 8 和 9 这两个数字,即不可能出现像 1081,0912 一类的识别代码。每个脉冲的下标代表该脉冲的权值,例如 A 组脉冲内 A_1 的权为 1,A_2 的权为 2,A_4 的权为 4,B,C,D 各组与此相同。这样,每组脉冲的权值之和就是这组脉冲所代表的代码数,如表 7-1 所示。

表 7-1　代码与编码脉冲

A_4	A_2	A_1	代码数字
0	0	0	0
0	0	1	1
0	1	0	2
0	1	1	3
1	0	0	4
1	0	1	5
1	1	0	6
1	1	1	7

举例来说,如果控制盒上所置定的识别代码为 7162,则

A 组码为 7,所以 A 组码为 $A_1=1,A_2=1,A_4=1,1+2+4=7$;

B 组码为 1,所以 B 组码为 $B_1=1,B_2=0,B_4=0,1+0+0=1$;

C 组码为 6,所以 C 组码为 $C_1=0,C_2=1,C_4=1,0+2+4=6$;

D 组码为 2,所以 D 组码为 $D_1=0,D_2=1,D_4=0,0+2+0=2$;

代码 7162 的应答脉冲串如图 7-7(a)所示。

反之,对于图 7-7(b)所示的识别脉冲串,它代表的代码为

A 组,只有 $A_4=1$,而 $A_1=0,A_2=0$,所以 A 组码为 $0+0+4=4$,即第一位代码为 4;

B 组,B_1,B_2,B_4 均为 1,所以 B 组码为 $1+2+4=7$;

C 组,只有 $C_2=1$ 而 $C_1=0,C_4=0$,所以 C 组码为 $0+2+0=2$;

D 组组成与 C 组相同,D 组码为 2。这样,图 7-7(b)所示的识别代码脉冲串所代表的识别码为 4722。

同理,如果 12 个信息脉冲均为"1"(见图 7-6),则所代表的识别码就是 7777,这是最大的

识别码。

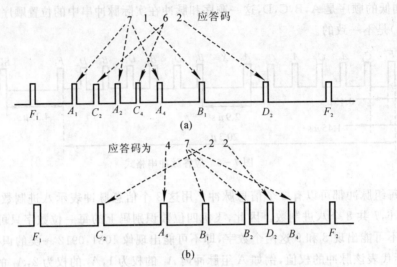

图 7 - 7　识别代码脉冲举例
(a) 应答码为 7162 的编码脉冲串；　(b) 图示编码脉冲串的对应码为 4722

（2）紧急代码。需要说明的是，应答码中的一些码组被指定为表示危急信息的紧急代码，它们是：

7500——表示飞机被劫持；

7600——表示无线电通信失效（当机组无法与地面通信时，通过选择这一紧急代码可报告地面管制人员）；

7700——表示飞机发生危急故障。

不论飞机原来的识别码如何，在选择这些紧急代码时，地面显示终端上的该飞机图像就会闪烁报警，以便管制人员采取应急措施。因此，即使在维修过程中，也不应随意将应答机置定为这些紧急代码，以免引起误会。

在置定识别代码后，编码电路根据置定代码确定各信息脉冲的状态。

3. 高度码

当应答机回答模式 C 的询问时，它的应答脉冲串表示飞机的气压高度信息。气压高度信息是由大气数据计算机提供的，由高度编码电路编码。虽然高度码也是包含在框架脉冲之间的信息脉冲组合，但其编码规则与上述飞机识别代码不同。

（1）高度码的特点。在代表飞机高度信息时，12 个信息脉冲也是分成 A，B，C，D 四组的，但四组脉冲的组成顺序是：

$$D_1 D_2 D_4 \quad A_1 A_2 A_4 \quad B_1 B_2 B_4 \quad C_1 C_2 C_4$$

这与识别代码是不同的。

根据民用飞机的飞行高度，国际民航组织规定的高度编码范围是从 $-1\,000 \sim 126\,700$ ft（$-304 \sim 37\,000$ m）。考虑气压高度的精度有限，规定高度编码的增量为 100 ft。这样，对于上述高度范围，我们只需 1 278 组高度编码，即只须利用 4 096 种编码中的一小部分。为此，规定不用 D_1 脉冲（D_1 恒为"0"），C_1 和 C_4 脉冲不能同时为"1"，但 C 组脉冲必须有一个为"1"。这样，D 组脉冲有 2 个，可编 4 种码组；A 组与 B 组各 3 个，可各编 8 种码组；C 组则可编 5 种码组,总共可得到 $4\times8\times8\times5=1\,280$ 组高度码,可满足上述高度范围编码的要求。

实际上,民航所使用的高度范围从 $-1\,000\sim62\,700$ ft 就足够了,所以高度编码中的 D_2 脉冲实际上也总是为"0"的。这样,我们可以把 D_4,A_1,A_2,A_4,B_1,B_2,B_4,C_1,C_2,C_4 这 10 个编码脉冲分成 3 组:前三位 $D_4A_1A_2$ 为第一组,可编成 8 个格雷码组,用于表示高度范围,其间隔为 8 000 ft,即共可有 8 个间隔为 8 000 ft 的高度范围;其后的 $A_4B_1B_2B_4$ 为第二组,可编成 16 个格雷码组,码组的增量为 500 ft;最后的三位 $C_1C_2C_3$ 为第三组,接"五周期循环码"可编成 5 个码组,增量为 100 ft。上述 10 个高度码的分组情况,如表 7-2 所示。

表 7-2　10 个高度码的分组

高度码	$D_4A_1A_2$	$A_4B_1B_2B_4$	$C_1C_2C_4$
码　制	格雷码	格雷码	五位循环码
可编码组	8	16	5
增量/ft	8 000	500	100
用　途	高度范围	500 ft 增量	100 ft 增量

由上可知,10 位高度码共可得到

$$8\times16\times5=640$$

个高度码组,可表示在 $-1\,000\sim62\,700$ ft $(-304\sim19\,111$ m) 高度范围内的按 100 ft 增量的高度编码,如表 7-3 与表 7-4 所示。

表 7-3　$A_4B_1B_2B_4$,$D_4A_1A_2$ 编码的对应高度(增量 500 ft)　　　单位:ft

$D_4A_1A_2$ \ $A_4B_1B_2B_4$	0000	0001	0011	0010	0110	0111	0101	0100
000	$-1\,000$	-500	0	500	1 000	1 500	2 000	2 500
001	14 500	14 000	13 500	15 000	12 500	12 000	11 500	11 000
011	15 000	15 500	16 000	16 500	17 000	17 500	11 500	18 500
010	50 500	30 000	29 500	29 000	18 500	20 000	27 500	27 000
110	31 000	31 500	32 000	32 500	33 000	33 500	34 000	14 500
111	46 500	46 000	45 500	45 000	44 500	44 000	43 500	43 000
101	47 000	47 500	48 000	48 500	49 000	49 500	50 000	50 500
100	62 500	62 000	61 500	61 000	60 500	60 000	59 500	59 000

$D_4A_1A_2$ \ $A_4B_1B_2B_4$	0000	0001	0011	0010	0110	0111	0101	0100
000	5 000	5 500	4 000	4 500	5 000	5 500	6 000	6 500
001	10 500	10 000	9 500	9 000	8 500	8 000	7 500	7 000
011	19 000	19 500	20 000	20 500	21 000	21 500	22 000	22 500
010	26 500	26 000	25 500	25 000	24 500	24 000	23 500	25 000
110	35 000	35 500	36 000	36 500	37 000	37 500	37 500	36 500
111	42 500	42 000	41 500	41 000	40 000	40 000	39 500	39 000
101	51 000	51 500	52 000	52 500	53 000	53 500	54 000	54 500
100	58 500	58 000	57 500	57 000	56 500	56 000	55 500	55 000

高度编码时先按表 7-3 中确定增量为 500 ft 的第一、二组编码,再按表 7-4 中确定增量为 100 ft 的 C 组编码。若高度的后三位数在($N\times1\,000\pm200$) ft(N 为 0,1,2,…)范围内,则 C 组用表 7-4 中左侧 1 000 ft 栏的编码;若高度在($M\times500\pm200$) ft(M 为奇数)的范围内,则用表 7-4 中 500 ft 栏的编码。

表 7-4　$C_1C_2C_4$ 编码的对应高度增量(增量为 100 ft)

第二组高度编码增量为 1 000 ft			附加高度/ft	第二组编码增量为 500 ft		
C_3	C_2	C_4		C_1	C_2	C_4
1	0	0	+200	0	0	1
1	1	0	+100	0	1	1
0	1	0	0	0	1	0
0	1	1	-100	1	1	0
0	0	1	-200	1	0	0

现举例说明如下:

设高度为 28 200 ft,则由表 7-3 可知,前 7 位 $D_4\sim B_4$ 的编码为 0100111;因高度的后三位数在(1 000±200) ft 范围内,故由表 7-4 的 1000 ft 栏可知 C 组的编码为 100,即对应于 28200 ft 的高度编码为

$$\underbrace{\begin{matrix} D_4 & A_1 & A_2 & A_4 & B_1 & B_2 & B_4 \\ 0 & 1 & 0 & 0 & 1 & 1 & 0 \end{matrix}}_{28\,000\ \text{ft}}\ \ \underbrace{\begin{matrix} C_1 & C_2 & C_4 \\ 1 & 0 & 0 \end{matrix}}_{+\ \ 200\ \text{ft}} =\ 28\,200\ \text{ft}$$

如高度为 28 400 ft,则因高度的后三位在(500±200) ft 范围内,所以应使用表 7-4 中 500ft 栏的编码 110(对应于-100 ft),前两组的编码也相应改变为 0 100 110,即 28 400ft 的高度编码为

$$\underbrace{\begin{matrix} D_4 & A_1 & A_2 & A_4 & B_1 & B_2 & B_4 \\ 0 & 1 & 0 & 0 & 1 & 1 & 0 \end{matrix}}_{28\,500\ \text{ft}}\ \ \underbrace{\begin{matrix} C_1 & C_2 & C_4 \\ 1 & 1 & 0 \end{matrix}}_{-\ \ 100\ \text{ft}} =\ 28\,400\text{ft}$$

这一高度的应答脉冲串如图 7-8 所示。

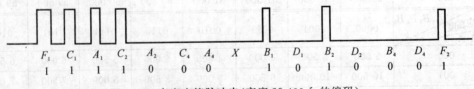

F_1	C_1	A_1	C_2	A_2	C_4	A_4	X	B_1	D_1	B_2	D_2	B_4	D_4	F_2
1	1	1	1	0	0	0		1	0	1	0	0	0	1

图 7-8　高度应答脉冲串(高度 28 400 ft 的编码)

如果在某一组中增加 D_2 脉冲,则由 $D_2D_4A_1A_2$ 组成的第一组脉冲可组成间隔为 8 000 ft 高度范围的 16 个格雷码。这样 $D_2\sim C_4$ 这 11 个脉冲总共可组成

$$16\times16\times5=1\,280$$

个高度编码,比 10 个脉冲的高度码数 640 增加了 1 倍,因而它们所代表的高度范围也可增加 1 倍,即高度范围为 -1 000~126 700 ft(-304~38 618 m)。

（2）高度编码原理。高度编码的前两组（即 $D_4A_1A_2$ 和 $A_4B_1B_2B_4$）共 7 个信息脉冲，是按格雷码编码的，可得到 128 个码组，每个码组的增量为 500 ft。

格雷码又称标准循环码，它的特点是相邻两个数之间只有一位不同，因此适合在模/数转换设备中应用。通过模二加运算，即可将二进制数转换为格雷数，现以二进制数 1100（对应于十进制数 12）为例，说明把二进制数转换为格雷码的具体方法。

第一步：第一个最左位格雷码数字和二进制数的第一位（最高位）相同，即

二进制　1　1　0　0
　　　　↓
格雷码　1

第二步：把二进制数的头两位⊕（1+1＝10），忽略任何进位，得到格雷码的第二位数字，即

二进制　1⊕1　0　0
　　　　↓
格雷码　1　0

第三步：把二进制数的第二、三位数字⊕，忽略进位，得到格雷码的第三位数，即

二进制　1　1⊕0　0
　　　　　　　↓
格雷码　1　0　1

第四步：把二进制数的第三、四位⊕，忽略进位，得到格雷码的第四位数，即

二进制　1　1　0⊕0
　　　　　　　　↓
格雷码　1　0　1　0

可见，二进制数 1100 的格雷码等值数为 1010。

表 7-5 为 0～15 的十进制数所对应的二进制码和格雷码。

表 7-5　二进制数与格雷码

十　进　制	二　进　制				格　雷　码			
0	0	0	0	0	0	0	0	0
1	0	0	0	1	0	0	0	1
2	0	0	1	0	0	0	1	1
3	0	0	1	1	0	0	1	0
4	0	1	0	0	0	1	1	0
5	0	1	0	1	0	1	1	1
6	0	1	1	0	0	1	0	1
7	0	1	1	1	0	1	0	0
8	1	0	0	0	1	1	0	0
9	1	0	0	1	1	1	0	1
10	1	0	1	0	1	1	1	1
11	1	0	1	1	1	1	1	0
12	1	1	0	0	1	0	1	0
13	1	1	0	1	1	0	1	1
14	1	1	1	0	1	0	0	1
15	1	1	1	1	1	0	0	0

把格雷码数转换为二进制数的方法与此相似,但不完全相同,现以格雷码 1100011 为例,说明转换的过程。

第一步:重复格雷码的最高位数为二进制数,即

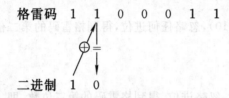

第二步:把所得到的第一位二进制数与格雷码数的第二位相加,略去进位,得到第二位二进制数,即

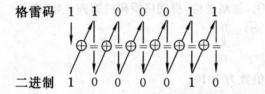

依此类推,把上一位二进制数与本位的格雷码数相加,略去进位,可得到本位的二进制数。这样,格雷码数 1100011 对应的二进制数为 1000010,即

$$格雷码 \quad 1 \quad 1 \quad 0 \quad 0 \quad 0 \quad 1 \quad 1$$

$$二进制 \quad 1 \quad 0 \quad 0 \quad 0 \quad 0 \quad 1 \quad 0$$

它所对应十进制数为 $2^6 + 2^1 = 64 + 266$。因其高度增量为 500 ft,故它所对应的高度为

$$500 \times 66 - 1\ 000 = 33\ 000 - 1\ 000 = 32\ 000 \text{ ft}$$

这与从表 7-3 查得的结果是一致的(1100011 可由表 7-3 的第 5 行第 3 列查得为 32 000 ft)。

五、旁瓣抑制(SLS)

按照理想的情况,机载应答机只应在飞机被二次雷达天线主波瓣照射到时,即飞机位于天线主波瓣法线方位时产生应答信号。这样,产生应答信号的飞机图像及相应识别码或高度码出现在二次雷达显示器上对应于这一时刻的天线方位上,从而正常地显示出应答飞机的方位来。然而,由于二次雷达天线不可避免地存在着一定电平的旁瓣,由于管制终端区内的飞机距二次雷达天线较近,所以被天线旁瓣所照射到的飞机上的应答机也往往会被触发而产生应答信号。这种被旁瓣所触发应答的飞机图像同样被显示在这一时刻天线主波瓣的方位上,从而可使显示器上出现多个目标的错误显示。

为了克服旁瓣的触发问题,曾经采用过二脉冲旁瓣抑制方案和三脉冲旁瓣抑制方案。目前所通用的是三脉冲旁瓣抑制系统,如图 7-9 所示。地面二次雷达所产生的询问脉冲信号是由 3 个射频脉冲组成的。其中的 P_1,P_3 脉冲由方向性天线(图 7-1 中安装在一次雷达天线上方的扫掠天线)辐射,方向性天线除主波瓣外还存在一定电平的旁瓣。另一个脉冲 P_2 则由无方向性天线辐射——它的方向性图如图 7-9 中的圆所示,且 P_2 脉冲距 P_1 脉冲的间隔为 2 μs。控制 P_1,P_3 脉冲与 P_2 脉冲的辐射功率的比例,使得在方向性天线主波瓣范围内的飞机

所接收到的 P_1，P_3 脉冲的幅度高于所接收到的 P_2 脉冲的幅度，而在方向性天线旁瓣范围内的飞机所接收到的 P_1，P_3 脉冲幅度低于 P_2 脉冲的幅度。这样，应答机即可通过比较 P_1，P_3 脉冲与 P_2 脉冲的相对幅度，来判断飞机是处在二次雷达方向性天线的主波瓣内还是旁瓣内，从而决定是否产生应答信号。

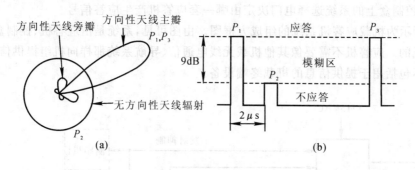

图 7-9　三脉冲旁瓣抑制

(a) 方向性天线和无方向性天线的方向性图；(b) 脉冲幅度关系

在机载应答机接收电路中设置有旁瓣抑制电路。电路对所接收到的 P_1 脉冲及其后 2 μs 的 P_2 脉冲进行幅度比较。如果 P_1 脉冲的幅度大于 P_2 脉冲的幅度 9 dB，即表明此时飞机处于二次雷达天线的主波瓣法线方向上，所以此时应答机正常产生应答脉冲信号；如果 P_2 脉冲的幅度大于 P_1 脉冲的幅度，则表明此时的 P_1 脉冲是旁瓣照射产生的，因而应当抑制应答机的应答；如果 P_1 与 P_2 的幅度关系处在上述两种情况之间，则应答机可能产生应答信号也可能不应答——这一区域称为模糊区。应答机在模糊区中的应答概率随 P_1 脉冲的增大而增大，如图 7-10 所示。

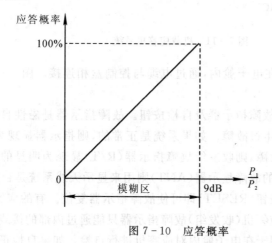

图 7-10　应答概率

第二节　机载应答机系统

本节介绍常规的机载应答机系统的组成、控制关系及一般工作原理。新型离散寻址信标系统(DABS)的工作原理将在本章第六节中介绍。

一、机载应答机系统的组成与技术参数

1. 系统组成

民用飞机通常装备两套相同的应答机,以保证对询问信号的可靠应答。两套应答机共用一个控制盒,由控制盒上的系统选择电门决定由哪一套应答机产生应答信号。

图7-11所示为机载应答机系统的组成方框图。由图可见,系统是由应答机、控制盒及天线三个组件组成的。应答机不需要像其他机载无线电通信、导航系统那样向机组提供信息,所以应答机系统不包括用于提供信息的机载终端设备。

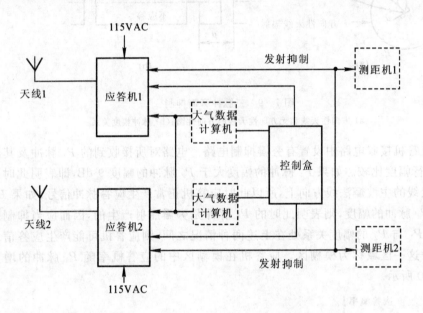

图 7-11　机载应答机系统

（1）应答机。应答机安装在电子舱内,通过电缆与控制盒相连接。图7-12所示为典型的应答机。

应答机面板上通常设置有故障指示器及自检按钮。故障指示器是磁性自锁的,以表明收发组或天线系统是否存在或发生过故障。如果系统是正常的,则指示器显现为与面板颜色一致的黑色;如果收发组发生了故障,则收发组故障指示器(R/T)显现为明显的黄色,且在断电后仍保持这一黄色显示。天线的故障显示器(ANT)则用来显示天线系统是否发生过故障。

在排除故障后,按压复位按钮(RESET)即可使故障指示器复位。有的应答机的复位按钮只能使天线故障指示器复位;应答机(收发组)故障指示器只能通过内部的接线柱接地来复位。

自检按钮(SELF TEST)用于在电子舱内对应答机进行自检。如果自检正常,按钮上的绿色信号灯亮。

应答机的电源为115 V交流电。

应答机在应答高度询问时的飞机高度信息,是由大气数据计算机提供的。两套大气数据计算机均可向正在工作的应答机提供数字化的气压高度信息。

（2）天线。应答机使用L波段的短刀型天线,如图7-13所示。

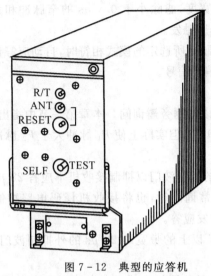

图 7 - 12　典型的应答机

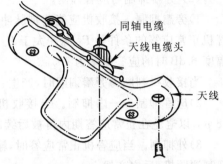

同轴电缆
天线电缆头
天线

图 7 - 13　应答机天线

机上通常装有两部天线,分别供两部应答机使用。每部应答机通过它自己的天线接收询问信号,又通过同一天线辐射应答信号。因为两部应答机通过控制盒的选择只可能有一部能够发射信号,所以同一时刻只可能有一部天线是在辐射应答脉冲。有的飞机只装一部天线,通过控制盒上的系统选择开关控制天线转换继电器,以把天线接至第一部或第二部应答机。

天线安装在机身下部中心线的前段,以尽可能避免机翼在飞机倾斜时遮挡地面二次雷达天线辐射的询问信号。

应答机天线为无方向性天线,它在水平面内的方向性图为对称的圆。天线在垂直面内的覆盖范围不应小于 30°。

应答机天线与测距机天线往往是相同的,因而可以互换使用。

（3）控制盒。机载应答机使用一部控制盒来控制两部应答机的工作。控制盒安装在驾驶舱内的中央操纵台上。

2. 对应答机的功能要求与技术参数

应答机是作为交通管制雷达信标系统的机载设备与地面航管二次雷达配合工作的。因此,一方面要求应答机能对有效的询问信号进行正常的应答,产生参数符合要求的应答脉冲信号。另一方面,还要求应答机能够抑制旁瓣触发,抑制各种噪声和干扰信号的触发,以尽可能避免产生虚假应答。由于在终端区及繁忙空域中往往同时会有大量的机载应答机在工作,所以这两方面的要求都必须得到满足。

（1）接收信号的基本要求。应答机的接收译码电路应能保证对符合频率、询问模式、脉冲宽度、幅度等要求的询问信号产生编码控制信号。

1）频率与通带。接收机的中心频率为（1 030 ＋ 0.2）MHz。接收机的 3 dB 带宽约为 6 MHz,60 dB 带宽为 25 MHz。

2）接收机灵敏度。典型的应答机接收灵敏度为 － 76 dB · mW,一般为 － 69 ～ － 77 dB · mW。接收机必须具有足够的灵敏度,以保证应答机的作用范围,但灵敏度又不应过高,以防止因噪声等引起虚假应答,这一点与其他机载无线电接收设备是不同的。为此,接收机中设置有最小电平鉴别电路,以抑制低于最小检测电平的杂波信号及噪声。

3)脉冲宽度鉴别。接收机应能鉴别询问脉冲的宽度,滤除小于 $0.4\ \mu s$ 的窄脉冲和大于 $1.5\ \mu s$ 的宽脉冲,以避免被噪声及 L 波段的其他信号所触发。

4)间隔-模式鉴别。当询问识别信号的模式与控制盒所选定的模式相符时,自动应答识别代码;当询问脉冲间隔与 C 模式相符时,则应答高度编码信号。

（2）旁瓣抑制与应答抑制。

1)旁瓣抑制。接收机应能鉴别脉冲的相对幅度,以抑制旁瓣询问。本章第一节中指出,应答机正常应答的条件是 P_1 脉冲大于 P_2 脉冲的幅度 9 dB,但实际上使 P_1 脉冲大于 P_2 脉冲的幅度 6 dB 时的应答概率为 90%。

当接收机判断为旁瓣询问时,产生一个约 $28\ \mu s$ 的抑制波门以抑制接收机不应答 $28\ \mu s$。

2)应答抑制——内抑制。当接收机判断一个正常询问时,也将接收机译码电路抑制约 $28\ \mu s$,以避免在正常应答期内再被后续的询问信号触发应答。

3)外抑制。当应答机正常应答时,输出一个 18 V 以上的带宽约 $28\ \mu s$ 的外抑制波门,以抑制测距机,反之亦然。

实际上,两台应答机与两台测距机是通过一根连通的同轴电缆互相传送外抑制信号的。所以当这些均工作于同一 L 波段的设备中有一台发射信号时,其余各台均被抑制,以避免产生相互干扰。

（3）发射信号的基本参数。

1)发射信号频率。应答机发射（应答）信号的频率为（$1\ 090\pm3$） MHz。

2)发射功率。发射信号的脉冲峰值功率通常在 $315\sim1\ 000$ W 的范围内。典型应答机的发射功率为 700 W。

3)应答脉冲宽度。应答脉冲宽度为（0.45 ± 0.1） μs;脉冲间隔为 $1.45\ \mu s$ 的整数倍,间隔误差不超过 $0.15\ \mu s$。

4)转发时间。转发时间指从询问 P_3 脉冲到产生应答脉冲（框架脉冲 F_1）之间的时间间隔。转发时间为（3 ± 0.5） μs。

5)应答率与自动过载控制功能。应答率不应超过 $1\ 200$ 次/s。当应答率达到规定值的15%时,自动过载控制电路（AOC）使接收机灵敏度下降 30%。

二、系统工作概况

应答机系统的工作由应答机控制盒上的开关控制。图 7-14 所示为典型的应答机控制盒面板图。其他型号应答机的控制功能与此是相同的。

1. 系统选择与模式选择

系统选择开关（ATC）用于选择第一部或第二部应答机来产生射频应答信号。实际上系统选择开关只是控制编码脉冲串能否通过调制门去触发调制器。在有的飞机上,系统选择开关还用于控制天线的转换。

系统选择开关（或模式控制开关）设有"准备（STBY）"位。当开关置于准备位置时,两部应答机均不能发射应答信号。当选择一部应答机工作时,另一部处于准备状态。不论系统选择开关处于什么位置,两部应答机均是接通电源处于准备工作状态的。

系统的模式选择开关用于选择应答机能够正常响应的识别询问模式。开关置于 A 位,应答机只在收到 A 模式识别询问信号后才应答飞机的识别码;反之,当开关置于 B 位时,应答机只应答 B 模式询问信号。

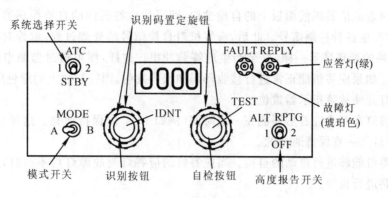

图 7-14　控制盒面板

有的应答机设置有"断开—准备—A—B"或其他形式的电源控制及模式开关。其用途与此相同。

2. 高度报告

高度报告控制开关用于控制应答机是否应答高度询问(模式 C),并用于选择第一套或第二套大气数据计算机来作为高度报告信息源。如果把开关置于中间"断开"位,则应答机不能产生高度应答码。

3. 代码置定旋钮

飞机的四位识别码是由控制盒上的同心旋钮调定的。左侧外旋钮用于置定千位码(A 组码),内旋钮置定百位(B 组码);右侧外旋钮为十位码(C 组码)选择,内旋钮为个位码(D 组码)调定。

旋钮为 8 位限动旋钮。在旋钮转动时数字窗中显示相应的数字。

旋钮的控制电路按前面介绍的二-八进制原理控制接地点。旋钮带动 3 个开关片,每个开关片所代表的权值分别为 1,2,4。例如,当置定码为 7 时,3 个开关片均接地(1+2+4=7);如置定码为 2,则只有第二个开关片接地,依此类推。

4. 识别按钮

识别按钮(IDNT)装在左置定钮的中央。按下识别钮,应答机即产生特别位置识别脉冲(SPI)。按压一次识别钮,不论在按压后是否松开按钮,均可使 SPI 脉冲保持 22 s。

5. 系统监测

应答机内设置的故障监测电路可以监测应答机的输出信号功率、频率等主要参数,也能监测信号的接收译码过程及时钟频率等是否正常。如果监测电路检测到不正常的工作情况,即可通过控制盒上的琥珀色故障灯提供故障指示,并使应答机面板上的故障指示器置位为琥珀色。监测电路还可以监测天线、电缆系统是否正常。如果监测电路没有检测到任何有意义的故障存在,则在应答机收到询问信号并正常应答的情况下(例如 100 ms 时间内产生 3 次或 3 次以上的连续应答),监测电路就使绿色的应答灯亮,表明系统工作正常。

6. 自检

在没有收到有效的询问信号时,应答机是不产生应答信号的。利用应答机内的自检电路,可以模拟接收询问信号,以使接收处理译码和编码发射电路工作,从而通过监测电路检查系统的工作情况。

按下控制盒或应答机前面板上的自检按钮,即可使应答机内的自检振荡器产生自检脉冲信号,并同时产生各种控制信号。此后,应答机对自检信号的处理过程,就像对有效询问信号的 P_1,P_3 脉冲的处理情形一样,直至产生应答脉冲串。这样,便可通过监测电路检测应答机的性能状况。如果应答机能正常进行接收译码和编码发射,则控制盒上的绿色应答灯亮;否则就接通故障灯并使故障指示器置位。

绿色应答灯在每次应答后还能在一定时间(例如 15 s)内保持通亮。这样,当应答机连续应答时,应答灯是一直保持通亮的。

有的应答机能够进行自动的自检。当应答机的应答灯与故障灯均不亮时,应答机即自行启动自检电路进行自检。

有的控制盒上设置有单独的自检监控电门,并且也不设置专用的琥珀色故障灯。在监控位时绿灯亮;在自检位时,应答机内的自检电路工作,若自检正常则绿灯亮,否则绿灯不亮。

三、应答机的基本工作原理

图 7-15 为应答机的原理方框图,图中示出了为实现应答功能的各功能电路。尽管各型应答机的具体电路及采用的器件可能会有较大的差别,但均应具备如图 7-15 所示的各功能电路。

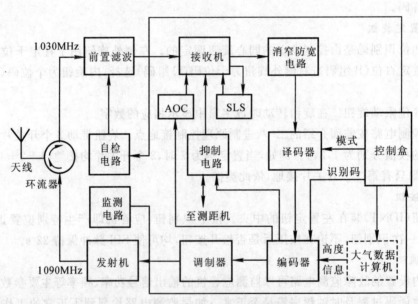

图 7-15 应答机原理方框图

由天线所接收的 1 030 MHz 询问脉冲信号经环流器加至接收机输入端的前置滤波器。环流器的作用与气象雷达收发组中的收发转换开关相同,其具体工作原理在本章第三节中说明。前置滤波器是一个带宽约为 25 MHz 的带通滤波器,能够有效滤除镜像干扰及 L 波段的其他杂波。询问脉冲信号在接收机中经过变频、放大和检波后,得到视频脉冲信号。尖峰脉冲消除电路的作用是消除宽度在 0.3 μs 以下的各种杂散脉冲,以避免应答机被随机噪声所触发。通过上述电路的视频脉冲加至译码电路(解码器)。译码电路按照控制盒所选择的模式,

鉴别 P_1 脉冲与 P_3 脉冲之间的时间间隔。如果询问模式与所置定的询问模式相符,则译码成功,就产生一个模式启动脉冲加到编码电路去启动编码发射电路。如果询问模式为高度询问模式,则不论选择了什么模式,译码电路均输出模式 C 启动控制信号。

　　编码器的功用是在译码电路产生的模式启动信号的触发下,产生识别代码或高度编码。识别代码决定于控制盒上所置定的代码;高度编码则决定于大气数据计算机的数字化气压高度信息。编码器所形成的编码脉冲串加至调制器,由调制器控制发射机产生功率符合要求的 1 090 MHz射频脉冲应答信号,经环流器输至天线辐射。

　　接收机中的旁瓣抑制电路用于抑制二次雷达天线旁瓣信号对应答机的触发。该电路对接收机所输出的视频脉冲 P_1 和 P_2 的幅度进行比较,如果 P_2 脉冲的幅度大于 P_1 脉冲的幅度,则使接收机抑制约 35 μs;如果 P_1 脉冲的幅度大于 P_2 脉冲的幅度 6 dB 以上,则应答率为 90%。

　　自动过载电路的作用是限制应答机的应答率,防止发射机过载以保护发射机。当编码器产生的应答率超过规定的 1 200 组/s 时,自动过载电路将逐渐降低接收机的灵敏度,以减少译码器对编码器的触发次数,从而使发射机的平均功率不超过限定值。实际上,自动过载电路是通过对编码器的输出脉冲计数来控制接收机的灵敏度的。

　　在编码器产生编码脉冲串期间,将触发抑制电路工作。抑制电路所产生的内抑制脉冲使接收机抑制约 28 μs,以防止译码器在应答编码期间再产生编码触发信号。与此同时,抑制电路还产生外抑制信号加至测距机,以防止在应答机发射应答脉冲期间测距机也发射射频信号,产生干扰。外抑制信号的幅度应大于 18 V,抑制期通常为 28～30 μs。

第三节　接收电路

　　应答机的接收电路可以分为接收机与视频处理器两部分。接收机的电路结构及基本原理与气象雷达接收机及其他无线电接收设备有很多相似之处。本节只就其中的特殊电路进行简略的说明,重点是在前两节的基础上介绍视频处理器主要功能电路的工作原理。接收电路的方框图如图 7 - 16 所示。

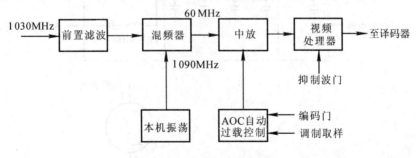

图 7 - 16　接收电路方框图

一、接收机

　　接收机为 L 波段的超外差式接收机。接收机的基本任务是把 1 030 MHz 的射频脉冲信号转换成足够幅度的视频脉冲信号,加到视频处理器去进行处理。接收机是由前置滤波器(预选器）、混频器、本机振荡器、中频放大器、检波中频放大器等电路组成的单变频超外差接收机。

1. 高频部分

接收机高频部分把天线所接收的 1 030 MHz 询问信号变换成 60 MHz 的中频信号，以输入中频放大器进行有效的放大。

（1）高频电路的结构特点——微带电路。应答机的射频高达 1 000 MHz 左右，和气象雷达接收机一样，也必须利用特殊的微波器件来实现收发转换、混频等任务。所不同的是，应答机接收高频部分通常采用微带电路。

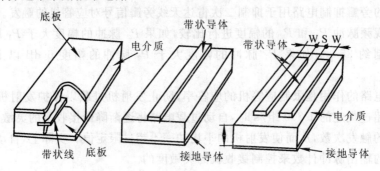

图 7 - 17　微带电路的结构

图 7 - 17 为几种微带电路的结构示意图。带状导体与接地导体之间为高介电常数的电介质。正确设计带状导体的形状、带状导体与接地导体之间的距离及其他因素，可以改变带状导体及其与接地导体之间的等效分布参数，从而使微带电路呈现出不同的阻抗特性，形成所需的收发开关、前置滤波器、混频器等微波电路。

（2）收发开关。收发开关是由微带电路构成的。从功能上可以分为收发开关、低通滤波器和监测耦合器 3 部分，如图 7 - 18 所示为收发开关等效电路图。

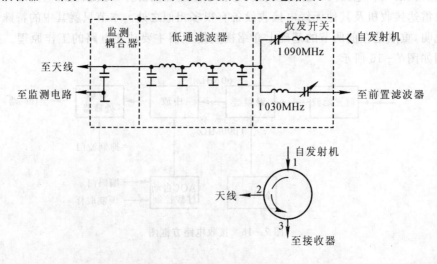

图 7 - 18　收发开关等效电路

收发开关段有两条电路通道。接至发射机的 1 090 MHz 通道对 1 090 MHz 信号呈现为低阻抗而对 1 030 MHz 信号呈现为高阻抗；接至接收机前置滤波器的 1 030 MHz 通道则对

1 030 MHz信号呈现低阻抗而对 1 090 MHz 信号呈现高阻抗。这样，就使收发开关等效为一个三端环流器，如图 7-18 中右下所示。发射机产生的 1 090 MHz 应答射频脉冲信号，通过 1 090 MHz通道（端口 1→2）输至天线；天线所接收的 1 030 MHz 询问信号沿端口 2→3 之间的 1 030 MHz 通道输入接收前置滤波器；发射端 1 与接收端 3 之间是隔离的。

　　终端等效为一个低通滤波器，用于滤除 1 500 MHz 以上的信号。靠近天线一端的微带电路等效成一个电容性的耦合器。发射脉冲的极小一部分能量由耦合器输至监测电路，作为发射功率的取样信号。

　　（3）混频器。混频器也是由微带电路构成的。如图 7-19 所示为混频器等效电路图，1 030 MHz的询问信号和 1 090 MHz 的本机振荡信号经混频晶体混频后产生各种频率成分的信号，但只有 60 MHz 的中频信号能够通过 1 030 MHz 和 1 090 MHz 两节串联的短路微带滤波器而输至中频放大器。

　　本振信号是由 90.83 MHz 的晶体振荡信号经 12 次倍频获得的，其电路结构在此不再介绍。

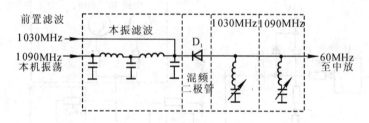

图 7-19　混频器等效电路

2. 中频电路

　　当飞机刚进入管制区时，应答机所接收到的询问信号是比较微弱的。随着飞机与二次雷达之间距离的缩短和飞行高度的降低，输入信号通常会增加 50 dB 左右。这就要求应答机的中频放大电路不仅应具有足够的增益和满足整个接收机对通带的要求，还应具有足够的动态范围。只有这样，才能保持输入信号之间的幅度关系，使视频处理电路能够根据 P_1 脉冲与 P_2 脉冲的相对幅度来鉴别旁瓣触发及完成其他信号处理任务。

　　应答机中频电路通常由两级受控增益放大器、带通滤波器、对数中频放大器组成，如图7-20 所示。

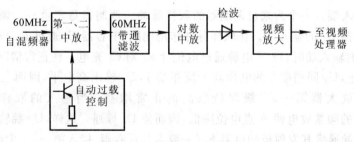

图 7-20　中频放大器电路方框图

　　前两级中频放大器的增益是由自动过载控制电路控制的。其后的带通滤波器的通频带接近理想的矩形，其 3 dB 带宽一般为 6 MHz，可以有效地滤除噪声干扰。

末级中频放大器输出经二极管检波后加至视频放大器放大,然后输至视频处理电路。

3. 自动过载控制(AOC)与低灵敏度控制

(1) AOC 电路的功用。AOC 电路用于限制应答机在单位时间内产生的应答信号的次数和应答脉冲数。当发射机在单位时间内产生的应答次数超过一定数值(如 1 200 次/s)时、或者产生的应答脉冲超过 22 000 个/s 时,AOC 电路就自动地降低中频放大器前两级的增益,以使较弱的询问信号不再触发发射机产生应答信号。

限制发射机在单位时间内所产生的应答脉冲数,一方面是为了防止发射机因过热而损坏;另一方面,限制机载应答机在单位时间内的应答次数,可以防止因终端区中多台机载应答机同时应答而产生过于密集的应答信号,从而避免产生干扰。

对应答次数和应答总脉冲数的限制值是可以调节的。

(2) AOC 电路的工作原理。AOC 电路是根据对调制器的取样信号和编码波门的计数来控制中频放大器的增益的。图 7-21 为一种模拟式 AOC 电路的简化电路图。

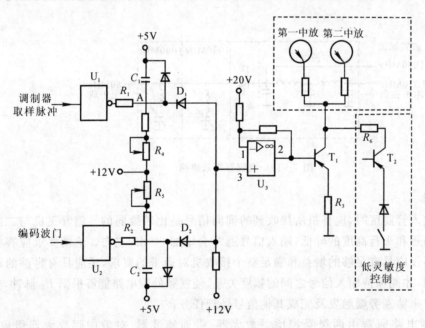

图 7-21　AOC 电路

电路有两个输入端。一个为来自调制器的取样脉冲。调制器每产生一个调制脉冲,正取样脉冲即加至反相器 U_1 的输入端。在取样脉冲作用期间,电容器 C_1 通过 R_1 放电;当没有取样脉冲作用在 U_1 的输入端时,12 V 电源通过电位计 R_4 对 C_1 充电。在正常情况下,A 点的电位使二极管 D_1 截止,U_3 同相端 3 的电位高于反相端 1,U_3 输出高电平,因而三极管 T_1 是截止的。此时,中频放大器第一、二级保持较高的正常增益。当输入的取样脉冲数超过 22 000 个/s 时,C_1 的频繁放电使 A 点电位降低,因而使 D_1 导通。这样,U_3 翻转输出低电平,使 T_1 导通。T_1 的导通将其发射极的电阻 R_3(一般为几百欧姆)接入第一、二中频放大器的射极电路,使中频放大器的增益降低。

AOC 电路的另一个输入为编码波门(或者外抑制波门)。同理,当应答机的应答次数超过 1 200 次/s 时,电容器 C_2 的放电使二极管 D_2 导通,同样把电阻 R_3 接入中频放大器第一、二级的发射极电路,使中频放大器增益降低。

分别调节电位器 R_4 和 R_5,可以控制电容 C_1 或 C_2 的充电时间常数,因而可以改变 AOC 电路开始起作用的应答脉冲数或应答次数。

(3) 低灵敏度控制。有的应答机控制盒上设置有低灵敏度控制开关,用于在飞机接近二次雷达时人为地降低接收机增益。

当接通低灵敏度开关时,使三极管 T_2 导通,从而把电阻 R_6 接入中频放大器第一、二级的发射极电路,达到降低接收机灵敏度的目的,如图 7-21 所示。

二、视频处理器

在译码电路根据 P_1,P_3 脉冲的时间间隔判断询问模式之前,接收机视频放大器所输出的视频信号必须由视频处理器进行必要的视频处理。

1. 视频处理器的作用与电路组成

视频处理器的基本任务之一是鉴别询问信号是来自二次雷达天线主瓣还是旁瓣,以实现对旁辩询问的抑制。除此而外,由于随同 P_1,P_2,P_3 视频脉冲一起输出的还有各种噪声和干扰信号,所以视频处理器必须完成抑制和消除这些噪声和干扰信号的任务,以防止引起应答机的错误应答。考虑到在终端区中往往会有较多的 L 波段发射设备在同时工作,视频处理器的上述功能是十分重要的。

图 7-22 是一种视频处理电路的功能方框图,它用于实现以下几方面的信号处理功能:

(1)比较 P_1 和 P_2 脉冲的相对幅度,以鉴别主瓣询问与旁瓣询问;

(2)抑制低于最低触发电平的噪声信号;

(3)消除宽度小于 $0.4~\mu s$ 的窄脉冲干扰信号;

(4)限制宽度大于 $0.8~\mu s$ 的宽脉冲干扰信号;

经过视频处理器的上述处理,输至译码器的是对应于 P_1,P_2,P_3 脉冲的理想触发脉冲信号。触发脉冲的宽度通常为 50 ns。

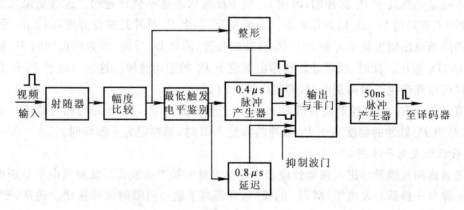

图 7-22　视频处理电路功能方框图

2. 幅度比较原理

机载应答机是根据所接收到的与脉冲的相对幅度关系来判断主瓣询问与旁瓣询问的。图 7-23(a)所示是一种实现幅度比较的原理电路。

发射极跟随器 T_1 输出的正向视频脉冲 P_1 通过二极管 D_1 及电阻 R_1 向电容器 C_1 充电。R_1，C_1 的时间常数很小，可以使 C_1 在约 $0.8\mu s$ 的 P_1 脉冲持续时间内充电到 P_1 的幅度——C_1"记忆"了所输入的 P_1 脉冲幅度。

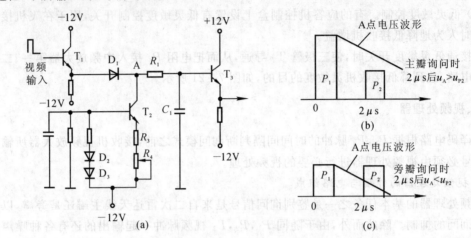

图 7-23 幅度比较电路及波形
(a) 电路；(b) 主瓣询问时的波形；(c) 旁瓣询问时的波形

P_1 脉冲结束后，C_1 通过由晶体管 T_2、二极管 D_2，D_3 和电阻 R_3，R_4 等组成的恒流电源放电，放电的速率（即放电电流的大小）决定于恒流电源。这样，C_1 上的电压为图 7-23(b)所示的近乎线性下降的降落电压。二极管 D_1 负端的电压波形与此相同。调节电位计 R_4，可使 C_1 按 $3.5\ dB/\mu s$ 的速率放电。

在 P_1 到来之后的 $2\mu s$，P_2 脉冲也经 T_1 加至二极管 D_1 的正端。此时，D_1 负端即 C_1 上的降落电压已从 C_1 所记忆的 P_1 脉冲幅度下降了约 6 dB。因此，如果 P_1 脉冲是来自主瓣的，则由于它的幅度超出 P_2 脉冲的幅度 6 dB 或更多，所以在 $2\mu s$ 后 P_2 到来时在 C_1 上的所保持的降落电压幅度仍然高于 P_2 脉冲的，因而 D_1 处于反偏状态是不会导通的。这就是说主瓣询问时 P_2 脉冲不能通过 D_2，D_3 输至译码器。与此相反，如果 P_1 脉冲是来自旁瓣，则 $2\mu s$ 后 C_1 上所保持的降落电压幅度就不可能大于 P_2 脉冲的幅度，因此 D_1 导通，即旁瓣询问时 P_2 脉冲能够通过 D_1，D_2 输出。此时，视频处理器输出对应于 P_2 的起动脉冲。这一对应于 P_2 的起动脉冲将使译码电路产生旁瓣抑制波门，抑制应答机约 $28\mu s$。

调节电位计 R_4，可以控制应答机对 P_2 脉冲产生抑制的 P_1，P_2 脉冲的相对幅度。前已说明，通常是当 P_1 脉冲的幅度高于 P_2 脉冲的幅度 6dB 时，即判定为主瓣询问。

3. 最低触发电平鉴别

伴随着询问视频脉冲进入视频处理器的还有大量的噪声杂波。最低触发电平鉴别电路的作用是消除低于最低触发电平(MTL)的噪声，且将高于这一门限的信号量化。通常，把 MTL 门限设定为 $-76\ dB\cdot mW$。

利用一个比较器和相应的最低触发电平分压器即可实现最低触发电平鉴别和信号量化，如图 7-24 所示。使通过幅度比较后的脉冲降落电压通过由精密电阻和二极管构成的最低触发电平分压电路后加至比较器的同相端；使接收机输出的视频信号经过射极跟随器、滤波器及分压器后加至比较器的反相端。正确选择分压电路的元件数值，即可获得所需的最低触发门限电平,使得低于这一门限电平的噪声被钳制掉,并使比较器 U_1 在反相端的视频幅度超过降落电压时翻转,比较器产生的负极性脉冲经反相后输出到窄脉冲消除和脉冲宽度限制电路。

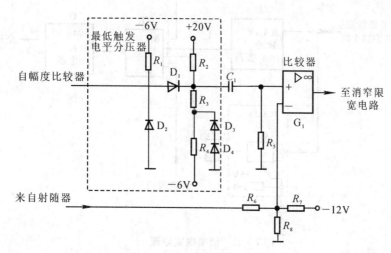

图 7-24　最低触发电平鉴别电路

4. 窄脉冲消除与脉冲宽度限制

询问脉冲的宽度为 $0.8\ \mu s$。视频处理电路的另一个任务是防止窄脉冲干扰信号——其幅度超过最低触发电平但宽度小于 $0.4\ \mu s$——引起错误应答。与此同时,视频处理器还应能防止过宽脉冲引起错误应答。这两个任务是由视频处理器中的消窄限宽电路来完成的。消窄限宽电路通常设置在幅度比较及 MTL 电路之后。

实现窄脉冲消除和脉冲宽度限制的原理可用图 7-25 来说明。消窄限宽的基本方法是把通过幅度比较与最低触发电平鉴别电路的视频脉冲,与一个宽度为 $0.4\ \mu s$ 的负脉冲及一个延迟约 $0.8\ \mu s$ 的负脉冲相"与非"。由图 7-25 可知, $0.4\ \mu s$ 的负脉冲是由视频脉冲触发窄脉冲产生器(单稳触发电路) G_1 而获得的;延迟 $0.8\ \mu s$ 的负脉冲通常可利用扩展与门 G_1 及反相器 G_4 来获得。视频脉冲、 G_1 的 Q 端输出的 $0.4\ \mu s$ 负脉冲及扩展与门输出的延迟 $0.8\ \mu s$ 脉冲,分别加到输出与非门 G_3 的输入端 1,2,3。由图 7-26(a) 的波形图可知,在 $0.4\ \mu s$ 负脉冲作用期间(图 7-25 中的 $t_0 \sim t_1$),与非门 G_3 的输出恒为"1"而不论加在 G_3 输入端 1 上的视频脉冲如何;在 t_2 时刻(t_0 之后 $0.8\ \mu s$),延迟 $0.8\ \mu s$ 的负脉冲加至输入端 3, G_3 的输出也变为"1";由图 7-26(a) 可以看出,只有在 $t_1 \sim t_2$ 之间, G_3 的输入端 1,2,3,4 均为高电平(在不进行自检时,内部抑制波门恒为"1"),因此作用在输入端 1 上的视频脉冲可使 G_3 产生约 $0.4\ \mu s$ 的负脉冲输出。如果视频脉冲为宽度小于 $0.4\ \mu s$ 的干扰脉冲,则 G_3 无输出,如图 7-26(b) 所示。如图 7-25 所示的电路可以消除窄于 $0.4\ \mu s$ 的干扰脉冲。当加到 G_3 输入端 1 的视频脉冲的宽度超过 $0.8\ \mu s$ 时, G_3 输出仍为约 $0.4\ \mu s$ 的负脉冲,如图 7-26(c) 所示。可见,图 7-25 所示的电路既能够有效地限制脉冲的宽度,也能够消除窄干扰脉冲。

加在图 7-25 中与非门 G_3 输入端 4 上的信号为内部抑制波门。在正常译码期间,该输入端为高电平,使与非门 G_3 能够产生对应于询问脉冲的输出;当译码电路已经产生模式起动脉冲——已经判断为有效询问模式或旁瓣询问后,28 μs 的内部抑制波门加至 G_3 使输入端 4 为低电平,从而抑制输出非门 G_3,使它在 28 μs 内不能再产生对应于后续询问脉冲的起动触发脉冲,保证编码发射电路的正常工作。

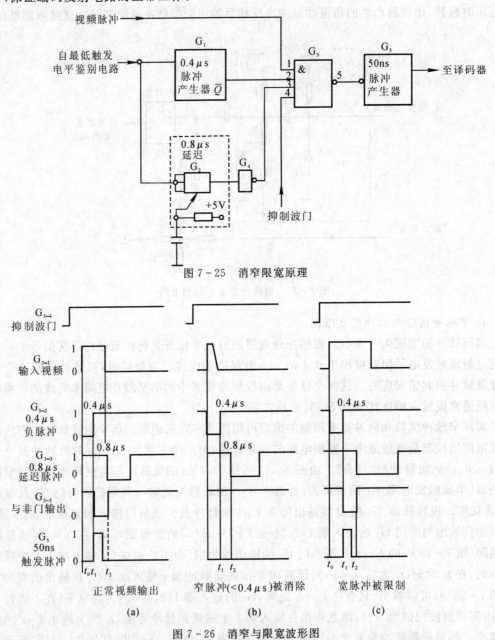

图 7 - 25　消窄限宽原理

图 7 - 26　消窄与限宽波形图

　与非门输出的负脉冲经反相后触发 G_5 产生宽度恒为 50 ns 的触发脉冲,输至译码电路。

第四节　译码与编码电路

　　译码(解码)与编码电路根据视频处理器输出的触发脉冲,鉴别询问的模式,然后按照控制盒所置定的飞机代码和工作模式,或者按照来自大气数据计算机的高度信息,产生相应的应答脉冲串。所产生的应答脉冲串加至发射电路中的调制器,控制发射机产生相应的射频脉冲信号。

　　译码与编码电路的工作密切相关,且又都与移位寄存器等有紧密联系,故在此一并加以介绍。

一、组成与工作概况

　　可以用不同的器件来实现模式译码和实现对编码脉冲串的间隔及宽度控制。现代机载应答机通常使用移位寄存器和门电路来实现译码和编码功能。

　　1. 电路组成

　　图 7-27 所示为典型的译码和编码电路原理方框图。由图可见,编码和译码电路主要是由译码和编码移位寄存器、SLS 译码器、A,B,C 模式译码器、控制矩阵、编码启动门、抑制门及调制选通门等组成的。除此以外,电路还包括时钟产生器、脉冲宽度控制器、定时器(图 7-27 中未示出)等电路。其他类型应答机中的译码与编码电路,尽管所用的器件及电路结构与图 7-27 会有所不同,但其功能原理是相似的。

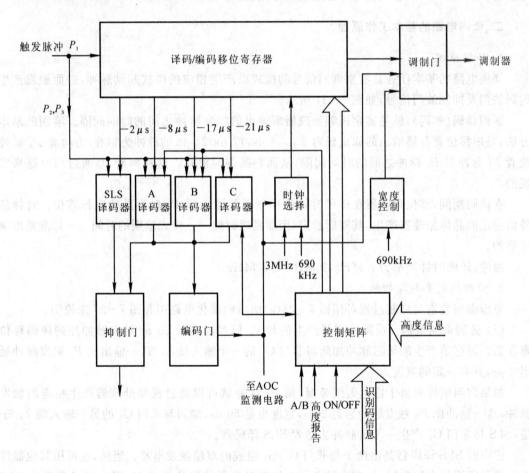

图 7-27　译码-编码电路原理方框图

2. 工作概况

在译码时钟的控制下,移位寄存器产生相对于输入的 P_1 触发脉冲延迟 2 μs,8 μs,17 μs,21 μs 的输出,分别加至各译码门。寄存器还可以产生对应于备用的 D 模式的 25 μs 延迟输出。

对于正常的模式询问信号,A,B,C 三个模式译码门中只有一个能够产生相应的模式触发脉冲。模式触发脉冲的产生,表明应答机收到了有效的询问信号。

在有效的模式触发脉冲的作用下,编码启动门使控制矩阵选用来自控制盒的飞机代码信息或来自大气数据计算机的高度编码信息,并同时使移位寄存器改用编码时钟。调制选通门立即将相应的脉冲编码串输送到调制器去。与此同时,内部抑制电路把抑制波门加到视频处理器去,抑制输出与门约 28 μs(见图 7-25);外部抑制波门则输送到机上其他 L 波段设备。

如果为旁瓣询问信号,则旁瓣抑制译码门将产生 SLS 触发脉冲,使译码电路抑制 28 μs。

由控制盒输入的模式选择、识别等控制信息,通过控制矩阵控制译码-编码电路的工作。下面将分别说明译码、编码的工作原理和工作过程。

二、译码电路的基本工作原理

1. 译码原理

译码电路的基本任务是鉴别询问信号的模式以产生相应的模式起动脉冲,进而触发产生编码波门及抑制波门信号,如图 7-27 所示。

所谓译码(解码),就是鉴别视频处理器所输出的触发脉冲之间的时间间隔。鉴别的基本方法,是用移位寄存器输出的固定延迟 2 μs,8 μs,17 μs,21 μs 的脉冲为标准,去检验 P_3 脉冲或者 P_2 脉冲与 P_1 脉冲之间的时间间隔,从而判断询问模式。这种判断,是通过门电路来实现的。

在译码期间,移位寄存器在译码时钟的控制下使输入的 P_1 触发脉冲串行移位。时钟信号由稳定的晶体振荡器产生,其周期稳定,因而延迟时间——模式鉴别的时间——标准是准确可靠的。

通常,译码时钟频率为 3 MHz,2 MHz 及 1 MHz。

2. 旁瓣询问鉴别与抑制

旁瓣询问鉴别与抑制过程可用图 7-28(a)所示的简化电路图和图 7-27 来说明。

(1) 旁瓣询问鉴别。视频处理器产生的与 P_1 脉冲对应的 50 ns 触发脉冲加到译码移位寄存器。寄存器产生的延迟脉冲加到与非门 G_1 的一个输入端 1。这一输出比 P_1 触发脉冲延迟 2 μs,具有一定的宽度。

如果询问信号来自于雷达天线旁瓣,则 P_2 脉冲就可以通过视频处理器产生相应的触发脉冲,这一脉冲比 P_1 触发脉冲延迟 2 μs,宽度也是 50 ns,加到与非门 G_1 的另一输入端 2。于是,SLS 与非门 G_1 产生一个负脉冲去触发 SLS 译码器。

图中的 SLS 译码器是由两个与非门 G_1,G_3 组成的双稳触发电路。当然,也可用其他器件来组成译码器。当与非门 G_1 产生的负脉冲加到触发器的置位端 S 时,即由其 $\bar{Q}$ 端输出 SLS 模式触发脉冲——$\bar{Q}$ 端变为低电平,见图 7-28(b)中的波形(4)。

(2) 旁瓣抑制与抑制波门的产生。SLS 译码器 $\bar{Q}$ 端输出的低电平加至抑制门 G_4 时(见图7-18(b)中的 t_2 时刻),抑制门(与非门)G_4 输出变为高电平,使 G_5 输出低电平,这就是抑制波门的起始。

抑制波门加到 28 μs 定时电路。定时电路通过对 690 kHz 时钟的分频,在 t_2 时刻之后 28 μs 的 t_3 时刻产生复位脉冲(见图 7-28(b)中的波形(5))输出。复位脉冲加到 SLS 译码器的复位端 R,使译码器进而又使抑制门 G_4 复位,从而结束抑制波门,如此得到了宽度为 28 μs 的抑制波门。

抑制波门经反相器 G_5 后输往内部抑制波门产生器,使视频处理器等在鉴明旁瓣触发后抑制 28 μs。

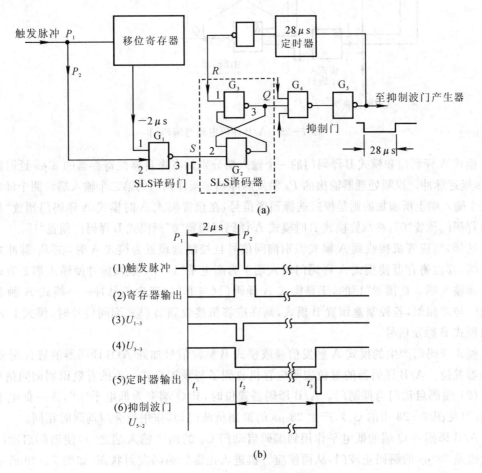

图 7-28　SLS 译码器简化电路及波形图

(a) 译码电路;　(b) 译码波形图

3. 识别询问模式译码

(1) 识别询问模式译码。译码电路对 A,B 识别询问模式的译码原理与上述对旁瓣询问的译码相似。但识别询问模式译码是受控制盒上的模式选择电门控制的:如果模式选择电门预置 A 模式,则应答机只能对 A 模式识别询问信号译码,产生相应的模式起动信号使编码发射电路工作;如果预置 B 模式,则只能对 B 模式识别询问信号译码;如果没有预制,则一般只对 A 模式译码。

识别询问译码电路由 A 译码门、B 译码门及 A/B 译码器组成,如图 7-29 所示。

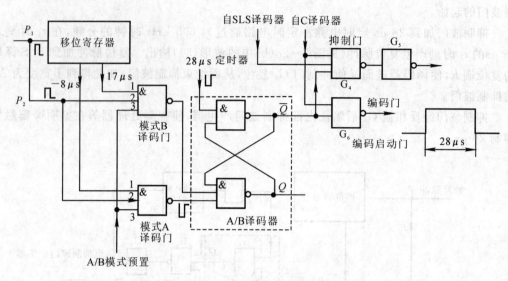

图 7 - 29　A/B 译码电路与编码门

　　模式 A 译码门和模式 B 译码门的一个输入端分别加有来自移位寄存器的 8 μs 延迟脉冲和 17 μs 延迟脉冲。视频处理器输出的 P_3 触发脉冲则加至译码门的第二个输入端。两个译码门的第三个输入端上所施加的则是模式选择预置信号:在预置模式 A 时模式 A 译码门预置"1"而模式 B 译码门预置"0";在预置模式 B 时模式 A 译码门预置"0"而模式 B 译码门预置"1"。

　　这样,当应答机接收到 A 模式识别询问信号且控制盒预置为模式 A 时,在 P_1 脉冲之后的 8 μs 时,移位寄存器使模式 A 译码门输入端 1 为高电平"1",P_3 触发脉冲使输入端 2 为高电平"1",而输入端 3 是预置"1"的,于是模式 A 译码门(与非门)产生负脉冲——模式 A 触发信号输出。与此相似,若控制盒预置 B 模式,则在应答机接收到 B 模式询问信号时,模式 B 译码门输出模式 B 触发信号。

　　模式译码门产生的模式 A 触发信号或模式 B 触发信号加到 A/B 译码器的置位端使 A/B 译码器置位。A/B 译码器的置位表明应答机收到了与预置模式一致的有效识别询问信号。

　　(2) 编码启动门与抑制门。A/B 译码器置位时,其 $\bar{Q}$ 端变为低电平"0",这一低电平加至抑制门(见图 7 - 28 中的 G_4),产生 28 μs 的抑制负波门,其作用与旁瓣询问时相同。

　　A/B 译码器 $\bar{Q}$ 端的低电平作用到编码启动门 G_6 的两个输入端之一,使编码启动门产生宽度也是 28 μs 的编码正波门,从而使应答机进入正常的编码发射状态,如图 7 - 29 所示。这一编码门信号的产生,正是有效的询问模式和旁瓣询问的根本区别。

　　4. 高度询问模式译码

　　高度询问模式译码电路与识别询问模式译码电路相同,也是由模式译码门和模式 C 译码器组成的,如图 7 - 30 所示。所不同的只是由移位寄存器加到模式 C 译码门的是 21 μs 的延迟触发脉冲。此外,模式 C 译码门不受控制盒预置的控制。

　　模式 C 译码器置位后,它的 $\bar{Q}$ 端输出低电平与 A/B 译码器置位时的 Q 端输出低电平一样,使编码启动门 G_6 输出 28 μs 的正编码波门,同时使抑制门 G_4,G_5 输出 28 μs 的负抑制波门,其作用与 A,B 模式相同。

　　C 译码器 Q 端产生的高电平,加到控制矩阵电路,使来自大气数据计算机的高度编码信号输入。

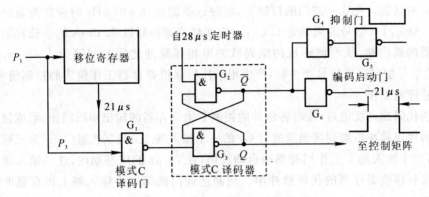

图 7 - 30 模式 C 译码电路

三、编码电路的基本原理

编码电路的基本任务是在译码电路判断有效的询问模式后,产生识别代码脉冲串或高度代码脉冲串,以加到调制器去控制发射机产生射频脉冲串信号。所产生的识别代码脉冲串决定于控制盒所置定的识别代码。

1. 编码脉冲串的产生

现代应答机编码电路是以移位寄存器为核心,与应答门、控制矩阵、时钟产生器、预选控制器等组成的(见图 7 - 27),图 7 - 31 所示为典型编码电路方框图。

控制矩阵用于选择移位寄存器的输入信息。所选择的识别代码或高度信息通过应答门加至移位寄存器的输入端。

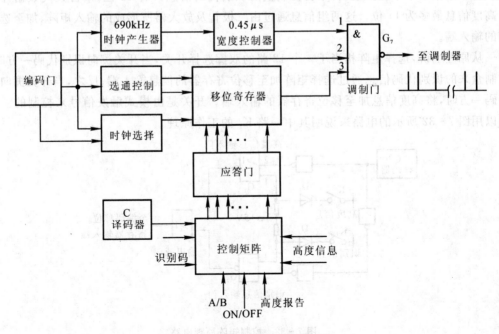

图 7 - 31 典型的编码电路方框图

当译码器鉴别出有效询问模式时,编码启动门产生的 28 μs 编码波门使编码器及整个应答机进入编码发射状态。在这一波门的控制下,时钟选择器选择 690 kHz 时钟作为编码状态时的移位时钟。690 kHz 信号的周期为 1.45 μs,它使移位寄存器以 1.45 μs 的步长将输入信息移位至寄存器的输出端,从而使形成的编码脉冲串相邻脉冲之间的间隔为 1.45 μs,如图 7-6 所示。波门信号加至选通信号产生器,产生用于控制移位寄存器工作模式的控制信号,使移位寄存器有秩序地工作。

输入的识别代码或高度信息,在时钟脉冲的控制下由寄存器的输出串行输出,形成信息脉冲串。所形成的代码脉冲串加到调制选通门 G_7 的一个输入端 1。调制选通门 G_7 为三输入端与非门,它的第二个输入端 2 上作用有编码启动波门,在 28 μs 的应答期内,这一输入端恒为逻辑"1",选通来自移位寄存器的代码脉冲串。调制选通门的第三个输入端上加有宽度控制脉冲。

2. 脉冲宽度控制

如本章第一节中所述,应答射频脉冲的宽度应为 0.45 μs。在如图 7-31 所示的编码电路中,用 690 kHz 的编码时钟信号去触发一个振荡宽度为 0.45 μs 的单稳触发电路,即可获得宽度为 0.45 μs 的周期性脉冲串。所形成的宽度控制脉冲,加到调制选通门 G_7 的输入端 3。这样,当移位寄存器有编码脉冲加到调制选通门时,调制选通门 G_7 所输出的就是宽度为 0.45 μs 的编码脉冲。

当然,也可以用其他的方法在编码发射链的其他环节上实现对射频脉冲宽度的控制。

3. 控制矩阵与应答门

输入控制矩阵用于选择、控制加到移位寄存器的 12 个输入端的信息。除此以外,来自控制盒的各种控制信息也是通过控制矩阵实现对有关电路的控制的。

在本章第一节中已经说明,来自控制盒的识别代码信息共有 12 位,来自大气数据计算机的高度信息最多为 11 位。这两组信息通过由二极管及放大器所形成的输入矩阵,加至选择矩阵的输入端。

从原理上讲,选择矩阵相当于一个 12 路的双掷选择开关,当开关掷向识别代码一方时,由控制盒来的识别代码信息通过选择矩阵加至移位寄存器的信息输入端;反之,当开关掷向高度代码一方时,将高度信息加至移位寄存器的输入端。开关是由模式触发信号来控制的。我们可以用图 7-32 所示的电路来说明其中一路 K_1 的工作原理。

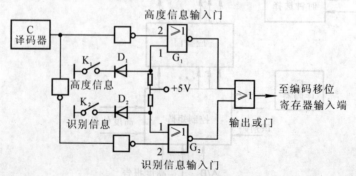

图 7-32　控制矩阵原理电路

两路或非门 G_1，G_2 形成了控制矩阵的两个输入端。高度信息加到或非门 G_1 的一个输入端 1，识别代码加到 G_2 的一个输入端 1。两路或非门的第二个输入端上所加的是选择控制信号。对如图 7-27 所示的编码电路来说，选择控制信号是来自模式 C 译码器的模式 C 起动触发信号。当询问信号为高度询问模式时，C 译码器输出为高电平。这一高电平使高度信息输入门 G_1 选通，经反相后的低电平则将识别信息输入门 G_2 抑制。这样，若该路对应的高度编码存在（图中等效的大气数据计算机中的开关接通），则二极管 D_1 导通，G_1 的输入为"0"，输出或门输出的高电平"1"加到移位寄存器的输入端，使寄存器输出对应于 K_1 的编码脉冲；反之，若高度编码脉冲不存在，则等效开关开路，D_1 截止，G_1 输出为"1"，输出或门的输出为"0"，移位寄存器不会产生高度编码脉冲（对应 K_1 处为"0"）。

当询问信号为识别模式 A 或 B 时，C 译码器输出低电平。此时 G_1 被抑制而 G_2 被选通，使来自控制盒的识别信息得以经 G_2 输出，加到移位寄存器的输入端。

四、移位寄存器

由上可知，应答机在译码和编码过程中都需要获得延迟一定时间的脉冲。这通常是利用移位寄存器来实现的。

移位寄存器是用链形连接的触发器组成的，每个触发器的输出连到下一级触发器的输入。触发器在时钟脉冲的作用下，可以根据其输入端的状态而改变输出状态，因而可以把二进制信息存入寄存器。链形连接的触发器在时钟脉冲的控制下，可以使所储存的信息向一定的方向移动，成为移位寄存器。

通常，利用主从 JK 触发器或延迟触发器（D 触发器）来构成移位寄存器。

1. 串行移位寄存器

图 7-33 是利用 JK 触发器构成的移位寄存器的原理图。所用的级数可以按需要增减。二进制信息从寄存器的一端（左端）输入，从另一端（右端）输出。这种输入输出的方式称为串入-串出方式。因为信息是在时钟脉冲的控制下由左向右移位的，所以图 7-33 所示的寄存器称为右移串行移位寄存器。改变触发器的链接方式，可以构成左移的移位寄存器。

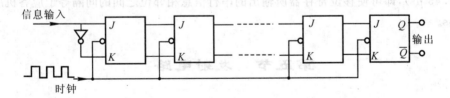

图 7-33　串行移位寄存器

如果使左端触发器的 J 为高值而 K 为低值，则在第一个时钟脉冲的下降沿，第一级触发器的输出端 Q 转换为"1"而 $\bar{Q}$ 为"0"。这就是说二进制信息"1"被置入了第一级寄存器。这样，在第一个时钟脉冲周期内第二级触发器的 J 端变为"1"而 K 为"0"。于是，在第二个时钟脉冲周期内，第二级触发器的输出 Q 为"1"而 $\bar{Q}$ 为"0"，也就是说加在移位寄存器输入端的信息"1"移到了第二级的输出端。可见，信息在每个时钟周期中向左移动了一位（一级）。

如果使输入端 J 为"0"而 K 为"1"，则同样可以使二进制信息"0"置入寄存器并在寄存器中移位。

2. 并行移位寄存器

在图 7-34 所示的电路中,一组 N 位的二进制数码是并行地置入 N 级(图 7-34 中为 5 级)触发器的,数据的最高位置入左端的触发器,最低位置入右端触发器。在时钟脉冲的控制下,这组二进制信息逐级地由左向右移位,由右端触发器的输出端串行输出。这种工作方式称为并入-串出工作方式,它将并行的二进制信息转换为串行的二进制信息。应答机编码寄存器采用的就是这种并入-串出方式。

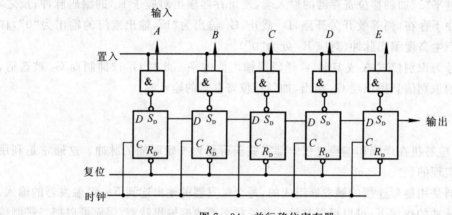

图 7-34　并行移位寄存器

3. 时钟周期与移位时间

显然,信息在移位寄存器中移动一位的时间等于时钟脉冲的周期。正确选择时钟脉冲的周期,即可控制移位寄存器输出相对于输入的延迟时间或信息间隔。

例如,在译码移位寄存器中,使时钟脉冲的频率为 3 MHz(其周期为 0.333 μs),这样在第 6 级移位寄存器的输出端,即可获得比输入信息延迟 $6 \times 0.333 = 2$ μs 的输出信息。同理,增加移位寄存器的级数,即可获得延迟 8 μs,17 μs 和 21 μs 的信息。

对于采用并入-串出工作方式的编码移位寄存器来说,只需把时钟频率选择为 690 kHz(周期为 1.45 μs),即可使移位寄存器所输出的串行信息相邻位之间的间隔等于应答机所要求的 1.45 μs。

第五节　发射电路

应答机的发射电路由调制器、脉冲功率振荡器及 1 800 V 高压电源等电路组成,如图 7-35 所示。

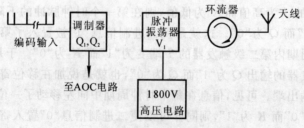

图 7-35　应答机发射电路

发射电路的任务是按照编码器形成的应答脉冲串产生功率为 700 W 的射频脉冲信号,经由环流器输至天线辐射。射频脉冲的频率为 1 090 MHz,射频脉冲宽度为 0.45 μs。

一、调制器

调制器实际上是一个脉冲放大器,它的任务是形成幅度约为 95V 的具有足够功率的调制脉冲。所形成的调制脉冲加到功率振荡器的控制栅极,以控制振荡器产生振荡。

图 7-36 所示为典型的应答机调制器的简化电路。它是由 T_1,T_2 组成的变压器耦合脉冲放大器。

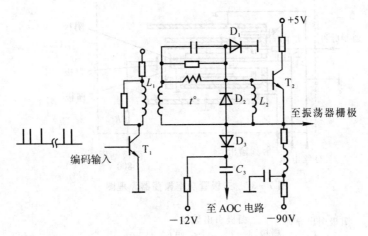

图 7-36   调制器简化电路

编码器形成的正极性编码脉冲加至 T_1 的基极。T_1 的集电极的脉冲变压器将正极性的脉冲加到 T_1 的基极。射极跟随器 T_2 的射极输出加至功率振荡器的控制栅极。

当 T_1 基极没有应答编码脉冲时,T_2 截止,它的射极电位等于电源电压为 -90 V。这一电位使功率振荡器 V_1 截止。当编码脉冲加至 T_1 基极时,T_2 导通,它的射极电位升至 5 V,从而使振荡器 V_1 产生射频振荡输出。当 0.45 μs 的编码脉冲终止时,T_2 的射极电位恢复为 -90 V,V_1 也停止振荡。

二极管 D_1 的作用是在脉冲持续期内把 T_2 基极电位钳制在 0.8 V 左右。T_1,T_2 输入端的并联电容与热敏电阻用于改善脉冲波形,防止脉冲前后沿受发射机温度变化的影响。D_2 用于消除反向脉冲,以很快消除脉冲尾部振荡。电感 L_1 可以改善脉冲后沿。

调制器每形成一个调制脉冲,二极管 D_3,电容 C_3 即输出一个调制取样脉冲,加到 AOC 电路去计数。

二、脉冲功率振荡器

机载应答机通常应用超高频金属陶瓷三极管与同轴谐振腔来组成 L 波段的脉冲功率振荡器。700 系列的新一代应答机则采用固态发射电路。图 7-37 为常规的用三极管组成的功率振荡器的电路原理图。该图的中间部分画出了真空三极管的阳极、栅极和阴极。图中打剖面线的部分为圆柱形的同轴谐振腔。

金属陶瓷三极管是一种适用于 L 波段的真空三极管。它由装在高度真空的管壳内的阳极、栅极、阴极 3 个电极组成。此外,阴极内装有它的加热灯丝,用 5.7 V 的交流电压对阴极加热。金属陶瓷三极管的管壳是陶瓷的,不像一般三极管用玻璃管壳。应用陶瓷管壳可以获得很好的耐热特性,减小由热膨胀所引起的频率不稳定等影响。它的 3 个电极也不像一般三极管那样用管脚引出,而是通过圆柱形金属导体引出。圆柱形电极引出导体与管壳陶瓷紧密接合,形成金属-陶瓷外壳,故称为金属陶瓷管。采用这种形式的电极引出方式可以使三极管方便地与外部圆柱形同轴谐振腔紧密配合,并减小电极引线电感。图 7-38 为金属陶瓷三极管的结构示意图。

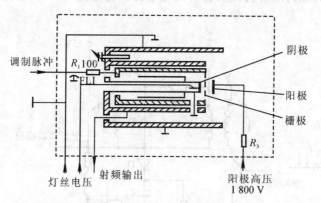

图 7-37　三极管功率振荡器原理图

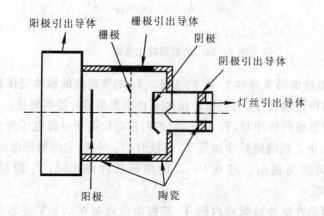

图 7-38　金属陶瓷三极管结构示意图

　　功率振荡器的振荡频率高达 1 090 MHz,这一振荡频率是由同轴谐振腔决定的。镀银的铜质同轴谐振腔有内、中、外三层圆柱形同轴导体,它们的几何尺寸和相互位置决定了它们之间的分布参数,从而决定了等效振荡槽路的谐振频率。当金属陶瓷三极管插入同轴谐振腔时,栅极引出导体与内腔紧密接合,阴极与中腔连接。同轴谐振腔的外导体是接地的,对于高频来说它通过旁路电容与阳极相通。

　　谐振腔的振荡频率可以微调。三极管的阳极接至 1 800 V 直流电源。由调制器输出的调制脉冲通过滤波器加至栅极。谐振腔内产生的射频脉冲振荡能量,通过同轴线输至环流器的输入端 1(见图 7-18),再输至天线。

第六节 离散寻址信标系统

空中交通的迅速发展,使得一些繁忙空域特别是中心机场终端区内的飞机密度不断增大。这就使现行的交通管制雷达信标系统(ATC RBS)难以满足需要,系统本身的一些固有弱点的影响日益明显。这主要是地面二次雷达询问信号所引起的多架飞机应答机应答信号的干扰问题,以及系统容量不足和定位精度不高等问题。为了从根本上改善交通管制系统的性能,美英等国从 20 世纪 70 年代以来研制发展了离散寻址信标系统(DABS,美国)和选择寻址二次监视雷达系统(ADSEL,英国)。这两类系统的工作原理和信号格式是相同的,其主要区别在于地面系统所采用的天线体制不同。

需要说明的是新的离散寻址信标系统与现行的交通管制雷达信标系统是兼容的。装备新型 ADSEL/DABS 机载应答机的飞机,可以回答现行的地面二次雷达的询问信号;而装备现行的应答机的飞机,也可以对新的离散寻址信标系统的询问信号做出如前所述的应答信号。

一、离散寻址信标系统的询问信号

离散寻址信标系统的基本思想是赋予每架飞机一个指定的地址码,由地面系统中的计算机控制进行一对一的点名问答。ADSEL/DABS 的这种一对一选择问答方式是和现行ACTRBS 的普遍询问应答方式根本不同的。

离散寻址信标系统可以有两种不同类型的询问,一种是 ATCRBS/DABS 全呼叫,另一种是只呼叫 DABS。

1. ATCRBS/DABS 全呼叫

ATCRBS/DABS 全呼叫询问格式如图 7-39 所示,它是由 P_1,P_2,P_3 和 P_4 脉冲组成的。

P_1,P_2,P_3 脉冲的参数与现行的 ATCRBS 相同,其中 P_3 脉冲距 P_1 脉冲的时间间隔为 8 μs 或 21 μs,分别对应于现行的 A 模式和 C 模式;P_2 脉冲仍为旁瓣抑制脉冲,P_4 脉冲距 P_3 脉冲前沿 2 μs,宽度则为 1.6 μs。询问信号的射频仍为 1 030 MHz。对于这种 ATCRBS/DABS 全呼叫询问,现行的 ATCRBS 机载应答机仍然是根据 P_1,

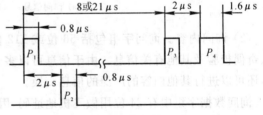

图 7-39 ATCRBS/DABS 全呼叫询问模式

P_3 脉冲之间的时间间隔做出相应的识别应答或者高度应答的,对于 P_4 脉冲则不予理睬。而新型的 ADSEL/DABS 应答机则能够识别这一包括 P_4 脉冲在内的全呼叫,做出全呼叫应答。

2. DABS 询问信号

(1) 询问格式。ADSEL/DABS 询问由前导脉冲 P_1,P_2 和一个询问数据块组成,如图7-40所示。前导脉冲 P_1,P_2 间隔为 2 μs,宽度为 0.8 μs;数据块前沿距 P_1 脉冲前沿 3.5 μs,由 56 位或 112 位的差分相移键控信号组成,每位宽度为 0.25 μs。数据字组的前端是两个相位相反的同步信号,字组末端也有一个 0.5 μs 的信号,以保证字组的最后一位可以不受干扰地完全解调。

为了实现旁瓣抑制功能,可以发射一个如图 7-40'所示的 P_5 脉冲。P_5 脉冲的宽度也是

0.8 μs,它覆盖着数据块始端的两个同步信号之间的相位翻转时刻。如果 ADSEL/DABS 应答机所接收到的 P_5 脉冲幅度超过数据块的幅度,应答机就不会对差分相移键控信号解码,从而实现对旁瓣询问信号的抑制。

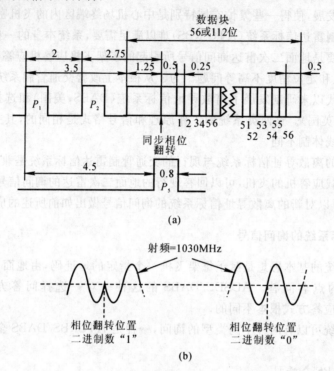

图 7 - 40　ADSEL/DABS 询问格式
(a) 询问信号；　(b) DPSK 信息

(2) 询问内容。询问字组包括 56 位或 112 位信息,其内容为飞机地址(飞机代码)、控制字、奇偶校验及其他有关信息。由于信息可以多达 112 位,因此除了用做飞机代码、高度询问外,还可以进行其他内容的广泛的信息交换。

询问数据字组中有 24 位用做飞机地址码,因此其飞机地址码可达 $2^{24}=16\ 777\ 216$ 之多,是现行 ATCRBS 识别代码的 4 096 倍,这就从根本消除了现行 ATCRBS 容量不足的弱点。

对于这种 DABS 询问,现行的 ATCRBS 机载应答机是不会做出应答的,这是因为 DABS 询问中的 P_2 脉冲幅度与 P_1 相等,它将触发现行应答机中的旁瓣抑制电路。

(3) 差分相移键控调制。DABS 数据字组采用差分相移键控(DPSK)调制。这种调制方法是用码位中载波信号的不同相位差值来表示二进制信息的。在 DABS 的每个 0.25 μs 的码位中,如果在一个数据位中的载波相位翻转位置(该码位的中间位置)前后载波的相位翻转了180°,则该数据位就是二进制数"1";如载波相位在相位翻转位置处不发生相位变化(相位差为 0°),则该数据位就是二进制数"0",如图 7 - 40(b) 所示。

二、应答格式

ADSEL/DABS 信标系统的机载应答机称为模式 S 应答机。这种应答机所产生的应答信号与询问信号相似,也是由前导脉冲与应答数据字组成的,如图 7 - 41 所示。

ADSEL/DABS 有两对前导脉冲,两对脉冲相距 3.5 μs。每对脉冲的两个脉冲之间相隔 1 μs,前导脉冲的宽度均为 0.5 μs。

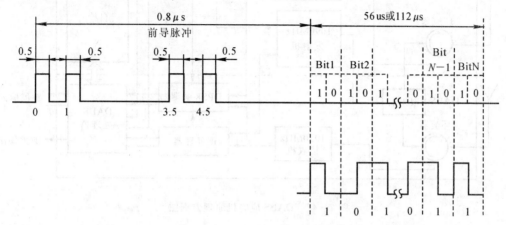

图 7 - 41 ADSEL/DABS 应答格式

应答数据字组也是由 56 位或 112 位数据组成的。数据字组的始端距第一个前导脉冲 8 μs。与询问数据字组不同的是,应答数据字组采用脉冲位置调制(PPM)方式,而不是 DPSK 方式,它的每个码位的持续时间为 1 μs,也与询问数据的每位 0.25 μs 不同。

所谓脉冲位置调制,就是通过码位中脉冲的位置来表示二进制数。因为二进制数只有"0"和"1"两个状态,所以码位中的脉冲位置也只需两种位置。具体的表示方法是把每个码位的 1 μs 时间分成前后两个 0.5 μs,如果在码位的前 0.5 us 出现脉冲,则为二进制数"1",如在码位的后 0.5 μs 内出现脉冲,则表示二进制数"0",如图 7 - 41 下部所示。该图用脉冲位置调制方式所表示的二进制信息为 101…011。

应答的内容根据询问要求而定。应答数据字组包括控制字、飞机地址码、高度码,以及其他需要交换的机载设备信息。应答信号的载频仍为 1 090 MHz。

三、DABS 应答机

图 7 - 42 为一种 DABS 机载应答机的原理方框图。这种应答机是和现行的 ATCRBS 兼容的,因此除了公共的处理器、发射机及自检电路外,它大体上可分为 ATCRBS 和 DABS 两个接收通道。

所接收的现行地面二次雷达询问信号,由图 7 - 42 上部所示的接收和预处理通道进行处理。在完成模式识别及其他处理后,DABS 处理器将应答数据(飞机识别信息或气压高度信息)输至上通道预处理器中的 ATCRBS 编码器,控制发射机产生相应的射频编码脉冲串应答信号,其工作过程与现行的 ATCRBS 应答机相同。对于 DABS 询问信号,天线所接收的信号经接收机输至 DPSK 解调器,经 DPSK 解调器解调后,输至 DABS 处理器进行处理,所获得的信息输至其他机载电子系统。与此同时,由 DABS 处理器产生的应答信息直接输至发射机,产生如图 7 - 41 所示的应答数据字组及前导脉冲。此时,DABS 还产生天线控制信号加至双工器,以进行天线选择。

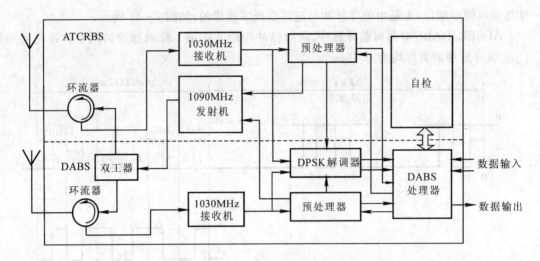

图 7 - 42   DABS 应答机原理方框图

习　题

1. 分别说明飞机识别代码和高度代码的编码原理。
2. 应答机接收信号时为什么要进行旁瓣抑制？如何进行抑制？
3. 简述机载应答机系统的组成及基本工作原理。
4. 画出自动过载控制电路的原理图，说明其功用。
5. 应答机如何进行旁瓣询问的鉴别与抑制？
6. 一次雷达和二次雷达的工作原理分别是什么？它们的区别是什么？

第八章 测距机

测距机是在第二次世界大战期间开始发展起来的脉冲二次雷达系统。从1959年起,它成为国际民航组织批准的标准测距系统。机载测距机和地面测距信标台配合工作,可连续向飞行员提供飞机到测距台的实时距离信息。测距机系统的工作方式和第七章所介绍的空中交通管制雷达信标系统(ATCRBS)有一些相似之处:这两种系统都是采用空-地设备之间的问答方式工作的,两者所采用的都是脉冲射频信号,而且都工作在1 000 MHz左右的L波段。机载测距机通过测量脉冲的往返延迟时间,计算出飞机到测距台之间的视线距离,这种测量距离的原理是和气象雷达相似的。

第一节 测距机系统

一、测距机的功用

测距机测量的是飞机到地面测距台的斜距 R。通常,大型飞机的飞行高度在30 000 ft左右,当飞机与测距台的距离在35 n mile以上时,所测得的斜距 R 与实际水平距离 R_0 的误差小于1%;当飞机在着陆的过程中离测距台的距离小于30 n mile时,其飞行高度通常也已降低(例如距离为6 n mile时高度为1 524 m),因而所测得的斜距与水平距离的误差仍然为1%左右。所以在实用中把斜距称为距离是可以接受的。只有在飞机保持较高的高度平飞接近测距台的情况下,斜距与实际水平距离之间才会出现较明显的误差。

利用测距机所提供的距离信息,结合全向信标(VOR)系统所提供的方位信息,即可按第一章所介绍的 $\rho-\theta$ 定位方法确定飞机的位置,计算地速和到达目的地的时间,以及实现其他导航计算和引导。因此,地面测距台往往是和VOR同台安装的。同样,利用所测得的飞机到两个或三个测距台的距离,也可按 $\rho-\rho$ 或 $\rho-\rho-\rho$ 定位方法进行定位和导航计算。

如果利用机场测距台和机场VOR台,就可以实现对飞机的进近引导。例如保持测距机读数为常数,即可使飞机绕测距台作圆周飞行以等待着陆,或者绕过禁区、障碍物再按照指定的VOR方位进场。

军用塔康(TACAN)系统是可以同时向飞机提供距离和方位信息的L波段近程导航系统,其功能相当于民用测距信标台和甚高频全向信标台。它的测距部分是与民用机载测距机兼容的,可供测距机测量飞机到塔康台的距离。有的国家把塔康台和民用伏尔台安装在一起,形成伏塔克(VOR/TACAN)系统,可以同时供军用和民用飞机获得距离与方位信息。

利用测距机/伏尔系统,还可以有效地进行区域导航,引导飞机飞往地面台作用范围内的任意地点,并可以减缓繁忙空域的拥挤,节约油料和飞行时间等。对于通用航空飞机来说,区域导航具有更为广泛的应用前景和显著效益。

二、测距机系统的工作概况

1. 工作方式

测距机系统是通过询问应答方式来测量距离的。如图 8-1 所示,机载测距机内的发射电路产生射频脉冲对信号,通过无方向性天线辐射出去,这就是"询问"信号;测距信标台的接收机收到这一询问信号后,经过 50 μs 的延迟,由其发射机产生相应的"应答"信号发射;机载测距机在接收到地面射频脉冲对应答信号后,即可由距离计算电路根据询问脉冲与应答脉冲之间的时间延迟 t,计算出飞机到测距信标台之间的视线距离。因此,也可以把机载测距机称为询问器,而把地面测距信标台称为应答器,或简称为信标台。通常所说的测距机是指机载询问器。由上述内容可知,地面测距台和机载询问器都包含有发射电路和接收电路。

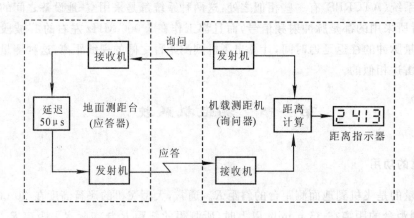

图 8-1　测距系统

测距机的询问频率和信标台的应答频率相差 63 MHz(即测距机的发射频率与接收频率相差 63 MHz)。测距机的询问频率范围为 1 025～1 150 MHz,信标台的应答频率范围为 962～1 213 MHz。

2. 机载测距机的询问

接通测距机的电源,把频率调到所需测距的信标台的工作频道上。测距机即可正常工作。但是,只有当飞机进入了系统的有效作用范围,在测距机接收到一定数量的信标台所发射的脉冲对信号的情况下,测距机才会产生脉冲对询问信号发射,以使信标台产生相应的应答信号。

测距机所产生的询问脉冲信号的重复频率是变化的。当测距机处于跟踪状态时,询问脉冲信号的平均重复频率较低,通常在 10～30 对/s;当测距机处于搜索状态时,询问重复频率较高,一般为 40～150 对/s。典型测距机在跟踪状态时的平均询问率为 22.5 对/s,在搜索状态时为 90 对/s。现代机载测距机的询问率较低,搜索时可以为 40 对/s,跟踪时则可以低至 10 对/s。

不论测距机是在搜索状态还是在跟踪状态,也不论是模拟式的测距机还是先进的数字式测距机,其询问重复频率都是围绕一个平均值随机抖动的。采用随机抖动重复频率询问的原理将在本章第二节中说明。

3. 测距信标台的内容

(1) 询问应答与断续发射。信标台在接收到询问信号后,经过 $50\ \mu s$ 的延迟,便产生相应的应答信号发射,以供机载测距机计算距离,这就是询问应答信号。应答信号和询问信号一样,也是射频脉冲对信号。

信标台应能为进入有效作用范围的所有飞机的测距机提供询问应答信号。这样就产生了一个问题,即有时信标台会接收到许多架飞机测距机的询问信号,因而要产生很密集的应答脉冲对;有时又可能只有很少的飞机测距机询问,因而只需产生很少的应答脉冲对;甚至有时还会出现没有飞机测距机询问的情况。为了使信标台保持在它的最佳工作状态,且不致因应答重复频率太高而使发射机过载,应使信标台的应答重复频率基本保持不变。一般规定信标台能同时为 100 架飞机提供应答信号,假定这 100 架飞机中 95% 的飞机测距机处于跟踪状态,其询问率为 22.5 对/s,5% 的测距机处于搜索状态,其询问率为 90 对/s,则信标台的应答重复频率为 $22.5 \times 95 + 90 \times 5 = 2587.5$ 对/s。考虑到机载测距机的询问率是在一定范围内变动的,信标台在满负荷时的应答脉冲重复频率一般规定在 1 000～27 000 对/s 的范围内。塔康系统的应答脉冲重复率则必须维持在 2 700 对/s。

前面已介绍过,机载测距机是在接收到一定数量的信标台所发射的脉冲信号后,才开始发射询问信号的。如果信标台只能在接收到询问信号后才产生应答信号发射,那么当只有一架飞机进入信标台作用范围时,就会出现信标台因为没有询问信号而不发射应答信号,而测距机又因接收不到一定数量的脉冲信号而不可能发射询问信号的情况。为了避免出现这种情况,在信标台中采取用接收机噪声来触发发射机产生脉冲对信号发射的方法,使信标台发射机在询问飞机很少的情况下也能维持规定的发射重复频率,以使测距机系统正常发挥功能。由于噪声所触发的脉冲信号是断续的,可以把信标台的这种发射脉冲称为断续发射脉冲,或者称为噪声填充脉冲,以区别于前面所说的在询问信号触发下的应答发射脉冲。

上述噪声填充脉冲断续发射是受询问脉冲数控制的。信标台接收机的灵敏度与所接收到的询问脉冲数有关。在询问飞机较少时,发射机除了由询问脉冲触发产生应答脉冲对外,由于受询问脉冲数控制的接收机灵敏度较高,因而超过某一门限的接收机输出噪声较多,从而触发发射机产生较多的噪声填充脉冲对。例如,若询问的机载测距机数为 20,询问频率为 27 对/s,则由询问触发的应答脉冲为 540 对/s;此时,由噪声触发的随机填充脉冲约为 $2\ 700 - 540 = 2\ 160$ 对/s。在没有飞机询问的情况下,信标台接收机的灵敏度最高,此时信标发射机发射的全都是噪声填充脉冲。而在询问飞机达到 100 架时,由询问触发的应答率已达到满负荷值 2 700 对/s,此时信标台接收机的灵敏度降至最低,任何噪声均不再能超过门限而触发应答,此时发射机所产生的全部是询问应答脉冲对。如果发出询问的飞机太多,则信标台接收机的灵敏度还会有所下降,以维持应答率不超出规定值(2 700 对/s)。此时,较远飞机的测距机所发出的询问信号较弱,就可能不再能够触发信标台产生应答信号,因而不能正常测距。

(2) 应答抑制。所谓抑制,是指信标台在接收到一次询问脉冲后,使信标台接收机抑制一段时间,抑制的时间一般为 $60\ \mu s$,特殊情况下可达 $150\ \mu s$。

在抑制的寂静期中,信标台不能接收询问脉冲。采取这一措施的目的是防止多径反射信号触发应答。机载测距机发射的询问信号,除了沿视线直接到达信标台外,还可能经地面上其他目标或飞机本身反射后沿折线到达信标台。如不加以抑制,则这种多径反射信号也可能触发测距信标台产生应答脉冲信号,从而干扰系统的正常工作。由于沿折线到达信标台的反射信号总是在直达询问信号之后到达的,所以使信标台接收机在接收到一次询问信号后抑制一段时间,便可以防止这类多径反射信号触发应答。

(3) 信标台的识别信号。为了便于机组判别正在测距的测距信标台是否为所选定的测距信标台,测距信标台以莫尔斯电码发射三个字母的识别信号。识别信号由点、划组成,点持续 $0.1 \sim 0.125$ s,划持续 $0.3 \sim 0.37$ s。在点、划持续期内,信标发射机所发射的是 1 350 对/s 的等间隔脉冲对,而不是随机脉冲对。在点、划之间的空隙内,仍发射随机间隔的脉冲对。

识别信号每隔 30s 发射一次,每次所占用的时间不超过 4s。

识别信号使机载测距机产生相应的由点、划组成的 1 350 Hz 音频识别码输出。

由上可知,信标台所发射的射频脉冲信号可以分为三类:一类是由询问信号触发产生的应答脉冲对,这类应答脉冲对的数量取决于发出询问的机载测距机的多少;另一类是由信标台接收机噪声所触发的断续发射脉冲对;第三类是固定的识别信号脉冲对。第一、第二类信号都是随机间隔的脉冲对,识别信号则是等间隔的脉冲对。

4. 测距机的接收

机载测距机在每发射一对询问脉冲后即转入接收状态。所接收的信号中,既可能有测距信标台对自己询问的应答信号,也包括信标台对众多的其他飞机测距机的应答脉冲。此外还包括测距信标台的断续发射脉冲信号及识别信号。

需要说明的是,即使飞机处于系统的覆盖范围之内,也并不是所有的询问都能得到应答。这是因为,在众多飞机询问的情况下,信标台每接收到一次询问信号,均会使接收机进入 60 μs 的抑制期,从而使在后续的 60 μs 期间内到达的询问信号得不到应答。除此之外,本架飞机上的 ATC 应答机在回答地面二次雷达询问的发射期间,以及在另一套测距机的询问期间均会对本套测距机抑制约 30 μs。信标台发射识别信号的点、划期间,也会使询问信号得不到应答。

考虑各种导致询问得不到应答的因素后,计算表明机载测距机所能得到的应答百分数约为82%。通常,测距机均设计成能够在50%甚至更低的应答率的情况下正常工作。所以即使有一部分询问得不到应答,测距机也是完全能够正常工作的。

5. 距离

测距机发出的询问信号与相应的信标台应答信号所经历的是往返距离 $2R$。计入信标台的固定延迟为 50 μs。应答脉冲与询问脉冲之间的时间延迟为 $t = 2R/c + 50$,这里光速 c 为 1.168×10^5 n mile/s。在测距机中设法测量这一时间延迟,即可获得距离信息。若时间以 μs 计算,距离以海里计算,则距离可由下式给出:

$$R = \frac{t - 50}{12.359}$$

式中的 12.359 是射频信号往返 1 n mile 所经历的时间(μs)。

三、机载设备

机载测距机系统由测距机(询问器)、天线、显示器和控制盒(控制盒是和甚高频控制盒共用的)等组成的,如图 8 - 2 所示。飞机上通常装备两套相同的测距机。

1. 测距机

测距机(询问器)包含所有的发射、接收和距离计算电路,用于产生 1 025 ~ 1 150 MHz 的射频脉冲询问信号,接收并处理地面应答信号,完成距离计算,最终产生32位的串行数字距离信息输至距离显示器。

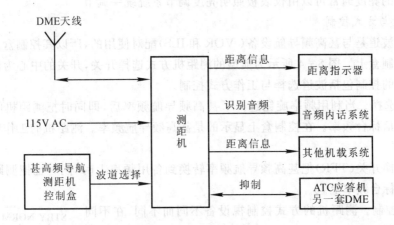

图 8-2　机载测距机系统

测距机除产生串行数字距离信息加至显示器外,还可输出模拟距离信息。这类距离信息可输至性能管理计算机和其他系统。

接收机输出的 1 350 Hz 音频识别信号输至音频内话系统。

测距机通过同轴馈线与天线相连,通过电缆与控制盒连接。对数字式测距机来说,由控制盒来的频率选择与方式控制信息,以及输出的距离信息,都是通过 ARINC429 总线传送的。

由于飞机上的测距机和空中交通管制应答机都工作于同一 L 频段,所以不应同时辐射信号,以免相互干扰。为此,当一台测距机发射时,该机所产生的约 30 μs 的抑制波门即通过互连的同轴电缆加到两台 ATC 应答机和另一台测距机,以抑制其发射,反之亦然。

测距机的电源是 115 V,400 Hz 交流电源。

测距机安装在电子设备舱中。有的测距机的面板上设置有故障指示器和试验按钮。R/T 故障指示器用于表示询问器的故障状况;IND 指示器则用于表示显示器的故障状况。按压面板上的试验按钮,可以方便地在电子舱中对系统进行检查。

2. 距离显示器

测距机的距离显示器是十进制的单位数码显示器,通常可显示的最大距离为389.9 n mile,距离增量为 0.1 n mile。

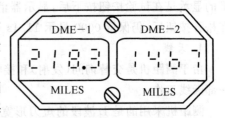

图 8-3　距离显示器

有的飞机上使用单独的测距机距离显示器(见图 8-3)。两组显示器安装在正副驾驶的仪表板上。每组显示器有二套四位数字显示器,分别显示第一套和第二套测距机输出的距离信息。在有的飞机上,距离显示器是组装在无线电距离磁指示器 RDMI 中的。每部 RDMI 的上部安装着两个距离显示器,左上角为第一套测距机的,右上角为第二套的。在使用电子集总仪表显示系统的飞机上,测距机距离信息是通过阴极射线管显示的。有的飞机的测距机的距离显示器安装在水平状态显示器 HSI 中。

　　显示器通常是 7 段灯泡或液晶显示器。由询问器输入的串行 BCD 编码距离信息,经显示器中的译码电路译码后,驱动相应的显示段,形成数码显示。

　　数据显示的亮度通常可以由仪表板照明亮度调节系统统一调节。

　　3. 控制盒与方式控制

　　测距机的波道是与甚高频导航设备(VOR 和 ILS)配对使用的,所以其控制盒总是安装在甚高频导航控制盒上。图 8-4 所示为典型的测距机方式选择开关,开关的中心为试验按钮。

　　对测距机的控制包括波道选择与工作方式控制。

　　(1) 频率选择。当利用频率旋钮选择了甚高频导航频率后,即同时把测距机的工作频率转换为相应的信标台频率。在控制盒上显示的是甚高频导航频率。测距机的工作频率是不显示出来的。

　　当利用转换开关(TFR)把甚高频导航频率转换到备用频率上时,同时也把测距机转换到相应的配对信标台频率上。

　　(2) 方式控制。测距机的方式控制视设备不同而不同,在不同的飞机上也有所区别。就图 8-4 所示的 DME 开关而言,该型测距机(860E-5)有"准备(STBY)"、"正常(NORM)"和"超控(ORID)"三种工作方式。

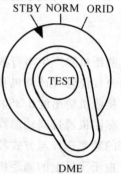

图 8-4　甚高频控制盒上的 DME 开关

　　处于准备方式时接收电路是正常工作的,但发射电路不产生询问信号。

　　处于正常方式时,接收电路和发射电路均进入正常工作状态。只要进入了信标台的作用范围(200 n mile)内,即可正常地提供距离信息。

　　所谓超控是指测距机可以在离信标台更远的距离上(200~300 n mile,甚至可达 390 n mile)进行距离测量。

　　在有的飞机上不设置测距机的方式控制开关,只要接通电源,测距机便进入正常工作方式,即没有准备及超控方式。

　　(3) 试验按钮。按下试验按钮即可起动机内的自检电路。通过显示器的显示,可以判断设备是否正常工作。不同型号(或者批次)的测距机按下试验按钮时的显示状况可能相同。典型的显示是在试验按钮按下后,显示器消隐 2s,然后显示虚线(———)2s,此后即显示 0000。在松开按钮后,仍保持 0000 显示 11.4s。

　　4. 天线

　　由于测距机是交替询问(发射)和接收的,所以发射电路和接收电路可以通过环流器共用一部天线工作。

　　测距机采用的是 L 波段的短刀形宽频道天线。天线型号和 ATC 应答机是相同的,可以互换。这种天线在水平平面内的方向图基本上是圆形的。

　　两部测距机的天线一般安装在机身的前下部,略向后倾斜。

　　四、信号与技术参数

　　1. 频率及 X/Y 波道

　　在 962~1 213 MHz 范围中,共有 252 个测距波道,波道间隔为 1 MHz。机载测距机的询问频率为 1 025～1 150 MHz,信标台的发射频率比询问频率高或低 63 MHz。

（1）X/Y 波道。在 252 个波道中,所采用的脉冲对的时间间隔有两种,分别称为 X 波道和 Y 波道。X 波道的询问脉冲对间隔为 12 μs,应答脉冲对间隔与询问脉冲对间隔一致,也是 12 μs,如图 8-5(a)所示;Y 波道的询问脉冲对间隔为 36 μs,但应答脉冲对的间隔则为 30 μs,与询问脉冲间隔是不同的(见图 8-5(b))。所有询问及应答脉冲的宽度均为 3.5 μs。

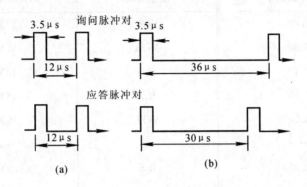

图 8-5　X/Y 波道的脉冲对信号

(a) X 波道信号；　(b) Y 波道信号

（2）频率安排。X/Y 波道的询问频率与应答频率关系如图 8-6 所示。在 1 025～1 150 MHz 范围中,波道间隔为 1 MHz,共可安排 126 个询问频率。采用 X/Y 的波道安排,则共有 252 个应答波道,分别称为 1X—126X 和 1Y—126Y 波道。

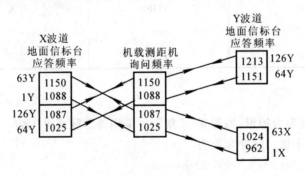

图 8-6　X/Y 波道安排

对民用信标台来说,这 252 个波道中有 52 个是不用的。所不采用的波道是 1～16X/Y 和 60～69X/Y。这是因为,测距机通常是和 VOR 和 ILS 配对使用的,而 VOR 和 ILS 一共只有 200 个波道,所以测距机也只需要 200 个波道与之配对使用,这是其一。其二,由于测距机和 ATC 应答机工作在同一频段,尽管两者采用了不同的脉冲编码,测距机还是应当避开 ATC 应答机所使用的 1 030 MHz 和 1 090 MHz 频率,以避免可能产生的相互干扰。

目前,很多民用飞机所装备的测距机拥有全部的 252 个波道,这样,它们就可以利用各地 TACAN 系统的所有测距波道提供距离信息。

（3）测距机与甚高频导航系统的频率配对关系。测距机的 200 个波道与 VOR 和 ILS 的频率配对关系如表 8-1 所示。由表可知,当在甚高频控制盒上选择一个 VOR 频率或者 ILS

频率后,总是同时确定了与之配对使用的测距机的工作频率。如果选用的是 108.10～111.95 MHz 之间的十分位小数是奇数的 ILS 频率,则在调定频率选择旋钮之后,航向接收机、测距机,以及下滑接收机三者的频率均被调谐到相应的波道上。

表 8 - 1　频率配对关系

甚高频导航频率	波道分配	TACAN 波道
108.00	VOR	17X
108.05	VOR	17Y
108.10	ILS	18X
108.15	ILS	18Y
108.20	VOR	19X
...	...	...
111.95	ILS	56Y
112.00	VOR	57X
112.05	VOR	57Y
112.10	VOR	58X
112.25	VOR	59Y
112.30	VOR	70X
...	...	...
117.95	VOR	126Y

2. 脉冲波形

测距机的射频脉冲波形为钟形,如图 8 - 7 所示。采用钟形脉冲可压缩信号频谱宽度,减少邻道干扰。脉冲参数为

上升时间　　　　　　$\tau_r = (2.5 \pm 0.5)$ μs

下降时间　　　　　　$\tau_f = (2.5 \pm 0.5)$ μs

脉冲宽度　　　　　　$(U_m/2) = (3.5 \pm 0.5)$ μs

脉冲对之间的间隔误差为 ±0.5 μs。

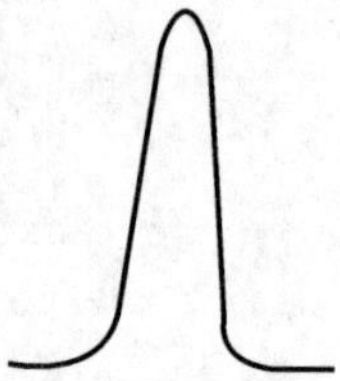

图 8 - 7　测距机的
脉冲波形

3. 基本技术参数

为了对测距机的性能有一个初步的数量概念,下面给出了测距机的几种主要参数的数量范围。各型测距机还会有一些特定的技术参数,参数的具体数值也会有所差异。

发射频率　　　　　　1 025～1 150 MHz。

频率稳定度　　　　　±10^{-5} 以上

发射功率　　　　　　700 W(标称值)

询问率　　　　　　　搜索时 40～150 对/s

　　　　　　　　　　跟踪时 10～30 对/s

接收频率	962～1 213 MHz
灵敏度	−93～90 dB·mW
测距范围	正常时为 0～200 n mile
	超控可达 300～390 n mile
	还有些设备为−1～320 n mile
测距精度	0.075～0.3 n mile
动态范围	0～2 000 n mile
记忆时间	4～12 s
音频输出	12～75 mW

第二节　基本工作原理

一、信号产生与处理过程

　　测距机的电路可以分为发射电路、接收电路和距离计算电路三个基本组成部分,分别用于完成产生射频脉冲询问信号、接收处理应答信号和进行距离计算三项任务。图 8-8 是表示上述基本功能的电路及其相互关系的原理方框图,一些次要的电路在图中没有示出。下面结合图 8-8 说明询问信号的产生与应答信号的接收处理过程。

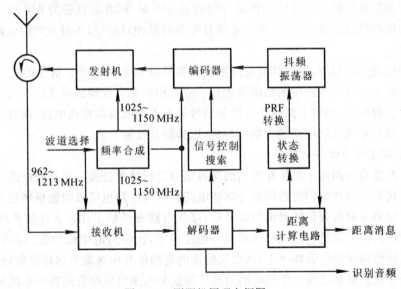

图 8-8　测距机原理方框图

1. 射频产生与频率调节

　　测距机的射频信号是由频率合成器产生的,所以具有较高的频率稳定度和频率准确度。在控制盒上选定甚高频导航系统的频率后,以五中取二形式表示的频率选择信息在输至甚高频导航接收机的同时,加至测距机,以选择测距机的工作频率。在这一频率调谐信息的控制下,频率合成器产生所指定波道的稳定射频振荡,注入发射机。经过调制等处理后形成询问射频信号,再经环流器输至天线发射。询问信号的频率为 1 025～1 150 MHz 波段中与所选择的甚高频导航波道配对的测距频率。与此同时,频率合成器形成的这一射频信号也输至接收机,作为本机振荡信号。由于测距机的本振频率等于询问发射频率,所以当接收机收到信标台所发射的 962～1 213 MHz 的应答信号后,总可以在混频后得到准确的 63 MHz 中频信号。

频率合成电路除产生上述稳定射频信号注入发射电路和接收电路外,还产生 X/Y 波道信息输至发射电路中的编码电路,以控制脉冲对的间隔,实现波道选择。同样,X/Y 波道信息也加至接收通道中的解码电路,以鉴别所接收的应答信号的脉冲间隔是否符合所选择波道的模式。

调谐信号的另一个作用是直接加至接收电路,以将相应的高频电路调谐到所选择的工作频率上。

2. 发射信号及其重复频率控制

询问发射信号的射频频率是由频率合成器决定的,其信号波形和脉冲重复频率则是由脉冲重复频率控制电路和编码调制电路控制的。

编码电路和脉冲重复频率控制电路的主要功能是产生一定重复频率的脉冲对,以对发射信号进行调制。所产生的脉冲对的重复频率,不是固定不变的,而是随机抖动的。重复频率的平均值由状态控制电路控制,在搜索状态时较高,在跟踪状态时较低。脉冲的间隔由编码电路控制,取决于波道调谐信号。所形成的一定间隔的、重复频率抖动的脉冲对信号输至发射电路中的调制器。

这部分电路的另一功能是决定询问器是否产生询问射频信号发射,这是由询问器所接收到信标台脉冲数决定的。当接收到的脉冲数超过 450 对/s(有的设备为 650 对/s)时,自动等待电路就使编码电路正常工作,产生一定重复频率的脉冲对信号,去触发发射电路产生询问射频脉冲信号。

在编码电路的控制下,发射调制电路形成射频脉冲对询问信号。信号的波形及功率符合系统的整体要求。发射电路中的功率放大器一般采用功率合成器的形式。

在询问发射期间,抑制电路内产生抑制信号抑制本询问器的接收电路,同时产生外抑制信号输至另一部测距机及空中交通管制应答机,以抑制其发射。

3. 应答信号的接收与处理

测距机的接收电路用于对所接收到的应答信号进行接收处理。这部分电路大体上可以分成超外差式接收电路和解码电路两部分功能电路。解码电路也可以叫做视频处理电路。

在发射电路发射射频脉冲对询问信号后,接收电路即开始工作。天线所接收的应答信号经环流器后进入接收通道。在频率选择信号的控制下,接收通道中的预选回路调谐在所选择波道的相应接收频率即应答频率上,从而从纷杂的射频信号中选取出信标台射频应答信号,抑制其他射频干扰信号和杂波。所接收的射频应答信号与来自频率合成器的本机振荡信号相混频,产生 63 MHz 的中频信号,并在中频电路中得到进一步的放大,最后经检波得到视频脉冲对信号输至视频处理电路——解码电路。

解码电路的主要功能是对视频脉冲对信号的脉冲间隔及幅度进行检测,以判断所接收的信号是否有效,是否与本测距机的询问模式相符合,以便从众多的应答信号中选取出针对本测距机询问的应答脉冲。输出的应答脉冲输至距离计算电路,以进行距离计算。

视频信号中的信标台识别信号经视频处理电路后经过 1 350 Hz 的滤波处理,输至机上音频内话系统,以供机组识别信标台。

二、距离测量与状态转换

测距机在进入正常的距离测量状态,跟踪飞机距离的变化提供距离读数之前,需经历自动等待、搜索、预跟踪等过程。在距离测量过程中,同样也会因信号状态的变化进入记忆或者回到搜索状态。所以,测距机的实际工作状态可能是上述自动等待、搜索、预跟踪、跟踪或者记忆状态中的一种。有的状态,例如预跟踪,在有的设备中可能是不存在的。不同设备的状态转换准则参数也可能会有所差别,但各种工作状态及其转换准则是基本相同的。

1. 自动等待

在空中接通测距机的电源、选定波道后,测距机即工作于自动等待状态。自动等待状态也可以称为信号控制搜索(SCS)状态。

在信号控制搜索状态,测距机的接收电路正常工作,但发射部分是被抑制的。接收处理电路接收来自信标台的脉冲信号,并计算所接收到的脉冲对数。在飞机接近测距信标台的过程中,测距机所接收到的射频脉冲信号电压逐渐增高,所接收到的有效脉冲对数会随之增加。当所接收到的脉冲对数超过 450 对/s 时,表明飞机已送入了有效测距范围,测距机中的自动等待控制电路就触发编码发射电路开始发射询问信号,使测距机由自动等待状态转为搜索状态。

2. 搜索

所谓搜索,是指机载测距机在不断发射询问信号的过程中搜寻周围信标台对自己询问的应答信号,并初步确定这一应答信号相对于发射时刻 t_0 的间隔时间。

在搜索状态,测距机所产生的询问信号的平均重复频率较高,典型测距机的为 90 对/s、40 对/s 等。在这些询问脉冲对中,有的得到了应答,有的则得不到应答。在众多的机载询问器同时向同一个信标台询问的情况下。某一机载测距机所接收到的信号中除了有对自己询问的应答信号外,还包括信标台对其他飞机测距机询问的应答信号。接收处理和距离计算电路对所接收的信号进行鉴别,以识别出信标台对自己询问的应答信号。这一识别过程就是搜索。一旦识别出对自己的应答脉冲,距离计算电路便可以计算出它与发射脉冲间的时间间隔,并在第二次询问后在同一时间间隔处产生一个距离波门,以等待第二次应答脉冲的到来。如果第二次应答脉冲进入了该距离波门,则表明测距机在发射脉冲后的同一时刻处识别出对自己的应答脉冲。这样,由距离波门在时间轴上的位置即可初步确定自己的距离。如果在连续的 15 次询问中识别出 7 次对自己的应答信号,测距机即可结束搜索,转入预跟踪状态。

3. 预跟踪

进入预跟踪状态后,测距机继续进行上述询问——接收识别过程。其询问仍然维持较高的询问率,即 90 对/s。

距离计算电路所产生的距离波门与发射时刻 t_0 的时间间隔 T,对应于飞机和信标台之间的距离,因而所接收到的同步应答脉冲总是处在这一距离波门之中。在 4 s 的预跟踪过程中,距离计算电路根据飞机的运动速度以及运动方向(是向台还是背台),不断微调距离波门的位置,以使所接收到的后续应答信号处在距离波门的中心。根据距离波门与发射时刻 t_0 的时间间隔,测距机可以提供有效的距离信息。

4. 跟踪

在经历 4 s 的预跟踪状态后,测距机进入正常的跟踪状态。在跟踪状态,随着飞机与信标台距离的变化,应答脉冲与询问脉冲发射时刻之间的时间间隔随之改变,此时距离计算电路所产生的距离波门精确地跟踪应答脉冲,所提供的距离信息输至显示器,显示出飞机的距离读数。距离读数跟踪飞机距离的变化,随之不断更新。

由于已经进入了正常的跟踪状态,所以询问率可以比搜索状态时的低,通常是从搜索状态的 90 对/s 降为 22.5 对/s,或者从 40 对/s 降为 12 对/s。

5. 记忆

倘若在跟踪状态由于某种原因而使上述"7/15"准则得不到满足,则测距机将转为记忆状态。

在测距机进入记忆状态后,距离计算电路按照飞机进入记忆状态时的运动速度和运动方向更新距离信息。此时距离显示器所显示的距离读数继续更新。一旦信号重新获得,测距机即由记忆状态返回跟踪状态,按照所获取的应答信号计算飞机的实际距离。如果记忆状态持续 4~12 s(典型时间为 11.4s)仍不能重新获得有效的应答信号,则测距机将转为搜索状态,脉冲询问率重新增加到 90 对/s。

上述状态转换准则"7/15"在不同的设备中不是固定不变的,可以根据设计要求取用其他数值,例如"4/16"等等。

图 8-9 表示了典型测距机的各种工作状态及其转换准则、关系。图中的 RX 代表接收电路,TX 代表发射电路,PRF 为平均询问重复频率,箭头表示工作状态的转换关系。箭头旁的说明为状态转换的条件或准则。

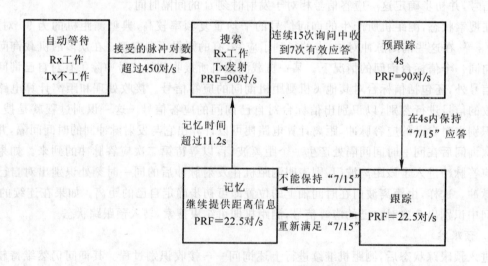

图 8-9 工作状态及其转换关系

三、应答识别——闪频原理

为了获得距离信息,测距机首先必须解决的一个基本问题是如何从信标台的众多的应答信号中识别出对自己询问的应答信号来。

应用闪频原理可以达到这一目的。所谓闪频,就是在测距机中设法使询问脉冲信号的重复频率围绕一个平均值随机抖动而不是固定不变。这样,同时工作的多台测距机的询问脉冲重复频率就会各不相同,为对所接收的应答机信号进行同步识别提供了基础。询问的重复频率是由重复频率控制电路控制的。图 8-10 是一种产生颤抖脉冲的原理电路方框图。

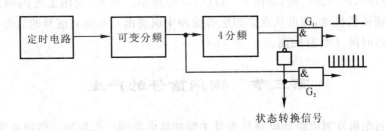

图 8-10 颤抖脉冲产生电路方框图

定时电路产生稳定的定时脉冲信号，其脉冲重复频率是固定不变的，如图 8-11(a)所示。定时脉冲加至一个可变分频器，该分频器的分频比是随机可变的，这就是颤抖脉冲发生器。由于其分频比随机抖动，所以它所输出的脉冲的重复频率是在一定范围内随机抖动的，即相邻的两个脉冲之间的时间间隔不是固定不变的，如图 8-11(b)所示。用该颤抖脉冲去触发发射电路，则所产生的射频脉冲询问信号重复频率也是抖动的。图 8-10 所示中的固定分频器的分频比为 4，输出信号的重复频率受状态控制电路控制。在搜索状态，状态转换信号为高电平，脉冲是经与门 G_2 输出的，脉冲平均重复频率较高(90 Hz)；在跟踪状态，状态转换信号为低电平，所以上述电路使可变分频器的输出经 4 分频器后再经与门 G_1 输出，从而使平均重复频率降为 22.5 对/s。

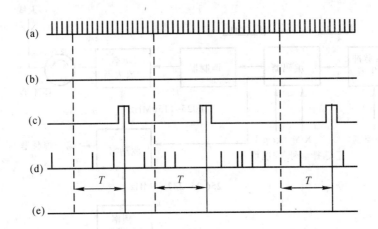

图 8-11 闪频原理

(a) 定时脉冲； (b) 颤抖脉冲； (c) 距离波门； (d) 视频脉冲； (e) 同步应答脉冲

在每次询问后，接收电路可以收到多对应答脉冲信号，但其中只可能有一对是对本测距机询问的应答脉冲，如图 8-11(e)所示。为简明起见，图中以单个脉冲来代表所接收到的应答脉冲对。设第一个应答脉冲相对于发射脉冲(见图 8-11(b))的延迟时间为 T，则由于相邻几个询问周期中距离变化所引起的应答脉冲延迟时间的变化很小，在这里可以简单认为在相邻几个周期中对本测距机的应答信号的延迟时间均为 T。这样，对本测距机的这些应答脉冲均可落入中心位于 T 处的具有一定宽度的距离波门内，从而得以输出。而与应答脉冲由解码电路一同输出的其他脉冲,则由于不可能与本测距机随机抖动的发射脉冲保持稳定的时间同步关系,因而不能落入距离波门内,如图 8 - 11(c),(d)所示。可见,应用上述闪频原理,使询问脉冲的重复周期随机抖动,即可从众多的应答脉冲中识别出对本询问信号的应答脉冲,从而进一步根据其延迟时间 T 计算距离。

第三节　询问信号的产生

本节介绍测距机发射电路的电路结构及主要功能电路的工作原理。测距机所产生的询问信号也是脉冲调制的 L 波段射频信号,一些电路的结构和 ATC 应答机是相似的。这里只就其电路结构及一些有代表性的功能电路的工作原理进行简略的说明。

一、发射电路的组成

发射电路用于产生 X 波道或 Y 波道的周期性射频脉冲对信号,经环流器输至天线发射。发射载频由频率合成器提供。脉冲对的间隔由波道选择信号控制。脉冲重复频率则由距离计算电路中的状态控制电路控制。

典型测距机的发射电路由触发脉冲产生电路及转换电路、编码电路、频率合成电路、调制器和功率放大器等组成,如图 8 - 12 所示。各型测距机的发射电路虽然会有所不同,但均具有上述功能电路。频率合成电路除提供发射射频外,还同时用做接收电路中的本振频率源。

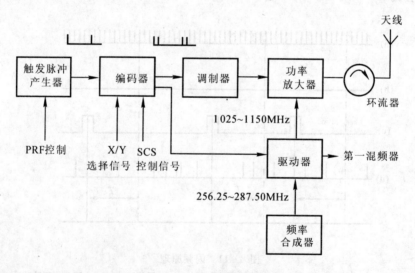

图 8 - 12　发射电路的组成

触发脉冲产生电路用于产生调制触发脉冲并控制其脉冲重复频率。测距机的询问重复频率是围绕一个平均值随机抖动的,且受状态转换电路的控制而转换其平均频率,以适应搜索状态高询问率和跟踪状态低询问率的需要。

编码电路在 X/Y 波道选择信号的控制下形成间隔为 12 μs 的 X 波道触发脉冲对或间隔为 36 μs 的 Y 波道触发脉冲对,以触发调制器和驱动放大器。

射频驱动电路对频率合成器输出的等幅射频信号进行倍频、放大,并进行预调制,以供给功率放大器以足够功率的脉冲射频驱动信号。

编码脉冲对在调制器中进行放大并经整形处理。在调制器所形成的调制脉冲对的控制下，射频信号在功率放大器中被调制并进行功率放大。功率放大器输出的脉冲对射频询问信号的功率可达 800 W。射频询问信号经环流器和低通滤波器输至天线辐射。

二、颤抖脉冲的产生原理

在不同的设备中，产生重复频率的颤抖触发脉冲的方案可能各不相同。用分频比随机变化的可变分频器对定时脉冲进行分频（见图 8 - 10）的方法是其中的一种。这里介绍另一种常用的产生颤抖脉冲的方法。这种方法是利用单结晶体管构成脉冲振荡器并实现抖频控制。

1. 单结晶体管的基本概念

单结晶体管（UJT）是一种具有负阻特性的半导体器件，常被用来充当 RC 脉冲振荡器的有源器件。它的外形和普通三极管相似，也有三个电极，但它只有一个 PN 结（单结晶体管即由此而得名），所以特性与普通三极管有很大的差别。单结晶体管的结构示意图如图 8 - 13(a)所示。在一块高电阻率的 N 型半导体基片的两端所引出的两个电极，分别称为第一基极 B_1和第二基极 B_2；在两个基极之间靠近 B_2 处用合金法或扩散法渗入 P 型杂质，形成一个 P 区，从 P 区引出电极，这就是发射极 E。这样，P 区和 N 型基片之间就形成了一个 PN 结。因为单结晶体管有两个基极，所以又称为双基极二极管。单结晶体管的电路符号如图 8 - 13(b)所示。

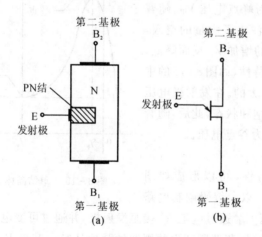

图 8 - 13　单结晶体管
(a) 结构示意图；　(b) 电路符号

图 8 - 14(a)所示的单结晶体管等效电路有助于理解其基本工作原理。图中的二极管代表 PN 结。r_{B2} 代表第二基极 B_2 与发射极之间的体积电阻，r_{B1} 代表发射极与第一基极 B_1 之间的体积电阻。因为 r_{B1} 是随发射极电流 I_E 变化的，所以图中用可变电阻符号表示。两个基极之间的电阻 r_{BB} 为 r_{B1} 与 r_{B2} 之和，其值为几十欧到几十千欧。

当在单结晶体管的两个基极之间加上直流电压 V_{BB} 时（B_2 接电源正极），位于 B_1，B_2 之间的发射结所处的电位决定于 r_{B1} 和 r_{B2} 的分压比 η，如图 8 - 14(b)所示，V_{E0} 为

$$V_{E0} = \frac{r_{B1}}{r_{B1} + r_{B2}} V_{BB} = \eta V_{BB}$$

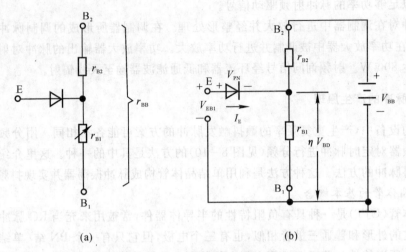

$$(a) \qquad\qquad\qquad (b)$$

图 8-14　单结晶体管的等效电路

单结晶体管的伏安特性如图 8-15 所示。当发射极电位低于 V_{E0} 时,单结晶体管是截止的。当发射极电位比 V_{E0} 高出一个 PN 结的压降 V_{PN}(对于硅管来说为 0.7 V),即

$$V_E = \eta V_{BB} + V_{PN}$$

时,发射结变为正向偏置,E, B_1 之间开始导通而出现射极电流 I_E。这个电压值称为峰点电压 V_P。随着 I_E 的增加,E, B_1 之间的硅片中注入了大量的空穴,使 r_{B1} 迅速减小。这样,随着 I_E 的增加 V_E 反而降低,从而使单结晶体管呈现出负阻特性,如图 8-15 的中段所示。在负阻区中,I_{B2} 也是增大的。在发射极电压降低到 V_V 时,单结晶体管达到饱和状态,此后,随着 I_E 的增加,V_E 略有增加,V_V 称为谷点电压。

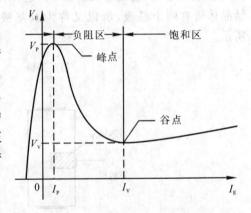

图 8-15　单结晶体管的伏安特性

2. 触发脉冲形成电路

利用单结晶体管的负阻特性,可以形成如图 8-16(a) 所示的脉冲振荡电路,以向编码调制电路提供所需的触发脉冲。电源电压 V_{BB} 通过电阻 R_1 接至发射极,并通过可变电阻 R_2 接至 B_2;发射极通过大容量电容器 C_1 接地。振荡器所产生的周期性脉冲从第一基极 B_1 与地之间的小电阻 R_3 上输出。

接通电源后,电源 V_{BB} 通过电阻 R_1 对 C_1 充电,使发射极电位 V_E 随着电容 C_1 的充电而逐渐增高。当 V_E 达到峰点电压 V_P 时,单结晶体管导通,电容 C_1 通过 E, B_1 之间放电,在 R_3 上形成前沿陡峭的脉冲。当电容上的电压降至谷点电压 V_V 时,r_{B1} 迅速增大,单结晶体管恢复阻断状态。振荡停止。此后,电源 V_{BB} 重又通过 R_1 对 C_1 充电,开始振荡的第二个周期。振荡器输出的脉冲波形和电容器的充放电波形如图 8-16(b) 所示。适当选择 R_1, C_1 的数值,控制电容 C_1 的充放电速度,可以使脉冲的振荡周期为 90 Hz 左右(或其他所需的数值)。调节 R_2,可以改变 B_1, B_2 之间的电压,使单结晶体管的峰点电压 V_P 随之改变,从而可以在一定范围内调节脉冲振荡的周期。

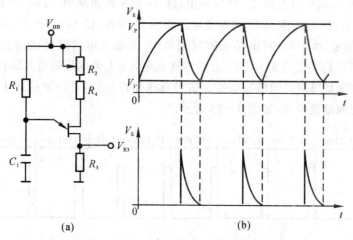

图 8-16 单结晶体管脉冲振荡电路

对上述电路加以改进,并再利用另一只单结晶体管来组成第二个振荡器,即可使单结晶体管脉冲振荡器的振荡周期随机变化。其原理电路如图 8-17 所示。

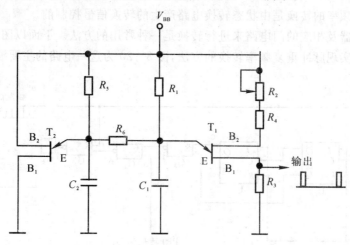

图 8-17 颤抖脉冲振荡器

图 8-17 中,右侧由 T_1,C_1,R_1 等组成的触发脉冲振荡器的脉冲重复频率为 90 Hz 左右。现利用 T_2,R_5,C_2 组成第二个脉冲振荡器,以使右侧振荡器 T_1 的振荡周期随机变化。R_5,C_2 的数值远大于 R_1,C_1 的数值,所以第二个振荡器的振荡周期远大于触发脉冲振荡器。在接通电源后,电源 V_{BB} 分别通过 R_1 和 R_5 对 C_1 和 C_2 充电。C_1 上电压的上升速度远大于 C_2。当 C_1 上电压数值达到 T_1 的峰点电压 V_P 时,T_1 导通振荡,C_1 放电,此时电源仍通过 R_5 对 C_2 缓慢充电。在 T_1 的第一周振荡结束后,电源重又通过 R_1 对 C_1 充电,开始第二周振荡过程。但与第一周振荡不同的是,在 T_1 振荡的第一周内 C_2 上已经积累的少量电荷,也会通过大电阻 R_6 参与对 C_1 的充电,因此第二周中 C_1 充电达到 V_P 的时间会比第一周时略有缩短,从而使第二周的振荡周期略小于第一周的振荡周期。依此类推,第二周振荡结束时大电容 C_2 上所积累的电压又有所增加,从而使 T_1 第三周的振荡周期又有所减小。如此进行,所产生的每一周振荡的周期总是不同

于前面的振荡周期（略有减小），直到 T_2 振荡为止。设 T_2 的振荡周期为 T_1 的 10 倍左右，则在 T_1 振荡 10 周后，C_2 所充的电压达到 T_2 的峰点电压而使 T_2 导通，C_2 放电，产生一次振荡。此后重又开始前述过程。但是，由于 C_2 放电结束的时刻与 C_1 开始充电的时刻之间的关系是随机的，所以 T_1 振荡 10 周（T_2 振荡 1 周）后 C_1 开始再次充电，C_2 上的电压值也是随机的。可见 T_1 振荡器所产生的脉冲重复周期是随机抖动的。适当选择元件数值，可以使所产生的触发脉冲频率在 82～92 Hz 之间随机变化，如图 8-18 所示。

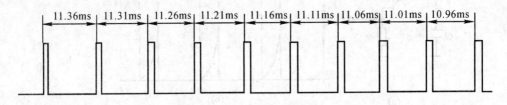

图 8-18　触发脉冲的周期变化

三、脉冲重复频率的转换

触发脉冲重复频率的转换是由状态转换电路产生的转换信号控制的。

利用除 4 计数器及相应的门电路来进行转换是一种常用的方法。下面以图 8-19 所示的原理电路为例说明实现脉冲重复频率转换的方法，图 8-20 为这一电路的主要波形。

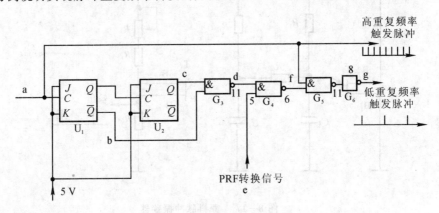

图 8-19　脉冲重复频率转换电路

两个 JK 触发器 U_1 和 U_2 组成了一个除 4 计数器。设触发脉冲的平均频率为 90 Hz，如图 8-20(a)所示。当它加至计数器的时钟输入端时，图 8-19 中的 b，c，d 各点的波形如图 8-20(b)，(c)，(d)所示。

由状态转换电路产生的重复频率转换信号在跟踪状态为高电平，在搜索状态为低电平，如图 8-20(e)所示。这样，在跟踪状态，与非门 G_4 的输出端便形成了如图 8-20(f)所示的选择波门。在这一选择波门的控制下，G_5 将输入的高重复频率触发脉冲转换为低重复频率触发脉冲，其波形（经非门 G_6 后 g 点的波形）如图 8-20(g)所示。

由于触发脉冲产生电路所产生的高重复频率触发脉冲的周期是随机变化的，所以所形成的低重复频率脉冲的周期也是随机变化的，其平均值为 44 ms（平均频率为 22.5 Hz）。

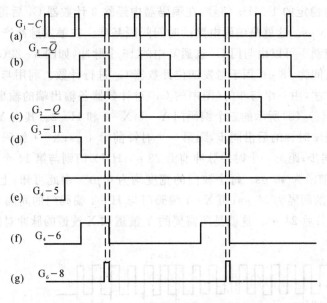

图 8-20　脉冲重复频率转换电路波形

四、编码原理

1. 脉冲对间隔控制

测距机中的编码电路的功用是在 X/Y 波道选择信号的控制下,产生间隔为 12 μs 的 X 波道编码脉冲对或间隔为 36 μs 的 Y 波道编码脉冲对。波道选择信号由频率合成器中的波道解码电路提供。

图 8-21 为典型的编码电路原理方框图。通常所用的编码方法是保持脉冲对的第二个脉冲的位置不变,而利用 X/Y 波道选择信号来控制第一个脉冲的位置,以达到控制脉冲对的两个脉冲之间的间隔为 12 μs 或 36 μs 的目的。

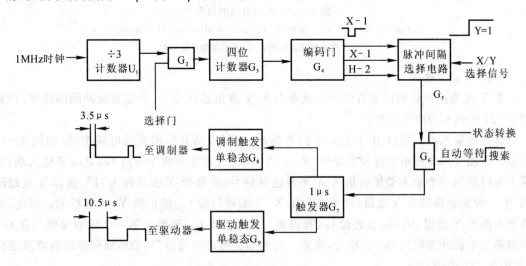

图 8-21　编码电路原理方框图

来自频率合成器的稳定的 1 MHz 信号,在编码器中经除 3 计数器 G_1 后得到 0.33 MHz 的时钟信号,其周期为 3 μs。这就是编码电路的时间间隔基准。在触发脉冲产生电路所提供的一个编码选择门的控制下可以由与门 G_2 选其中的 16 个脉冲,如图 8 - 22(a)所示。这 16 个脉冲所占用的时间区间为 48 μs,用于触发四位计数器 G_3 进行计数。利用与前述进行脉冲重复频率转换的相似方法,用一组与非门(图中的 G_4)对计数器各输出端的输出进行组合,即可得到如图 8 - 22(b),(c),(d)所示的三个编码门 Y - 1,X - 1 和 H - 2。其中 Y - 1 编码门的前沿与第二个 0.33 MHz 时钟的后沿同步,距第一个时钟前沿 4 μs;X - 1 编码门的前沿与第 10 个时钟脉冲的后沿同步,距第一个时钟脉冲前沿 28 μs;H - 2 门则与第 14 个时钟脉冲的后沿同步,距第一个时钟前沿为 40 μs。每个波门的宽度均为 6 μs。由此可知,上述 Y - 1 编码门与 H - 2 编码门之间的间隔为 36 μs;而 X - 1 编码门与 H - 2 编码门的间隔为 12 μs,X - 1 编码门比 Y - 1 编码门落后 24 μs。这就是所需要的 Y 波道和 X 波道的脉冲对间隔时间。

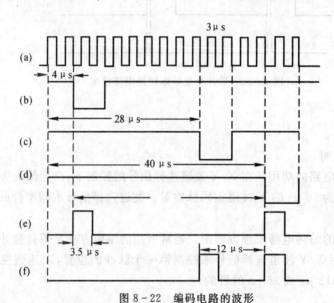

图 8 - 22　编码电路的波形
(a) 编码时钟; (b) Y - 1 编码门; (c) X - 1 编码门; (d) H - 2 编码门;
(e) Y 波道触发脉冲对; (f) X 波道触发脉冲对

2. X/Y 波道选择

X/Y 波道选择是利用来自频率合成器的 X/Y 波道选择信号,去控制脉冲间隔选门(见图 8 - 21 中的 G_5)而实现的。

脉冲间隔选门可以用与门、或非门等组成,也可以用其他形式的电路组成,如图 8 - 23 所示。在图 8 - 23 所示的选择电路中,Y - 1,X - 1 门分别加至两个与门 G_{5A},G_{5B} 的输入端;这两个与门的另一个输入端加的是 X/Y 波道选择信号,在选择 Y 波道时为"1",选择 X 波道时为"0"。设所选择的是 X 波道,则 G_{5A} 选通,X - 1 编码门经 G_{5A} 输出而 Y - 1 被抑制。反之,若所选择的是 Y 波道,则 G_{5B} 选通而 G_{5A} 被抑制。由 G_{5A} 或 G_{5B} 输出的第一个脉冲编码门在 G_{5D} 中与第二个脉冲编码门 H - 2 组合,形成一对完整的脉冲对选择门,加至信号控制搜索选通门(见图 8 - 21 中的 G_6)。

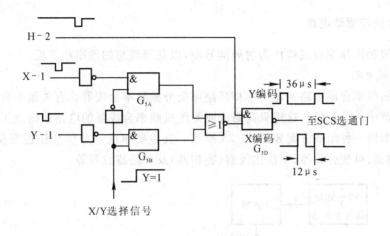

图 8-23 X/Y 波道选择

3. 信号控制搜索

信号控制搜索电路(SCS)的作用是控制测距机是否产生询问发射信号。通常所用的控制方式,是通过对所接收到脉冲对计数,产生 SCS 选通信号,去选通输至发射机的触发脉冲。

SCS 电路的工作原理可用图 8-24 来说明。测距机所接收到的脉冲信号,经接收机视频处理器处理后加至 SCS 电路的三位计数器进行计数,若所接收到的有效脉冲信号在一个询问周期中超过 450 对/s。计数器的输出即通过门电路加至发射机触发器,使触发器的输出变为高电平。这一信号加至 SCS 选通门 G_6,即可使编码脉冲对触发信号通过 G_6 输出,去触发调制发射电路。反之,若三位计数器的计数表明测距机所接收到的脉冲数不足,则 SCS 控制信号为低电平,触发脉冲对就不能通过选通门 G_6 输出,从而抑制发射机。

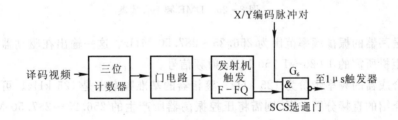

图 8-24 SCS 电路

4. 触发脉冲的宽度

利用编码电路所形成的间隔不同的 X 或 Y 脉冲对,触发单稳触发器 G_7(见图 8-21),可得到 1 μs 的触发脉冲。这 1 μs 的触发脉冲加至调制触发脉冲形成级 G_8,即可获得宽度为 3.5 μs 的正极性触发脉冲对——调制触发脉冲对。在这一调制触发脉冲对的触发下,调制发射电路产生射频脉冲询问信号输至天线。与此同时,G_7 的输出还用于触发另一个单稳触发器 G_9,产生宽度为 10.5 μs 的负极性驱动器触发信号输至驱动器。所形成的调制触发脉冲对和驱动器触发脉冲对的波形宽度,分别决定于这两个单稳触发电路,并且通常是可以调节的。如果编码电路所形成的编码脉冲对的间隔为 36 μs(Y 波道),则调制触发脉冲对和驱动触发脉冲对的脉冲间隔也就被确定为 36 μs,如图 8-22 所示。

五、频率合成与驱动电路

测距机一般利用频率合成器作为射频信号源,以获得理想的频率稳定度。

1. 频率合成电路

测距机中的频率合成电路通常为锁相环路可变分频频率合成器。有关频率合成器的基础知识已在第二章中作了介绍。这里只简略说明测距机频率合成器的电路结构及工作概况。

频率合成器的一种组成方案如图 8-25 所示。其主要组成部分包括压控振荡器、晶体基准振荡器、混频器、可变分频器、相位比较器(鉴相器)及环路滤波器等。

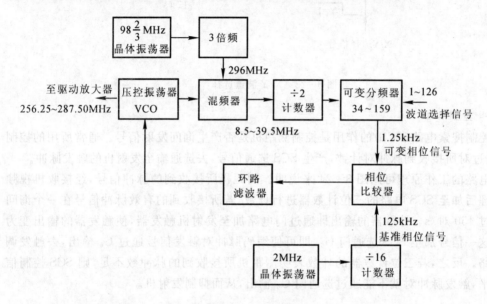

图 8-25 DME 频率合成器

压控振荡器的振荡频率范围为 256.25~287.50 MHz。这一输出在驱动器中经 4 倍频即可得到测距机所需的 1 025~1 150 MHz 射频信号。

频率合成器的频率步阶为 125 kHz。鉴相器的基准频率也是 125 kHz。可见如果按照第二章中所介绍的直接分频方案,则需将压控振荡器所产生的 256.25~287.50 MHz 信号降到 125 kHz 左右,所需进行的分频比为 2 000 左右。如果不用这种直接分频方案,还可以采用变频和分频相结合的降频方案,如图 8-25 所示。压控振荡器所产生的高频信号,先在混频器中与 296 MHz 的晶体稳频信号相混频,使频率降低为 8.5~39.75 MHz。296 MHz 稳频信号是由 98.667 MHz 的晶体振荡信号经 3 倍频而获得的。这一降频后的压控振荡器输出信号,再经二次分频得到 4.25~19.875 MHz 的信号,然后加至可变分频器进行可变分频。

可变分频器的分频比 N 由波道选择信号控制。设所选定的波道为 N,例如,当选择第 1 波道时,分频比为 159。这样,降至 19.875 MHz 的压控振荡信号在可变分频器中按分频比 159 进行分频后的频率为 125 kHz;如果选择 126 波道,则分频比为 34,此时可变分频器按分频比 34 对降至 4.25 MHz 的压控振荡信号进行分频,所得到的信号频率也是 125 kHz。可见,利用这种混频和分频相结合的降频方案,所需的可变分频比为 34~159。

加至鉴相器的基准信号是由 2 MHz 的晶体振荡器提供的。晶体振荡器的输出经过除 16

计数器,即可得到稳定的 125 kHz 基准振荡信号。此外,2 MHz 信号还经除 2 分频产生 1 MHz 信号,输至编码电路作为确定脉冲对间隔的基准时钟。

晶体振荡器提供的 125 kHz 稳定基准信号与来自压控振荡器的 125 kHz 信号在相位比较电路中进行相位比较,其输出的误差信号决定于压控振荡信号相对于基准信号的频率偏移。相位比较器的输出经积分放大、滤波后所得到的直流控制电压加到压控振荡器,控制压控振荡器的振荡频率。一旦压控振荡频率发生偏移,环路即产生幅度决定于偏移量而极性决定于偏移方向的直流控制电压,对压控振荡器进行微调,使频率回复到稳定的晶体基准振荡频率上,从而使压控振荡器所提供信号频率稳定度与晶体基准振荡相一致。在选择不同的波道后,可变分频器的分频比随之改变,但在环路锁定状态加到相位比较器的压控振荡信号仍为 125 kHz。此时,直流控制电压稳定在新的电平上,以使压控振荡器的振荡频率稳定在新的频率上。当直流控制电压为 3.9~9.7 V 时,压控振荡频率的范围为 256.25~287.50 MHz。

2. 驱动放大电路

驱动放大电路用于对频率合成器产生的信号进行倍频、放大和实现对射频信号的预调制,其电路组成如图 8 - 26 所示。

由频率合成器输入的 256.25~287.50 MHz 的稳频信号,在由 Q_3 放大的前后,由 2 倍频器 Q_1,Q_2 及 D_1,D_2 进行两次 2 倍频后即成为测距机的 1 025~1 150 MHz 的连续射频信号。射频信号加至由 PIN 管组成的开关电路。

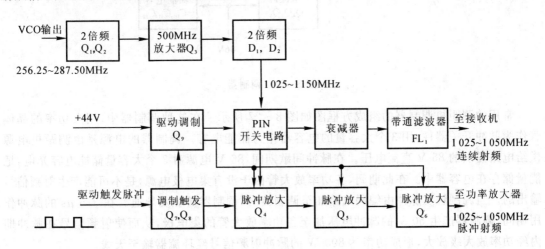

图 8 - 26 驱动放大器

PIN 开关电路的转换由来自编码电路的驱动触发脉冲控制。当没有驱动触发脉冲对输入时,调制触发级 Q_7、Q_8 及驱动调制级 Q_9 是截止的,此时 PIN 管开关电路使射频信号通过衰减器和带通滤波器输至接收混频器,而不能输至后面的驱动放大电路。当驱动触发脉冲作用于调制触发级 Q_7 的基极时,Q_7、Q_8 及驱动调制级 Q_9 均导通。这样使 PIN 管的偏置电压发生变化,从而使射频信号在驱动触发脉冲作用期内通过 PIN 管开关电路输至驱动放大器 Q_4,Q_5 及 Q_6,而不再输至接收电路。

在驱动调制级 Q_9 导通期间,44 V 直流电源经 Q_9 加至三级驱动放大器 Q_4,Q_5 及 Q_6。于是射频信号在驱动触发脉冲作用期内经三级放大器放大,从而形成宽度为 10.5 μs 的脉冲射频信号,实现对射频信号的预调制。

三级放大器使脉冲调制信号的功率达到 55 W 左右,输至功率放大器。

六、调制器

对测距机调制器的基本要求有两个方面。一方面,调制器应能提供足够的调制功率。测距机所发射的询问信号功率约为 700 W,这就要求脉冲调制器应能在短暂的 3.5 μs 脉冲作用期内提供足够的脉冲功率。输至功率放大器的脉冲电压为 50 V,电流则高达 80 A。另一方面,由于射频询问信号的包络波形主要决定于调制器所提供的调制脉冲波形,所以调制器必须能产生满足系统要求的钟形调制脉冲。不论哪种形式的调制电路,调制器均应能满足上述两方面的基本要求。

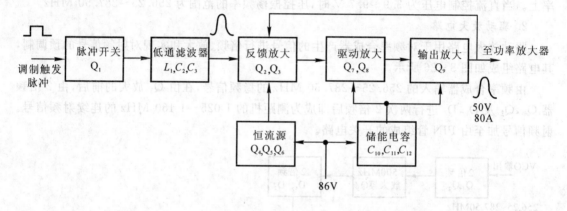

图 8 - 27 调制器

常用的测距机调制器的组成方框图如图 8 - 27 所示。在这种调制器中,用大功率的晶体管作为脉冲开关器件,用 3 个大容量的电容器作为储能电容。调制器的电源是由测距机电源供给电路提供的 86 V 直流电压。在脉冲间歇期间,86 V 电源对 3 个大容量储能电容充电,把能量储存在电容器中。在此期间,各功率放大管由于没有集电极电源,是不可能产生射频信号输出的。当调制触发脉冲由编码电路加至调制器时,调制器被触发导通。在 3.5 μs 的脉冲作用期间,调制器产生 50 V 的脉冲电压加至各功率放大管的集电极,从而使射频信号在脉冲期内经功率放大级放大,形成功率达 800 W 的脉冲射频信号经环流器输至天线。

由于编码电路所提供的调制触发脉冲是宽度为 3.5 μs 的矩形脉冲,而系统则要求产生钟形的询问脉冲信号,所以需在调制器中对调制触发脉冲进行整形处理。为此,输入的矩形调制触发脉冲经脉冲开关管 Q_1 后,加至一个由电感 L_1 和电容 C_2,C_3 组成的低通滤波器。由第一章对脉冲信号的频谱分析可知,矩形脉冲所包含的部分高次谐波分量在通过低通滤波器时将会被抑制或衰减。因此,低通滤波器输出端的脉冲波形就不再是矩形的,而是的钟形脉冲,如图 8 - 7 所示。其包络规律近似为余弦平方规律。

为了减小负载变动或电源波动的影响,调制器中采取了负反馈措施。调制器末级输出放大器 Q_9 输出的部分信号负反馈到加法放大器 Q_2,Q_3 的基极。这样,可以使调制器所提供的调制脉冲具有稳定的振幅。此外,调制器中还用专用的恒流源(Q_4, Q_5, Q_6)对 Q_2,Q_3 供电,以进一步稳定输出的振幅。

为了获得所需的脉冲功率,调制器采用多级放大电路,以逐级提高脉冲功率。调制信号从调制放大器的末级射极输至功率放大器,以利于调制信号振幅的稳定。

七、功率放大器及环流器

1. 功率放大器

测距机的功率放大器(功率合成器)用于将输入的 1 025～1 150 MHz 的脉冲射频信号放大到所需的功率电平(约 800 W),并实现对射频信号的脉冲调制。

功率放大器的射频输入由频率合成器的驱动放大电路提供。所需要的高电平脉冲调制信号则来自调制器。放大器输出的大功率射频脉冲信号,经环流器和低通滤波器输至天线辐射。输出的射频信号功率足以满足系统对作用距离的要求。

测距机所采用的是全固态的功率放大器。由于单个晶体管的功率达不到所要求的功率电平,所以采用了功率合成的方法,其电路组成如图 8 - 28 所示。

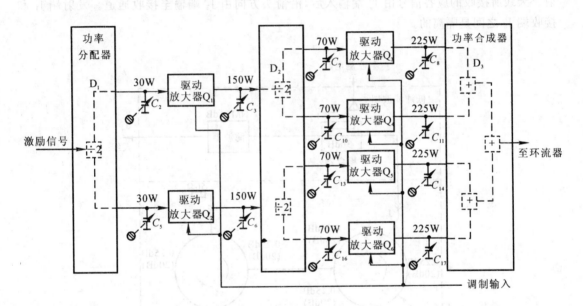

图 8 - 28　功率合成器

输入的射频驱动信号功率约为 55 W。经第一个功率分配器 D_1 分成均衡的两路加至两个驱动放大器 Q_1,Q_2 分别放大,每路的输出功率均可达到 150 W 左右。两路驱动放大器的输出再分别经功率分配器 D_2 中的两个分配器各自分成两路,然后由四路末级功率放大器 Q_3,Q_4,Q_5,Q_6 放大,每路的输出功率可达 225 W 左右。这样,由功率合成网路 D_3 将四路信号合成,所得到的射频输出功率约为 800 W。

所使用的功率分配器和功率合成网路是由微波带状线构成的。带状线功率分配器的两个输出端之间是相互隔离的,功率合成网路带状线的两个输入端也是隔离的,因此可以保证各路放大器互不干扰地独立工作。一旦其中的一路损坏,其他几路仍可正常工作,因此所损失的只是 1/4 或者 1/2 的功率。在这种情况下,测距机的输出功率虽然减小,但仍可正常地进行询问或应答,因而仍可正常提供距离信息。当然,此时系统的有效作用距离会受到不同程度的影响。在发射功率大于 175 W 的情况下,测距机是可以继续跟踪信标台的。只有当输出功率低于 100 W 时,监测电路才发出警告,使显示器能消隐或者落下警告旗。

每个放大器的输入、输出回路均是由电感和电容组成的并联回路。回路是固定调谐的,可对 1 025～1 150 MHz 的射频信号进行有效的放大。考虑到在更换大功率的功率放大管时会引起分布电容的变化,所以每个回路的电容均是可以微调的。在更换功率放大管后,需在内场用仪器监测功率,微调有关的电容器。

调制器供给的调制脉冲加到 4 个放大管的集电极,以最终实现对射频信号的脉冲调制。

2. 环流器及低通滤波器

测距机的接收和发射电路是共用一部天线工作的。收、发电路通过环流器实现与天线的连接,并保证收发电路之间的隔离。

测距机环流器的原理结构如图 8-29 所示。这是一个四端环流器。功率放大器产生的大功率询问信号由发射端 J_1 输入,信号沿箭头方向传送至 J_2 端,经低通滤波器 FL 输至天线辐射。天线所接收的应答信号由 J_2 端输入后,沿箭头方向由 J_3 端输至接收通道。发射端 J_1 和接收端 J_3 之间是隔离的。

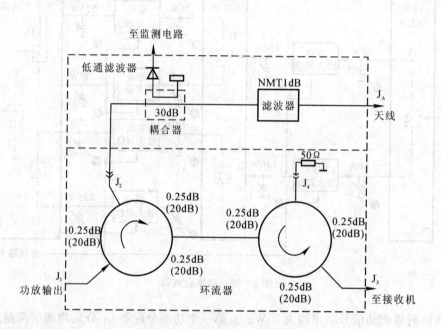

图 8-29　环流器与低通滤波器

天线所接收的应答信号经过环流器输至接收端 J_3 时,会受到一定程度的衰减。

环流器的 J_4 端接至 50 Ω 匹配负载。从环流器的 J_1,J_3 端及 J_2 端(天线端)所测量的对地直流电阻均应为 50 Ω。

在环流器和天线之间装有一个低通滤波器(在环流器组件内)。低通滤波器的作用是滤除发射电路所产生的射频谐波成分,以避免对其他设备的干扰。当然,滤波器的接入也会导致对发射信号功率的轻微衰减。这样,当发射电路环流器 J_1 端的信号功率为 800 W 时,环流器和低通滤波器大约会使信号功率损失 100 W,即输至天线的信号功率约为 700 W。

低通滤波器内有一个衰减量为 30 dB 的耦合器,用于对发射信号进行取样。发射信号取样经二极管整流后输经监测电路,以监控发射电路的工作状况。

本节以及下一节介绍实例电路的工作原理,取自应用较多的 860E—5 型测距机。尽管各型测距机发射电路和接收电路的组成结构有所不同,但各型测距机均应包含上述功能电路,并且用于实现相同功能的电路大体上是相似的,其基本工作原理也是相同的。

第四节　应答信号的接收与处理

本节说明测距机应答信号的接收处理过程,介绍视频处理器等功能电路的结构及基本工作原理。

一、电路组成及信号处理过程

测距机的接收处理电路大体上可以分为高频、中频和视频三个部分,其电路组成如图 8-30 所示。

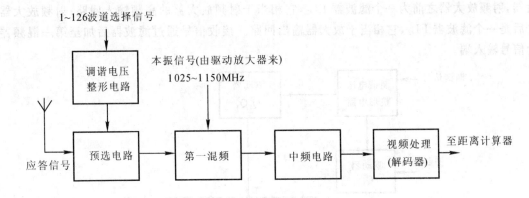

图 8-30　接收处理电路

高频部分用于选择出所选定波道的信号,并经混频将所接收的射频信号变换为中频信号。高频电路由预选器、调谐电压整形电路和第一混频器等组成。

在选定测距机的工作波道后,将代表所选波道的波道调谐信号加到接收电路中的调谐电压整形电路。调谐信号在整形电路中被变换成对应于所选择波道的直流调谐电压,以把预选器调谐到所选择波道的接收频率上。预选器是由几级调谐滤波器组成的,它采用变容二极管调谐的方式,把滤波器调谐在工作频率上,从而从输入的众多频率的接收信号中选择出本工作波道频率的信号,滤除其他频率的信号。

由频率合成器驱动放大电路输入的 1 025～1 150 MHz 稳定的射频信号,作为本机振荡信号加至第一混频器。由于接收信号的频率——信标台的发射频率与询问频率相差 63 MHz,所以混频器产生的第一中频恒为 63 MHz。

中频电路由第一中频放大器、第二混频器、本机振荡器、第二中频放大器及检波器组成。中频放大电路对信号进行足够的放大后,经检波输出视频脉冲信号。视频脉冲输至视频处理电路。

视频脉冲中既有应答脉冲对,也有信标台的噪声填充脉冲和识别信号。视频处理电路根据 X/Y 波道选择信号,对所输入的视频脉冲对的间隔进行鉴别,所鉴别出的本波道的应答信号被输至距离计算电路。对 X 波道而言,应答脉冲对的间隔与询问脉冲相同,仍为 12 μs;而 Y 波道的应答脉冲信号的脉冲间隔则为 30 μs,与询问脉冲对的 36 μs 间隔是不同的。视频信号中的测距台识别信号被输至音频系统。此外,视频脉冲还输至信号控制搜索电路,以进行脉冲计数。

在测距机发射询问信号期间,内部抑制波门被加到预选器以使预选器失谐,从而使询问射频信号不可能通过预选电路。

二、预选电路及混频器

天线所接收的射频信号经过环流器后,通过预选器预选后输至后续的混频器等接收电路。

1. 预选电路

测距机预选电路的作用与一般接收机的高频选择回路相同。预选电路由射频放大器、带通滤波器和调谐电压整形电路组成,典型的预选电路结构如图 8-31 所示。图中 Q_1 为射频放大器,射频放大器之前为一个滤波器 FL_1,它相当于射频放大器的高频输入回路;射频放大器之后是一个滤波器 FL_2,它相当于放大器输出回路。接收信号通过滤波器后加至第一混频器的信号输入端。

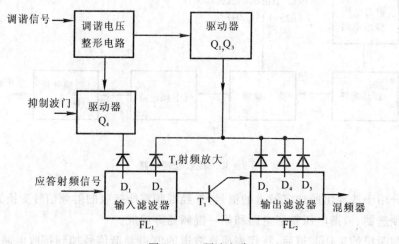

图 8-31　预选电路

滤波器是由变容二极管充当调谐元件的。滤波器 FL_1 由两个变容二极管 D_1,D_2 进行调谐;滤波器 FL_2 由三个变容二极管 D_3,D_4,D_5 调谐。

变容二极管的等效电容是决定于所施加的直流控制电压的,因此,当选择不同的波道时,由调谐电压整形电路产生的直流控制电压的数值是不同的,这就使变容二极管的等效电容随之改变。从而把滤波器调谐到所选择波道的接收频率上。

2. 调谐电压整形电路

由变容二极管结电容的变化特性可知,等效结电容与所施加的反向控制电压之间的关系不是线性的,而频率又是与电容的平方根成反比的。所以,频率变化与控制电压之间的关系不是简单的线性比例关系,但在电路和器件确定后,其变化规律就是已知的确定关系。

　　调谐电压整形电路的作用,就是按照所选定的变容二极管对频率的控制规律,对输入的调谐信号加以适当的变换处理,以在经过处理后的调谐电压控制下,把预选电路调谐到所指定的波道。整形电路所提供的控制电压应具有足够的幅度。调谐电压整形电路的输入调谐信号是线性的步阶信号,其变化范围为$-7.55\sim1.0$ V(直流)。经过整形处理后的调谐电压是按指数规律变化的步阶电压,其变化范围为$6\sim25$ V(直流)。在工厂中可校正相应的电位计,使所产生的调谐电压能够把预选电路准确地调谐到所选波道的通带。

　　整形后的调谐电压经两路驱动器输出。驱动器输出的控制电压是正极性的。驱动器 Q_4 的输出用于控制 D_1,驱动器 Q_1,Q_3 的输出用于控制 $D_2\sim D_5$。加至每一个变容二极管的控制电压都可以通过一个单独的电位器进行校正。

　　3. 发射抑制

　　在发射电路产生射频询问脉冲期间,内部抑制波门加至本电路中的抑制电路,使驱动器的输出从正常的 $6\sim25$ V 变为-11 V 左右,从而使预选电路远离工作频率,达到在发射期间抑制接收通道的目的。抑制时间为 10.5 μs。

　　4. 混频器

　　测距机第一混频器通常为环形混频器,环形混频器又称双平衡混频器,其原理电路如图 8-32 所示。采用平衡混频器电路可以更多地抑制混频所产生的非线性频率成分,使输出信号中只包含射频与本振频率的奇次和差频率分量。

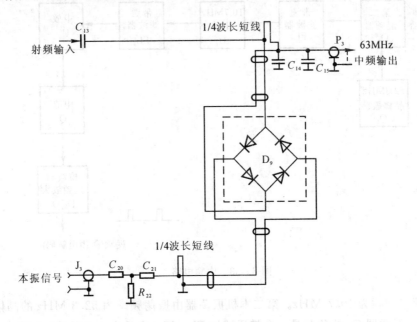

图 8-32　DME 环形混频原理电路

　　混频器由 4 个特性一致的微波二极管组成,由于工作频率高达 $1\,000$ MHz 左右,所以输入、输出电路是利用器件的分布参数形成的。

　　为了获得理想的性能,输入平衡混频器的本振信号和射频信号都必须是严格对称的。但上述信号通常是通过同轴线输入的,而同轴线的外导体又是接地的,所以在信号输入端装有1/4 波长变换装置,以把不对称的输入信号变换为平衡对称的输入信号。

三、中频电路

测距机采用双变频超外差式电路。图 8 - 33 所示为中频电路的组成方框图。

不论什么型号的测距机,其第一中频总是固定的 63 MHz。第一中频经放大器放大后,通过带通滤波器 FL₁ 加到第二混频器。带通滤波器 FL₁ 由 3 个 LC 调谐回路组成,回路间通过电容耦合。微调 3 个回路的电感可以获得对称于 63 MHz 的理想矩形频率特性,以保证足够的通带宽度并提供良好的邻道干扰抑制能力。

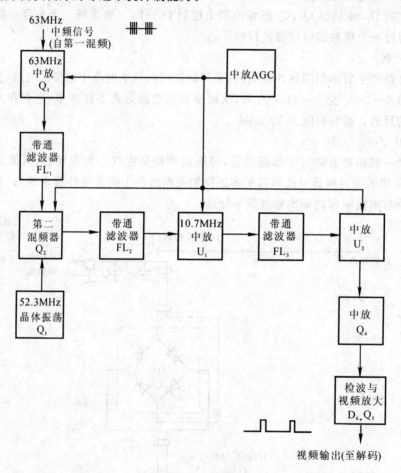

图 8 - 33　中频电路

典型的第二中频为 10.7 MHz。第二本机振荡器由振荡频率为 52.3 MHz 的晶体振荡器 Q₃ 提供。第二混频器 Q₂ 的负载是一个带通滤波 FL₂,FL₂ 也是由 3 个通过电容耦合的 LC 并联回路组成的,其中心频率为 10.7 MHz。各回路的电感均可微调。

第二中频放大器使用了两个运算放大器 A₁,A₂ 和一个晶体管 T₄,以获得足够的中频增益。A₁ 的负载为三回路带通滤波器 FL₃。

第二中频放大器的输出经检波后所获得的视频脉冲信号通过射极跟随器 Q₅ 输至视频处理电路。除末级中频放大器 Q₄ 外,各级中频放大器及第二混频器均由中频自动增益控制电路提供自动增益控制。

四、视频处理电路的基本工作原理

视频处理电路用于对输入的视频脉冲信号的间隔进行鉴别，以识别出所选定的 X 波道或 Y 波道应答信号——这就是应答信号的解码。鉴别是根据 X/Y 波道选择信号进行的。除此之外，视频处理电路还具有振幅判别功能，凡是低于 0.7V 的视频脉冲均被认为是无效信号。

视频处理电路的输出有两路。第一路是与应答脉冲对的第一个脉冲同步的"门限视频脉冲"；另一路是与脉冲对第二个脉冲同步的"解码视频脉冲"。门限脉冲和解码脉冲输至距离计算电路。

典型的视频处理电路由一系列单稳态触发电路和门电路组成，如图 8-34 所示。

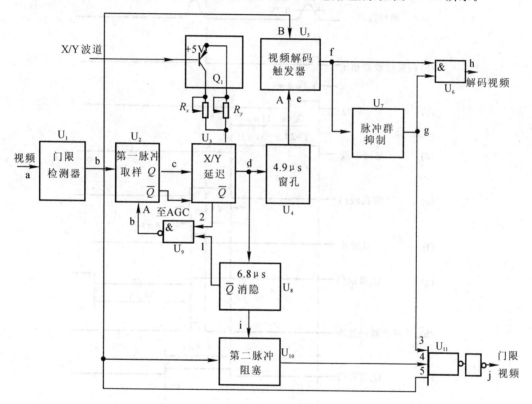

图 8-34　视频处理电路

1. 解码视频脉冲的产生

由接收电路输出的视频脉冲如图 8-35(a) 所示。视频脉冲加至视频处理电路的门限检测器 U_1。U_1 是一个电压比较器，它的视频门限通常设置为 0.7 V，超过这一门限的视频脉冲均能产生振幅恒定的输出，如图 8-35(b) 所示。

门限检测器输出的第一个触发脉冲，触发第一脉冲取样触发器 U_2。U_2 的 Q 端的输出是前沿与触发脉冲前沿同步的规则正脉冲，正脉冲的宽度为 3.4 μs，如图 8-35(c) 所示。这一脉冲用于触发 X/Y 延迟单稳触发器 U_3。U_2 的 $\overline{Q}$ 端的输出则用于启动中频放在器自动增益控制电路。

X/Y 延迟触发器 U_3 所产生的脉冲宽度受 X/Y 波道选择信号的控制。X/Y 波道选择信

号加至控制门 Q_1 的基极以控制 Q_1 的通断。Q_1 的通断改变了 U_3 的充电电阻数值,从而改变了 U_3 所产生的延迟方波的宽度(见图 8-35(d))。

延迟波门(见 8-35(d))的宽度决定了视频处理电路对第二个脉冲的选通时间。这是通过窗孔单稳触发器 U_4 所产生的"窗孔波门"(见图 8-35(e))来实现的。在延迟方波(见图 8-35(d))的后沿触发下,U_4 产生一个宽度为 4.9 μs 的窗孔波门,该波门中心距第一个视频触发脉冲的前沿的时间间隔等于延迟波门(见图 8-35(d))的宽度与窗孔波门宽度的一半之和,在选择 X 波道时为 12 μs;在选择 Y 波道时为 30 μs(见图 8-35(e))。

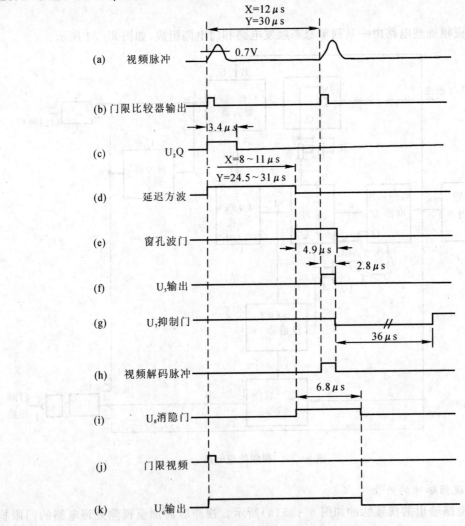

图 8-35　解码电路波形

窗孔波门(见图 8-35(e))用于选通第二个脉冲,以完成对脉冲对间隔的解码。窗孔波门作用在视频解码触发器 U_5 的 A 端;门限触发器 U_1 输出的触发脉冲——应答脉冲对的第二个脉冲——输至 U_5 的触发端 b(见图 8-34)。如果在窗孔波门的 4.9 μs 作用期间有第二个触发脉冲输入,则该触发脉冲即可触发 U_5 产生一个对应于应答脉冲对的第二个脉冲的"解码视频脉冲"输出(见图 8-35(f))。也就是说,只有当第二个触发脉冲位于 U_4 所产生的 4.9 μs

窗孔脉冲的窗孔之间时即应答信号与所选择的 X/Y 波道相符合时,解码视频触发器 U_5 才会输出对应于第二个脉冲的解码视频脉冲,从而实现对视频脉冲对脉冲间隔的识别解码。解码视频脉冲宽度为 $2.8~\mu s$,通过与门 U_6 输至距离计算电路,其波形如图 8-35(h)所示。

2. X/Y 应答脉冲的解码过程

现在,设测距机所选择的是某一 X 波道。当众多的视频脉冲由接收电路输至视频处理电路时,只有其中的间隔为 $12~\mu s$ 的 X 波道应答脉冲对才能产生解码视频脉冲输至距离计算电路。而间隔为 $30~\mu s$ 的 Y 波道应答脉冲及其他脉冲均不能产生解码视频脉冲输出。

此时,加至选择门 Q_1 的 X/Y 波道选择信号为低电平,Q_1 导通。Q_1 的导通使 R_x 与 R_y 并联,对延迟方波产生器 U_3 的电容充电。R_x 与 R_y 并联使充电电阻减小,所以 U_3 产生的延迟方波的宽度较小,为 $9.55~\mu s$,调节 R_x,可使延迟方波宽度在 $8\sim11~\mu s$ 的范围内变化。这样,由延迟方波后沿触发产生的 $4.9~\mu s$ 的窗孔脉冲的中心与第一个触发脉冲前沿的间隔为

$$9.55+4.9/2=12~\mu s$$

正好与 X 应答脉冲对的第二个脉冲一致,因此 X 波道应答脉冲的第二个触发脉冲可通过该窗孔去触发解码视频触发器 U_5,产生 X 波道解码视频输出,而 Y 波道的第二个脉冲与该窗孔脉冲不一致,是不可能产生解码视频输出的。

若测距机选择的是某一个 Y 波道,则加至选择门 Q_1 的 X/Y 波道信号为高电平,Q_1 截止。这样,U_3 的充电电阻仅为 R_y,故所产生的延迟方波宽度较宽,为 $27.55~\mu s$。调节 R_y,可使延迟方波宽度在 $24.5\sim31~\mu s$ 的范围内变化。可见,此时窗孔脉冲的发生时间是与 Y 波道应答脉冲对的第二个脉冲相符合的,即

$$27.55+4.9/2=30~\mu s$$

所以,第二个脉冲能够触发产生解码视频输出,而 X 波道脉冲是被抑制的。

由上可见,只有那些符合测距机所选定波道的应答脉冲对,才能通过视频处理电路输出——产生解码视频脉冲输至距离计算电路。

3. 门限视频输出

应答脉冲对的第一个脉冲可以通过第二脉冲阻塞触发器 U_{10} 及输出门 U_{11} 等,产生与第一个脉冲同步的"门限视频脉冲"输出,脉冲对的第二个脉冲是不能通过 U_{10} 输出的(见图 8-34)。

通过门限检测器 U_1 的第一个触发脉冲直接加至门限视频输出门 U_{11} 的一个输入端 5。这个正极性的第一触发脉冲还加到第二脉冲阻塞触发器 U_{10} 的时钟输入端。输出与门 U_{11} 的另一个输入端 4 上所施加的是 U_{10} 的 $\bar{Q}$ 端的输出。U_{11} 的第三个输入端 3 上所作用的是由脉冲群抑制触发器 U_7 产生的波门(见图 8-35(g),其作用在下面介绍)。由图 8-35(g)可见,在应答脉冲对的第一个触发脉冲期间,三端与非门 U_{11} 的三个输入端均为高电平,故可产生与第一个脉冲同步的门限视频脉冲经非门 U_{12} 输至距离计算电路,其波形如图 8-35(j)所示。

至于脉冲对的第二个脉冲,是不能通过 U_{11} 输出的。这是因为在第一脉冲通过后,U_{10} 的 $\bar{Q}$ 端将保持为低电平,这个状态会一直保持到第二个脉冲结束之后,所以能够阻断第二脉冲。

4. 其他脉冲的抑制

视频处理电路除了应使所选择波道的应答脉冲对能分别产生单一的门限视频脉冲和解码视频脉冲输出外,还应能防止其他脉冲产生输出。这一要求是由脉冲群抑制触发器 U_7、消隐触发器 U_8 及与非门 U_9 等来完成的。脉冲群抑制触发器 U_7 的功用是产生抑制 TACAN 脉

冲群的 36 μs 负波门。它是由解码视频触发器 U_5 所产生的解码视频(见图 8 - 35(f))的后沿触发产生的。所产生的负方波宽度为 36 μs。U_7 的 Q 端的输出波形如图 8 - 35(g)所示。这一负波门加到解码视频输出与门 U_6 的一个输入端,使该输出门在产生解码视频输出后抑制 36 μs。这样,TACAN 系统所发射的跟随在测距应答脉冲对后面的其他脉冲群信号,就不可能通过输出与门 U_6 产生解码视频输出了。这一负波门还加至门限视频脉冲输出与门 U_{11},起到同样的抑制作用,

消隐触发器 U_8 是由延迟方波(见图 8 - 35(d))的后沿触发的,它所产生的脉冲宽度为 6.8 μs(见图 8 - 35(i))。U_8 的 $\bar{Q}$ 端输出的负方波加至与非门 U_9 的一个输入端 1。U_9 另一输入端 2 上所作用的是来自 U_3 的 $\bar{Q}$ 端的负延迟方波。这样,在 U_9 的输出端即得到如图 8 - 35(k)所示的正方波,它加到第一脉冲取样触发器 U_2 的 A 输入端,使 U_2 在脉冲对的整个期间内不会被其他脉冲所触发,从而保证对应答脉冲对的正常解码。

综上所述,对于所选择波道的应答脉冲对,视频处理电路能够在其输出端 h 产生与脉冲对的第二个脉冲同步的解码视频脉冲输出,在输出端 j 产生与脉冲对的第一个脉冲同步的门限视频脉冲输出;所选择波道的脉冲对及其他脉冲是不会产生解码视频脉冲输出的。

解码视频脉冲除输至距离计算电路外,还输至 1 350 Hz 识别音频电路,以提供识别信号。

第五节　距离计算原理

测距机的接收处理电路所输出的应答视频脉冲对(门限视频脉冲和解码视频脉冲)输至距离测量电路,以计算飞机与信标台的斜距。距离测量电路也可以称为距离计算器。

由于门限视频脉冲和解码视频脉冲是分别对应于应答脉冲对的第一个和第二个脉冲的,所以门限视频脉冲相对于发射时刻 t_0 的时间延迟 t_a 是和飞机的距离成比例的。设法测量这一时间间隔 t_a,就可以获得飞机的距离信息。

实现上述时间(距离)计算的电路方案以及所使用的器件,视设备的不同而有很大差别,但大体上可以分为模拟式和数字式两类。模拟式测距机利用模拟电路来测量距离,其测量精度较低,测量的速度也较慢。近代机载测距机采用数字器件来组成距离计算电路,不仅测量精度大为提高,并且能够适应高速运动飞机的距离变化。先进的测距机则进一步利用微处理器来控制信号的处理过程并实现距离计算,使测距性能进一步提高,设备的工作性能更加可靠。下面在介绍模拟式距离测量电路原理的基础上,说明数字式距离计算电路的基本原理、电路结构及距离计算过程。

一、模拟式距离测量电路

在这类距离测量电路中,基本的方法是设法产生一个延迟时间可调的内部距离波门去搜索接收处理电路所输出的应答视频脉冲。当在若干次询问中内部距离波门的延迟时间与视频处理器输出的应答视频脉冲的延迟时间相符合时,即表明距离计算电路已"捕捉"住应答脉冲。此时,距离波门的延迟时间是与应答脉冲相对于发射脉冲的延迟时间大体相等的。此后,电路转入跟踪状态。由距离波门所触发产生的双向锯齿波和应答视频脉冲一起加到超前门和滞后门,以判断视频应答脉冲相对于双向锯齿波的位置。利用这种方法,可以进一步微调距离波门的延迟时间,以准确测量应答脉冲相对于 t_0 脉冲的延迟时间,即准确测量出飞机的距离。

　　图 8-36 所示是距离测量过程原理图。由图可见，距离波门的延迟决定于移相器的延迟时间，而移相器的延迟时间又是通过伺服电机的传动轴来机械地调节的。伺服电机的传动轴在调节移相器延迟时间的同时，还同轴地控制着数码式距离指示器的距离读数，因而移相器的移相时间（即距离波门的延迟时间）与距离读数是协调一致的。由此可知，伺服电机与移相器及距离指示器之间的传动轴，实际上就是距离测量轴。

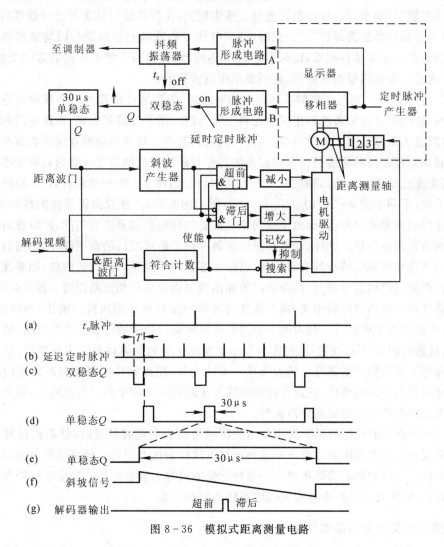

图 8-36　模拟式距离测量电路

　　由定时信号产生器产生的正弦信号，分别加到脉冲形成电路 A 和移相器。脉冲形成电路 A 在正弦定时信号的过零时刻产生一个定时脉冲，加到颤抖脉冲产生器，以产生重复频率随机抖动的 t_0 触发脉冲，如图 8-36(a) 所示。触发脉冲在触发调制发射电路的同时，还加至电路中的双稳触发器的复位端，使触发器复位——这一复位时刻就是距离计算的时间起点。正弦定时信号经移相器延迟后加至另一个脉冲形成电路 B，以产生延迟触发脉冲，如图 8-36(b) 所示。延迟触发脉冲的延迟时间 T 决定于伺服电机距离测量轴的瞬时位置。延迟触发脉冲加到双稳态触发器的置位端，使输出端 Q 在 t_0 之后 T 时刻变为高电平，波形如图 8-36(c) 所示。

　　距离计算电路中的距离波门产生器是一个单稳态触发电路,它是由双稳态触发器的 Q 输出触发的。单稳态触发电路所产生的距离波门的宽度为 30 μs,注意距离波门的起始时刻比发射时刻 t_o 延迟了一段时间 T,如图 8 - 36(d)所示。这一距离波门分别加到距离波门和斜波发生器。

　　距离波门是一个与门逻辑电路。当应答脉冲在距离波门期间内作用于距离波门时,距离波门即输出逻辑"1"加至符合计数器。显然在搜索期间,由距离波门输至符合计数器的速率较低,所以符合计数器输出为逻辑"0"。此时,搜索电路工作而超前门和滞后门均被抑制。电机在搜索电路的控制下驱动移相器,使延迟时间 T 逐渐增大,即向着增大距离的方向变化,在搜索期间,距离指示器被消隐旗所遮挡,是不显示距离读数的。

　　当延迟时间 T 增大到与飞机的实际距离相对应时,能够通过距离波门的视频应答脉冲的速率的增高,使得符合计数器的输出变为逻辑"1"。这样,搜索电路被抑制,而超前门和滞后门被开启,电路进入跟踪状态。此时,由距离波门触发斜波产生器所形成的双向锯齿波和视频应答脉冲一起加到超前门和滞后门。双向锯齿波门是与距离波门的宽度一致的对称于零电平的锯齿波,其宽度也是 30 μs,波形如图 8 - 36(f)所示(注意:图 8 - 36 中波形(e),(f)的时间比例是被放大了的,不同于图 8 - 36(a),(b),(c),(d)所示的波形)。在双向锯齿波的控制下,超前门在距离波门的前半部分开启;而由于双向锯齿波是经反相后加到滞后门的,所以滞后门是在距离波门的后半部分开启。这样,如果视频应答脉冲位于距离波门的前半部分,则超前门的输出使电机驱动移相器略微减小延迟时间 T,以使应答脉冲移向距离波门的中央;如果视频应答脉冲出现在距离波门的后半部分,则滞后门的输出使电机驱动移相器略微增大延迟时间,同样是使应答脉冲移向距离波门的中央;而当视频应答脉冲正好位于距离波门的正中时(见图 8 - 36(g)),由于锯齿波正中处有一段时间 τ 的波形使得超前门和滞后门都不产生输出,所以电机不再转动,延迟时间 T 不再改变,此时距离显示器显示正确的距离读数。不难理解,这一段时间的宽度应等于应答脉冲的宽度。随着飞机距离的变化,距离计算电路控制距离波门跟踪视频应答脉冲的延迟时间的变化,使应答脉冲始终处于距离波门的中央。与此同时,距离显示器的读数随飞机距离的变化而更新距离读数。

　　图 8 - 36 中所示的记忆电路的功用是当测距机暂时丢失应答信号时,使距离计算电路按丢失时的速度和方向改变距离读数——这种记忆方式称为速度记忆。也可以把电路设计成在记忆期间保持丢失时的距离读数不变——这种记忆方式称为静态记忆。当应答脉冲丢失时间超出记忆期(一般为几秒)时,电路由记忆状态转为搜索状态。

二、数字式测距电路的基本原理

　　目前,机载测距机普遍采用数字器件来实现距离计算的任务,以从根本上提高测距精度及其他性能指标。

　　利用数字器件实现距离计算的基本过程和上面所介绍的模拟式距离测量并无实质性区别,也可以分为搜索和跟踪两个大的阶段。所不同的是,在数字式距离计算电路中,是利用计数器一类数字器件来产生延迟时间可用的距离波门,并产生数字式的距离信息输出。图8 - 37是表示这一基本过程的原理电路方框图。下面结合图 8 - 37 说明数字式距离计算电路的基本原理。

　　时钟产生器用于产生所需的计数脉冲。它通常由晶体振荡器和数字分频器等组成,因而时钟脉冲的周期十分稳定,保证了时间度量——距离计数的准确性。时钟脉冲通过计数控制电路输至距离计数器,作为距离计数器的计数脉冲。计数控制电路受状态转换控制电路输出的状态转换信号和 t_0 触发脉冲的控制。t_0 触发脉冲在触发调制发射电路产生射频询问信号的同时,起动计数控制电路。这样,计数脉冲便输至距离计数器,使之开始计数,从而使距离计算电路获得 t_0 时刻信息。加至计数控制电路的状态控制信号,通过对计数脉冲的控制而实现对距离计数器工作状态以及计数速率的控制。距离计数器是实现距离计算的核心电路。它的最大计数应符合测距机的最大作用范围的要求。通常,机载测距机的距离增量为 0.1 n mile.对应于这一距离增量的信号往返延迟时间为 1.23 μs——这就是计数脉冲的间隔周期,因此,所选用的基本计数脉冲的频率为 809 kHz。设测距机的最大作用范围为 400 n mile,则距离计数器需由 0.1 n mile,1 n mile,10 n milem 和 100 n mile 四个计数器组成。另外,为了实现对应答脉冲的精确跟踪。还需要一个分辨率为 0.01 n mile 的计数器。距离波门产生器的功用是产生一个宽度一定的距离波门。所产生的距离波门与视频处理器输出的视频应答脉冲一起加到距离波门电路,用于检验应答脉冲是否是针对本测距机询问的应答信号。对本测距机的应答脉冲,由于在连续的询问周期中是同步的,所以可使应答速率鉴别电路有较高速率的输出,而信标台对其他飞机的应答信号,以及断续脉冲,由于不可能和本测距机的询问(t_0 触发脉冲)保持同步关系,因此是不会使应答速率鉴别电路有高速率输出的。状态转换电路即根据应答速率鉴别电路输出速率的高低,控制距离计数器的计数状态。在判别出一对应答脉冲是对本测距机的同步应答脉冲的情况下,距离计数器的距离计数就代表了飞机的距离信息,并由距离跟踪电路进行微调,以跟踪飞机距离信息的缓慢变化。距离计数器的数字式距离信号,输至数字式距离显示器,显示飞机的实时距离。

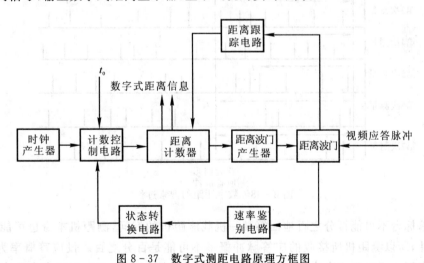

图 8-37　数字式测距电路原理方框图

三、数字式测距的搜索过程

　　和模拟式测距一样,数字式测距机也只有在从众多的视频脉冲中识别出对本测距机的同步应答脉冲的基础上,才能实现距离计算,这一任务是在搜索阶段完成的。

　　设测距机的最大测距范围为 400 n mile,则脉冲往返的时间约为 5 000 μs。若信标台的发射速率为 2 700 对/s,那么在这段时间中,测距机所能接收到的应答脉冲对数平均为

$$2\ 700 \times 5\ 000 \times 10^{-6} = 13.5 \approx 14\ 对$$

在这 14 对脉冲中,只有一对可能是对本测距机的应答脉冲。所谓搜索,就是从这 14 对脉冲中,识别出对本测距机询问的那一对应答脉冲来。

在电路开始工作时,距离计数器被预置为最大距离,并自该最大距离计数开始下行计数(即作减计数)。距离波门是由距离波门产生电路根据距离计数器的输出产生的,它在距离计数为 398.7 时开始,在距离计数为 398.0 时结束。在第一次测距过程中,首先搜索到的是距离最近的第一个应答脉冲(见图 8-38),距离计数器停止计数时的距离计数就是这个应答脉冲所对应的距离 R_1。在第二次测量过程中,若在同一时刻时未能出现同一应答脉冲,则说明在第一次测量过程中所遇到的第一个应答脉冲不是对本测距机询问的应答脉冲。于是,距离计数器的距离计数继续增大,以搜索距离较大的第二个应答脉冲,并使距离计数变为第二个应答脉冲所对应的距离 R_2。依此类推,当连续的两次询问后的同一时刻处出现同一应答脉冲时(见图 8-38 中的第 6 次和第 7 次测量),即表明该应答脉冲就是针对本测距机询问的同步应答脉冲。此时,距离计数器的距离计数不再继续增大,而保持为该同步应答脉冲所对应的距离 R_6。由此可知,当飞机刚进入信标台的距离测量范围时,约需经历这样的 13~14 次距离测量过程,才会搜索到对自己的应答脉冲。

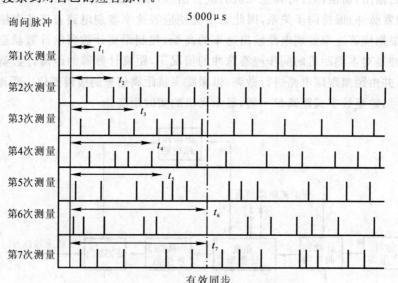

图 8-38　数字测距的搜索过程

由于信标台不可能百分之百地回答某一机载测距机的询问,测距机本身也可能会丢失一些应答脉冲,所以测距机所接收的应答脉冲概率不可能是百分之百。设应答概率为 50%,则需要 4 次询问才可收到两次应答。一般若速率鉴别电路判别在 15 次询问中有 7 次或 7 次以上的同步应答,且在连续的 3 次询问中至少有一次应答,则状态转换电路立即使距离计算电路转入跟踪状态。

四、数字式测距的工作过程

当数字式测距电路进入跟踪状态时,同步应答脉冲已经位于波门之中。但是,随着飞机的前进,这一应答脉冲相对于 t_0 的时间会随着改变。数字式跟踪电路的功用就是按照飞机距离的变化而自动地调节距离波门的位置,以使应答脉冲始终位于距离波门的中央,在调节距离波门位置的同时,距离计数器的距离计数随之修正。图 8-39 是一种数字式测距电路的跟踪电路功能方框图。距离波门和应答脉冲(包括对应于应答脉冲对的第一脉冲——门限视频脉冲和第二脉冲——解码脉冲)一起加至误差检测电路,加至该电路的还有距离波门中心信号。这样,误差检测电路即可判断应答脉冲在距离波门中的位置——是处在波门的前半部分,还是处在波门的后半部分,以及相对于波门中心位置的偏离量。误差检测器的输出经过平滑电路处理后产生两种类型的信号输出。一种是当应答脉冲偏离波门中心位置时的脉冲信号,用于表明应答脉冲偏离中心位置的极性;另一种是表示误差大小的脉冲群信号。速度积累器和数字控制振荡器相配合,选择出一种更新速率,以表示飞机距离改变的速率,并反映出飞机距离改变的方向。例如当飞机的速度为 360.0 n mile/h 时,数字控制振荡器所产生的速度输出为 10 个脉冲/s,其中每个脉冲代表速率为 0.01 n mile/s,这样 10 个脉冲/s 即表示速率为 0.1 n mile/s~360.0 n mile/h。

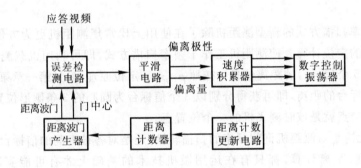

图 8-39 数字式测距跟踪电路功能方框图

距离计算更新电路输出的距离更新脉冲加至距离计数器中的 0.01 n mile 计数器,该计数器的输出用于调节后四级距离计数器(0.1 n mile,1 n mile,10 nmile 及 100 n mile 计数器)开始计数的时刻,从而调节距离波门的位置。这样,通过调节距离波门的位置而改变应答脉冲相对于距离波门中心的位置,使得应答脉冲始终位于距离波门的中心,从而实现跟踪飞机距离变化的目的。

第六节 应用微处理器的新型测距机

目前,不少现代飞机已经装备了符合 ARINC709 规范的新一代测距机。典型的设备有柯林斯公司的 DME—700,本迪克斯公司的 DMA—37A,以及其他公司的同类产品。这类设备广泛使用大规模集成器件,其显著特点是应用微处理器来控制测距机的整机工作状态转换,实现距离计算、性能监测以及其他功能。微机技术与大规模集成电路器件的应用,不仅使设备的测距精度、工作可靠性等性能大为提高,还可使测距机工作于频率扫描等新的工作模式,扩展了测距机的使用功能。

新型测距机中脉冲对询问信号的产生过程,应答信号的接收处理过程,以及进行距离计算的基本原理,是和前面所介绍的数字式测距设备基本相同的,这里不再重复。本节只就新型测距机的结构和微处理器对整机工作的控制作用进行简略的说明。

一、工作方式

除了准备状态外,常规测距机只有一种正常工作方式——当模式开关扳至接通位时的测距方式。新型测距机则通常可以有4种工作方式,这4种方式是准备、单波道、直接扫描和自由扫描。

准备工作方式和单波道工作方式与前面介绍的常规测距机相同。所谓单波道,就是测距机工作于所选定的单一工作波道,与相应的一个信标台相配合,提供飞机到该信标台的距离信息。

直接扫描方式与自由扫描方式也可以统称为频率扫描方式,是一种新的测距工作方式。当选择直接扫描方式时,测距机按照一定的优先顺序,与所选择的5个信标台配合,提供飞机到这5个信标台的距离信息。而当测距机工作于自由扫描方式时,对信标台的选择优先顺序是由测距机内的微处理器来控制的。所选择的准则通常是根据各信标台的远近和信号的可提供状况。

具备上述频率扫描方式的新型测距机除了在使用上比常规测距机更为方便外,主要是可以用来进行飞机的定位计算。使测距机工作于频率扫描方式,即可利用机载测距机同时获得飞机至3个甚至5个信标台的距离信息。按照 $\rho-\rho-\rho$ 定位原理(参见第一章第二节),利用同一瞬间到3个信标台的距离,即可获得分别以3个信标台为圆心的3条圆形位置线,这三条圆形位置线的公共交点就是该时刻飞机的一个位置点。

显而易见,无论是对测距机询问频率的扫描转换,还是对各被询问的信标台应答信号的鉴别比较、接收处理、距离计算,都只有在运用微机技术的基础上才有可能实现。至于实现 $\rho-\rho-\rho$ 定位计算的方案,通常是把测距机所获得的距离信息通过 ARINC429 总线输至飞行管理计算机(FMC),由 FMC 完成定位计算。

二、功能说明

图8-40所示为 DME—700 等新型测距机的简化功能方框图。这类测距机是以微处理器为中心的全固态测距机。由图可见,它是由视频/距离处理器、频率合成及驱动器、功率放大器、接收机及监测组件等5部分功能电路组成的。

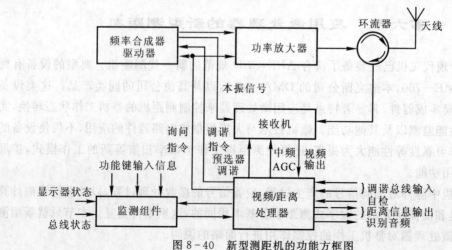

图8-40　新型测距机的功能方框图

　　图中的视频/距离处理器包括视频处理电路、距离计算器和微处理器及其接口电路。微处理器不仅用于控制距离计算器和视频处理电路,同对也是测距机整机的控制中心。此外,微处理器还用于实现对测距机与其他机载系统之间的信息交换的管理。

　　频率合成器在微处理器的控制下产生所需频率的稳定激励信号,经驱动器放大后供给功率放大器。与此同时,驱动器的输出还作为第一本机振荡信号输至接收机。功率放大器(即发射机)所提供的约 700 W 的脉冲射频询问信号,经环流器输至天线发射。天线所接收的射频应答信号,则由环流器输入接收机。接收机对应答信号进行两次变频放大后,将所产生的视频应答脉冲对输至视频/距离处理器,最终完成距离计算。所得到的数字式距离信息,经数据总线输出。由图可见,接收电路的工作也是受视频/距离处理器控制的,这主要包括对预选器的调谐和对中频放大器自动增益的控制。

　　机内的性能监测电路和自检电路依靠微处理器可以实现高度的监测、自检、告警和故障记忆功能,从而给故障隔离和维修带来极大的便利。上述监测电路可以监测和隔离测距机、距离显示器等所有可更换组件的故障,也可以监测数据总线的状态。通常所能监测的功能电路可达到整机电路的 95% 左右。在飞行中所检测到的故障状态信息,被存储在非易失性的存储器中。这样,即使在地面进行人工自检时故障现象不再出现,维护人员也可以通过显示器或者打印机了解测距机在飞行中所出现过的故障。

三、射频电路

　　新型测距机的射频电路的组成如图 8-41 所示,由图可见,其发射电路和接收电路的组成与前面介绍的常规测距机基本上是相同的。

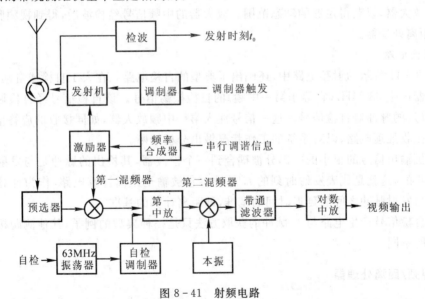

图 8-41　射频电路

1. **频率合成与发射电路**

　　频率合成器在调谐信息的控制下产生频率稳定的射频激励信号。调谐信息是由视频距离处理器中的微处理器提供的,它决定于该时刻测距机所应工作的测距波道。与常规测距机不同的是新型测距机中的频率合成器通常采用直接分频方案,而不是以往的两次分频方案,这种方案不仅可使电路元件减少，并且可以解决原有方案所不能解决的温度稳定性以及调整方面的诸多麻烦，从而提高了电路的性能和工作的可靠性。

激励器用于对频率合成器产生的稳频信号进行放大，以向发射机提供足够的射频激励功率。由图 8-41 可见，激励器的输出还输至接收机，作为第一混频器的本机振荡信号。

图中的发射机的电路结构与常规测距机相似，它是由晶体管功率放大级及功率分配、合成网路组成的全固态 L 波段功率放大器。和常规测距机的功率放大器所不同的是，由于材料和器件性能的提高，新型测距机的功率放大器只需用两个输出功率管即可提供约 700 W 的射频输出功率。由于所用的器件减少，其工作也更加可靠。

发射机的输出经环流器输至天线发射。

调制器输入的调制触发信号也是由视频/距离处理器中的微处理器提供的，它是微处理器根据所选择的波道(X/Y 波道)产生的间隔不同的脉冲对编码信号。

2. 接收电路

天线所接收的信标台的应答信号经环流器输至接收预选器。预选器通常为变容二极管调谐的滤波器。调谐信号也由微处理器提供。

应答射频信号在第一混频器中由驱动器注入的第一本振信号(它的频率就是询问发射信号的频率)相混频后，产生 63 MHz 的第一中频信号。第一中频信号经第一中频放大器放大后，再在第二混频器中与频率为 49.3 MHz 的第二本振信号相混频，得到频率为 10.7 MHz 的第二中频信号。

带通滤波器用于选取本波道的信号，抑制相邻波道的信号。它的带宽决定了测距机的邻道选择性能。为了适应应答信号幅度变化范围较大的特点，图 8-41 所示的射频电路采用了对数中频放大器，以获得足够的动态范围。放大器的中频信号经检波后，得到视频脉冲信号输至视频/距离处理器。

3. 自检电路

在图 8-41 所示的射频电路中，还画出了典型的自检电路。在人工自检或自动测试期间，自检振荡器产生 63 MHz(它等于第一中频)的自检振荡信号。该自检信号经自检调制器调制后，成为有效的脉冲对自检信号。这一信号注入第一中频放大器，如同接收的应答信号一样通过后续的接收处理电路，以对系统的工作状况做出分析诊断。

发射机输出信号的很小的一部分被耦合到一个检波器，其检出的脉冲是与发射的射频询问信号同步的，这就是代表发射时刻的 t_0 脉冲。它被输至距离计算电路，作为计算所接收的应答脉冲与发射脉冲之间的延迟时间的基准，即距离计算的基准。

上述自检信号产生电路与 t_0 脉冲的获取方法只是一种典型的例子，其他测距机中的电路可能会有所不同。

四、视频/距离处理器

新型测距机的视频/距离处理器可以分为微处理、视频处理器和距离计算器 3 个主要组成部分。其主要电路包括微处理器、程序存储器、随机存取存储器、故障信息存储器、输入/输出接口电路、数据总线、视频处理器和距离计算器，以及识别音频检测及放大电路，如图 8-42 所示。

视频/距离处理器的工作是由微处理器控制的，测距机常用的微处理器有英特尔(Intel)

8086 等十六位微处理器。

对测距机的频率控制指令是 BCD 码形式的。数字式的频率控制指令通过 ARINC429 总线经接口电路输入微处理器。所输入的指令存储在存储器中。微处理器首先对所输入的指令进行有效性检验，然后将有效的指令转换成频率调谐信息。频率调谐信息为串行数字信息。该信息输至频率合成器，使频率合成器产生所选择波道的稳定频率信号。串行频率调谐信息还输至接收机预选电路，将预选电路调谐在该波道的接收频率上。

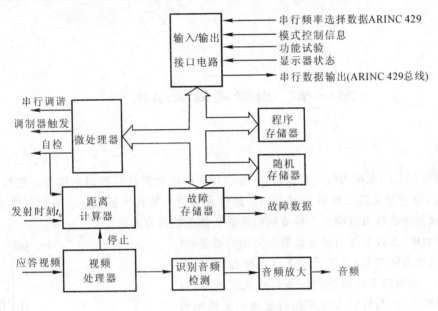

图 8 - 42　视频/距离处理器

模式选择信息也是经数据总线输入微处理器的。根据输入的方式选择信息，微处理器将测距机控制在 4 个工作方式中的一个工作方式上。

视频处理器用于从众多的噪声应答脉冲和询问应答脉冲中选取出针对本测距机询问信号的应答脉冲对。此外，信标台的音频识别信号也被选出。所选取出的有效应答视频脉冲对输至距离计算器。

视频处理器还可根据视频脉冲的幅度产生自动增益控制电压，以控制中频放大器的增益。

距离计算器根据有效应答与发射脉冲（t_0 脉冲）之间的时间间隔，计算出飞机到信标台的斜距。所产生的数字式距离信息通过数据总线输至数字式距离显示器及其他机载系统。

习　题

1. 简述机载测距机系统的组成及工作原理。
2. 说明测距机如何从众多的应答信号中识别出针对本测距机询问信号的应答信号。
3. 测距机的询问信号是如何产生的？
4. 试说明数字式测距电路的基本原理。
5. 测距机如何接收与处理应答信号？
6. 简述颤抖脉冲的产生原理。

第九章　自动定向机

第一节　自动定向机综述

一、引言

自动定向机（ADF）也称无线电罗盘，是一种利用无线电技术进行测向的设备。它与地面无线电台配合，可测量无线电波的来波方向。这种设备通常装在飞机或舰船等航行体上，所以，人们利用这种设备就可以确定飞机或舰船等航行体的航行方向。

在导航领域中，无线电测向设备是最先使用的设备，早在 20 世纪初无线电测向仪（人工手动无线电罗盘）就已开始为导航服务。早期的无线电测向设备是由人工转动、具有方向性的环形天线，当环形天线平面对准地面无线电台的方向时，无线电测向设备的接收机接收到的无线电信号强度最小，因此，接收机输出的音频信号强度最弱，称做"哑点"。如测向设备在飞机上，那么，环形天线从飞机纵轴的机头方向顺时针所转过的角度称为"飞机到地面无线电台的相对方位角"（以下简称为相对方位角），即从飞机纵轴的机头方向顺时针转至地面无线电台与飞机连线之间的夹角 θ，如图 9-1 所示。飞机驾驶员便可根据无线电测向设备所测得的相对方位确定飞机的飞行方向，使飞机沿某一航线飞行，并可完成其他导航任务。

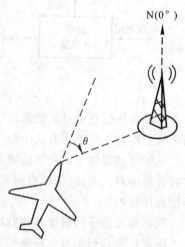

图 9-1　飞机到地面无线电台的相对方位角

实际上，这种人工手动的无线电测向设备最先只在航海的舰船上使用，不适宜在高速飞行的飞机上使用，因此，必须对它进行改进。随着科学技术的不断发展，无线电测向的理论与技术也在不断发展与完善，相继出现了无线电半自动罗盘、无线电自动罗盘，即今天的自动定向机（ADF）。它们在采用的元件、电路结构、选择地面无线电台频率的方法、天线结构及其功能上都在不断地改进和发展。目前，现代自动定向机不仅实现了自动化，而且在定向速度、精度、灵敏度及可靠性等方面都大大提高了，并广泛用于各种飞机和直升机。

自动定向机的发展大致可分为三个阶段。20 世纪四五十年代采用电子管电路，对地面无线电台频率采用机械软轴进行调谐，定向天线为单个的旋转式环形天线，其典型设备为

R5/ARN7和 APK—5 型定向机。20 世纪六七十年代采用晶体管电路,频率选择采用粗、细同步器调谐,有些设备使用晶体频率网采用"五中取二"方法调谐,定向天线采用两个正交的旋转式或固定式环形天线,如 APK—11,WL—7—6A 型定向机等。到 20 世纪 80 年代左右,自动定向机基本采用集成电路或大规模集成电路,并使用频率合成器、二-十进制编码数字选频及微处理器,天线系统有了较大的改进,如在 APK—15M,DF—206 型等自动定向机的天线系统中采用旋转测角器来代替环形天线的旋转,而最新式的 700 型自动定向机则采用组合式环形垂直天线,从而在天线系统中取消了任何机械传动部件。

为了便于维护和检修,现代自动定向机还装有故障自动检测电路,以便维修人员能迅速判断和排除设备的故障。

自动定向机不仅具有测量飞机相对方位角的定向功能,而且还可以利用飞机上装用的两套自动定向机分别调谐在两个不同的地面无线电台的频率上,以确定飞机的地理位置(定位)。当然,就飞机定位而言,在现代飞机上可使用磁罗盘、全向信标(VOR)、测距机(DME)、奥米伽(OMEGA)或惯性导航系统(INS)等设备,但最简单的是自动定向机。

自动定向机具有结构简单,使用维护方便,价格低廉等优点,它可以在 190~1 750 kHz 频段范围内,利用众多的民用广播电台和专用的无方向性信标(NDB)地面导航台为飞机定向定位,并可与无线电高度表、信标机等设备配合引导飞机进行着陆。所以,自动定向机虽然早在 1937 年开始就是第一个规定在运输机上使用的无线电导航设备,由于它具有以上优点,至今仍广泛应用于飞机导航,并成为目前各种飞机、直升机的一种常用设备。本章首先就自动定向机的功用、系统组成及主要技术特征等方面作一总体叙述。

二、自动定向机的功用

自动定向机是利用无线电技术进行导航测向的设备。无论机上测向还是地面测向,均包括机载设备和地面设备两部分。利用机载自动定向机和地面导航台(或称无方向性信标,NDB)组成的导航系统,可以引导飞机飞向导航台或飞离导航台,以及提供某些导航计算所需要的参数。

自动定向机的主要功用有:

(1) 测量飞机纵轴方向(航向)到地面导航台的相对方位角,并显示在方位指示器上。

(2) 对飞机进行定位测量。在现代飞机上,一般都装有两部自动定向机,在使用中将它们分别调谐在两个不同方位的已知地面导航台或广播电台的频率上。两部自动定向机所测得的相对方位分别显示在同一个指示器(无线电磁指示器)上,其中单指针指示第一部自动定向机所测得的相对方位角,双指针指示第二部自动定向机所测得的相对方位角。根据这两个相对方位角在地图上可画出飞机对地面导航台的两条相应的位置线,两条位置线的交点便是飞机的位置,如图 9-2 所示。

(3) 利用自动定向机判断飞机飞越导航台的时间。当飞机飞向导航台时,可根据相对方位角的变化来判断飞越导航台的时间。如方位指示器的指针由 0°转向 180°的瞬间即为飞机飞越导航台的时间,如图 9-3 所示。

(4) 飞机飞越导航台后,可利用自动定向机的方位指示保持沿预定航线飞行,即向/背台飞行。向台(对准导航台)飞行或背台飞行时,还可以求出偏流修正航迹。

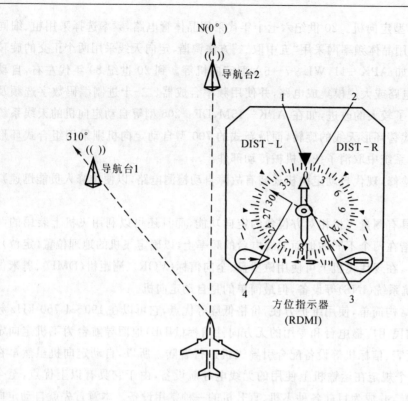

图 9-2　利用两个地面导航台为飞机定位
1—航向标记；2—罗牌；3—ADF—2方位指示针；4—ADF—1方位指示针

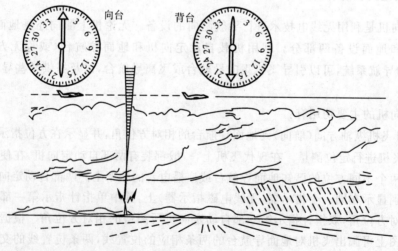

图 9-3　判断飞机飞越导航台的时间

　　驾驶员利用向台或背台飞行,可操作飞机切入预定航线。同时可进行穿云着陆和等待飞行。

　　(5) 此外,由于自动定向机一般工作在 190～1 750 kHz 的中长波段范围内,因此可以接收民用广播电台的信号,并可用于定向;还可收听 500 kHz 的遇险信号(700 型自动定向机可收听 2 182 kHz 的另一海岸遇险信号),并确定遇险方位。

三、自动定向机系统

在飞机导航中完成自动定向功能的整个系统包括地面设备和机载自动定向机两大部分。本章重点介绍机载自动定向机,并对地面设备作一简单说明。

1. 地面设备

地面设备主要是地面导航台,它由中波导航机(发射机)、发射天线及一些辅助设备组成,安装在每个航站和航线中的某些检查点上,不断地向空间全方位地发射无线电信号,因此也叫做无方向性信标(NDB)。

根据不同的用途,地面导航台又可分为两种,一种是供飞机在航线上定向和定位使用的,要求发射功率大,作用距离远,通常称为航线导航台;另一种是供飞机在着陆时使用的,安装在飞机着陆方向的跑道延长线上。因为需要两个导航台,所以称为双归航台。

(1) 航线导航台。航线导航台工作在 190～550 kHz 的频率范围内,发射功率为 400～1 000 W(我国一般用 500 W),有效作用距离不少于 150 km。不同的航线导航台使用不同的识别信号,识别信号由两个英文字母组成(如 EK),用国际莫尔斯电码拍发,拍发速度为 20～30 个字母/min,一般用等幅报方式发射识别信号,每隔 45 s 连续拍发两遍,跟着发一长划(约占 30 s),供机载自动定向机定向用;也可以用调幅报方式以相等的间隔发射识别信号,每 30 s 至少拍发 3 遍。

航线导航台可用于归航。当飞机要求飞往某导航台时,飞行人员首先调节机载自动定向机接收该导航台的信号,观察指示器所指刻度,然后改变飞机航向,使指针对准指示器的航向标记(即机头方向),并且在飞行中保持航向不变,飞机就能飞到该导航台上空。

驾驶员经常需要了解飞机在飞行中是否偏离了航线,飞机是在某一导航台的哪个方位上飞行,因此航线导航台可以与机载自动定向机配合为飞机定向。

此外,利用两个航线导航台与两部机载自动定向机配合,可确定飞机的地理位置(见图 9-2)。

航线导航台的开放与关闭由航站指挥调度部门控制和掌握。导航台的值班人员根据指挥调度部门的通知开放和关闭航线导航台,也有的通过遥控装置直接由调度人员在塔台控制。

(2) 双归航台着陆系统。用于飞机着陆的导航台——双归航台,不仅可引导飞机进场,完成机动飞行和保持着陆航向,而且可在夜间或气象条件很坏的白天,利用双归航台和机载自动定向机引导飞机对准跑道,安全下降到一定高度(一般为 50 m)穿出云层,然后进行目视着陆。

双归航台系统要求安装在主着陆方向的跑道中心延长线上,分为近台和远台,近台离跑道头 1 000 m,远台离跑道头 4 000 m,近台和远台除有导航台外,还必须配有指点信标台,以便指示飞机过台的时刻(国际民航组织——ICAO 规定要设远、中、近 3 个导航台)。在大型机场,跑道着陆方向的两端均安装有双归航台,通常称为双向双归航台。

双向双归航台的使用频率范围与航线导航台一样,也在 190～550 kHz 之间,一般远台频率和近台频率的间隔不能小于 15 kHz,以保证机载自动定向机在工作中不致互相干扰。

远台一般都兼作航线导航台使用,故发射功率与航线导航台的规定相同,有效作用距离不小于 500km 。近台发射功率为 100 W 左右,有效作用距离为 50 km。

远台发射的识别信号由两个英文字母组成,例如,DF;近台识别信号用远台的头一个字母,例如 D。两台的识别信号均采用国际莫尔斯电码发射,拍发速度为 20～30 个字母/min,拍发次数要求用相同间隔,每分钟拍发 6 遍。

远台和近台都要以调幅报方式发射识别信号,调制频率为 1 020 Hz。因为在调幅报方式下高频载波是连续发射的,这样可以防止拍发识别信号的过程中引起自动定向机指示器指针的摆动。同时要求远归航台能够发话,以便当飞机上的通信设备发生故障时,驾驶员可用自动定向机来接收地面的指挥信号。

远台和近台所配有的指点标台是一个发射机,发射频率为固定的 75 MHz,通过一个方向性很强的天线向上垂直发射一个很窄的倒锥形波束。当飞机刚好飞过指点标台的上空时,飞机上的指点标接收机就可收到该电波信号,在驾驶舱内就可显示灯光和音响信号,表示飞机正通过归航台上空。

远指点标台发射的信号是每秒钟 2 个长划,近指点标台每秒钟拍发 6 个点。

指点标台和双归航台是同时开放和关闭的,都受指挥调度部门控制。因为远归航台兼作航线导航台使用,所以至少要在飞机到达前 30 min 开放,以便引导飞机进场,近台可以在飞机到达前 15 min 开放。如果装有双向双归航台,跑道两端的双归航台所使用的频率一般是相同的,但识别信号不同,在使用双归航台时,只能根据飞机着陆方向开放其中一边的双归航台,不能两边同时开放,以免影响飞行安全。

(3) 中波导航机的基本工作原理。中波导航机是地面导航台的主要组成部分,它与普通调幅发射机一样,但由于中波导航机的工作频率低,它的调节回路所需的电感量和电容量都比较大,故电感线圈和电容器的体积比短波机大得多。同时还要按时自动拍发识别信号,因此必须配备自动电键。自动电键可由机械控制,也可由键控电路控制来自动拍发识别信号。中波导航机的基本原理及组成如图 9-4 所示。地面导航台是完成飞机自动定向任务的一个重要组成部分。虽然中波地面导航台易受地理环境的影响而使定向产生一定程度的误差,另外受夜间效应的影响,使导航台夜间的作用距离缩短,但由于地面设备简单,使用维护方便,工作可靠,所以目前国内外仍广泛使用中波地面导航台,我国民用各机场及航路上均设有这种设备。

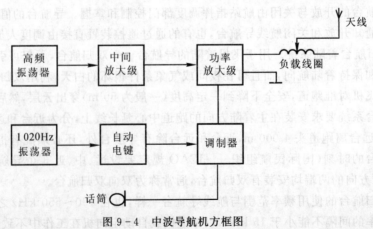

图 9-4　中波导航机方框图

2. 机载设备

几十年来机载自动定向设备在技术及结构上都有很大发展和改进,国内外都相继研制和生产出了各种不同的新型号。机载自动定向设备一般都包括自动定向接收机、控制盒、方位指示器、环形天线和垂直天线或组合式环形/垂直天线几大部分。

如目前最新式的 700 型自动定向机系统,其组成如图 9-5 所示。图 9-6 示出了小型飞机上使用的自动定向机 ADF—650 系统,它的控制盒装在接收机面板上。

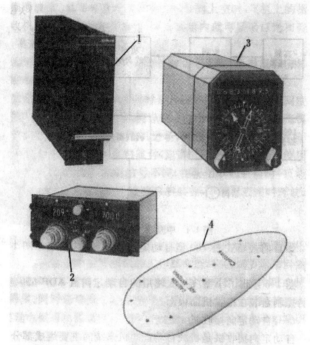

图 9-5　700 型自动定向机系统的组成

1—自动定向接收机 ADF—700；　2—控制盒 DFP—702；3—方位指标器 RDMI—743；

4—组合式环形/垂直天线 DFA—701

(1) 自动定向接收机。自动定向接收机是机载自动定向机系统的主要组成部分。它主要用来接收和处理环形天线和垂直天线收到的地面导航台的信号,并将处理后的方位信息送至自动定向机的方位指示器(数字式方位信息送至电子飞行仪表系统——EFIS)显示出飞机与地面导航台的相对方位,分离出来的地面导航台的音频识别信号送至飞机音频系统。自动定向接收机还可以作为普通中波收音机使用,收听广播信号,接收和处理地面广播电台的信号,也能用中波广播电台进行定向。

现代的自动定向接收机采用集成电路和全固态数字化微处理器,与第一代(电子管电路)、第二代(晶体管电路)相比,体积和重量更小,耗电更少,可靠性也大大提高。

现代自动定向接收机大多采用频率合成器、超外差二次混频电路,直接以二-十进制编码(BCD 码)和数据总线的调谐方式,采用组合式环形/垂直天线和环形天线测角器电路,或采用正余弦调制的方位信息处理电路和监控电路。监控电路主要用来监视接收机信号是否有效,以及接收机自身的工作状态正常与否。如现代自动定向接收机 ADF—700,在机器面板上有一个测试(TEST)按钮(见图 9-7)和 3 个监视灯,按下测试按钮后,如接收机工作状态正常,则绿色监视灯亮(PASS),如不正常(故障)时,则红色监视灯亮(FAIL),如输入控制部分有故障,则另一个红灯亮(FAIL)。

(2) 控制盒。控制盒与自动定向接收机配套使用,如图 9-8(a)所示为 51Y—7 自动定向接收机的双频率选择控制盒 614L—12,图 9 - 8(b)所示为自动定向接收机 ADF—650 面板上的控制盒。

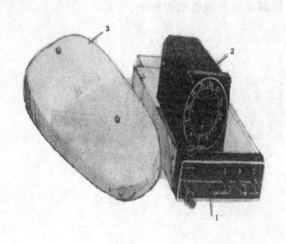

图 9 - 6　ADF—650 自动定向机系统
1—自动定向接收机(带控制盒)ADF—650；2—方位指示器
IND—560；3—组合式环形/垂直天线

图 9 - 7　ADF—700 自动定向接收机

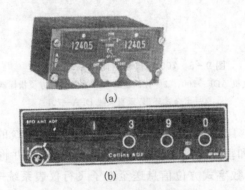

图 9 - 8　控制盒面板图
(a) 614L—12 控制盒；(b) ADF—650 接收机面板上的控制盒

控制盒用来控制接收机的工作方式和选择电台的频率。工作方式一般有断开(OFF)、天线(ANT)、定向(ADF)和测试(TEST)等 4 个位置。700 型自动定向机的测试按钮装在 ADF—700接收机的面板上。选择的频率范围为 190～1 750 kHz,频率间隔为 0.5 kHz 或 1 kHz。频率调谐方式为二-十进制编码和数据总线选频调谐方式,也有用机械软轴调谐,用粗、细同步器调谐和用晶体频率网五中取二调谐等方式。

控制盒上装有增益控制钮,可调节接收机输出的音量。音调电门(即报/话电门)可选择接收等幅报信号,提供 1 020 Hz 音调。ADF—650 接收机面板上控制盒的音量旋钮,当中还装有一个按下接通电门,以便在识别弱信号时滤除背景噪声。

614L—12 双频率选择可以预选两个频率,一个备用,可以转换,以便飞机进近时转换远、近归航台频率时使用。ADF—700 接收机的控制盒选频调谐为数字式,可预先调谐在沿航路各航线导航台的频率上，并输入到飞机上的飞行管理计算机（FMC）中，在飞行中由飞行管理计算机控制可自动转换到各航线导航台的频率上。

（3）方位指示器。方位指示器亦叫航向指示器，早期的指示器叫方位表，有两种不同的形式。它们都是以飞机纵轴为基准，从指示器顶部固定标记开始，用顺时针转过的角度表示飞机与地面导航台的相对方位角。一种为固定刻度盘，直径 3 英寸，刻度为 5°等分的驾驶员方位表；另一种为可由人工转动刻度盘，直径 5 英寸，刻度为 1°等分的领航员方位表。后来又将两部定向机的指示合并在一个方位表中，用单针和双针来指示。IND—650 即为人工转动刻度盘的方位指示器，如图 9-9(a) 所示。现代普遍使用的是无线电磁指示器（RMI），如图 9-9(b) 所示。这种指示器的刻度盘，也叫罗牌，是由磁罗盘或惯性基准组件（IRU）驱动的。指示器顶端固定标记（航向标记）所指罗牌的刻度数为飞机的磁航向，指示器指针指示罗牌上的刻度数为地面导航台的磁方位角，而指示器的航向标记与指针之间的夹角为飞机与地面导航台的相对方位角。三者之间的关系可由下述公式说明：

$$电台磁方位＝飞机磁航向＋电台相对方位$$

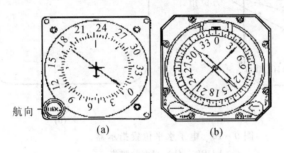

图 9-9　方位指示器

图 9-9(a) 表示电台（地面导航台）磁方位为 0°（磁北），飞机磁航向为 232°，故飞机与电台的相对方位为 0°－232°＝360°－232°＝128°。

现代飞机上所使用的方位指示器是一个综合性仪表，叫做无线电距离磁指示器（RDMI）（也有的叫无线电方位距离磁指示器——RDDMI），如图 9-9(c) 所示。当这种仪表的选择开关置于"ADF"位时，可指示飞机与地面导航台的相对方位角；当转换到"VOR"位时，指针将指示 VOR 方位，同时用数字显示出无线电测距机（DME）测出的飞机到地面 VOR 台的斜距（VOR 与 DME 频率配套，同时调谐）。一般飞机上的 ADF，VOR 和 DME 设备都是双套配置的，所以指示器 RDMI 也为双指示。在 RDMI 上还有方位故障旗和航向故障旗，如图 9-9(c) 所示（均为琥珀色）。当方位（ADF 或 VOR）数据源失效或 RDMI 内部方位电路失效时，方位故障旗出现；当 RDMI 的罗盘电路出现故障或惯性基准组件(IRU)供给的航向数据无效或者没有计算数据输入时，航向故障旗出现。

700 型数字式自动定向机将自动定向接收机 ADF—700 输出的方位信息加至电子飞行仪表系统(EFIS)的符号产生器中，并显示在电子水平位置指示器(EHSI)上，如图 9-10(a)所示，细针指示第一部 ADF 方位，粗针指示第二部 ADF 方位。当方位信号源或 EFIS 符号产生器出现故障时，在 EHSI 上出现长方形故障旗，如图 9-10(b)所示，左框内 ADFL 表示第一部(左)故障，右框内 ADFR 表示第二部(右)故障。

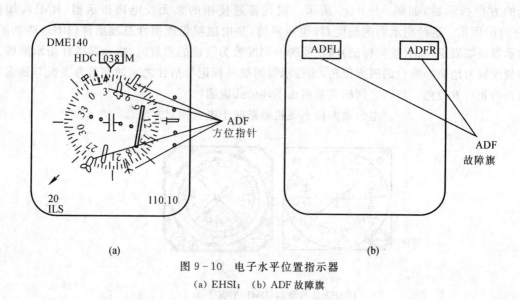

(a)   (b)

图 9-10 电子水平位置指示器

(a) EHSI; (b) ADF 故障旗

(4) 天线。自动定向机在进行自动定向时需要两个天线，一个是无方向性天线，叫做垂直天线或辨向天线，其接收的信号用来调谐接收机，并与环形天线接收的信号叠加，为自动定向机提供单值定向。另一个是方向性天线，叫做环形天线，用以提供方位信息。两种天线都工作于 190~1 750 kHz 波段。

早期的环形天线是一个圆环，安装在机身外部密封的蛋状流线形的罩壳中(见图 9-11)，固定在飞机纵轴线上，圆环可由电机带动旋转。这种天线用于老式自动定向机 SCR—269G 和 R5/ARN—7 上。

后来出现了带有铁淦氧体磁心的矩形环形天线，在矩形磁心上绕有若干线匝。这种环形天线的体积大大减小了，底座部分在机身内部，突出在机身外部的环形天线部分只是被一个稍高出飞机蒙皮的罩壳罩着，它用于 APK—5 自动定向机，如图 9-12 所示。

现代飞机使用的环形天线一般都制成与飞机蒙皮平齐的偏平形两个正交的固定式环形天线，它不仅可以减小环形天线安装后在飞行时增加的阻力，而且由于采用测角器旋转代替环形天线的转动，可以减少大量的机械传动部件，从而可提高定向机工作的可靠性，维护更为简便。

最新式的自动定向机的天线是在两个正交的铁淦氧体上绕成正交的固定环形天线并与垂直天线组装在一起，形成组合式环形/垂直天线，其外观如图 9-5 所示。两种天线的输出信号分别经前置放大器放大后，由高频电缆送至接收机，并经正、余弦平衡调制得到方位信息，再经微处理器的方位解算，输出方位数据，从而取消了测角器这一机械转动部件。

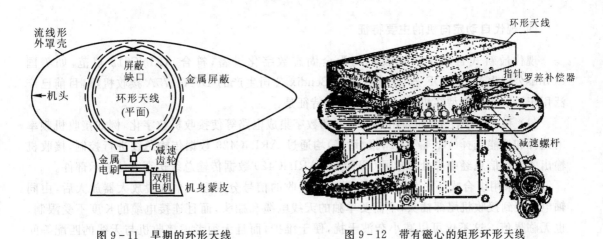

图 9 - 11　早期的环形天线　　　　　　图 9 - 12　带有磁心的矩形环形天线

　　这种组合式天线的环形天线部分因为是正交的两个环形天线,在安装时,其中一个环面与飞机纵轴垂直,称做正弦环形天线,安装在飞机纵轴中心线上,当飞机正对准地面导航台时,接收信号最小;另一个环形天线平面与飞机横轴垂直,称做余弦环形天线,当飞机正对准地面导航台时,接收信号最大。

　　图 9 - 13 示出了飞机航向(机头方向)与地面导航台成不同角度时,正、余弦环形天线输出信号幅值的变化情况。

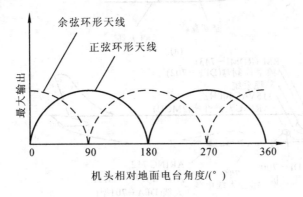

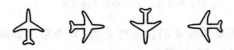

图 9 - 13　正余弦环形天线输出信号幅值

　　垂直天线在早期的飞机上也安装在机身外部,为水平式张线天线。后来为防止大气静电干扰,用绝缘罩壳封闭起来,突出在机身表面。到了 20 世纪 80 年代,飞机制造厂都把垂直天线做在机身上,如波音 737 飞机就是在机翼根部的一块绝缘体整流罩上喷涂金属膜做成垂直天线,通过匹配器与接收机连接起来。

　　现代飞机上的垂直天线与环形天线组装在一起,即组合式环形/垂直天线。

四、现代自动定向机的主要特征

现代最新式自动定向接收机均为全固态数字化设备,符合 ARINC712 规范,如美国 Collins公司生产的 ADF—700 接收机和 Bendix 公司生产的 DFA—75A 接收机等,目前已广泛用于民航各种新型客机上。它们的主要特征是:

(1) 利用数字技术,如采用微处理器和数字集成电路等使接收机数字化,例如接收机频率的选择和功能选择(ANT/ADF,报/话等)均通过 ARINC429 数据传输总线进行控制,接收机输出的方位信息经中央处理单元(CPU)及 ARINC429 数据传输总线送至方位显示部件。

(2) 采用组合式环形/垂直天线,且天线接收的信号分别经 3 个前置放大器放大后,由同轴电缆接到接收机尾部插头,不需要单独的天线电缆和插头,而且连接电缆的长度不受限制,也无临界值。这不仅可以减小杂波干扰,便于维护,而且无须考虑接收机与天线的匹配等问题。最新式自动定向机同以往自动定向机的天线与接收机的连接及在飞机上布线的比较如图 9-14 所示。

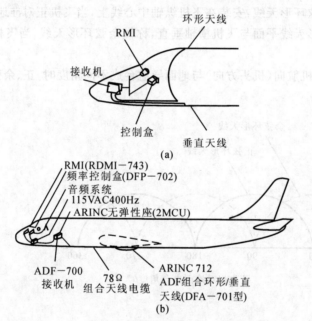

图 9-14 自动定向机天线与接收机连接及布线的比较
(a) 以前的情况; (b) 最新式的情况

(3) 最新式自动定向机不需要单独象限误差修正器,其象限误差的修正只须改变接收机尾部插头上不同插钉的连接组合。同时,最新式自动定向机(如 ADF—700)不仅能进行人工检查系统的功能正常与否,而且接收机可每隔 30 s 自动地进行系统的故障检测,并可存储被检测到的故障信息,以便于维修人员检查。

第二节　自动定向原理

利用无线电技术确定空间目标(如飞机)相对于地面导航台的角度坐标,实际上是确定发射或接收无线电波的传播方向。无线电波在空间的传播方向可以用仰角 γ 和相对方位角 θ 来表示,如图 9-15 所示。

当采用中长波段测向时,由于它是表面波传播,因地球表面空气介质的不均匀性(如随高度的增加,介电系数减小等)以及上层空气游离的影响,使电波的传播轨道在垂直平面内发生弯曲,因此在确定仰角 γ 时将有很大误差。所以除超短波(直达波)定向外,中长波测向设备,例如,ADF 自动定向机不测量仰角 γ,而测量相对方位角 θ。

无线电测向设备按其技术特性,可分为振幅式测向设备和相位式测向设备两大类。利用发射信号的载波振幅(称为 E 型)或接收信号的调制深度(称为 M 型)与无线电波到达方向间的关系来测定方向的设备,称为振幅式测向设备。

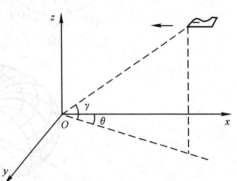

图 9-15　飞机相对于地面台 O 的角坐标

本节主要讨论机载 ADF 自动定向机采用中、长波的 M 型测向的基本工作原理。

一、天线的方向性

当天线上通有高频交变电流时,就可以形成向空间的电磁波辐射,但天线向空间各个方向辐射的电磁场能量是不相等的。由于天线可以看成是由许多单元振子组成的,天线辐射到空间任意一点的电磁场可以看做是由许多单元振子辐射到该点的电磁场的叠加。根据天线理论可知,单元振子的辐射是有方向性的。例如与振子轴线平行并包括振子的平面(也称子午面)的方向性图是一个"8"字形,如图 9-16(a)所示,这说明在子午面 0°～360°的方向上单元振子辐射的场强不一样。而与振子轴线垂直的平面(也称赤道面)的方向性图为一个圆,如图 9-16(b)所示,它说明在赤道面的任意方向上单元振子辐射的场强都相等。将上述两个平面的方向性图加以综合,或将电场平面的方向性图绕振子旋转一周,所得到的曲面就是单元振子的立体(或空间)方向性图,如图 9-16(c)所示。它表明在振子轴线方向上场强为零,而在所有垂直于振子轴并通过振子中心的方向上,场强均为最大。

在分析天线的方向性时,除了考虑单元振子的方向性是形成天线方向性的基本因素之外,还必须考虑到构成天线的各单元振子辐射的电波到达空间各点的行程差。如图 9-17(a)所示,天线的各单元段所辐射的电波到达空间各点的行程(即距离)并不一定相等,于是就会产生行程差,而行程差将引起电波间的相位差。各单元段辐射到空间某点的场强是按矢量相加的。图 9-17(a)中示出了由对称天线振子上的两个对应单元段所发出的电波,在 A 和 A′方向上,存在行程差 $\Delta\gamma$,因而产生了相位差,影响到合成场强的大小。如果此行程差为 1/2 波长,即相位差为 180°时,则该方向上合成场强就为零。可见,行程差也是形成天线方向性的基本因素之一。

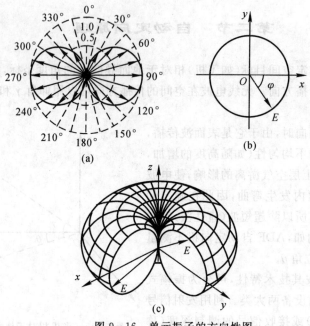

图 9-16 单元振子的方向性图

同时,天线对称振子上的电流分布是不均匀的,且当振子每臂长度(称臂长)大于 1/2 波长时,振子上将出现反向分布的电流。如图 9-17(b)所示为臂长等于一个波长的对称振子上电流分布的情况。由于振子上载有正向电流的线段长度等于载有反向电流的线段长度,同时,正向电流和反向电流分布的平均值相等,所以,在 B 和 B′方向上,各单元段所辐射的电波互相抵消,合成场强为零。所以,天线振子上电流分布的情况,同样也是形成天线方向性的基本因素之一。

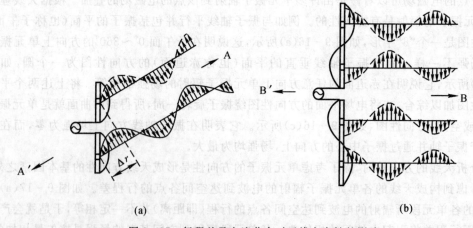

图 9-17 行程差及电流分布对天线方向性的影响

对接收天线而言,由于天线上产生的感应电势的大小与电波中平行于天线轴线(子午面)的电场分量成正比,所以对与接收天线等距离但不同方向的等场强的来波,天线的接收能力也将不同。下面以半波对称振子为例来说明(见图 9-18)。

如图 9-18(a)所示,当电波从 S_1 方向传来时,电场分量与天线振子轴线平行,所以产生的感应电势最大,接收最强;而当电波从 S_3 方向传来时,其电场分量与振子轴线垂直,不能产生感应电势,即天线不能接收;当电波从 S_2 方向传来时,天线接收能力介于上述二者之间。其接收天线的方向性图如图 9-18(b)所示,与用做辐射时的天线方向性图完全一样。这说明同一天线可以用来辐射电波,又可以用来接收电波,而且无论天线做辐射或接收,天线的各个参数,如效率、方向性、输入阻抗等均保持不变。即接收天线同样具有方向性,比如当转动普通半导体收音机时,可以听到接收的声音会发生变化。

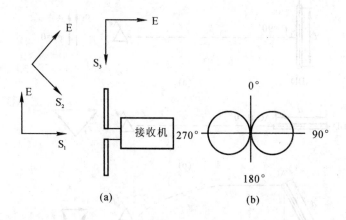

(a)　　　　　　(b)

图 9-18　半波对称振子接收电波的方向性

二、环形天线的方向性

环形天线最基本的结构是一个用导线制成的矩形或圆形的线环。由于其辐射电阻、效率都很低,所以实用中只做接收天线使用。

图 9-19 中示出了环形天线的矩形结构形式。当环形天线平面与地平面垂直时(见图 9-19(b)),分析其赤道面的方向性。

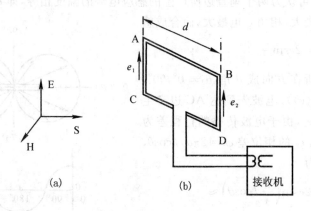

图 9-19　简单矩形环形天线

由远处传来的电波为垂直极化波(见图 9-19(a)),电场分量 E 与垂直边平行,所以电波只能在 AC 和 BD 两条垂直边上产生感应电势 e_1 和 e_2,且在线环中的方向相反,所以在线环输出端的合成感应电势 $e_合 = e_1 - e$。下面分析当线环平面与远处电台所在方向(电波传播方向)成不同角度时合成电势的大小。

(1) 线环与电台所在方向垂直时,$\theta = 90°$(见图 9-20(a))。因为电波到达两个垂直边的行程相等,所以在垂直边 AC 与 BD 上产生的感应电势 $e_1 - e_2$,则合成感应电势 $e_合 = e_1 - e_0 = 0$。

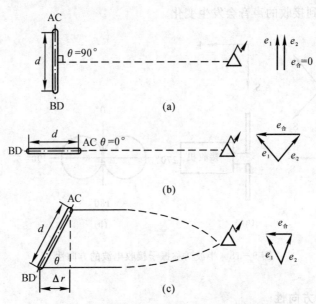

图 9-20 不同来波方向时产生的合成感应电势

(2) 线环与电台所在方向一致时,$\theta = 0°$(见图 9-20(b))。电波先到达垂直边 AC,产生感应电势 e_1,后到达垂直边 BD,产生感应电势 e_1,且 e_1 超前 e_2 一个相角 φ。φ 的大小取决于两个垂直边间的距离 d,即电波传播的行程差 $\varphi = 2\pi d/\lambda$,λ 为电波波长。又因为 d 远小于线环与电台之间的距离,所以可认为两个垂直边所产生的感应电势的幅度相等,即 $e_1 = e_2 = e$。

此时的行程差 d 最大,相角 φ 也最大,而合成感应电势也为最大,$e_合 = 2e\sin\dfrac{\varphi}{2}$。

(3) 线环与电台所在方向成 θ 角,$\theta \neq 0°, 90°,$ $180°, 270°$(见图 9-20(c))。电波先到达 AC 边产生 e_1,后到达 BD 边产生 e_2,由于电波传播的行程差为 $\Delta\gamma = d\cos\theta$,所以 e_1 与 e_2 的相位差 $\varphi = 2\pi d/\lambda\cos\theta$,此时的合成感应电势为

$$e_合 = 2e\sin\frac{\varphi}{2} = 2e\sin\left(\frac{\pi}{\lambda}d\cos\theta\right) \approx$$

$$2e\frac{\pi d}{\lambda}\cos\theta = K\cos\theta$$

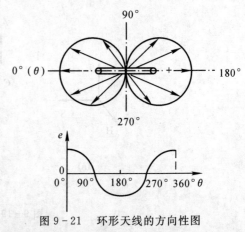

图 9-21 环形天线的方向性图

式中,$\cos\theta$ 为环形天线的方向性因数,常数 $K = 2e\pi d/\lambda$。

从以上分析可知,当电波来向与环形天线平面所成的角度 $\theta = 90°, 270°$ 时,合成感应电势

$e_合 = 0$，当 $\theta = 0°, 180°$ 时，合成感应电势 $e_合$ 为最大，而当 θ 在 $0° \sim 90°$ 之间时，合成电势 $e_合$ 在 0 与最大值之间，且按余弦规律变化。如图 9-21 所示，环形天线的方向性图为"8"字形。

当电波从环形天线零接收方向（$90°, 270°$）左侧或右侧来时，环形天线的合成感应电势反相 $180°$，如图 9-21 中用"+"，"−"号标出。

三、心脏形方向性图

环形天线具有"8"字形的方向性，也就是说，当相同场强的电波从不同方向传来时，被环形天线接收所产生的合成感应电势大小不同。在 $90°, 270°$ 上接收的合成电势为零，而且在零点附近场强变化最敏感，可以用于定向。但是在 $0° \sim 360°$ 方位上出现一个零点，会造成定向的多值性。为了准确地测定方向，还必须加入无方向的垂直天线（也叫辨向天线）。将环形天线产生的合成感应电势与垂直天线产生的感应电势叠加在一起，将形成新的组合合成感应电势 e_T。

为了实现环形天线合成感应电势与垂直天线感应电势的叠加，应首先分析两个感应电势之间的相位关系。因为环形天线合成感应电势的大小与电波传播的行程差有关，所以新的组合合成感应电势 e_T 也必然与电波传播的行程差有关。因此，环形天线与垂直天线之间的位置关系将决定两个感应电势的相位关系。

（1）当垂直天线位于环形天线线环的中间位置时，如图 9-22(a) 所示。

当电波从 A 方向来时，在 ac 边上产生的感应电势 e_1 比垂直天线上产生的感应电势 e_s 超前 $\dfrac{\varphi}{2}$，e_s 又比 bd 边上产生的感应电势 e_2 超前 $\dfrac{\varphi}{2}$。那么环形天线合成感应电势 e_L（前记为 $e_合$）比 e_s 超前 $90°$（见图 9-22(b)）。

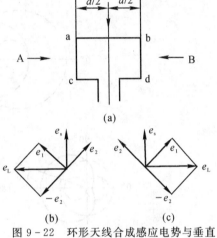

图 9-22　环形天线合成感应电势与垂直天线感应电势的相位关系

当电波从 B 方向来时，在 bd 边产生的感应电势 e_2 比垂直天线上产生的感应电势 e_s 超前 $\dfrac{\varphi}{2}$，e_s 又比 ac 边上产生的感应电势 e_1 超前 $\dfrac{\varphi}{2}$。那么环形天线合成感应电势 e_L 比 e_s 落后 $90°$（见图 9-22(c)）。

此外，电波从其他方向来时，由于行程差的不同，使 φ 减小，环形天线合成感应电势的幅度减小，但 e_L 与 e_s 仍保持 $90°$ 的相位差。

（2）垂直天线不在线环的中间位置，这是自动定向机（ADF）天线在飞机上安装的实际情况。环形天线合成感应电势 e_L 仍在水平位置，而垂直天线上产生的感应电势 e_s 与垂直天线位于线环中间位置时所产生的感应电势相比，由于电波传播的行程差而产生了相位差，即此时的 e_s 与 e_L 相位差不等于 $90°$。但是由于电波的波长很长（$\lambda \approx 200 \sim 2\,500$ m），而环形天线与垂直天线在飞机上的安装位置相差仅有几米，环形天线平面的中间位置与垂直天线的实际位置的距离 $d' \ll \lambda$，由电波传播的行程差而引起的相位差 $\varphi = 2\pi d'/\lambda$ 很小，因此可近似地认为环形天线产生的合成感应电势与垂直天线产生的感应电势仍有 $90°$ 的相位差。

垂直天线在赤道面上是无方向性的，其方向性图为一个圆。规定其产生的感应电

势 $e_s = 1$。

环形天线在赤道面上的方向性图为一个"8"字形,其合成感应电势 $e_L = K/\cos\theta$,又因为环形天线产生的合成感应电势与垂直天线产生的感应电势相位差为 $90°$,若将环形天线产生的合成感应电势移相 $90°$,使其与垂直天线产生的感应电势同相或反相,再与垂直天线产生的感应电势叠加而形成组合合成感应电势 e_T,即

$$e_T = e_s + e_L = 1 \pm K\cos\theta$$

假设 e_s 与 e_L 同相,则 $e_T = 1 + K\cos\theta$。

当 $K = 1$ 时,$e_T = 1 + K\cos\theta$,其方向性图为一心脏形曲线,如图 $9-23$(a) 所示;

当 $K < 1$ 时,其方向性图如图 $9-23$(b) 所示;

当 $K > 1$ 时,其方向性图如图 $9-23$(c) 所示。

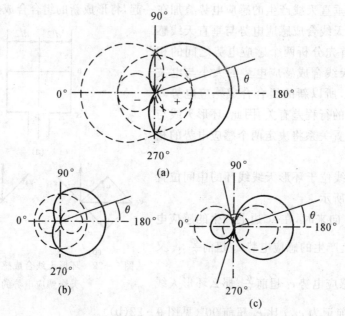

图 $9-23$　组合方向性图

图中最小值的方向不与环形天线平面垂线相一致,此时最小值的轴线为一折线。

假如 e_s 与 e_L 反相,则 $e_T = 1 - K\cos\theta$。

当 $K = 1$ 时,$e_T = 1 - K\cos\theta$,其方向性图为一心脏形曲线,不过与图 $9-23$(a) 实线心脏形相反(相差 $180°$),是如图 $9-23$(a) 中虚线所示的心脏形曲线。

如果环形天线产生的合成感应电势 e_L 不移相 $90°$,即当它与垂直天线产生的感应电势 e_s 相差 $90°$ 时,组合方向性图如图 $9-24$ 所示。

此时 $K = 0$ 时相当于只有一根无方向性的天线(垂直天线)在接收,其他方向性图相当于如下条件:

$$1 < K_1 < K_2 < K_3 < \cdots < K_n$$

这种情况下的每个方向性图都是对称的,而且在环形天线平面垂线方向上具有两个变化了的最小值。

当 e_L 与 e_s 这两个感应电势的相位差为 $0 \sim \pi$ 之间的任意值时,最小值变得模糊不清,其最

小值的轴线为一条折线,如图9-25所示。

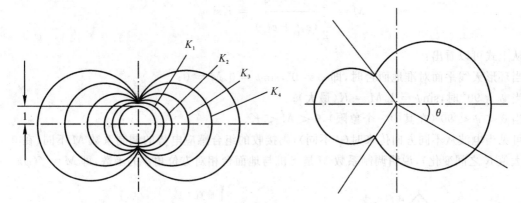

图9-24　e_s 与 e_L 的相位差的90°时的组合方向性图　　图9-25　e_s 与 e_L 的相位差为任意值时的组合方向性图

四、旋转环形天线移相式自动定向

由上述分析已知,环形天线与垂直天线的组合合成感应电势的振幅表达式为

$$e_T = 1 + K\cos\theta$$

为了使环形天线平面的法线方向与飞机纵轴一致(即环形天线在飞机上安装的实际情况),令 $\psi = 90° - \theta$,那么

$$e_T = 1 + K\sin\psi$$

其方向性图为图9-26所示的心脏形方向性图,与图9-23(a)所示方向性图相同,只是将坐标逆时针旋转了90°。

自动定向机并不是以心脏形方向性图的零点作为定向零点,而是以环形天线"8"字形方向性图的零点作为定向零点,也称哑点。

这样就必须用一个低频调制信号,如50 Hz信号,使环形天线信号周期性地改变180°,也就是当50 Hz信号的半周(见图9-26)右"+"左"-"时合成实线心脏形方向性图,而在50 Hz信号另一半周时,为左"+"右"-",合成虚线心脏形方向性图。

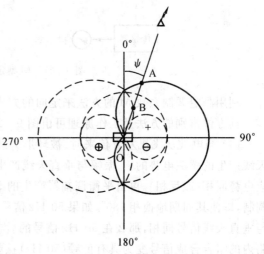

图9-26　组合方向性图

那么,电波从任意方向传来时,接收机所接收到的组合感应电势的振幅将在下述两值上按50 Hz的规律阶跃地变化:

$$e_{T_1} = 1 + K\sin\psi$$
$$e_{T_2} = 1 - K\sin\psi$$

例如,电波从图9-26所示的电台方向传来时,在50 Hz的一个半周,接收的组合感应电势为OA,而在50 Hz的另一半周,接收的组合感应电势为OB。实际上,地面电台传来的等幅高频信号(中、长波信号)被接收机接收后所形成的组合感应电势,变成一个以 M 为调制系数的调幅波,其中

$$M = \frac{\frac{1}{2}(e_{T_1} - e_{T_2})}{\frac{1}{2}(e_{T_1} + e_{T_2})} = K\sin\psi$$

从上式可以看出：

当环形天线平面对准地面台时，即 $\psi = 0°$，$\sin\psi = 0$，$M = 0$；

当 $\psi = 90°$ 时，$\sin\psi = 1$，$M = K$（最大）；

当 $0 < \psi < 90°$（在其中一个象限），$0 < M < K$。

可见当电波从不同方向传来时（ψ 不同），则接收的组合感应电势的调制系数 M 不同（在 0 与最大值 K 之间变化），说明调制系数 M 是飞机与地面台相对方位角 ψ 的函数，即 $M = f(\psi)$。

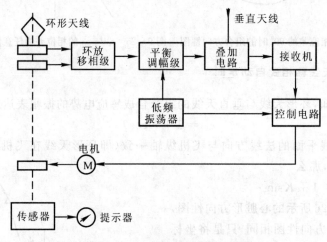

图 9-27　M 型定向的简单方框图

利用测定调制系数 M 的方法来定向的方式也称为振幅式 M 型定向。

其方位辨别的方法及工作原理可由图 9-27、图 9-28 所示的简单方框图及波形图说明。

(1) 当电波从飞机左方传来时。被环形天线接收的信号首先经放大和移相 $90°$，以使环形天线产生的感应电势的 e_L 振幅与垂直天线产生的感应电势 e_s 的振幅相等（$K = 1$），且使两感应电势同相（或反相）。再由平衡调幅器产生的 50 Hz 低频信号对移相后的环形天线信号进行调制，即使其周期地换相 $180°$。如果 50 Hz 信号的前半周平衡调幅器输至叠加电路的高频信号与垂直天线信号同相，那么在 50 Hz 信号的后半周时间内，两个高频信号反相，从而使叠加电路内的组合合成信号变为具有低频（50 Hz）振幅调制的信号，该信号的调制系数 M 为方位角 ψ 的函数。经过放大、检波后，将低频 50 Hz 信号加至控制级，音频辨别信号由控制级送至耳机，同时控制级接收 50 Hz 低频振荡器加来的 50 Hz 信号。与检波后输出的 50 Hz 信号进行比相，其结果控制电机转动并带动环形天线向左旋转，使其环面法线对准地面台的来波方向，同时带动指示器指针指示相应的 ψ 角。

(2) 当电波从飞机右方传来时。这种情况与电波从飞机左方传来时的情况基本相同，只是环形天线的高频信号的相位与前者反相 $180°$。因此经接收机移相、换相、叠加及检波后得到的低频 50 Hz 信号也与前者反相 $180°$，在控制级中与 50 Hz 低频振荡信号的比相结果与前者也反相 $180°$。所以控制电机带动环形天线及指示器指针向相反方向转至对准地面台来波方向。

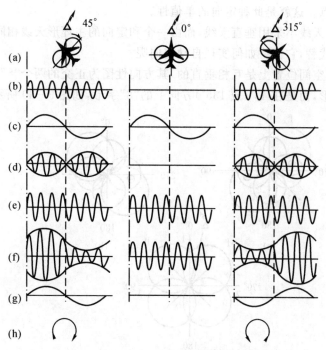

图 9-28　M 型定向的部分波形图

(a) 飞机相对于电台的角度；(b) 环形天线的电压；(c) 低频振荡电压；

(d) 平衡调幅器的输出电压；(e) 垂直天线的电压；(f) 叠加后的调幅信号电压；

(g) 电动机的控制电压；(h) 环形天线和指示器的转向

(3) 当电波从飞机正前方来时。此时环形天线平面的法线方向与飞机纵轴一致，环形天线合成感应电势为零，只有垂直天线接收信号，所以电机不转动，环形天线也不转动，指示器指针所指的位置即表示飞机航向与地面台的相对方位角。此时自动定向机只输出地面台的高频辨别信号。

从以上分析可知，只要调制系数 $M \neq 0$，就会控制电机带动环形天线转动，最终使环形天线平面的法线对准地面台的来波方向，使 $M = 0$ 而稳定。但从图 9-26 所示的组合方向性图来看，使 $M = 0$ 的点有两个，二者相差 180°，那么电机能否带动环形天线及指示器指针停在与地面来波方向相反的方向上呢？回答是否定的。因为噪声等原因不可能使环形天线准确地停留在 $M = 0$ 的方向上，一般允许环形天线有 ±2° 的摆动。当环形天线向左摆动时，电机必然带动环形天线向右旋转；当环形天线摆向右方时，电机又使环形天线向左回转，也就是环形天线及指示器指针始终围绕着对准地面台来波方向摆动，该 $M = 0$ 的点称做稳定定向点。而在另一个 $M = 0$ 的方向上

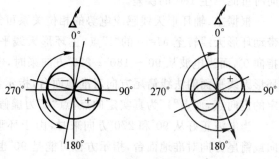

图 9-29　定向的单值性

(与前者相差 180°)，只要环形天线摆动稍偏离 $M = 0$ 的点，如图 9-29 所示，由于环形天线接

收的高频信号的相位不同,将使电机带动环形天线向左或向右转至稳定定向点。该相差180°的点称做不稳定定向点。这就是此种定向的单值性。

此外,如果非定向天线不采用垂直天线,而由一个和定向的主环形天线相同且与其垂直放置的辅助环形天线来代替,它们将如何实现自动定向呢?

主、辅环形天线在空间位置上是互相垂直的,其方向性图为正交的两个"8"字形,那么组合方向性图就不是心脏形,而是在45°(或135°)方向上的"8"字形,如图9-30所示。

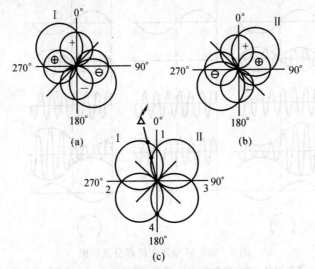

图9-30　主、辅环形天线方向性图

如果将主环形天线接收的高频信号的相位按某一频率(如50 Hz)周期性地换相180°,如图9-30(a),(b)所示的(+)、(-)周期性地改变,那么组合方向性图也将周期性地阶跃变化。即当电波从某一方向传来时其组合合成感应电势的振幅也周期性地改变,如图9-30(c)所示。它反映了一定的调制系数M,而M的不同反映了主环形天线法线即飞机纵轴偏离地面台来波方向的程度(即ψ角),组合信号的外包络(即50 Hz信号)相位的不同(相差180°)则反映了来波的方向(从飞机纵轴的左或右方来)。

可见其定向的基本原理与垂直天线-环形天线组合的情况是相同的,也属于振幅式 M 型定向。只是此种定向有 4 个 $M=0$ 的点,包括两个不稳定定向点和两个稳定的定向点,因此定向时可能产生180°的误差。

根据主、辅环形天线感应电势的相位关系可知,当电波从 90°—0°—270°的方向来时,电机带动环形天线转至 $M=0$ 的"1"点,主环形天线平面的法线箭头方向对准地面台,指示器指针指向0°,而当电波从 90°—180°—270°方向来时,电机将带动环形天线转至 $M=0$ 的"4"点,主环形天线平面的法线箭尾方向对准地面台,指示器指针指180°。因此点"1"和点"4"为两个稳定的定向点,而点"1"为真实定向点,点"4"为虚假定向点,所以有 180°的定向误差。

当电波正好从 90°和 270°方向来时,由于环形天线的摆动可能使环形天线法线的箭头方向或箭尾方向对准地面台,指示方位可能是 90°也可能是 270°,因此 $M=0$ 的点"3"和点"2"为不稳定定向点。

五、旋转测角器非移相式自动定向

从前面分析可知,环形天线产生的合成感应电势(在场强一定时)与天线的有效高度或环面积成正比。在实际使用中,为增大合成感应电势,环形天线都是多匝串联使用的,并将其绕在高导磁率的铁淦氧磁心上。

如 APK—5 自动定向机使用的环形天线是将线圈绕在 3 块条形的铁淦氧磁心上,引出线经集流环连接到接收机输入端,如图 9-31 所示。但这种环形天线的体积大,旋转环形天线需要较大的转动力矩,机械传动部件多,操作不方便且转速慢,可靠性低。

那么,能否采用一种装置来取代环形天线的旋转呢?

如果将两个正交的环形天线固定安装在飞机上,使其中一个环形天线平面与飞机纵轴垂直,称做正弦(或纵向)环形天线,另一个环形天线平面与飞机横轴垂直,称做余弦(或横向)环形天线,那么在两个环形天线上所产生的感应电势的幅度与相位如图 9-32 所示。其方向性图参见图 9-30。

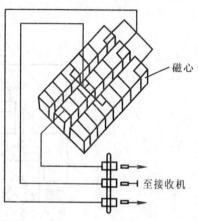

图 9-31 环形天线构造图

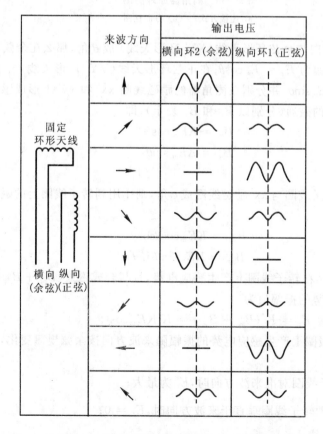

图 9-32 正交固定环形天线感应电势的幅度与相位

把这种天线与测角器连接起来就可以取代环形天线的旋转。

测角器分电感式和电容式两大类。下面分析电感式测角器的基本原理。

电感式测角器是由两组固定励磁线圈(空间位置也是正交的)和可在其中自由旋转的定向线圈(或称转子线圈)所组成的。励磁线圈分别通过 4 根高频馈线与固定在飞机上的两个正交的固定环形天线连接起来,如图 9 – 33(a)所示。

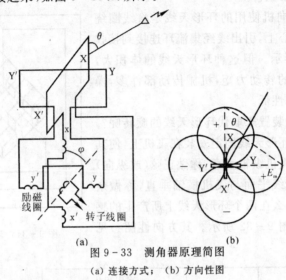

(a)　　　　　　　　(b)

图 9 – 33　测角器原理简图

(a) 连接方式；　(b) 方向性图

假设电波到来的方向与余弦环形天线(XX′ 环形天线) 成 θ 角,那么在余弦环形天线上产生的合成感应电势的振幅为 $E_x = E_\mathrm{m} \cos\theta$；在正弦环形天线(YY′ 环形天线)上产生的合成感应电势的振幅为 $E_y = E_\mathrm{m} \sin\theta$,并分别在测角器的励磁线圈 xx′ 和 yy′ 上形成感应电流并产生与合成感应电势成比例的磁通(分别以 B_x 和 B_y 表示),即

$$B_x = KE_\mathrm{m} \cos\theta$$
$$B_y = KE_\mathrm{m} \sin\theta$$

式中,K 为比例系数。

如果此时测角器转子线圈与 xx′ 励磁线圈成 φ 角,则作用到转子线圈上的磁通分量分别为 $B_{x\varphi}$ 和 $B_{y\varphi}$

$$B_{x\varphi} = KE_\mathrm{m} \cos\theta\cos\theta$$
$$B_{y\varphi} = KE_\mathrm{m} \sin\theta\sin\theta$$

磁通 $B_{x\varphi}$ 与 $B_{y\varphi}$ 必然在转子线圈上产生感应电势,且与合成磁通($B_{x\varphi} + B_{y\varphi}$)成正比例。转子线圈上产生的感应电势的振幅值为

$$E_\mathrm{r} = K'(B_{x\varphi} + B_{y\varphi}) = K'KE_\mathrm{m} \cos(\theta - \varphi)$$

由上式可知,转子线圈上产生感应电势的振幅随来波方向按余弦规律变化,如图 9 – 33(b)所示。

当 $\theta = \varphi$ 时,即转子线圈对准来波方向时,E_r 为最大；

当 $\theta - \varphi = \dfrac{\pi}{2}$ 时,即转子线圈垂直于来波方向时,$E_\mathrm{r} = 0$；

当 θ 在 $\varphi \sim \varphi + \dfrac{\pi}{2}$ 之间变化时,E_r 在最大值与零之间变化,也就是 θ 角在 0° ~ 360° 范围

变化时,转子线圈上产生的感应电势的振幅按"8"字形规律变化。

因此测角器中的转子线圈(定向线圈)实际上相当于一个普通旋转式的单个环形天线。转子线圈所形成的感应电势与垂直天线产生的感应电势仍有90°的相位差。

利用测角器转子的转动及在测角器转子上形成的感应电势与垂直天线感应电势的90°相位差进行自动定向的基本原理分析如下:

首先用某低频(如90 Hz)信号作为基本相位信号,对转子上形成的感应电势进行平衡调制,使转子的感应电势按90 Hz规律周期性地换相180°,并与垂直天线感应电势叠加,产生调相信号。再经过相位检波后得到90 Hz的方位误差信号,并与基准90 Hz信号比相,从而可确定测角器转子的转向。当转子被电机带动转到使测角器转子感应电势为零值时,同时也带动指示器指针转到相应位置,此时由于方位误差信号为零,所以电机停转,指针转过的角度即为飞机与地面电台的相对方位角。

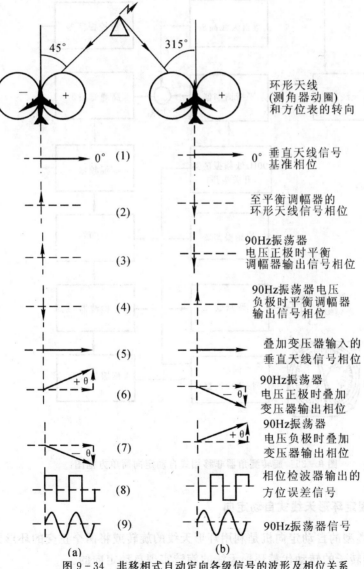

图9-34 非移相式自动定向各级信号的波形及相位关系

(a)电波从右前方传来; (b)电波从左前方传来

如果以飞机纵轴为界,电波从飞机右方或左方传来(即地面电台在飞机右侧或左侧)时,信号经换相、叠加后,使相位检波器输出的 90 Hz 方位误差信号相位相反,因而使测角器转子转向也相反,指示器指针指向右或左一个角度,如图 9-34(a),(b)所示。

典型的旋转测角器非移相式自动定向与旋转环形天线移相式自动定向的主要区别是:前者环形天线(测角器转子)输出信号不移相 90°,而直接与垂直天线信号叠加形成调相信号,不是调幅信号。所以在终端设有相位检波器,并输出低频(90 Hz)控制信号。其简单方框图如图 9-35 所示。

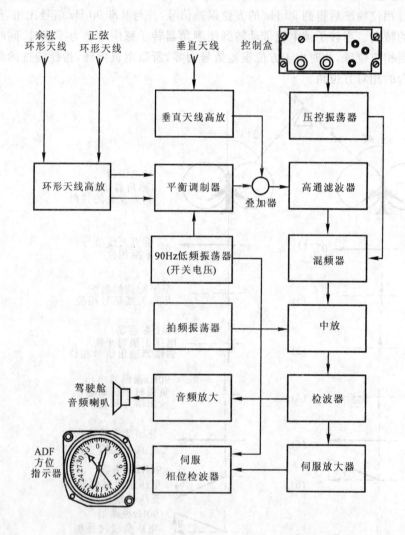

图 9-35　旋转测角器非移相式自动定向简单方框图

六、无测角器固定环形天线式自动定向

以上所述各种类型的自动定向机是利用环形天线的旋转或将两个正交的环形天线固定在飞机上,利用测角器转子的转动代替环形天线的旋转实现自动定向的。

最新式的自动定向机同样将两个正交的环形天线固定在飞机上,但不采用测角器和任何转动部件。其定向的基本原理如下:

纵向(正弦)环形天线与横向(余弦)环形天线接收的信号分别被低频(如 96 Hz)调制信号调幅,两个调制信号的相位相差 90°。经调制后的两个信号合成产生一个组合调制信号。这个组合调制信号与低频(如 96 Hz)调制信号的相位差与飞机至地面电台的相对方位成正比,但存在 0°和 180°的两个定向点,即可能产生 180°的定向误差。当组合调制信号与垂直天线信号叠加后,则可消除错误定向点,其叠加信号的外包络相位即包含有相对方位信息。经接收机相干检波后输出外包络复合音频(含有 96 Hz 方位信息),再由微处理器采用相关技术与低频(如 96 Hz)调制信号进行比相,以确定飞机与地面电台的相对方位。

下面根据接收信号在接收机内各点的相位解析,说明这种最新式自动定向的基本原理。

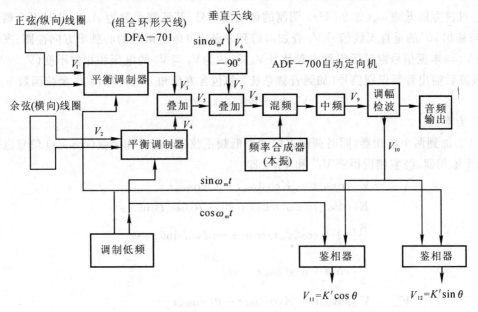

图 9-36　方位解算方框图

图 9-36 给出了自动定向机的方位解算方框图。组合型环形／垂直天线的纵向(正弦)环形天线和横向(余弦)环形天线接收地面电台信号加至各自平衡调制器的信号电压分别用 V_1 和 V_2 表示

$$V_1 = A\sin\theta\cos\omega_c t$$
$$V_2 = A\cos\theta\cos\omega_c t$$

式中　　A —— 信号电压的幅值;

　　　　θ —— 飞机与地面电台的相对方位角;

　　　　ω_c —— 接收地面电台信号的载波角频率(如 199 ~ 1 750 kHz)。

两个平衡调制器分别受低频 ω_m(如 96 Hz)正弦和余弦调制信号的调制,经调制后的输出信号分别为 V_3 和 V_4,即

$$V_3 = V_1\sin\omega_m t = A\sin\theta\cos\omega_c t\sin\omega_m t$$
$$V_4 = V_1'\cos\omega_m t = A\cos\theta\cos\omega_c t\cos\omega_m t$$

将 V_3 和 V_4 合成后可得到组合调制信号 V_5，即

$$V_5 = V_3 + V_4 = A\cos\omega_c t(\sin\theta\sin\omega_m t + \cos\theta\cos\omega_m t) =$$
$$A\cos\omega_c t\cos(\omega_m t - \theta)$$

从上式可见，组合调制信号 V_5 是一个包含相对方位角 θ 的函数。垂直天线接收的信号及将其移相90°后的输出信号分别为 V_6 和 V_7，即

$$V_6 = B\sin\omega_c t$$
$$V_7 = B\cos\omega_c t$$

将移相后的垂直天线信号 V_7 与组合调制信号 V_5 叠加，得到 V_8，即

$$V_8 = V_5 + V_7 = A\cos\omega_c t\cos(\omega_m t - \theta) + B\cos\omega_c t =$$
$$B\cos\omega_c t[1 + A/B\cos(\omega_m t - \theta)]$$

V_8 可视为以低频 ω_m（如96 Hz）调制的调幅波信号，其调制系数为 A/B。此时组合调制信号 V_5 与移相90°的垂直天线信号 V_7 叠加可得到一条以 θ 角为函数的心脏形方向性图。高频调幅信号 V_8 与本振信号混频后得到中频信号 V_9，可认为 V_8 与 V_9 的电压和相位不变（$V_8 = V_9$）。V_9 经检波后输出音频识别信号（加到音频系统）和包含方位角 θ 的低频（ω_m）余弦函数 V_{10}，即

$$V_{10} = K\cos(\omega_m t - \theta)$$

式中，K 为常数。

将 V_{10} 加到两个鉴相器，同时调制器的两个低频正弦（$\sin\omega_m t$）和余弦（$\cos\omega_m t$）信号也分别加到两个鉴相器，经鉴相后得到 V_{11}' 和 V_{12}'，即

$$V_{11}' = V_{10}\cos\omega_m t = K\cos(\omega_m t - \theta)\cos\omega_m t =$$
$$K(\cos\omega_m t\cos\omega_m t\cos\theta + \sin\omega_m t\cos\omega_m t\sin\theta) =$$
$$\frac{K}{2}[(1 + \cos2\omega_m t)\cos\theta + \sin2\omega_m t\sin\theta] =$$
$$\frac{K}{2}[\cos\theta + \cos(2\omega_m t - \theta)]$$

$$V_{12}' = V_{10}\sin\omega_m t = K\cos(\omega_m t - \theta)\sin\omega_m t =$$
$$K[\sin\omega_m t\cos\omega_m t\cos\theta + \sin\omega_m t\sin\omega_m t\sin\theta] =$$
$$\frac{K}{2}[\sin2\omega_m t\cos\theta + (1 - \cos2\omega_m t)\sin\theta] =$$
$$\frac{K}{2}[\sin\theta + \sin(2\omega_m t - \theta)]$$

再经低通滤波器滤波后，鉴相器的输出为

$$V_{11} = K'\cos\theta$$
$$V_{12} = K'\sin\theta$$

最后求出飞机对地面电台的相对方位角为

$$\theta = \arctan\frac{\sin\theta}{\cos\theta}$$

无测角器固定环形天线式自动定向机的简单方框图如图9-37所示。

正弦和余弦环形天线接收的信号分别经平衡调制并合成后与垂直天线接收的信号叠加，经频段选择滤波器后加到第一混频器，与频率合成器加来的第一本振（15.19～16.75 MHz）信号混频，得到15 MHz的第一中频，再与18.6 MHz的第二本振信号混频，得到固定的

3.6 MHz的第二中频。

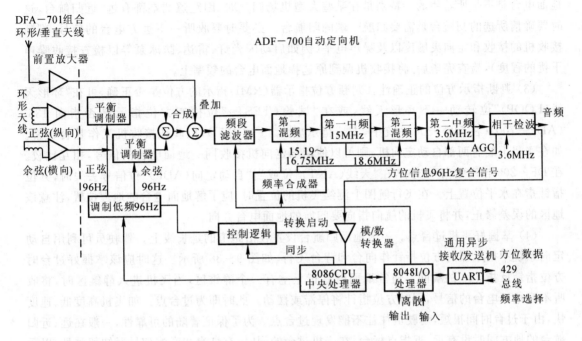

图 9-37 自动定向机简单方框图

3.6 MHz 第二中频经相干检波器检波后输出含有方位信息的低频(如 96 Hz)复合信号,再经模/数转换器后变成数字信号,并加至中央处理器(CPU8086),基准低频(96 Hz)信号(调制低频信号)与含有方位信息的低频(如 96 Hz)复合信号在 CPU 中利用相关技术进行相位比较,以确定它们之间的相位关系,并经象限误差修正后得到准确的相对方位数据。该数据经输入/输出处理器(8048)、通用异步接收/发送器(UART)及 ARINC429 数据总线加到显示组件。

输入/输出处理器(8048)同时也处理一些离散数据,如频率选择的转换、象限误差修正等。

第三节 自动定向机的使用

一、飞行中的使用和检查

自动定向机在飞行中的使用和检查比较简单,只要将控制盒上的工作方式选择电门放在"天线(ANT)"、"定向(ADF)"、"试验(TEST)"或在某些控制盒上的"环形天线(LOOP)"位置上,自动定向机就接通机上电源,并按所选择的工作方式开始工作。在飞行中的使用和检查应注意以下 4 点:

(1) 正确选择电台和频率。在预定飞行航线上使用时,要正确选择所飞地区的地面导航台或广播电台及它们的工作频率。因为在同一地区可能有多个地面中长波电台,而且它们的工作频率间隔可能很小,自动定向接收机容易错调在其他电台的频率上。

(2) 收听电台的呼号。利用飞机上的音频综合系统,收听地面电台的音频信号,或接通控制盒上的"报/话（TONE）"电门来收听地面电台的呼号和英文识别字母信号，以判断所接收的地面电台是不是所希望的。特别是在某些大型机场归航时，因跑道两端都有远、近归航台，这时要确信所选的归航台是需要归航一端的归航台。必要时要收听一下远方电台的信号，判断接收机的接收和定向灵敏度以及噪声电平（例如启动闪光灯、雷达、防冰泵等以检查接收噪声干扰的程度），检查完毕后，将接收机调到原选择地面电台的频率上。

（3）判断指示方位的正确性。判断方位指示器（RMI）指示的方位是否正确，可在"环形天线（LOOP）"位转动一下环形天线，或在"试验（TEST）"位检查方位指示是否指向 135°（ADF—700）（在 DF—206 系统中，方位指示应为 45°或 135°），以验证接收机工作是否正常。如在飞机上装有两部自动定向机，则可以使两部定向机接收同一地面电台的信号，相互比较。在 DF—206 自动定向系统中，在"天线（ANT）"位或当"自动定向（ADF）"位信号丢失时，方位指针指在水平位置上。在飞行航图上测绘飞机的位置时，应了解地面电台的地理位置，注意该地区的误差修正，并将飞机的航向指向要归航的地面电台方向。

（4）掌握好飞机过台点。一般地面归航台设置在沿跑道的延长线上。驾驶员可利用自动定向系统中指示器的方位指针作向台和背台飞行，如图 9-38 所示。这时应该掌握好过台时方位指针反指 180°的瞬间。通常地面电台正上空有一个静锥区，当飞机进入静锥区时，将收听不到地面电台的信号，同时方位指针将停滞或摆动。此时即为过台点。如飞机高度低、速度快，由于过台时间很短，驾驶员往往不能发现过台点。为了保证着陆的可靠性，一般在远、近归航台的地方同时设有远、近指点标台，在飞机过台的同时，有灯光和音响信号通知驾驶员，以示飞机正在过台。

如果飞机从地面电台的一侧过台时，则方位指针将指 90°或 270°（此时也叫切台），过台后，随着飞机远离地面电台，方位指针将逐渐向 180°方向接近。

以上是在正常工作时自动定向机在飞行中的使用情况。

但有时对某些错误的方位指示，自动定向系统没有故障显示。这就需要驾驶员应经常以不同的方法来判断，如与磁罗盘和其他导航设备进行比较、校验，以实现对飞机的正确导航。

地面民用广播电台不作为仪表飞行规则（IFR）的主要依据。另外在夜间飞行时使用较高的频段（大于 1 000 kHz），由于天波影响大，可靠性变差。这些都应在使用中注意。

二、归航和偏流修正

1. 归航时遇侧风的偏流修正

当飞机向某一目标（地面台）飞行时（归航），可使用自动定向机来引导。一般在 50～100 km 以外，接收远归航台、航线导航台或广播电台的信号，飞机只要保持对地面台的相对方位为 0°，就可引导飞机飞到目的地。例如，图 9-38 表示一架飞机从起飞机场飞往某目的地。假设目的地地面电台的磁方位为 355°，飞机起飞后操纵飞机使磁航向为 355°（RMI 指示器的航向指标对准罗牌刻度 355°），并使方位指针指向 0°（指针对准 RMI 指示器的航向指标），即地面电台的相对方位为 0°。这样飞机就可按图中粗实线的直达航线飞到目的地。

当遇有右侧风时，飞机就会偏离原预定航线；假设使飞机仍保持相对方位为 0°（方位指针对准指示器航向指标）进行飞行，那么，飞机将以图中弧形虚线所示的航迹飞行，即在 A′位飞机的磁航向变为 0°，B′位飞机的磁航向变为 10°，C′位飞机的磁航向变为 20°等。如飞机以相同的速度飞行，不仅改变了飞机的航迹，而且延长了飞机到达目的地的时间。

在上述情况下,应根据当时的风向、风速,在飞机起飞后及时修正航向(磁航向)。例如,在右侧风时,飞机起飞后使偏流角(飞机的航迹与航向之间的夹角)为−20°(见图9-38中D位飞机),使飞机的磁航向为15°,飞机到地面电台的相对方位为340°,RMI指示器的指针在罗牌上的读数仍保持地面电台磁方位为355°,如图9-38所示中RMI指示的情况。

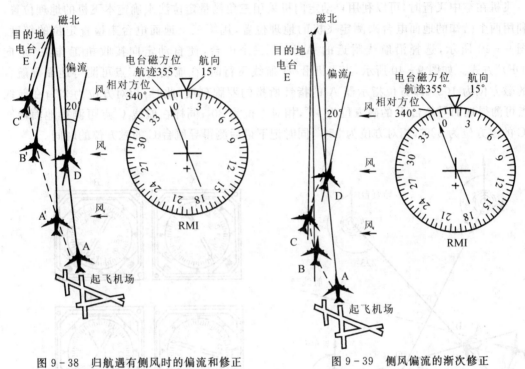

图9-38　归航遇有侧风时的偏流和修正　　　　　　图9-39　侧风偏流的渐次修正

2. 侧风偏流的渐次修正

在飞机上也可以利用ADF的指示对飞机的偏流进行渐次修正,以上述同一航线为例,如图9-39所示,在飞机起飞后,操纵飞机对准地面电台,即RMI指示器指针指示的相对方位为0°,磁航向为355°,地面电台的磁方位也为355°,如图中A位飞机的情形。当遇有右侧风而仍保持磁航向355°飞行时,相对方位变为5°,则地面电台的磁方位变为0°,这说明在右侧风的影响下,飞机已偏离原航线的左方。因此应使飞机向右修正,当保持地面电台磁方位不变(仍为0°),使磁航向向右修正到10°时,相对方位为350°,如图9-39所示B位飞机的情形。如继续保持磁航向10°不变飞行,那么在右侧风的影响下,地面电台的磁方位将增大,如增大到2°时,相对方位变为352°,此时飞机仍偏左,如图中C位飞机的情形,因此需要继续增大磁航向,而减小地面电台的磁方位,最后使飞机磁航向为15°,地面电台磁方位为355°,相对方位为340°,则飞机进入原直达预定航线。

上述过程实际上是逐渐修正飞机的偏流角,而实现保持飞机到地面电台磁方位不变。这种方法称为偏流渐次修正法。

根据上述分析,可以用地面电台磁方位的变化来判断飞机偏离预定航线的方向。如果地面电台磁方位增大,说明飞机向左偏;地面电台的磁方位减小,则说明飞机向右偏。判断出飞机偏离预定航线的方向后,再用同样的方法进行修正,直至飞机到地面电台的磁方位不再变化为止,即飞机进入原预定航线飞行。这种修正可由人工操作,也可由飞机自动驾驶仪来自动完成。

三、飞机的空中定位

飞机在空中飞行时,可以利用自动定向机采用三角测量定位法来确定本飞机的地理位置,即利用两个已知的地面电台来测定飞机的地理位置,用第三个地面电台来检查定位的精度。如图 9 - 40 所示,选择沿航线附近的 A,B,C 三个电台,使自动定向接收机工作在"定向(ADF)"方式。如图 9 - 40 所示,当飞机沿 75°航线飞行时,在航线的 A′点可测得地面导航台 A 的磁方位为 102°,即方位指示器 A′的指针所指的罗牌刻度,此时,相对方位为 27°;在航线 B′点可测得地面导航台 B 的磁方位为 45°,相对方位为 30°;同样在航线 C′点可测得地面导航台 C 的磁方位为 329°,相对方位为 254°,同时记下最后测得导航台 C 的磁方位的时间。

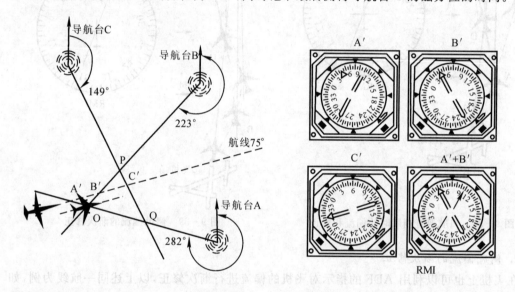

图 9 - 40 飞机的空中定位

这样就可把每个测得的地面导航台磁方位线画在航图上,并按该地区的误差修正,则飞机的位置可确定在最后测得导航台 C 时所形成的三角形 OPQ 内。

应当指出,由于是在飞机沿航线飞行中进行测量,所以三个测量点 A′,B′,C′的距离越短,则所形成的三角形越小,它们的间隔越趋于接近,定位就越精确。这种方法适用于只装一部自动定向机的小型、低速飞机。

由于这种方法定位精度较低,所以在现代大型、高速飞机上都装有两部自动定向机,且它们的方位指针装在一个指示器上,如图 9 - 39 中所示的 RMI 指示器。这样可以同时选择两个地面导航台,利用两条磁方位线的交点准确地测得飞机的位置。

现代飞机的定位还可以采用 VOR/DME 设备,在远程航路上可用惯性导航系统或奥米伽系统等。自动定向机主要用于进近归航和着陆阶段。

四、测量飞机到地面电台的距离和时间

1. 倍角法

测量飞机到地面电台的距离可以采用倍角法,如图 9-41 所示。在飞机航向的任一侧选择一个已知的地面电台,假设飞机在 A 点测得地面电台的磁方位为 60°(电机的航向与飞机和地面电台连线的夹角为 30°),记录此时时间 T_x,飞机保持如图 9-41 中所示航向 90°和空速 v 不变,在 B 点测得地面电台的磁方位为 30°(即飞机的航向与飞机和地面电台连线的夹角为 60°),并记录此时时间为 T_y,那么,此时飞机到地面电台的距离 D 可由下式表示:

$$D = v(T_y - T_x)$$

这是因为飞机从 A 点飞到 B 点,其所测地面台的磁方位具有倍角关系,如图 9-42 所示。因此飞机从 A 点到 B 点所需要的时间 T_1 和距离 D_1 恰好等于飞机从 B 点到地面电台所需要的时间 T_2 和距离 D_2,即 $T_1 = T_2$,$D_1 = D_2$。所以飞机在 B 点时到地面电台的距离可以表示为

$$D = v(T_y - T_x) = vT_1 = vT_2$$

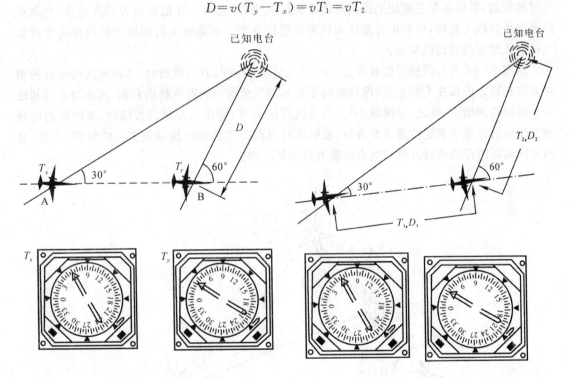

图 9-41　用倍角法测量飞机到地面电台的距离　　　图 9-42　倍角法测距时时间和距离的关系

2. 切台法

利用 90°切台法也可以测量飞机到地面电台的距离。这就是利用自动定向机将飞机操纵到与已知地面电台相对方位为 90°或 270°的位置上,如图 9-43 所示的 A 点,并开始计时,且保持飞机飞行航向不变,当相对方位改变了 10°或 20°时,记下所需要的时间(s),用记录的秒数除以相对方位的变化数,即可得到飞机相对方位在 90°时(A 点),以相同速度到达地面电台的时间(分钟数)。因为 $\tan 1° = 0.017 \approx 1/60$,所以采用切台法使相对方位变化 1°的时间秒数,就是切台点(相对方位为 90°处)到地面电台的时间分数。

再将当时的空速与时间分数相乘，便可得到飞机在切台点处与地面电台之间的距离。

例如，相对方位改变 10°，所需时间为 110 s，那么，飞机从 A 点到地面电台所需的时间分钟数 t 为

$$t = 110(\text{s})/10° = 11 \text{ min}$$

如当时空速 $v = 480 \text{ km/h} = 8 \text{ km/min}$，那么飞机从 A 点处到地面电台的距离为

$$D = vt = 88 \text{ km}$$

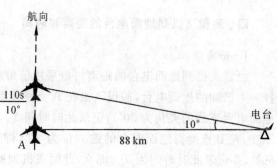

图 9-43　切台法测距

3. 预定位置线法

当飞机在空中飞行时，为了使飞行员能掌握飞行动态，如控制飞机的转弯时机和检查飞机飞过的距离，可以事先在航图上设定所需要的位置线，并量出已知地面电台的方位角，当飞机向预定位置线飞行时，可利用自动定向机测得的相对方位和地面电台的磁方位的变化来判断飞机进入预定位置线的瞬间。

如图 9-44 所示的预定位置线为 OB，当飞机由 A 点向 B 点飞行时，飞机对地面电台的相对方位和磁方位都在不断变化（保持航向不变），如果地面电台在飞机的右侧，则相对方位和磁方位都将逐渐增大（反之，逐渐减小）。当飞机到达 B 点，即进入预定位置线时，所测得的电台磁方位应恰好等于预定位置线的方位，说明该时刻即为飞机到达预定位置线的时刻，之后，自动定向机所测得的相对方位和电台的磁方位将同时增大。

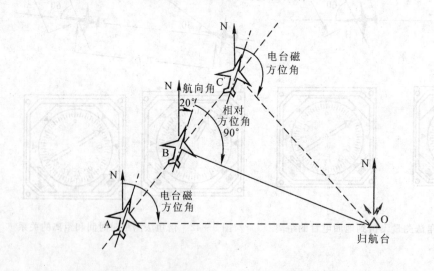

图 9-44　进入预定位置线的瞬间

五、进近和穿云着陆

1. 进近的程序转弯

飞机着陆过程通常包括进近和着陆两个阶段。飞机从航向信标（LOC）覆盖边缘开始一直下降到跑道延长线上空 15～30 m 的高度，这一阶段称为进近。

当飞机由自动定向机引导飞到目的地（机场）上空时，驾驶员将操纵飞机对远归航台作过台飞行，即自动定向机方位指示器指针反指180°，此时飞机可进入航图中的程序转弯（标准转弯）。

飞机从远归航台上空飞向穿云下降点时，如果进入远归航台上空的高度较高，则需要平飞和下降的时间较长，为缩短时间，也可以在飞机通过远归航台后立刻下降，当下降到正常下降距离的一半时即作180°水平转弯，并使飞机对准着陆航向，继续穿云下降，进行着陆。图9-45示出了飞机过台、穿云下降和程序转弯的过程。

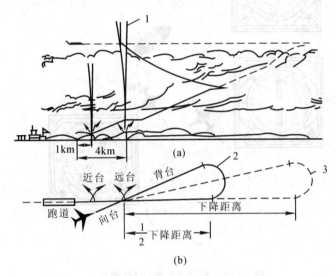

图 9-45　进近的程序转弯

(a) 180°过台侧视图；　(b) 程序转弯俯视图

1—归航台上空静锥区；2—短航线程序转弯；3—正常航线程序转弯

程序转弯的角度和进入下降点的高度，随机场净空条件和飞机机型的不同而各不相同。

2. 典型进近图

利用自动定向机，使飞机工作在"自动定向（ADF）"位，对远归航台作进近飞行，示意图如图9-46所示。飞机在A位以磁航向140°，对远归航台的相对方位为0°作进近飞行（图9-46中示出了自动定向机的使用频率为221 kHz，呼号为BO，跑道着陆方位为35°）。

当飞机飞越远归航台上空后，RMI指示器的方位指针将反指180°，此时指示器的箭尾指出飞机背台飞行时的方位，以表示飞机飞离归航台。当飞机飞到B位时的磁航向为215°，对远归航台的相对方位为147°，远归航台的磁方位为2°，此时可进行程序转弯和下降高度。当飞机飞到C位时，磁航向为35°（正好对准跑道方向），而后再次通过远归航台上空（指示器指示再次反指180°），保持此航向飞行并降低高度，然后进行着陆。

3. 穿云着陆

目前一些没有装备仪表着陆系统（ILS）的小型机场通常使用自动定向机进行穿云着陆。

飞机在云中或云上空飞行时，如果机场被低云或浓雾遮盖，就需要使飞机先穿至云下，然后进行着陆（机场的最低能见度和最低云高图都有规定，可事先与塔台保持联络）。因为在跑道延长线上一般都设有远、近归航台和75 MHz指点标台，因此，飞机穿云下降时，只要引导飞机下降到预定高度或预定位置线,就能准确地使飞机进入远归航台上空。

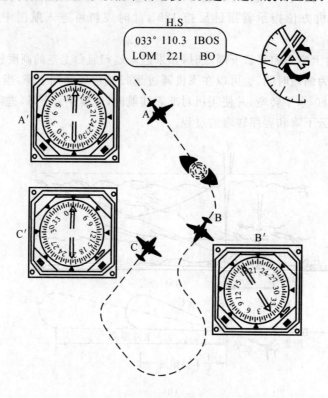

图 9 - 46　典型进近图(RMI 指示)

　　例如,如图 9 - 47 所示,飞机对远归航台作 90°(或 270°)切台飞行,飞机高度为 900 m,按机场的标准穿云图下降到四边至五边时,即可穿出云层,进行目视着陆。

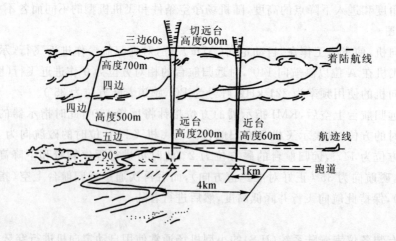

图 9 - 47　穿云着陆示意图

　　由于在进近和着陆期间驾驶员集中精力操纵飞机,没有时间调节自动定向机的频率,所以在飞机上装有两部自动定向机时,通常把一部调谐在远归航台频率上,而把另一部调谐在近归航台频率上。如果飞机上只装有一部自动定向机,必须要能使驾驶员简单、准确地转换远、近归航台的频率。

在使用中须注意,对于一些小功率的远归航台,当距离超过 30 km 时,自动定向机就不能可靠定向。另外,各机场的穿云下降图不同,对不同的飞机机型,其他要求也不相同。

六、在机场上空作等待飞行

由于跑道使用繁忙或天气等原因,指挥调度人员会通知已进入机场上空的飞机在指定的空域和高度层上作等待飞行。

如图 9-48 所示,在 A 点的飞机对归航台和跑道作进近飞行,此时,飞机的磁航向为 35°,即对准归航台和跑道,相对方位为 0°,当飞机飞过远归航台后,RMI 指示器的指针反指 180°,然后,飞机作标准的 180°水平转弯,对航向进行侧风修正,并按特定等待航线在规定时间飞离跑道上空。当飞机转至 B 位时,飞机磁航向为 215°,飞机对远归航台的相对方位为 85°(相对方位约由 45°逐渐增大到 155°),接近切台位,飞机飞到等待航线的末端再次作标准的 180°水平转弯,并使飞机按原等待航线飞行(即对准远归航台和跑道)。这样使飞机在等待航线上重复飞行,直至指挥调度人员通知可进行着陆为止。

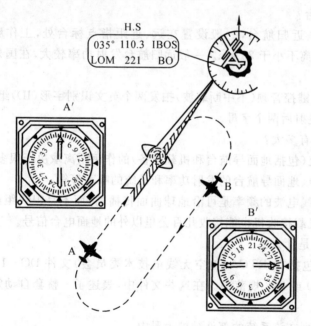

图 9-48 飞机在机场上空作等待飞行

七、ADF 使用问答

下面主要是回答 ADF(自动定向机)在使用中的一些共性问题。

(1) 为什么 VHF(甚高频)话音通信频率不能用于 ADF?

答:甚高频定向一般用于寻找坠落飞机的紧急救生电台。因为甚高频频段已被其他服务性通信频率(如公安、救火和船舶等)所占满,它们比现有的 ADF 和 VOR 更有用,所以,自动定向机(ADF)一般不使用 VHF 话音通信频率。另外,飞机只有在地面甚高频电台的视线范围内,机载自动定向机才能接收甚高频信号,这就限制了 ADF 系统的使用范围。

(2) ADF 利用民用广播电台的优、缺点是什么?

答:世界上有些地方,民用广播电台可能是惟一能提供导航信息的电台。民用广播电台有时是其他导航设施有价值的导航交叉点,并且不受视线接收的限制,自动定向机能接收来自水平方向的电波信号。对利用民用广播电台定向有如下限制:

1) 地波是惟一适合于环形天线定向的发射电波。在民用广播电台频段中地波可以超越不可靠的天波。

2) 在一个地区可能有一个以上的地面电台使用同一频率,这就需要特别注意电台的呼号(或字母),以确认所选择的电台。

3) 远距电台的天波有可能覆盖同一使用频率近距电台辐射的电波。

4) 接收的电台必须工作一段时间,以检查其频率、呼号(或字母)是否为所需要的电台。

5) 为了使自动定向机在使用中有最好的效果,要求所选择的电台应有较大的发射功率和较低的工作频率。

6) 民用广播电台不一定全天 24 小时工作,也不能保证最好的辐射质量。

(3) 什么是罗盘定位台?

答:罗盘定位台,即远、近归航台,一般设置在远、近距指点标台处,工作频率为 200～415 kHz之间,有效作用距离不小于 25 km。一般远归航台发射功率较大,在国外有时还转发气象预报信息。

归航台在每 30 s 内用键控音频(不中断载波)拍发两个英文识别字形(ID)组,远归航台发射前两个字母,近归航台发射后两个字母。

(4) ADF 的作用距离有多大?

答:整个自动定向系统(包括地面导航台和机载设备)的作用距离取决于很多因素,如机载接收机的选择性、大气噪声、地面导航台的发射功率和系统的噪声等等。

自动定向机使用的无线电波的频率是可沿地球曲面传播的,而不是视线距离传播,所以,即使飞机停留在地面上,机载接收机也能接收几百公里以外的地面电台信号。

(5) ADF 设备的规范是什么?

答:ADF 设备的规范包括在 RTCA(航空无线电技术委员会)文件 DO—142 和 ARINC(美国航空无线电公司)570 或 712 规范中。在这些文件中,表述了一整套自动定向系统要求的工作参数和工作环境。

特定系统的工作规范列在该系统的部件维护手册中。

如 500 系列机载自动定向机根据 ARINC570 规范规定其主要性能为:

1) 频率选择。工作频率范围为 190～1 750 kHz;频率间隔为 0.5 kHz;频率转换时间小于 4 s,BCD(二-十进制)码选频。

2) 定向准确性。场强为 50～100 000 μV/m。假定垂直天线场强等于 10 000 μV/m(垂直天线场强＝天线有效高度×天线输入电容量的平方根),定向准确性为±2°(不含象限误差)。场强小于 25 μV/m,定向准确性不超过±3°(不含象限误差)。

3) 定向摆动。小于±1°。

4) 灵敏度。场强为 35 μV/m,1 000 Hz,调幅度为 30%,天线有效高度×天线输入电容的平方根＝1，信噪比为 6 dB。

5）接收机的选择性。接收机的调谐频率为当所选频率为±175 Hz 时，频带宽度在－6 dB 处为 1.9 kHz；在－60 dB 处不大于 7.0 kHz。

（6）为什么 ADF 不能代替 VOR？

答：全向信标机（VOR）也可以为驾驶员提供方位信息，而且，在多数情况下比 ADF 更精确。但是，ADF 仍有很多优点，例如，可以用较长时间，有更多的地面电台可用，利用民用广播电台时，可以给飞机驾驶舱提供音乐、新闻和体育消息等。ADF 的另一个优点是不受视线距离的限制，可以接收地面台水平方向来的电波信号。因此，自动定向机 ADF 仍为现代飞机的一种必备设备。

八、自动定向机与全向信标机

自动定向机是目前应用最广、最普遍的机载导航设备之一，整个系统包括地面设施和机载设备，如前所述，具有结构简单、投资费用少（如在农业飞行和工业探测飞行任务中，比较容易建立一个临时性地面电台）和使用方便等优点。此外，自动定向机还可以利用每个地区众多的民用广播电台作为区域性的定向目标，因而可以缩短地区间的飞行距离等等。但是，自动定向机只能指出飞机相对于某地面电台的相对方位，在特殊情况下（如恶劣天气时）还不能确定飞机的地理位置。如要确定飞机的地理位置，还必须要有两个以上已知地面电台的方位，并同磁罗盘结合，通过计算才能确定。为了能即时地读出地面电台的磁方位，做出迅速判断，后来出现了无线电磁指示器（RMI）和无线电方位、距离磁指示器（RDDMI）等。

另外，当利用自动定向机进行向台（归航）飞行时，如果遇有侧风，飞机就会向下风方向飞行而偏出预定航线，这在飞行中是绝不允许的。因此，必须将自动定向机与磁罗盘配合使用，以随时修正由于侧风引起的偏流角。图 9-49 示出了飞机由于侧风引起的偏航情况。

为了有效地避免以上缺点，到了 20 世纪 60 年代初期出现了全向信标系统（简称 VOR 系统）。它与自动定向系统的主要区别在于，全向信标系统的地面电台发射的是有方向性的电波信号，而自动定向系统地面电台发射的是无方向

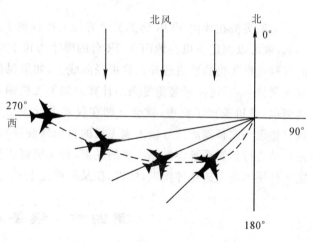

图 9-49　由于侧风引起的偏航

性电波信号。飞机上的全向信标接收机接收到这种有方向性的电波信号后，就可以确定飞机的地理方位，再与测距机等配合，就可以确定飞机的地理位置。

那么，全向信标系统地面电台是怎样发射有方向性的电波信号的呢？其实，它发射的电波信号是由两部分信号组成的，一部分是基准相位信号，是无方向性的，信号的相位在 0°～360°范围内是不变的；另一部分是可变相位信号，是有方向性的，信号的相位在 0°～360°范围内是可变的。这两个信号的相位，除在磁北子午线上完全一致外，在其他各个方位上都是不同的。所谓"全向"，就是以地面 VOR 台为中心，以磁北为基准（0°），在地面 VOR 台的各个方位上

（0°～360°）都是有方向性的，即由磁北开始旋转向四周辐射无数根径向线。图 9－50 示出了地面 VOR 台辐射的方位信号。

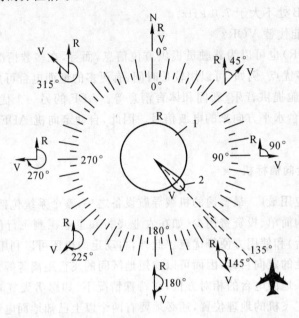

图 9－50　地面 VOR 台辐射的方位信号

1—R 为基准相位信号；　2—V 为可变相位信号

　　如果飞机在地面 VOR 台的某个方位上接收到了这种有方向性的电波信号，并加以鉴别，那么，就可以判定飞机在地面 VOR 台的哪个方位上（VOR 地面台的磁方位）。同时利用接收的信号可将飞机的航道选择在这根径向线上，如果保持航道不变飞行，飞机就可沿此航道从一点飞到另一点，这样可避免复杂的计算。如果飞机偏离了这根选定的径向线（航道），例如，遇到侧风，飞机偏离了航道，就会立即在仪表上反映出来，因此，在很大程度上可以避免飞机偏航。如果将这种偏离信号输入到飞机的自动驾驶仪或自动飞行控制系统（AFS），自动驾驶仪或自动飞行控制系统将操纵飞机的舵面，将飞机修正到选定的航道上来。而采用目前的自动定向机还不能完成这种操纵，所以，在某种程度上说，全向信标系统比自动定向系统更为优越。

第四节　误差与干扰

　　机载自动定向机是依赖于地面电台发射的无线电波进行定向的，而无线电波在传播过程中，会受到飞机金属机身的影响，也会受到电离层、大气条件（如温度、湿度）、大地表面的性质、地理环境以及人为干扰等因素的影响，使定向产生误差。同时因为自动定向设备本身结构的问题也会引起一定的定向误差。这些误差大致可分为环形天线附近金属导体的干扰误差、电波传播误差和设备误差。

一、象限误差的形成

　　象限误差也叫罗差，主要是环形天线附近金属导体的干扰误差。

当地面电台辐射的无线电波到达到飞机机身等金属物体上时,将在金属物体上产生交变的感应电流,该电流又在机身等金属物体周围产生辐射电波,这种现象称为两次辐射。二次辐射电波与原信号电波叠加后,合成电波作用到环形天线的方向与原电波传播方向相差一个角度,从而改变了定向方向,造成了定向误差,该角度称为象限误差或罗差。

造成二次辐射的金属物体一般分为两类。一类为垂直的环状导体,如飞机机身等,它类似回路,所以称为类回路辐射体;另一类为长度比截面大很多倍的不闭合导体,如天线杆、金属杆等,它类似于天线,所以称为类天线辐射体。通常类回路辐射体比类天线辐射体对定向的影响大得多(即产生的罗差大),因此在这里只分析类回路辐射体所产生的罗差。

我们可以把飞机看做两个回路,即飞机纵向方向形成的纵向回路及飞机横向方向形成的横向回路。如图 9-51 所示,飞机纵向回路为 XX' 轴上的回路,飞机横向回路为 YY' 轴上的回路。为了便于分析,将环形天线置于为两个回路的中点。

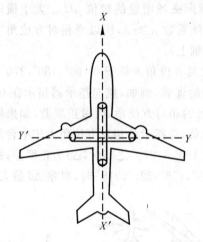

图 9-51 飞机纵向、横向回路

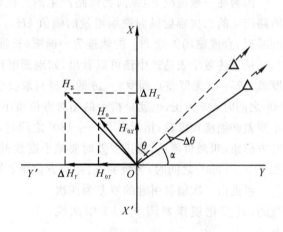

图 9-52 罗差的形成

假设地面导航台射来的电波与 YY' 轴的夹角为 α,飞机与地面台的相对方位角为 θ。根据电波传播的方向,按右手定则可确定它的磁场为 H_0(见图 9-52)。

无线电波是由电场和磁场合成的,为了分析方便起见,仅考虑磁场的情况。

磁场 H_0 可分解为纵轴向磁场 H_{0X} 与横轴向磁场 H_{0Y}。同时,由于二次辐射的原因,在飞机的横轴回路(YY' 轴回路)将产生附加的二次辐射纵向磁场 $|\Delta H_X| = kH_{0m}\sin\theta$($k$ 为比例系数,H_{0m} 为磁场矢量 H_0 的幅值);在飞机的纵轴(XX')回路将产生附加的二次辐射横向磁场 $|\Delta H_Y| = \mu H_{0m}\cos\theta$($\mu$ 为比例系数)。因此总的纵向磁场为

$$|H_X| = |H_{0X} + \Delta H_X| = (1+k)H_{0m}\sin\theta = H_{Xm}\sin\theta$$

总的横向磁场为

$$|H_Y| = |H_{0Y} + \Delta H_Y| = (1+\mu)H_{0m}\cos\theta = H_{Ym}\cos\theta$$

总的合成磁场的矢量为

$$H_\Sigma = H_X + H_Y$$

合成磁场的幅值为

$$H_{\Sigma m} = \sqrt{H_{Xm}^2 + H_{Ym}^2}$$

从以上分析可知,由于二次辐射的影响,总的合成磁场(矢量)H_Σ 与原真实的磁场 H_0 之

间出现一个角偏移 $\Delta\theta$，也就是相当于此时的电波传来的方向偏移真实地面台电波传来的方向一个 $\Delta\theta$ 角，如图 9-52 中虚线所示。此时自动定向机将按虚线方位定向，即产生定向误差 $\Delta\theta$，称为罗差。

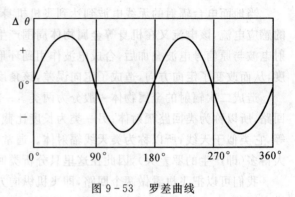

图 9-53　罗差曲线

根据图 9-52 所示的各矢量关系可求出罗差 $\Delta\theta$ 的数学表达式为

$$\sin\Delta\theta = \frac{H_{Ym}\sin\theta - H_{Xm}\cos\theta}{H_{\Sigma m}}$$

$$\Delta\theta = \frac{\arcsin(\mu - k)\sin\theta\cos\theta}{\sqrt{\left[(1+k)\sin\theta\right]^2 + \left[(1+\mu)\cos\theta\right] + 2}}$$

因为在一般情况下，纵向类回路产生的二次辐射横向磁场增量的幅值 μH_{0m} 大于横向类回路产生的二次辐射纵向磁场增量的幅值 kH_{0m}，即比例系数 $\mu > k$，所以当相对方位角变化 $360°$ 时，合成磁场矢量 H_Σ 的轨迹为一椭圆（长轴在 Y 轴上）。

从上述数学表达式中还可以看出，如地面电台的相对方位角 θ 等于 $0°,90°,180°,270°$ 时，罗差 $\Delta\theta = 0$（无罗差）。而罗差 $\Delta\theta$ 的符号只取决于 θ 角的度数，例如，航向指示器指示在 $0°\sim 90°$ 之间时，$\Delta\theta$ 为正，也就是指示的相对方位角小于电台的相对方位角，叫做正罗差，如果要修正罗差必须增加度数；指示在 $90°\sim 180°$ 之间时，$\Delta\theta$ 为负，即指示的相对方位角大于电台的相对方位角，叫做负罗差，修正罗差时要减小度数；指示在 $180°\sim 270°$ 之间时，$\Delta\theta$ 为正罗差；指示在 $270°\sim 360°$ 之间时，为负罗差。相对方位角 θ 等于 $45°,135°,225°,315°$ 时，罗差 $\Delta\theta$ 最大。

可见由二次辐射引起的罗差为四次性的，其变化规律如图 9-53 中曲线所示。

图 9-54 给出了以平面坐标表示的罗差变化规律。当地面电台的相对方位为 $0°$ 和 $180°$ 时，纵向回路产生的二次辐射横向磁场与原电波磁场平行，横向回路产生的二次辐射纵向磁场为零，所以在这两个方位上不产生罗差。

同理，地面电台的相对方位为 $90°$ 和 $270°$ 时，罗差也为零。

根据比例系数 $\mu > k$ 的矢量分析，也可以得出地面电台的相对方位为 $45°$ 和 $225°$ 时，有正的最大罗差，而相对方位等于 $135°$ 和 $315°$ 时，有负的最大罗差。可见，在地面电台的相对方位为

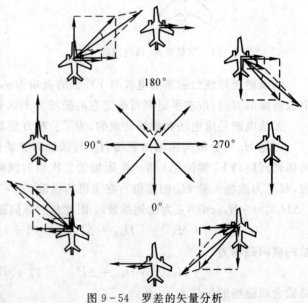

图 9-54　罗差的矢量分析

$0°\sim 360°$ 时，罗差的变化规律还具有象限的特征，所以罗差也称做象限误差。

二、象限误差修正器

为了保证定向的准确性，减小定向误差，必须设法消除或减小象限误差。其基本措施是采用象限误差修正器来修正象限误差。

旋转环形天线式自动定向机的象限误差修正器是一个由钢带软轨、调节螺钉和修正机构等组成的圆形机械装置，也称做罗差补偿器，其构造如图 9-55 所示。

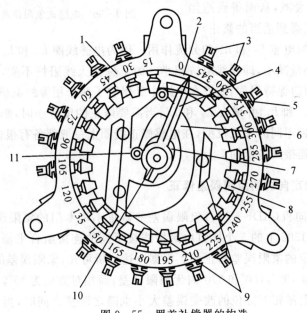

图 9-55　罗差补偿器的构造

1—方位度盘；2—补偿度；3—调整螺钉；4—指针

5—滑轮；6—滑动框架；7—弹簧；8—金属软轨

9—滑动框导架；10—同步器轴；11—指针拨销

罗差补偿器的金属软轨的形状可由外壳上每隔 15° 分布的 24 个调节螺钉来调整，调节软轨的形状就可以补偿每个方位上的罗差。

旋转环形天线式自动定向机的环形天线（及垂直天线）接收的信号经接收机处理后，输出的方位信息驱动安装在环形天线中的电机。由电机带动环形天线和同步器的传感器（也安装在环形天线中）转动，且通过同步器的受感器（安装在指示器中）带动指示器的指针转动，指出被测方位。但由于环形天线受二次辐射的影响，使它们转过的角度大于或小于地面电台的真实相对方位角，其偏差角为 $\Delta\theta$，即罗差（象限误差）。故指示器的指示是带有误差（罗差）的相对方位角，如地面电台的相对方位角为 32°，而环形天线及指示器指针实际转过 35°，即有 −3° 的罗差。

如果在环形天线与同步器轴传感器之间接入一个罗差补偿器，并经适当的调整后，使同步器的传感器比环形天线少转 3°，那么同步器的受感器及指示器就可以指示 32°，从而修正了罗差。这一修正可以在 0°～360° 的各个方位上进行。

这种罗差补偿器体积大，机械结构复杂，可靠性差，所以现代飞机通常采用电感式罗差补偿器。

电感式罗差补偿器,也称为电感式象限
误差修正器,它是一个平衡电感衰减器,如图
9-56所示。它用于正交固定环形天线式自
动定向机,接在环形天线与接收机之间,将正
交固定式环形天线的横向线圈(作负罗差修
正)或纵向线圈(作正罗差修正)的信号按修
正度数要求给以相应的衰减,从而得到适当
的罗差补偿(即象限误差得到适当的修正)。

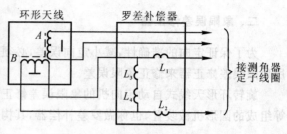

图 9-56　电感式象限误差修正电路

　　衰减主要靠电路中的电感 L_3 和 L_4 的分流作用。因为电感线圈 L_3 和 L_4 是并联在环形天
线线圈上的,使总的电感量减小,即天线阻抗减小。为了保持天线阻抗不变,不影响系统的正
常工作,又使传输馈线两边保持对称,所以在电路中又串联了两个相等的电感 L_1 和 L_2。需要
修正度数大时,就减小 L_3 和 L_4,并增大 L_1 和 L_2;当需要修正的度数小时,则相反。为了使象
限误差的修正能适应各种不同的飞机机型,在电感修正线圈上一般都备有很多抽头,以便按象
限误差修正度数的不同连接到各个抽头上。

三、ADF—700 自动定向机的象限误差修正

　　目前最新式自动定向机(ADF—700)象限误差的修正不用专门的象限误差修正器,而是
在接收机尾部中间插头 J302 上的 5 个插钉由跨接线按不同的连接组合来修正象限误差。每
一个组合都产生一个确定的象限误差修正量。根据上述分析可知,象限误差的规律是,当飞机
与地面台的相对方位为 0°,90°,180°和 270°时无象限误差;而相对方位为 45°,135°,225°和 315°
附近时,象限误差最大,且随相对方位的改变误差大小也随之改变。同时,当相对方位在右前
(0°～90°)方的第一象限或左前(270°～360°)方的第四象限时,指示的方位通常偏向飞机机鼻
方向;当相对方位在右后(90°～180°)方的第二象限或左后(180°～270°)方的第三象限时,指示
的方位通常偏向机尾,如图 9-57 所示。

　　从图 9-57 中可以看出,当飞机与地面台
的相对方位在第一、三象限时,有正的误差,在
二、四象限时有负的误差。那么在修正时应将
相对方位在 0°～90°时的指示方位朝右机翼尖
方向移动(修正),在 90°～180°时的指示方位也
要向右机翼尖方向修正;而当地面台在 180°～
270°或 270°～360°方位时,应使指示方位朝左
机翼尖方向修正。也就是修正量的符号应与象
限误差的符号相反,如负的象限误差需要正的
修正量,反之亦然。

　　在掌握这一规律之后,可以采用在地面和
在空中两种方法进行修正。地面修正是将飞机
拖至宽阔的跑道头,在飞机周围无建筑物或其
他反射目标的情况下,选定适当的地面电台(电

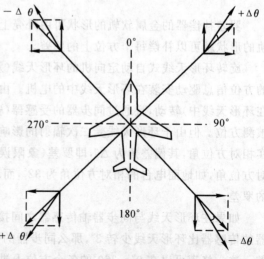

图 9-57　象限误差规律

台频率应选用 200～400 kHz),使飞机在 0°～360°方位转动,记录指示方位并配合地面瞄准

仪,计算出象限误差的修正量,改变接收机尾部插钉的组合。在地面修正后必须经过空中验证。

在空中进行验证时,要收集飞行期间的方位数据,然后计算需要修正的量。具体要求是:

(1) 在飞机平飞时读取方位数据,并应在无风的天气下进行;

(2) 不能在日落前 2 h 到日出后 2 h 期间内进行(地面修正时要求一样),以防夜间效应的影响;

(3) 飞机应以某全向信标台或固定点作为校准点,且距选定的低频无线电台(频率为 200～400 kHz)至少 16.1 km;

(4) 飞机磁罗盘精度应在 1°以内;

(5) 在飞行中,飞机与地面无线电台的相对方位角按表 9-1 中(1)栏所选的度数进行飞行测量。

将自动定向接收机调谐在选定的地面无线电台的频率上,并选择自动定向机在"自动定向 (ADP)"位工作。假定地面无线电台相对校准点的磁方位为 71°,使飞机按表 9-1(1)栏中所列度数,例如,30°(飞机对地面无线电台的相对方位角)飞行,则此时指示器指示的飞机磁航向(指示器顶部航向标记所对准罗牌的刻度)为地面台相对校准点的磁方位 71°减去飞机的相对方位角 30°,即得到表 9-1 中(2)栏所列的读数 41°。当飞机到达校准点上空的瞬间,记录下指示器指示的地面台的磁方位角(即指示器指针所指罗牌上的读数),并记在表 9-1 中(3)栏,假定为 65°。

表 9-1　空中校验数据

(1) 相对方位/(°)	(2) 飞机磁航向/(°)	(3) 指示电台的磁方向/(°)	(4) 象限误差/(°)
0	71	71	0
30	41	65	+6
45	26	64	+7
60	11	65	+6
90	341	71	0
120	311	77	-6
135	296	78	-7
150	281	77	-6
180	251	71	0
210	221	65	+6
225	206	64	+7
240	191	65	+6
270	161	71	0
300	131	77	-6
315	116	78	-7
330	101	77	-6

飞机继续向前飞行短时间,然后作大转弯飞行再回到校准点上空,并以表 9-1(1)栏中所

示的另一方位飞行,按上述程序在表9-1(3)栏中记录下新的磁方位数据。在记录每次新的数据时需要飞机作大转弯飞行,但必须左右交替转弯,以防止过量的陀螺进动(见图9-58)。

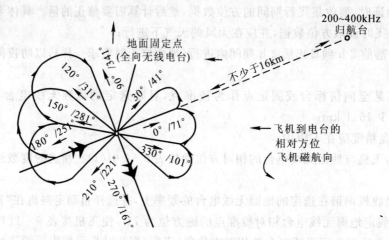

图9-58　ADP—800空中校正图

根据表9-1(3)栏中记录的磁方位数据再与地面台的真实磁方位数据71°进行比较,如(3)栏中的磁方位为65°,真实磁方位为71°,那么在飞机相对方位角为30°时,象限误差为71°-65°=+6°。因此可求得表9-1(1)栏中所列各相对方位上的象限误差,列在(4)栏。

依据表9-1数据可画出象限误差曲线,如图9-59所示,象限误差 QEC=7°。

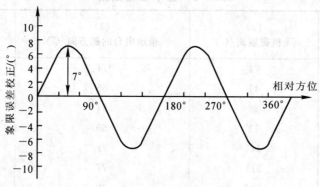

图9-59　象限误差校正

象限误差曲线如果没有规律或不对称,必须检查天线的安装位置是否正确和机身门是否有大的开缝,因为它将引起射频场的不规则。图9-60(a)示出了天线位置偏离飞机纵轴中线时,象限误差曲线的起始点向垂直的象限误差修正轴的左方或右方移动,图9-60(b)示出了天线位置没有与飞机机身对正时,象限误差曲线将上下不对称。

在上述情况下,必须重新校正天线安装位置,否则将引起安装误差。

从图9-59象限误差曲线可以看出,最大象限误差为7°。如果在校准前接收机尾部插钉的组合为 C_6,C_8 与 C_9 连接,即原有的象限误差为+10°(见表9-2),那么总的象限误差则为10°+7°=17°。因此必须去掉原插钉的组合而改为 C_5,C_8 与 C_9 连接,即修正度数为+18°。

需要指出的是,象限误差修正的"+","-"符号和度数,一律以第一象限45°时的象限误差符号和度数为基准。

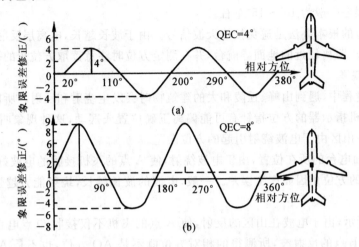

图 9-60 天线安装位置对象限误差的影响

(a) 天线安装位置偏离飞机纵轴中线的左方或右方；

(b) 天线安装位置偏离飞机纵轴中线一个角度

表 9-2 插钉的组合和象限误差修正角度

QEC 修正度数/(°)	连接到插钉 C_9			
	C_5	C_6	C_7	C_8
+10		×		×
+12		×	×	
+18	×			×

四、电波传播误差

地面无线电台发射的电波，由于受电离层、大地和海面等的影响，在传播过程中会发生复杂的变化而形成电波传播误差。这种误差的大小一般随接收的地点、时间和季节等有所不同。电波传播对无线电定向造成的误差主要有极化误差（夜间效应）、山区效应误差和海岸效应误差等。

1. 极化误差

自动定向机工作在中波波段，电离层对电波的吸收白天比夜间强，因此白天在 200 n mill 距离之内接收机只能收到地波信号。而在夜晚，电波受电离层的损耗比白天小，由电离层反射的天波分量加强，所以定向机可能同时接收到地波与天波信号。这会形成电波衰落，另一方面由于反射的天波将使垂直极化波变为椭圆极化波，在环形天线的水平部分产生感应电势，不仅会使接收信号减弱，同时使环形天线的最小接收方向模糊不清，而造成定向误差（极化误差）。由于夜间电离层变化较大，工作在中波的自动定向机在夜间受到的影响较大，所以这种极化误差也称为夜间效应。

夜间效应通常出现在日落前 2 h 到日出后 2 h 的一段时间内(电离层变化最大);由夜间效应引起的定向误差一般为 $10°\sim15°$ 左右。

减小夜间效应的根本办法是避免接收天波信号。由于波长越长,电离层反射越弱,所以应尽量选择波长较长、距离较近的地面导航台,并在测定方位时注意读取方位角的平均值。

2. 山区效应误差

电波在传播过程中,遇到山峰、丘陵和大的建筑物时会发生绕射和反射。所以在山区低空飞行时,自动定向机指示器的方位指针有可能偏离正确位置或摆动,这种现象叫做山区效应。图 9-61 示出了在山区由于电波绕射引起的方位误差。

设 O 点是地面电台的所在位置,由于电波绕射,使 A 点的飞机接收的电波好像是从 O′ 点方向传来的,测得的方位角因而产生误差。一般,电波的波长越长,绕射能力越强,对中、长波定向影响较大。

如图 9-62 所示,由于电波在山区的反射,使 A 点的飞机不仅接收 O 点电台直接传来的电波,还接收来自 B 点的反射波,所测得的相对方位既不是 AO 方位,也不是 AB 方位,而是 AO′ 方位。一般,电波的波长越短,反射能力越强,所以,地面导航台的频率在多山地区应选得低些(波长较长)为好。

图 9-61　电波绕射引起的方位误差

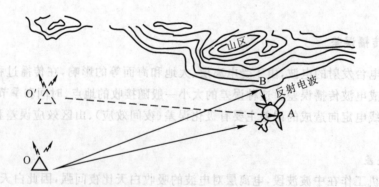

图 9-62　山区反射引起的方位误差

山区效应只存在于靠近山区 $30\sim40$ km 范围内,山区效应的大小取决于飞行高度和离山的距离。飞行高度越低,离山的距离越近,山区效应也越大。因此,在多山地区飞行时,应随时观测飞机的高度和前方山峰的位置,检查飞行的方向。

为了避免和减小山区效应的影响,应尽可能利用熟悉的地形在目视条件下飞行,或在干扰范围之外测定方位,并适当地提高飞行高度和选择合适的地面导航台。

3. 海岸效应误差

通常,电波从陆地传向海面或从海面传向陆地时,电波传播方向改变的现象称为海岸效应。产生海岸效应的主要原因是电波经过两种不同媒介的交界面,导电系数不同,使电场相位结构发生畸变。

因为在陆地上(特别是干燥土地)电波传播的速度比在海上传播速度慢,所以在陆海交界面上电波传播路径会发生转折,如图 9-63 所示。

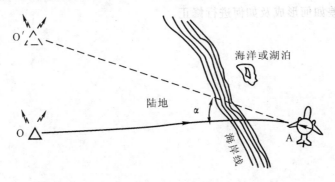

图 9-63 电波穿过海岸线产生折射

当地面电台位于陆地上 O 点时,在海上 A 点接收到电波的方向与 O 点电台的方向相差 α 角。在自动定向时,将产生方位误差。

地面电台辐射电波的传播方向与海岸线的夹角越小,误差越大,当传播方向与海岸线垂直时,不产生误差。

海岸效应只在飞机接近海岸线的地面或海面时发生,随着飞行高度的升高,误差逐渐减小,飞行高度在 3 000 m 以上时,海岸效应可以忽略不计。

五、设备误差

设备误差是自动定向机系统本身的结构引起的定向误差,包括机械误差和电气误差。

机械误差是由环形天线测角器安装和制造上的不准确等原因引起的。

电气误差主要指天线效应、测角器的电气耦合以及接收机与调谐线圈屏蔽不良以及环形天线屏蔽不良使环形线圈存在分布电容等原因引起的误差。

目前制造厂都采取各种措施使设备误差控制在 1°以内。因此,在实际使用中设备误差可以忽略不计。

此外,由于相近频率邻近电台的干扰,也会给接收机的调谐和定向带来困难,因此,在实际使用中,必须仔细操作,辨别所选电台的识别信号,避免错调到其他电台,造成定向错误。

习　题

1. 简述自动定向机系统的组成及工作原理。
2. 说明环形天线的工作原理。
3. 试说明旋转测角器非移相式自动定向的原理。
4. 简述测量飞机到地面电台的距离和时间的方法。
5. 简述象限误差如何形成及如何进行修正。

第十章　无线电高度表

第一节　组成与工作概况

一、系统的功用

无线电高度表是现代飞机多种电子设备中的一种,用来测量飞机离开地面的实际高度,提供预定高度或决断高度(DH)的声音和灯光信号,它是在进近和着陆过程中保证飞行安全的重要设备。

利用无线电高度表可以在复杂的气象条件下飞行、穿云下降,以及在能见度很低的情况下着陆等。还可以同其他导航设备,如仪表着陆系统(ILS)配合完成仪表着陆任务,或同自动着陆系统(ALS系统)配合工作,完成ⅢB或ⅢC类《国际民航组织规定的着陆条件》条件下的全自动着陆。

无线电高度表也用于直升飞机和其他飞行器。无线电高度表的指示随地形而改变,与地面的覆盖层和大气条件(气压、温度、湿度)无关。单独巨大的建筑物、高山、河谷、湖泊也可以在指示器中反映出来。

二、系统的组成

无线电高度表系统因为各型飞机安装的机件不同,因而有多种型别。通常包括收发机、指示器和收发天线。有些老式无线电高度表还有预定高度给定器、滤波器和专用的电源等。

现代飞机典型无线电高度表系统的组成如图10-1所示。

无线电高度表也叫无线电测高机,是一个向地面发射无线电波的装置,在工作中不需地面设备。

现代飞机上的无线电高度表的工作范围通常是0~762 m(0~2 500 ft)或0~600 m,称为低高度无线电高度表(LRRA),也有大于0~762 m的,但其有效工作范围还是在低高度范围内,因为它主要用于飞机的进近和着陆。并且要求其输出的高度信息有高度的准确性,以便为自动驾驶仪或自动着陆系统使用。

1. 收发机

收发机的高频部分产生高频振荡信号和处理由地面返回的信号以产生高度信息。发射部分包括超高频振荡器、调制器和发射调频等幅信号的发射机;接收部分包括接收返回信号的接收电路、滤波放大电路和确定返回信号频率的计算电路。高频部分也包括监控部分,以便监视送到指示电路去的高度信息的有效性和准确性。

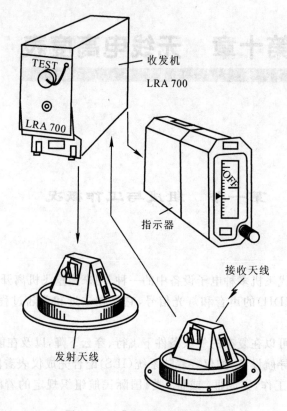

图 10-1　典型无线电高度表的组成

2. 低高度无线电高度表指示器

高度指示器指示飞机离地面的高度,以便驾驶员在进近和着陆过程中提供高度信息,图 10-1 中所示的指示器为移动垂直刻度的;图 10-2 所示为圆形指针式高度指示器。

指示器可以是模拟式仪表,也可以是数字式仪表。在指示器中把模拟信号或数字信号变为供驾驶员目视的信号。在指示器中包括有显示决断高度(DH)和失效警告旗电路,指示中出现警告旗,就表示系统工作不正常。

飞机使用电子飞行仪表系统(EFIS)时,无线电高度表将作为另一指示器的一部分,例如在仪表着陆(ILS)系统的姿态指引仪(ADI)中的跑道标记,就是无线电高度表显示的,在这些系统中,无线电高度表作为辅助仪表出现。

3. 接收天线和发射天线

无线电高度表系统工作时需要两部天线。一部用于发射,一部用于接收。工作于 4 300 MHz 时采用喇叭天线,工作于 444 MHz 时采用半波偶极子天线,发射天线和接收天线在电气性能和结构上完全相同,可以互换使

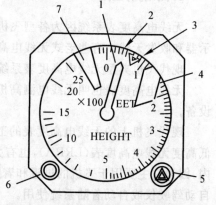

图 10-2　低高度无线电高度表指示器
1—高度表指针;2—指针指示(40±5) m;
3—游标指示于 60 m;4—警告旗;
5—决断高度游标调整钮;
6—测试电门;7—指针隐蔽罩

用,它们一般固定于机身腹部或水平安定面下部。

三、无线电高度表的工作原理

无线电高度表是利用无线电波从飞机到地面,再由地面返回飞机,测量其所经历的时间而工作的。因为无线电波传播的速度是已知的,所以无线电波在某一时间所经过的距离是可以计算的。图 10-3 示出了它的工作原理。为了测量这个时间,无线电高度表将等幅波调频在一个固定频率上,比如说,在 t_1 时刻,发射机发射一个频率为 f_1 的信号,此信号向下发射到地面,并在 t_2 时刻返回而被接收,设在 t_2 时刻所接收的返回信号频率为 f_2。因为调制频率是固定的,所以在此时间段内频率增加(或减少),也就是电波经历了至地面和返回的时间,这个时间差就相当于频率变化(即产生差频 $=f_2-f_1$)的时间。

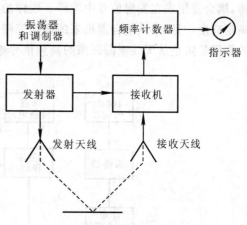

图 10-3　无线电高度表的工作

无线电高度表计算出这个频率的变化,并产生一个模拟信号或数字信号,这就代表了飞机离开地面的高度。无线电高度表收发机主要完成以下 3 项任务:

(1) 发射一个调频等幅(FMCW)信号;

(2) 接收反射回来的信号;

(3) 从接收和发射信号中找出不同频率,确定高度。

收发机产生一个频率在 4 250～4 350 MHz 范围内的调频于 100 Hz 的调频等幅波(见图 10-4)。频率在 4 250～4350 MHz 变化所需时间约为 0.005 s,在这段时间内,有足够的时间用于无线电高度表系统。无线电波传播的速度等于光速,在这段时间内将覆盖 1 498 km,也就是808 n mile。所以,无线电高度表将指示 0～762 m(0～2 500 ft),足以在 0.005 s 内在一个地区高度上计算几百次。

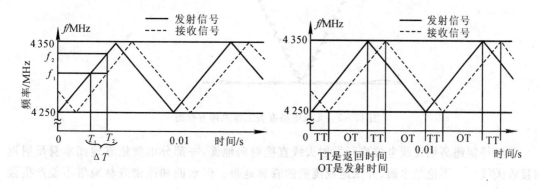

图 10-4　**调频特性曲线**

四、工作概况

收发机(LRA—700)的发射部分中的振荡器产生等幅信号,并调频于 100 Hz 的低频。这个调频等幅信号加于功率放大器,以增大发射功率。由功率放大器输出的高频信号加于耦合器,耦合器用来在发射信号中取样。取样的发射信号加于频率译码器上,并与接收信号比较以确定高度。另外,从耦合器出来的调频等幅信号,在加于发射天线之前须经过隔离器。隔离器的作用是防止从天线泄漏回来的高频信号进入发射电路(见图 10 - 5)。

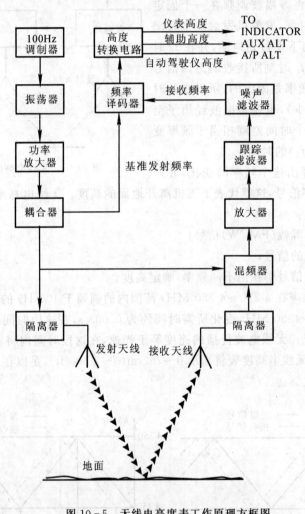

图 10 - 5 无线电高度表工作原理方框图

调频等幅超高频无线电波离开发射天线直接射向地面,一部分电波依靠地面本身反射返回接收天线——不论是水面、开阔地或茂密的森林地带。但水面和茂密森林地带不能产生强返回信号。

反射信号由接收天线接收并经隔离器加于混频器,在混频器中,返回信号将其频率降低为中频(IF),中频信号经过放大后加于跟踪滤波器,跟踪滤波器像一扇狭窄的窗子,只允许预定的信号通过,而滤去不需要的信号,以防止在处理过程中那些多于一次的反射信号。滤波后的中频信号送到噪声滤波器除去不需要的噪声。

中频信号再送到频率译码电路。频率译码电路可以是一个频率计数器和比较电路,用来确定接收信号和发射信号间的不同频率,也可能是一个微处理器电路,以便从不同频率中计算高度。另一方面,计算后的高度信号加于高度信号变换电路,以便将高度信号变换成相应的模拟信号或数字信号。在适当地补偿了剩余高度(AID)之后,将高度信息输至相应的仪表或飞机系统中去。

剩余高度是根据不同飞机的安装情况选定的(见图 10 - 6),它要求无线电高度表在飞机落地时读数为零,所以,在高度信号加于指示器之前,必须将起落架与地面存在的距离补偿掉,以及在安装过程中,由于同轴电缆的长度引起的高度误差,也必须在选定剩余高度时给予补偿。

天线
剩余高度

图 10 - 6　飞机的剩余高度

剩余高度(AID)表示了飞机加载之前起落架的高度。剩余高度是在模拟信号加于指示器之前在收发机的计算电路中自动减去的(指某些先进的无线电高度表系统)。

从高度变换器输出的高度信号根据所使用指示器的型别和采用哪种收发机而定。从现代电子设备的发展情况看,模拟信号和模拟指示器将被数字信号和数字指示器代替。

数字高度信号多应用于现代飞机系统中,在那里信息的传递是应用数据字形式传输的并采用电子显示装置。

数字高度信号是一个 32 位的数据字,它提供的高度信息是以 BCD 码(二-十进制编码)或 BNR 码(二进制编码)形式输至指示器的。这两种形式的"位"(Bit)的规定,由图 10 - 7 和图 10 - 8说明。

收发机的输出电压也用于触发其他电路,模拟高度信号还不断地与高度预先调定的跳闸点相比较。这个跳闸点可用来开启"系上安全带"信号或飞机下降时到达某个预定高度时向驾驶员提出告示信号。高度跳闸点也可以由指示器上的决断高度(DH)灯来显示。

决断高度(DH)或最低决断高度(MDA)是由驾驶员选定的,在收发机里调定时要对应于高度跳闸点。决断高度对驾驶员来说是很有价值的高度,因为驾驶员可以用这个点作为着陆程序的起点或在下降时检查下降点的高度。

五、气压高度和无线电高度

气压高度表和无线电高度表都是用来测量某种航空器如各种类型的飞机、直升机、飞船和热气球等航空器离地面的高度。

某一航空器到达某一基准平面的垂直距离,就是飞行高度。通常以 m 为单位,但在英美制造的飞机上还使用 ft 为单位。

大家知道,无线电高度表测量高度是以无线电波在空气中的传输为媒介的,它不受大气条件变化的影响。而气压高度表测量的高度是以大气压力为媒介的,由于覆盖地面的大气层容易受大气条件(如压力、温度和湿度等)的影响,所以气压是经常变化的,如使用气压高度表测定高度,必须经过修正才能使用。

气压高度表和无线电高度表的不同点,在于怎样确定零高度。无线电高度表确定的零高

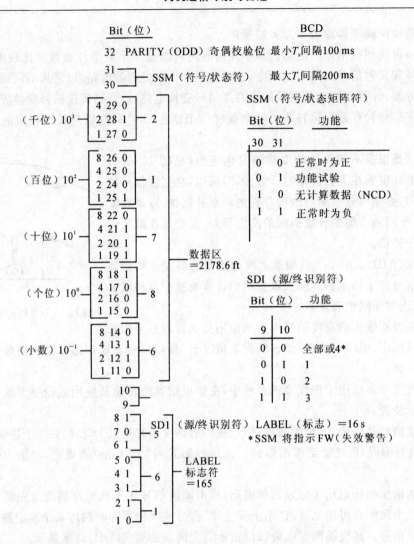

图 10 - 7　BCD(二-十进制编码)形式数据字

度,是以飞行的飞机垂直于地平面的距离为零高度。而气压高度表则往往是以海平面为基准的零高度,如图 10 - 9 所示中,气压高度表指示 5 590 m(18 000 ft),而无线电高度表指示则为 762 m(2 500 ft)。

气压高度表的气压是按照测定的标准大气(空气的压力、密度和温度经计算后获得的)确定的,它表示了在标准大气条件下的海平面高度(气温为 + 15°时为 101. 325 kPa,即 760 mmHg 或 29. 92 in Hg)。所有飞机的气压高度表都必须校正在这个标准基准上。

在 5 590 m 高度上,校正高度信号的主要目的在于保证在同一地区,区分飞机与飞机间的垂直距离(见图 10 - 10)。如果每个飞机的气压高度表的读数都调定在校正过的标准大气压上,那么,大气条件的变化将是无关重要的了。

为了保证空中的交通安全,在同一地区的飞机,它的标准气压都必须调定在 101. 325 kPa 上。现代飞机上的空中交通管制(ATC)应答机,它所报告的气压高度信息也是为空中交通管制服务的。

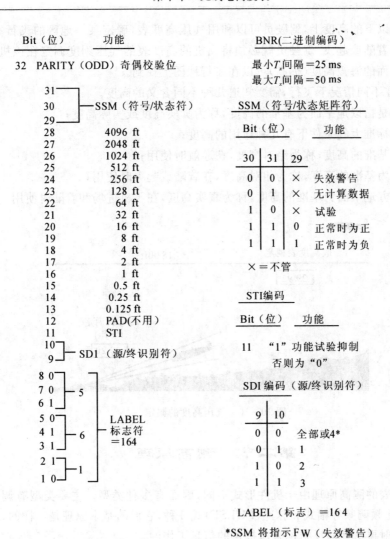

图 10-8 BNR(二进制编码)形式数据字

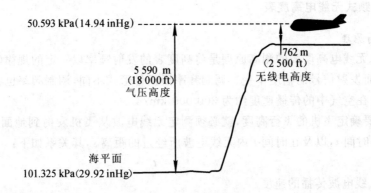

图 10-9 气压高度和无线电高度

在 5 590 m 以下的高度上,驾驶员可以利用气压高度表,确定某一地区的飞行高度,如果需要在某个机场着陆或起飞,驾驶员就必须将飞机的高度表的气压刻度调定在该机场的场面气压上。机场平面的海拔高度(标高)可以在飞行地图上找到。

由此可见,在不同情况下飞行,需要知道几种不同含义的高度。

无线电高度是指以地平面为基准的高度,称为真实高度或实际高度;

气压高度在标准大气条件下有几种通用的高度;

以海平面为基准的高度,称为绝对高度,在巡航时使用;

以机场平面为基准的高度,称为相对高度,在着陆或起飞时使用;

以飞机正下方地平面为基准的高度,称为真实高度,在飞机进场和着陆时使用。

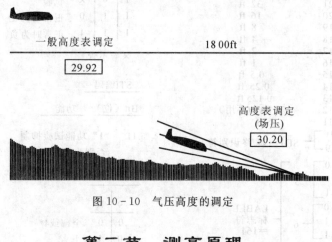

图 10 - 10　气压高度的调定

第二节　测高原理

无线电高度表的测高原理由于机件形式不同,因而有多种类型。主要类型有调频等幅式(FMCW)、恒定差频调频等幅式和脉冲(PULSE)式 3 种,它们的基本原理是一样的,都是利用无线电波向下发射再从地面反射回来所提供的信息工作的。

由于现代飞机较多地采用调频等幅式无线电高度表,所以本章主要介绍调频式无线电高度表,也将简要介绍恒定差频调频式和脉冲式两种无线电高度表的结构和工作原理。

一、调频式无线电高度表

1. 测高原理

调频式无线电高度表的测高原理是将高度表的发射频率以一定的规律(固定调制频率)随时间变化,而发射信号的幅度不变。调制频率因机件形式不同,调制频率也各不相同。大家知道无线电波在空气中的传播速度约为 300 000 km/s。

因此,要确定飞机的飞行高度,就必须测定无线电波从飞机发射到地面,再由地面反射回来所经历的时间 t,以及在时间 t 内无线电波所经过的距离 s,其关系如下:

$$s = ct \tag{10-1}$$

其中,c 为无线电波传播的速度。

但是,在低高度为 0～762 m 的情况下,无线电波从飞机上发射到地面,再从地面反射回来的时间太短,用一般的方法是不能测量出这样短的时间的,因此,在多数无线电高度表中都采用调频方法。它的工作过程是这样的：无线电高度表振荡的电路把调频后的振荡信号通过发射天线发射出去，这个振荡信号从飞机到地面，再从地面反射回飞机，由接收天线接收。接收到的信号（即反射信号）被送入平衡检波器（或混频器）。与此同时，在平衡检波器中，通过收发机中的馈线，从振荡器直接输入信号（即直接信号）也加于平衡检波器上。

由于反射信号的行程决定于飞行的高度，并大大超过直接信号的行程，所以，反射信号比直接信号到达平衡检波器的时间就有些延迟。延迟的时间等于无线电波从飞机到地面，再由地面返回飞机的时间，即

$$t = \frac{2H}{c} \qquad\qquad (10-2)$$

式中，H 为飞机飞行的高度。

由于振荡器的频率是随时间变化的，而且反射信号的行程大大超过直接信号的行程，所以在平衡检波器中，将输入两种不同频率的信号，一种是反射信号的频率信号，另一种是直接信号的频率信号。由于这两种信号重叠的结果，就获得差拍频率电压，简称差频电压。

差拍频率（F_b）等于直接信号和反射信号的频率之差，其值由下式决定：

$$F_b = \frac{4\Delta f\, F_M H}{c} \qquad\qquad (10-3)$$

式中　　F_b —— 差拍频率，Hz；

Δf —— 调制频带宽度，Hz；

F_M —— 调制频率，Hz；

c —— 无线电波传播速度，km/s；

H —— 测量高度，m。

从式（10-3）中可以看出，差拍频率是与飞机飞行高度成正比的，其频率关系如图 10-11 所示。

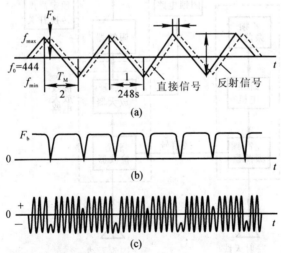

图 10-11　无线电高度表差拍频率关系

(a) 直接信号与反射信号的频率；(b) 差拍频率；(c) 差拍电压的幅度

检波后的差频电压经低频放大、限幅并输入到计算器，计算器把信号变为与差拍频率成比例的直流电流。

得到的直流电流流过高度指示器,并使其指针偏转。因为这个电流值与直接信号和反射信号的差拍频率成正比,而差拍频率又与飞机飞行的高度成正比,所以在无线电高度表的指示器刻度盘上,可以直接将差拍频率作为高度值(m 或 ft)。

因此,低高度无线电高度表应用调频的方法,能够使指针在 0~762 m(0~2 500 ft)或 0~600 m 范围内直接读出飞机离地面的高度。

当飞行高度超过其指示范围时,为了消除高度指示器的误差,在多数无线电高度表的机件中装有监控电路或闭锁电路。当飞行高度在指示器指示范围内时,监控电路不起作用,不影响正常的高度指数。当飞行高度超过其指数范围时,监控电路或闭锁电路使高度表的指针指在右止档点或将指针隐藏在遮盖片后面。

为了向驾驶员预定飞机下降的高度,在无线电高度表内设有预定高度或决断高度(DH)信号电路,当飞机下降到预定的或决断高度时,驾驶员仪表上的信号灯或告示牌(灯光信号)灯亮,并在驾驶舱的喇叭或耳机中传来历时 3~10 s 的 400 Hz 间断的音频信号。

2. 作用原理

调频等幅式无线电高度表一般由收发机、高度指示器、发射天线、接收天线和预定高度给定器等组成。其工作用原理如图 10 - 12 所示。

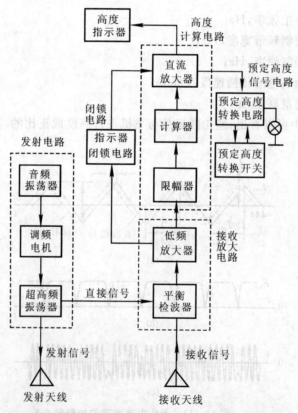

图 10 - 12 调频等幅式无线电高度表 PB—YM 工作原理方框图

调频等幅式无线电高度表的基本电路包括发射电路、接收电路、高度计算电路、指示器闭锁电路和预定高度信号电路等。

(1)发射电路。发射电路是一个调频发射机,由超高频振荡器和调制器组成。超高频振荡器产生超高频连续的调频信号,其频率变化范围为 435.5~452.5 MHz,调制频率为 70 Hz。此信号分两路输出,一路由发射天线发射出去,经地面反射再被接收天线接收,并送入接收放大电路构成反射信号;一路直接输至接收电路作为直接信号。

调制器包括音频振荡器和音频功率放大器,它产生并输出具有一定功率的音频信号去驱动调频电动机,带动超高频振荡器电路中的可变电容器的动片,使其在超高频振荡器的腔体内旋转,完成频率调制作用。

(2) 接收放大电路。接收放大电路由平衡检波器(混频器)和低频放大器组成。反射信号和直接信号在平衡检波器中混频后,得到差频电压,如前所述,这个差频信号 F_b 是正比于飞行高度的。

差频电压经低频放大器放大后,获得一定的幅度,并加于高度计算电路和高度指示器闭锁电路的输入端。

(3) 高度计算电路。高度计算电路由限幅器、计算器和直流电压放大器等组成。它的任务是将差频电压变成直流电压。由于差频电压的频率 F_b 是随飞行高度的变化而变化的,所以,高度计算电路输出的直流电压也是与飞行高度成正比的。这一电压加到高度指示器时,指示器就可指示出飞机的飞行高度。

各级电路具体作用是:限幅器用来对差频电压进行限幅,使计算器计算的结果不受差频电压振幅的影响;计算器用来将差拍频率 F_b 的高低变成直流电压的大小;直流电压放大器用来对计算器输出的直流电压进行放大,并把它变成直流电流,供指示器指示。

(4) 指示器闭锁电路。高度指示器的闭锁电路用来在反射信号微弱时,即飞行高度超过 600 m 时,消除高度指示器的误差和预定高度的干扰信号。

从低频放大器输出端输出的电压,送到闭锁电路的输入端,当这个电压相当大(相当于飞行高度在 600 m 以下)时,闭锁电路不起作用,不影响高度表的指示,当低频放大器的输出电压很小(相当于飞行高度高于 600 m 以上)时,闭锁电路使高度指示器的指针指在右止档点上。

(5) 预定电路。前述的闭锁电路在预定高度转换开关处在下列高度位置时是接通的,即 50 m,100 m,150 m,200 m,250 m,300 m 和 400 m 等位置。如果预定高度信号转换开关在"断开"位置,则闭锁电路和预定高度信号电路不工作,在这种情况下,如果飞行超过 600 m 高度,则指示器指针由于低频放大器输出的电压减小而离开右止档点,因而指示器的指示也是不准确的。

当飞机的飞行高度降至预定高度转换开关所指的高度(50 m,100 m 等)时,预定高度信号电路将发出灯光信号和音响信号。这个电路由两个电压控制:预定高度转换开关来的电压和从直流放大器来的电压相比较,当这两个电压数值相等时,预定高度信号电路的继电器工作,这时在驾驶员的耳机中可以听到历时 3~10 s,400 Hz 间断的音频信号,同时,预定高度的警告灯亮。当飞机在低于预定高度上飞行时,预定高度信号灯一直是亮的。

二、恒定差频调频式无线电高度表

1. 恒定差频调频式无线电高度表测高原理

恒定差频调频式无线电高度表与一般调频式高度表相同,只是采取的方法不同。恒定差频调频式无线电高度表应用跟踪原理,在测高范围内将信号转换为恒定差频,而在转换过程中

（调制行程持续时间内）提取高度信号。其工作原理如图 10-13 所示。

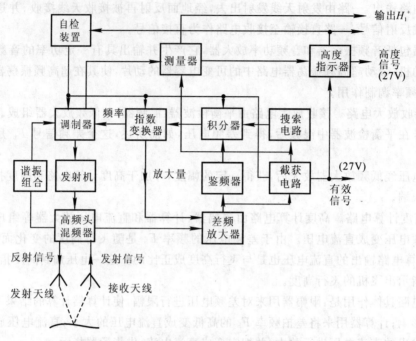

图 10-13　恒定差频调频式高度表工作原理方框图

由图 10-13 可知，被锯齿波调频的超高频信号，由发射机出发经高频头到发射天线向地面发射，同时，部分功率（直接信号）经功率分配器进入高频头中的混频器，并与从地面反射回来的信号（反射信号）相混频，形成差频信号。差频信号 F_b 与高频信号经历的时间 τ 和调制参数成比例，即

$$F_b = \tau \frac{\Delta f}{T_M} \qquad (10-4)$$

式中　F_b——差频；

$\tau = \dfrac{2(H_0 + H_T + H_{BH})}{c}$，（高频信号经历的时间）；

Δf——调制范围（频带）；

T_M——调制行程持续时间；

H_0——剩余高度；

H_T——实际高度；

H_{BH}——延迟线当量高度。

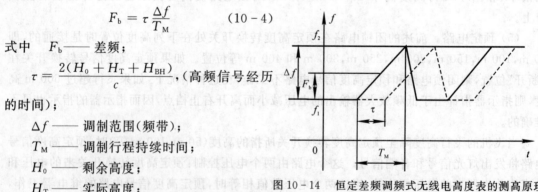

图 10-14　恒定差频调频式无线电高度表的测高原理

图 10-14 示出了恒定差频调频式无线电高度表的测高原理。

在恒定差频调频式无线电高度表中，差频保持不变。恒定差频由稳定环路保证。稳定环路由发射机、高频头（含混频器）、差频放大器、鉴频器、积分器、指数变换电路和调制器构成环路。

2. 工作原理

差频跟踪（测高过程）过程为：从混频器（在高频头中）输出的差频信号 F_b，由差频放大器放大,放大后差频信号的频率进入鉴频器与鉴频器中的基准频率 F_0 相比较,如果 $F_b \neq F_0$,则鉴频器将输出一个误差信号,这个误差信号加于频率稳定环路的积分器上,然后再进入指数变换器,再到调制器,使调制器形成一个进入发射机的调制电压。在这个调制电压的工作行程(持续时间)内最终使误差信号消失(等于零),即 $F_b = F_0$,这时 $F_b = \tau \dfrac{\Delta f}{T_M}$。式中的调制电压工作行程(持续时间)与测量高度成比例,即

$$T_M = \frac{2\Delta f(H_0 + H_T + H_{BH})}{cF_0} \tag{10-5}$$

为了减小在调制电压工作行程内提取高度信息时由于调制频带 Δf 不稳定而产生的误差,在高度表中采用两个高质量的谐振腔,一个调在频率 f_1,一个调在频率 f_2,以谐振腔的频率差 $(f_2 - f_1)$ 来保证调制频率在标准频带 Δf_3 上,如图 10-15 所示。

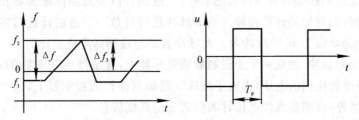

图 10-15　用谐振腔保证标准频带

当发射频率达到或近似谐振回路频率时,在谐振腔的输出端产生一个为行程测量间隔的信号进入调制器,这时,式(10-5)中的 Δf 可用 Δf_3 代替,得到测量间隔持续时间的表达式为

$$T_m = \frac{2\Delta f(H_0 + H_T + H_{BH})}{cF_0} = K_{PB}(H_0 + H_T + H_{BH}) = T_0 + T_T$$

式中　　$K_{PB} = \dfrac{2\Delta f}{cF_0}$ 为无线电高度表常数;

$T_0 = K_{PB}(H_0 + H_T + H_{BH})$ 为符合零高度测量间隔持续时间;

$T_T = K_{PB}H_T$ 为瞬间高度测量间隔的持续时间。

保持 $F_b = F_0$ 为一常数,同时固定的调制频率标准带恒定不变,这样就保证了测量间隔的持续时间与不稳定因素无关。测量间隔在测量中形成的电压加在高度指示器中。

搜索过程如下:在接通无线电高度表之初,可能没有差频信号输入差频放大器,这时由搜索和截获电路完成搜索和截获。搜索时,积分器产生一个进入指数变换器的电压送到调制器,使调制器改变调制电压的工作行程持续时间,直到差拍频率进入差频放大器的通带(截获内的持续时间)为止。这时差频信号的振幅高于截获界限,搜索停止转入测量跟踪状态。同时可以连续不断地检查高度表的工作状态。有效信号的出现和解除决定于无线电高度表的工作能力。

三、脉冲式无线电高度表

1. 测量原理

脉冲式无线电高度表的测高原理为:发射天线辐射的无线电高频脉冲信号向地面传输,无线电波能量的一部分被地面吸收,一部分被扩散,一部分连同杂波反射回来被接收天线接收。被接收的高频脉冲信号经放大和检波后,加于高度测量电路。高度测量电路本身形成一个搜索

脉冲。这个脉冲将在时间上与地面反射信号重合。这时,电子跟踪电路搜索并截获反射信号,自动地将搜索脉冲保持在与反射信号重合的位置上。

　　脉冲式无线电高度表的工作,就在于测量高频发射脉冲与地面反射脉冲之间的时间间隔。发射脉冲与反射脉冲的时间间隔与被测高度成比例。由于在该波长和所测量的高度范围内,无线电波的传播速度可以认为是不变的,所以测量高度 H 可按下列公式算出:

$$H = \frac{c\,t}{2}$$

式中　　H —— 测量的高度;

　　　　c —— 无线电波传播的速度;

　　　　t —— 所测量的时间间隔。

　　在脉冲式无线电高度表的脉冲传感器中,二进制计数器对晶体振荡器在发射脉冲与搜索脉冲间隔的时间内,对加到计数器输入端的脉冲进行计数。二进制计数器将晶体振荡器输出的脉冲数,变换为单位为 m 的脉冲数。此脉冲数是与被测高度成正比的。

　　计数器输出的脉冲,加在一个十进制数码指示器上,直接指示出高度值(m)。

　　此外,与高度成比例的电压,由电子跟踪电路加到指针式指示器上,这个指示器可以用来读出高度值。另外,以测量线性电位计的形式送出高度信息。

　　为了防止外部干扰脉冲,提高无线电高度表的稳定性,可用 400 Hz 的交流电源对发射机的脉冲重复周期进行调制,调制范围$\geqslant \pm 35\ \mu s$。

　　2. 脉冲式无线电高度表的工作原理

　　脉冲式无线电高度表(PB—18Ж),一般由收发机、测量组件、天线、指针式指示器、十进制数码指示器和控制盒等组成。在收发机里有发射机和接收机的高频部分。在测量组件里有中频放大器、电子跟踪器、脉冲传感器、脉冲计数器和检查部件。脉冲式无线电高度表的工作原理如图 10-16 所示。

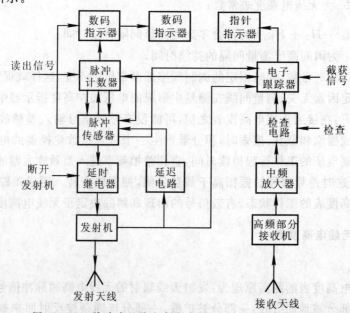

图 10-16　脉冲式无线电高度表(PB—18Ж)的工作原理

　　无线电高度表有 3 种工作状态:即搜索状态(反射脉冲)、测高状态(跟踪状态)、检查状态。以下分别说明搜索状态和测高状态的工作情况。

　　(1) 搜索状态。在搜索状态时,电路的工作情况如下:在脉冲传感器中与无线电高度表同步工作的主控振荡器,形成一个宽度为 $400 \sim 600\ \mu s$、频率为 $(1300 \pm 2\ 600)$ Hz 的脉冲。这个脉冲的后沿触发振荡器输出的后沿信号形成发射机触发脉冲②(见图 10-17)。

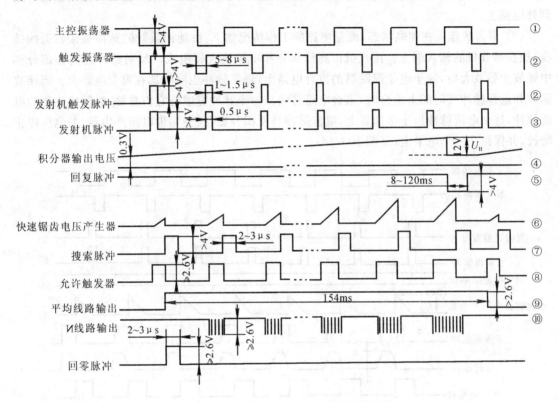

图 10-17　搜索状态时的脉冲电压

　　在发射机内,当发射机触发脉冲到来时,产生一个宽度为 $0.5\ \mu s$,振幅为 3.5 kV 的调制脉冲,这个调制脉冲加在大功率超高频振荡器上,产生的高频振荡加在发射机天线上向地面发射。与此同时,发射机脉冲③(见图 10-17)通过延迟线,加于脉冲传感器中的许可触发器上,使它转入"1"状态,这时测量("И")电路的第二输入端打开。此外,发射机脉冲还加到电子跟踪器上。

　　电子跟踪器形成搜索脉冲⑦(见图 10-11)(与选择脉冲在时间上是同步的)。这个脉冲在搜索时,在搜索范围的起点和终点之间移动,当存在反射信号时,就在时间上与它重合。在搜索脉冲作用下,许可触发器将恢复到"0"状态,使测量("И")电路关闭。

　　没有反射信号时,电子跟踪器的积分器(是一个缓慢锯齿电压产生器)和恢复电路产生一个周期为 $1 \sim 5$ s,电压为 $0.3 \sim 12$ V 范围内变化的缓慢增长的电压④(见图 10-11)。电子跟踪器的触发脉冲,同时也触发快速锯齿电压产生器,使它产生快速锯齿电压⑥(见 10-11),快速锯齿电压和积分器产生的缓慢锯齿电压都加在比较器上。当快速锯齿电压在数值上达到积分器电压时,比较器开始工作,并触发选择脉冲产生器。选择脉冲将比发射机脉冲延迟一段与积分器电压值成比例的时间。因为积分器电压是均匀增长的,所以选择脉冲延迟也是均匀增长的,也就是选择脉冲将在 $2\sim200\mu s$ 搜索范围内移动。

当选择脉冲到达搜索范围的终点时,恢复电路的回复脉冲⑤(见图 10－17),将使积分器电压由最大值急减到最小值,于是搜索重复开始。

在搜索状态中,当没有反射信号时,各触发器上不允许有输出信号,也就没有截获信号送到外电路去。

(2)测高状态。在测高状态,测量电路的工作情况如下:由地面反射的脉冲被接收天线接收,加在接收机的输入端上。接收机由高频部分和中频放大器组成。反射脉冲经高频部分和中频放大器放大后,加于电子跟踪器的重合电路上,选择脉冲也同时加在重合电路上。当接收脉冲和选择脉冲在时间上重合时,重合电路将输出一个脉冲宽度与它们重叠,时间成比例的电流脉冲,这个电流脉冲加于累加器上,电流脉冲将使积分器(缓慢锯齿电压产生器)的电压停止增长,并保持在一个电平上(见图 10－18)。

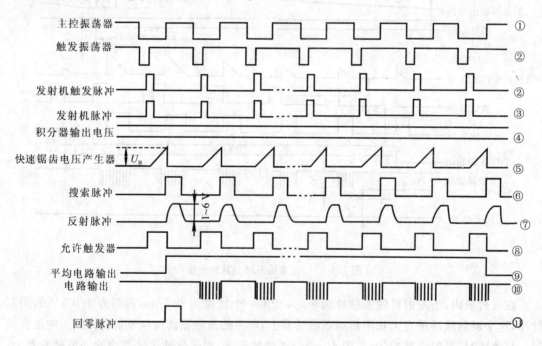

图 10－18　跟踪状态时的脉冲电压

累加器所累加的电压(电位)通过回输电路控制积分器的电平。当反射和选择两个脉冲的重叠宽度减小时,累加器的电位也降低,这样就会引起积分器电压的增长,从而使选择脉冲对发射机脉冲的延迟增加,并使这些脉冲的重叠增大。当重叠增大到超过选择值时,将出现相反过程。这样,就在选择脉冲与反射脉冲重叠时间内自动跟踪。

当反射脉冲向两侧偏移时,重合电路输出脉冲的宽度和累加器电压的电平也将发生变化,从而控制了积分器电压的变化,变化的结果将使选择脉冲随反射信号移动,而恢复重合电路输出信号的本来宽度。

在选择脉冲与反射脉冲重合的瞬间,截获电路开始工作,"截获"信号将以 27 V 的电压形式加在外电路。而重合电路的脉冲将触发搜索脉冲产生器,关闭许可触发器。

　　在跟踪状态下,许可触发器使测量电路打开,打开的时间等于发射脉冲③(见图 10-17)与搜索脉冲之间的间隔时间,而搜索脉冲是与反射脉冲重合的。这时晶体振荡器的脉冲⑩(见图 10-17),将通过测量电路加到计数器的输入端上。计数器将计算通过的脉冲数量,计算的脉冲数与搜索脉冲对发射机脉冲所延迟的时间成正比,因而也就是与测量的高度成正比。

　　为了提高测量的准确性,无线电高度表采用了平均电路,即将每测量 200 组(发射 200 次,接收 200 次)的高度信息综合平均起来,并将平均值加于计数器输入端进行计数。如假定高度为 10 000 m,每组脉冲(发射脉冲与接收脉冲)的时间间隔约为 66 μs,综合 200 组脉冲,即 66 μs 乘以 200,得 13 200μs 的时间内,将有 40 000 个脉冲加到计数器上,计数器是一个 4 分频器,在它的输出测量端便输出 10 000 个脉冲,加到十进制数码指示器中的计数器上,平均电路是用搜索脉冲触发的。

　　搜索脉冲经过计数器停止电路加到平均电路上,平均电路对频率为 1 300 Hz 的搜索脉冲进行 400 次分频,在平均电路的最后一个触发器上,输出一个周期为 308 ms 的方波,其正半周为 154 ms。当这个 154 ms 的正方波由触发器的一个臂,加到测量电路的第三输入端时,晶体振荡器的计数脉冲将在 200 组收发脉冲的时间间隔内通过测量电路,而在以后的 200 组收发脉冲的时间间隔内,由于触发器将方波的负半周加到测量电路上,而使计数脉冲不能通过测量电路。

　　计数触发器的回零是利用回零脉冲产生器产生的回零脉冲⑪(见图 10-17)来进行的,回零在是计数开始前进行的。

　　为了清楚地读出数码指示器在计数结束时所指出的数值,利用向计数停止电路发送 27 V 的读出电压信号来稳定数码指示器的数值。

四、无线电高度表的剩余高度

　　无线电高度表的剩余高度,前面已经提到,飞机在停放并接通无线电高度表时,其指示器应指示在零高度位置。然而,在这种情况下,由于发射信号沿着馈线传输,并经空间由发射天线传播到地面,再返回至接收天线,因此,产生了直接信号与反射信号的某些行程初差。

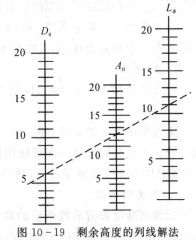

　　这种行程初差与某一高度等值,则称为天线电高度表的剩余高度。剩余高度由馈线长度、发射天线与接收天线之间的距离和飞机停放时天线离地面的高度决定。

　　这样,对于不同类型的飞机,根据无线电高度表安装位置的不同,其剩余高度也各有不同,剩余高度可按列线图(见图 10-19)或按下式确定:

$$A_0 = 0.76 L_\phi + 0.5 D_0 \qquad (10-8)$$

图 10-19　剩余高度的列线解法

式中　A_0 —— 剩余高度,m;

　　　L_ϕ —— 接收和发射馈线总长度,m;

　　　D_0 —— 发射天线到地面和由地面到接收天线的最短距离(此时飞机停放在地面上),m。

第三节　典型的无线电高度表

无线电高度表有各种不同的类型,它们的测高方法及调制方式也各不相同,目前较多使用是普通调频连续波式的无线电测高原理。现就 860F—4 型无线电高度表进行简单的分析说明。

一、系统的组成及测高原理

860F—4 型无线电高度表是美国 20 世纪七八十年代的产品,由美国柯林斯公司生产。整机采用集成电路、印刷电路板和微处理器,因而体积小,重量轻,使用寿命长,可靠性高。现已在我国部分民航飞机上装用。

860F—4 型无线电高度表属于低高度无线电高度表,主要是由收发机、高度表指示器和收发机天线等组成,其高度信息还送入 ADI 姿态指引仪。

1. 收发机

收发机用来测量飞机离地面的实际高度,它发射和接收从地面返回的信号,并给予计算和处理。

收发机产生并输出中心频率为 4 300 MHz 的调频等幅(FMCW)信号。接收机接收反射回来的信号,并与发射频率比较,产生相当于实际飞行高度的差频信号,此信号由收发机的两个微型计算机处理。一个微型计算机完成高度信息的处理,并输出模拟的和数字的高度信号;另一个完成对系统工作的监控作用。

收发机的高度信息也提供给自动驾驶仪和其他飞行控制系统。

收发机设有自检装置,在收发机的面板上有一个"测试/状态(TEST/STATUS)"按钮灯,系统正常工作时按钮灯不亮,当按压按钮灯时,收发机进行自检,如果收发机工作正常,"测试/状态"灯亮,并使高度指示器的指针指到 12.2 m(40 ft)。

收发机是一个短金属箱,重 15 lb*,由两个自紧螺母固定,面板前面有一个试验插座,用来在外场连接无线电高度表测试仪,如图 10 - 20 所示。

收发机使用 115 V,400 Hz 的单向交流电。

2. 天线

无线电高度表的天线有两个,一个用于发射,一个用于接收高频电能。天线与收发机的连接使用规定长度的同轴电缆。天线用 8 个螺钉固定于飞机的蒙皮上,其外形如图 10 - 1 所示。

3. 高度指示器

无线电高度表指示器指示的高度范围为 -20～2 500 ft。从指示器上可以看出系统的工作状态,也就是系统在试验时,其指针指到相应的基准点上的数值(波音 737 型飞机为 40 ft)。

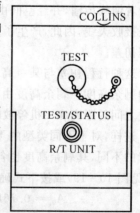

图 10 - 20　860F—4 型收发机

---

* 1 lb=0.454 kg。

指示器的刻度在一20～500 ft 范围内是线性的,在 500～2 500 ft 之间是对数的。

指针遮罩在某种情况下(如超过测量范围时)隐蔽高度指针,警告旗的出现表明指示的高度无效。

决断高度(DH)游标(三角标志)由决断高度控制旋钮控制,将游标放在预定的基准高度上,就调定了预定高度。自检开关用来引发整个系统、指示器和收发机的试验。

指示器的工作情况如下:从收发机输出的信号,使指示器的指针指到相应高度值的刻度上,如果测量高度超过 2 500 ft,指示器指针将隐藏在指针遮罩后面。

决断高度(DH)或最低决断高度(MDA)是由决断高度控制旋钮,旋转指示器中的游标沿指示器周围调定,当测量的高度等于或低于决断高度时,驾驶员仪表板上的警告灯亮。

监控器在指示器中用来监控收发机和指示器工作电路的有效性,当任何一部分失效时,出现警告旗,指针也将隐藏在指针遮罩后面。当关闭无线电高度表电源或系统在测试中时,警告旗也将在指示器上出现。系统测试完好,指示器指示 40 ft,同时出现警告旗。指示器使用 115 V,400 Hz 交流电和±30 V 直流电。指示器指示灯需要 5 V,400 Hz 交流电。

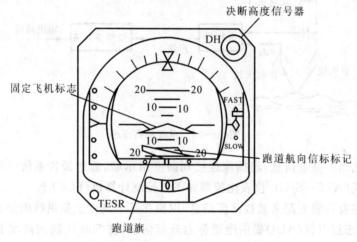

图 10 - 21　姿态指引仪 ADI 中的跑道标志

4. 姿态指引仪(ADI)中的跑道升起标志

姿态指引仪 ADI 中的跑道升起标志用于飞机在起飞和着陆阶段中向驾驶员提供代表飞机同跑道中心线二者空间位置的关系。

跑道标志的水平位移由仪表着陆系统 ILS 中的航向偏移信号控制,垂直位移由无线电高度表测得的高度信号移动。

跑道标志只有在甚高频导航(VHF NAV)系统波道上工作,并调到仪表着陆系统频率上时,才能看到,并且在 200 ft 无线电高度上,有航向信息的指引下,航向刻度上才有跑道标志显示。当飞机进近下降到 200 ft 以下时,跑道标志垂直上升,相当于飞机高于跑道的高度。接地时,跑道标志必须在固定飞机标记的下线(见图 10 - 21)。

姿态指引仪中的监控电路用来监控收发机和跑道标志工作的有效性,任何一个系统失效都将出现跑道旗(RUNWAY)。

5. 系统测高原理

系统发射一个等幅变化的调频信号(FM),在接收时,滞后于地面往返时间,它同部分发射信号相混合,产生差频,这个差频相当于飞机离地面的高度。

　　发射信号的频率为 4 300 MHz±A(柯林斯公司的 A＝50;本迪克斯公司的 A＝70)。设在 t_1 时间内向地面发射的频率为 f_1,在接收机混频器接收的反射信号的时间为 t_2,那么,在 (t_2-t_1) 时间内,发射频率增加到一个新的频率 f_2。在 t_2 时刻时 f_1 和 f_2 在混频器中混频,在其输出端的频率差为 Δf,它相当于当时的飞行高度,经过适当处理,这个频率差变为直流电压,并送到内部其他系统上,其工作原理如图 10-22 所示。

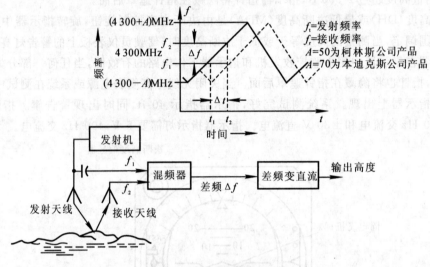

图 10-22　系统测高原理

　　由收发机输出的高度信息,经插座连接到高度指示器、近地警告系统(GPWS)、自动油门速度指令计算机(A/T—S/C)、仪表比较器和飞行控制计算机(FCC)上。

　　收发机中装有检测电路来监控高度信息,以便在某个高度上提供跳闸信息,如在 200 ft 跳闸高度上,向姿态指引仪(ADI)提供跑道标志升起信息;在 500 ft 跳闸高度上,向仪表比较器系统提供高度比较信息。

　　收发机监控电路用来在收发机工作正常时向收发机的各个工作电路发出有效(VALID)信号。

　　无线电高度表的决断高度(DH)可以在指示器上选择。当飞机的高度等于或低于决断高度时,决断高度警告灯亮;而当飞机上升高于决断高度时,决断高度灯灭。

　　无线电高度表系统的工作,可以在指示器上按压指示器上的试验按钮来进行试验。在试验中,高度表指针应指示到 40 ft,警告旗也应出现。试验电路是经自动驾驶附件盒接到收发机上的,所以当自动驾驶仪选用在"无线电方式"时,无线电高度表的试验不起作用。另外,当无线电高度表试验时,近地警告信号将被抑制。

二、电路工作原理

　　收发机电路工作原理如图 10-23 所示。收发机由三角波产生器、高频振荡器、高频发射器、混频器、噪声限制器、信号监视器、高度处理器、监控处理器、比较器、跳闸电路、相互干扰监测器和电流监控器等电路组成。

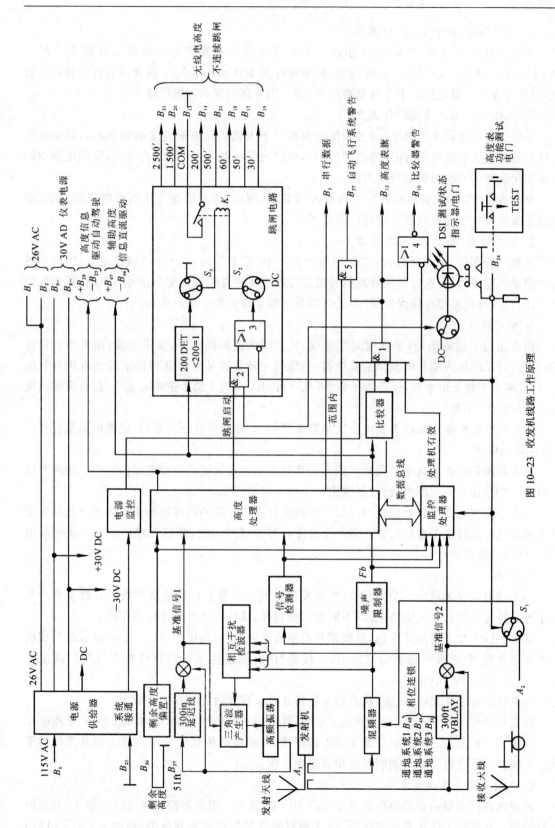

图 10—23 收发机线路工作原理

1. 发射信号(低于 2 500 ft 高度)

当收发机接通电源,发射机就开始向发射天线发送高频信号。发射信号频率调制于 100 Hz,于 4 250~4350 MHz 之间调频,频带宽度为 100 MHz。第 1 耦合环取自于高频发射机,以便经 300 ft 延迟线产生 1 号基准信号,第 2 耦合环向混频器提供输入。

2. 接收信号(低于 2 500 ft 高度)

发射信号从地面反射回来,经混频器变为相当于飞机实际离地高度的频率差。频率差经高度处理机变为直流电压,并送到高度指示器和其他系统中去。在预定高度上,跳闸电路中的继电器闭合并向系统提供通"地"电路。

剩余高度(AID)偏置电路建立了内部补偿系统,所以,指示器在飞机落地时读数为零,而当起落架支柱被压缩或机鼻下俯时读数低于零。

3. 接收信号(高于 2 500 ft 高度)

飞机飞行高于 2500 ft 时,高度处理器产生一个"不见"(out-of-view)偏置信号,使指示器指针隐藏在遮罩后面,这时高度处理机和监控处理机将配置相似高度的信号,以保持接收机处于工作状态,并使监控电路保持旗"不见"(即指示器上设有警告旗出现)。

4. 旗电路

旗电路门 1 的输出端(无线电高度表旗)正常时为逻辑高电平,提供电源,使警告旗保持"不见"。门 1 的输入端有电源供给监视器,处理机比较器和从监控处理机来的处理机有效信号;门 4 输出逻辑低电平时,保持指示器"可见"(in-view),门 4 输出逻辑高电平时,直流输出使指示器偏置于"不见"。

电源供给监控器用来检查从电源供给器来的电压,当所有电压正常时,电源供给监控器门 1 为逻辑高电平。

比较器用来检查从高度处理机来的自动驾驶驱动和仪表驱动模拟电压的输出。当两个模拟电压(高度)在容差范围内,比较器输出一个高电平给门 1。

飞机的高度也在监控处理机中计算。由高度处理机计算的高度值和由监控处理机计算的高度值在监控处理机中进行比较。当两个高度在容差范围内时,监控处理机输出为逻辑高电平(处理机有效信号)。

5. 自检

给无线电高度表试验一个"地"线(在收发机上或指示器上),自检就开始了。收发机产生一个等于特定高度的直流驱动电压(不同形式的机件,其特定高度的电压也不同)。

试验的输入加于监控处理机,经数据总线至高度处理机,提供自检信号。当试验成功或机件工作正常时,收发机面板上的试验/状态按钮灯亮,高度指示器的指针指在规定的高度上(40 ft),并出现警告旗(flag)。

在系统正常工作期间,试验/状态指示器将连续监视着收发机的工作状态。

收发机使用 115 V,400 Hz 交流电,50 W,并向指示器提供 26 V 交流和 ±30 V 直流电。

当一架飞机上装有两部或三部无线电高度表时,相位联锁程序钉用来防止相互之间的干扰。正确选择程序钉可以使调制器错相而避免干扰。

6. 无线电高度表指示电路

无线电高度表指示器的电路原理图如图 10-24 所示。指示器警告旗由继电器 K_1 和旗电磁阀控制。在系统工作正常的情况下,由比较器来的警告信号为低电平,这时 S_1(电子电门)

断开,继电器 K_1 不吸,在零值检测器上加有 30 V 直流和高度信号电压(无线电高度辅助直流驱动电压),伺服系统就按照输入的高度信号跟踪。电位器跟踪信号,经隔离放大器与指令信号匹配(指高度指示器处于正常指示状态),并使零值检测器闭合 S_3,打开 S_2,这就使旗电磁阀吸下,缩回警告旗,并从"指示器有效"上除去 S_2 的"地"线。

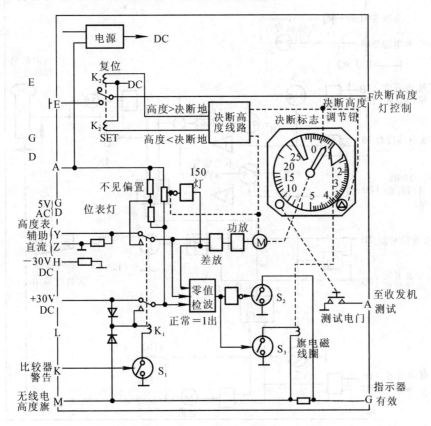

图 10 - 24　无线电高度表指示器电路原理

　　差动放大器的输出(高度信号)由功率放大器放大加于伺服电机上,伺服电机驱动指示器指针和回输反馈信号。伺服电机也向决断高度电路提供决断高度(DH)的机械输入信号和从指示器来的决断高度第二输入信号。当飞行高度低于决断高度时,决断高度电路的一端使继电器 K_2 的一个绕组(调定)工作,使外电路中的决断高度警告灯亮;当飞行高度高于决断高度时,决断高度电路的另一端使继电器 K_2 的另一个绕组(重新调定)工作,使外电路中的决断高度警告灯熄灭。决断高度灯的直流电源由飞机上的主照明和总试验系统控制。因某种原因当比较器输出的警告信号为高电平时(正常为低电平),K_1 继电器吸通,在差动放大器上加上一个偏置电压,这个偏置电压使指示器指针"不见"。

　　当按下功能试验电门时,一个"地"信号送到收发机以引发系统的试验,除非由自动驾驶下滑机联锁抑制。

　　成功自检后,指示器指针指示 40 ft 并出现警告旗。功能试验也可以在姿态指引仪 ADI 上看到。

7. 跑道升起标记

跑道升起标记电路设在姿态指引仪 ADI 中,其电路原理如图 10-25 所示。它以跑道标记的升起作为无线电高度表显示飞机与跑道之间的相对位置关系。

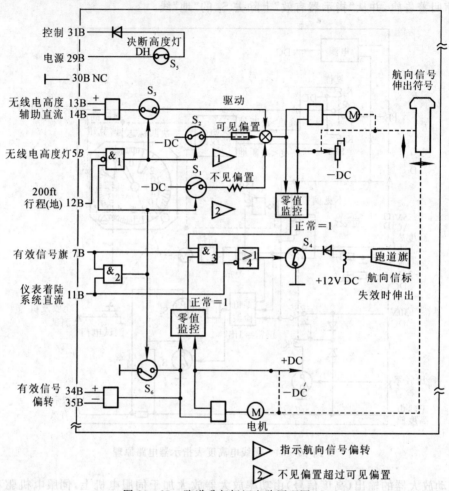

图 10-25 跑道升起标记电路原理图

姿态指引仪中伸出的跑道标记(航向指示器)的水平位移代表了航向的偏移(航向偏移信号由仪表着陆系统 ILS 中的航向信标机 LOC 驱动);垂直的位移表示了由 200 ft 高度到接地范围,由无线电高度表来的信号驱动。

跑道标记的显露须由选好频率的仪表着陆系统(1LS)来的电压和由"接收机有效"(V/L S FLAG)来的信号电压加于门 2,使 S₁ 和 S₆(电子开关)打开,这时跑道标记航向的偏移由伺服电机驱动。

当门 1 上有"无线电高度表有效"(RADIO ALT FLAG)和"无线电高度标示 200 ft"(200 FOOT TRIP)时,S₂ 断开,S₃ 接通,高度信号(RAD AUX DC DRIV)驱动跑道标记作垂直移动。

门 3 和门 4 监视伺服系统的工作。系统工作正常时"跑道"(RUNWAY)旗缩进。

在姿态指引仪上的决断高度警告灯是由无线电高度表控制的。

　　自检表现在姿态指引仪上是跑道标记升起至 40 ft,决断高度警告灯亮(如高度指示器上的决断高度游标在 40 ft 以上)。

　　在波音系列的民用飞机上装有两套以上的无线电高度表系统,在波音 737 型飞机上第一套收发机除提供给飞行控制计算机 A(FCC A)和近地警告系统(GPWS)高度信息外,还供给飞机系统自动油门速度指令(A/F-S/C);第二套收发机向飞行控制计算机 B(FCC B)提供高度信息。

　　860F—4 型低高度无线电高度表具有下列主要性能:

　　(1) 高度测量范围为-6~762 m(-20~2 500 ft);

　　(2) 发射的中心频率为 4 300 MHz;

　　(3) 调频频带宽度为 100 MHz(4 2504~350 MHz);

　　(4) 调制频率为 100 Hz。

习　题

1. 简述无线电高度表系统的组成及工作原理。
2. 说明调频式无线电高度表的测高原理。
3. 说明恒定差频调频式无线电高度表的测高原理。
4. 什么是无线电高度表的剩余高度? 说明它是如何形成的。
5. 简述典型无线电高度表收发机的组成。

第十一章 甚高频全向信标系统

第一节 VOR 系统工作原理

甚高频全向信标(very high frequency omnidirectional range)系统,简称 VOR(伏尔),它是一种近程无线电导航系统。1946 年它已成为美国的标准导航设备,1949 年被国际民航组织(ICAO)采用,正式作为国际标准航线的无线电导航系统。

VOR 系统属于地备式导航,或称地面基准式导航(ground-based navigation)。它由地面发射台和机载设备组成。地面设备通过天线发射从 VOR 台到飞机的磁方位信息(以磁北为基准零度),机载设备接收和处理地面台发射的方位信息,并通过有关的指示器指示出从 VOR 台到飞机或从飞机到 VOR 台的磁方位角。

一、有关的角度定义

VOR 导航系统的功能之一是测量飞机的 VOR 方位角,而 VOR 方位角在无线电磁指示器(RMI)上的指示又是通过磁航向加相对方位指示的。因此,了解这些角度的定义和相互关系,有助于理解 VOR 机载设备的工作原理。

1. VOR 方位角

VOR 方位角是指从飞机所在位置的磁北方向顺时针测量到飞机与 VOR 台连线之间的夹角。VOR 方位也称电台磁方位。它是以飞机为基准来观察 VOR 台在地理上的方位,如图 11-1 所示。

2. 飞机磁方位

从 VOR 台的磁北方向顺时针测量到 VOR 台与飞机连线之间的夹角,叫飞机磁方位(见图 11-1)。它是以 VOR 台为基准来观察飞机相对 VOR 台的磁方位。

3. 磁航向

磁航向是指飞机所在位置的磁北方向和飞机纵轴方向(机头方向)之间以顺时针方向测量的夹角,如图 11-2 所示。

4. 相对方位角

飞机纵轴方向和飞机到 VOR 台连线之间以顺时针方向测量的夹角,叫相对方位角,或称电台航向(见图 11-2)。

从上述 4 个角度的定义,可以得到如下的结论:

(1) 从图 11-1 可以看出,VOR 方位与飞机磁航向无关,只与飞机相对 VOR 台的地理位置有关。

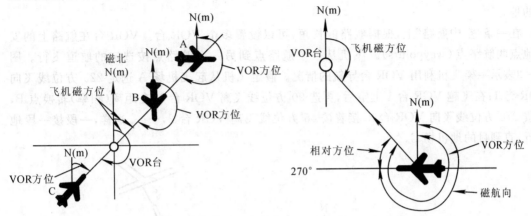

图 11-1　VOR方位、飞机磁方位　　　　图 11-2　VOR方位、磁航向和相对方位

（2）飞机磁方位和 VOR 方位相差 180°。

（3）从图 11-2 可知，VOR 方位等于磁航向加相对方位。

在图 11-1 中，画出了 A，B，C 三架飞机相对 VOR 台的姿态。为了加深对角度定义的理解，以具体的度数来表示每架飞机的 4 个角度值，如表 11-1 所示（假定飞机磁方位为 45°或 225°）。

表 11-1　飞行导航定向方位对照表

飞　机	飞机磁方位	磁航向	相对方位	VOR方位
A	45°	90°	135°	225°
B	45°	180°	45°	225°
C	225°	45°	0°	45°

二、VOR 导航系统的用途

VOR 系统在航空导航中的基本功能有两个方面。

1. 定位（position-fixing）

利用 VOR 设备定位有两种方法：

（1）VOR 机载设备测出从两个已知的 VOR 台到飞机的磁方位角，便可得到两条位置线，利用两条位置线的交点便可确定飞机的地理位置。这种定位方法叫测角定位，即 θ-θ 定位。

（2）VOR 台通常和测距台（DME）安装在一起，利用 VOR 设备测量飞机磁方位角 θ；利用 DME 测量飞机到 VOR/DME 台的距离 ρ，也可确定飞机的地理位置。这种方法叫测角-测距定位，即 ρ-θ 定位（极坐标定位）。

2. 沿选定的航路导航（navigation along established airways）

VOR 台能够辐射无限多的方位线或称径向线（radial），每条径向线表示一个磁方位角（磁北为基准零度）。驾驶员通过机上全向方位选择器 OBS（omni-bearing selector）选择一条要飞的方位线，称预选航道。飞机沿着预选航道可以飞向（to）或飞离（from）VOR 台，并通过航道偏离指示器指出飞机偏离预选航道的方向(左边或右边)和角度,以引导飞机沿预选航道飞往目的地。

在一条"空中航路"上,根据航路的长短,可以设置多个 VOR 台。VOR 台在航路上的安装地点叫航路点(waypoints)。飞机从一个航路点到另一个航路点按选定的航道飞行。图 11-3表示一架飞机利用 VOR 台导航的情况。假定飞机从起飞机场 A 选定 225°方位线飞向 VOR 台 1;在飞越 VOR 台 1 上空后,再选 90°方位线飞离 VOR 台 1;在距离(频率)转换点 B,再按 270°方位线飞向 VOR 台 2,接着按 45°方位线飞离 VOR 台 2,……,这样,一段接一段地飞行,直到目的地机场 C。

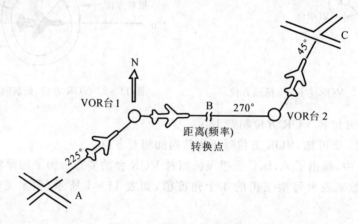

图 11-3　沿选定航路导航

三、VOR 工作频率分配

在现代飞机上,VOR 导航系统的机载设备与仪表着陆系统(ILS)的航向信标(LOC)的机载设备的有些部分是共用的。如天线、控制盒、指示器、接收机的高频和中频部分。在航路上用于 VOR 导航,而在进近着陆时用于航向信标。因此,VOR 和 LOC 工作在同一甚高频频段的不同频率上。

VOR/LOC 工作频率范围从 108.00～117.95 MHz,频率间隔 50 kHz,共有 200 个波道。其中 108.00～111.95 MHz 之间的频率 VOR/LOC 共用,有 40 个波道分配给 ILS 系统的 LOC,具体分配如下:

108.00——用于试验;

108.05——VOR;

108.10——凡奇数 100 kHz 波道及再加 50 kHz 的波道用于 LOC,并配对下滑信标波道;
⋮

111.90——凡偶数 100 kHz 波道及再加 50 kHz 的波道用于 VOR;

112.00——间隔为 50 kHz 的所有频率用于 VOR 波道。
⋮

108.00 MHz 的频率没有分配给导航设备,留做试验用。也有一些波道(导航波段的低频率端)留做 ILS 的试验用,而不用于 VOR。如果 VOR/LOC 接收电路共用的话,试验频率使用 117.95 MHz。机载接收机能够接收 108.00～117.95 MHz 之间的所有波道,包括这些留做试验的频率。

四、地面台的配置

安装在机场的 VOR 台叫终端 VOR 台（TVOR），使用 108.00～111.95 MHz 之间的 40 个波道。发射功率为 50W，工作距离为 25 n mile。TVOR 台之所以采用低功率发射，其一是不干扰在相同频率上工作的其他 VOR 台；其二，TVOR 台位于建筑物密集的机场，多路径干扰严重影响 VOR 的精度，因此，只能用于短距离导航。

TVOR 台通常和 DME 或 LOC 装在一起，VOR 台和 DME 组成极坐标定位系统；VOR 台和 LOC 装在一起，利用和跑道中心延长线一致的 TVOR 台方位线，可以代替 LOC 对飞机进行着陆引导。

安装在航路上的 VOR 台叫航路 VOR（enroute VOR），台址通常选在无障碍物的地点，如山的顶部。这样，因地形效应引起的台址误差和多路径干扰可以大大减小。

航路 VOR 使用 112.00～117.95 MHz 之间的 120 个波道，发射功率为 200 W，工作距离为 200 n mile。

VOR 系统的工作范围决定于接收机灵敏度、地面台的发射功率、飞机高度以及 VOR 台周围的地形。工作范围主要受视距（line-of-sight）限制，而视距又受地球曲

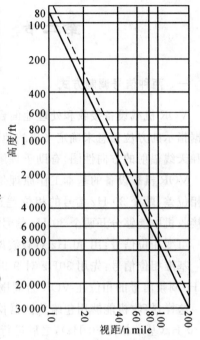

图 11-4　高度与视距的关系

率的限制。在地球表面上，高度与视距的关系如图 11-4 所示。只有飞机高度达到 30 000 ft 时，VOR 工作距离才达到 200 n mile。

五、VOR 系统的基本原理

我们可以把 VOR 地面台想像为这样的一个灯塔：它向四周发射全方位光线的同时，还发射一个自磁北方向开始顺时针旋转的光束，如图 11-5 所示。

如果一个远距观察者记录了从开始看到全方位光线到看到旋转光束之间的时间间隔，并已知光束旋转速度，就可以计算出观察者磁北方位角。

实际上，VOR 台发射被两个低频信号调制的射频信号。这两个低频信号，一个叫基准相位信号，另一个叫可变相位信号。基准相位信号相当于全方位光线，其相位在 VOR 台周围的各个方位上相同；可变相位信号相当于旋转光束，其相位随 VOR 台的径向方位而变。飞机磁方位决定于基准相位信号和可变相位信号之间的相位差（相当于看到全方位光线和光束之间的时间差）。

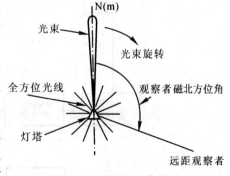

图 11-5　VOR 工作原理

机载设备接收 VOR 台的发射信号,并测量出这两个信号的相位差,就可以得到飞机磁方位角,再加 180°就是 VOR 方位。

下面就具体地说明 VOR 台是怎样产生基准相位信号和可变相位信号的,以及机载设备是如何测量这两个信号相位的。

第二节   VOR 地面台发射信号

一、两种信号调制方式

VOR 机载设备接收和处理地面台发射的方位信息,并通过有关的仪表指示出来,驾驶员根据指示的方位信息来确定飞机的地理位置和沿选定的航路飞行。因此,了解地面的发射信号和天线辐射的方向性图,有助于理解 VOR 机载设备的工作原理。

VOR 机载设备的基本工作原理是测量地面台发射的基准相位 30 Hz 和可变相位 30 Hz 的相位差,两个 30 Hz 信号的相位差正比于 VOR 台的径向方位(以磁北为基准零度)。为了在接收机中能够分开两个 30 Hz 信号,VOR 台发射信号采用两种不同的调制方式。

可变相位信号:用 30 Hz 对载波调幅,相位随 VOR 台的径向方位而变化。

基准相位信号:先用 30Hz 对 9 960 Hz 副载波调频,然后调频副载波再对载波调幅,而30 Hz 调频信号的相位在 VOR 台周围 360°方向上是相同的。

这样,接收机能够用包络检波器检出调幅 30 Hz(可变相位 30 Hz)。用频率检波器检出调频 30 Hz(基准相位 30 Hz),之后进行相位比较,测出 VOR 方位。

VOR 系统还可以用于地-空通信。地面台提供话音发送,VOR 台还发射台识别码,保证对所选用的 VOR 台进行监视。

VOR 地面台的发射机有两种形式:普通 VOR(CVOR)和多普勒 VOR(DVOR)。两种形式的发射机所使用的机载设备是相同的,本节只讨论 CVOR 台的工作原理。图 11-6 所示的是 CVOR 台发射机工作原理方框图。下面根据该图来说明基准相位和可变相位信号的产生过程。

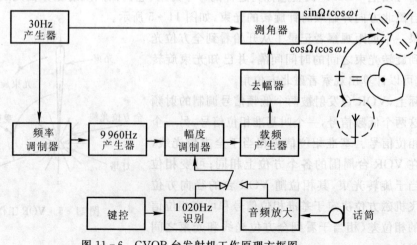

图 11-6   CVOR 台发射机工作原理方框图

二、基准相位信号

30Hz 产生器产生基准相位信号 30 Hz($\cos\Omega t$)，对 9 960 Hz 副载波调频，频偏为 ± 480 Hz，调频副载波的表达式为

$$U(t) = U_{\mathrm{m}}\cos\left(\Omega_s t + \frac{\Delta\Omega}{\Omega}\cos\omega t\right) = U_{\mathrm{m}}\cos(\Omega_s t + m_{\mathrm{p}}\cos\Omega t)$$

式中　Ω —— 30 Hz 角频率；

$\quad\quad\Omega_s$ —— 9 960 Hz 角频率；

$\quad\quad\Delta\Omega_s$ —— 频偏；

$\quad\quad m_{\mathrm{p}}$ —— 调频指数；

$\quad\quad U_{\mathrm{m}}$ —— 调频信号振幅。

调频副载波再对载波调幅，然后由全向天线发射，其辐射场为

$$U_{\mathrm{R}}(t) = U_{\mathrm{Rm}}[1 + m\cos(\Omega_s t + m_{\mathrm{p}}\cos\Omega t)]\cos\omega t$$

式中　U_{Rm} —— 基准相位信号振幅；

$\quad\quad\omega$ —— 载波信号角频率。

基准相位信号由 VOR 天线系统中的基准天线发射，在空间形成全向水平极化辐射场。

由于调制过程是在发射机内完成的，所以在 VOR 台周围的 360° 方位上，30 Hz 调制信号的相位相同。基准相位信号产生的过程如图 11-7 所示的波形图。在进行地-空通信时，经音频放大的话音，同副载波一起对载波调幅。话音频率主要集中在 300～3 000 Hz 范围内，它不会干扰基本的导航功能，在接收机电路中可通过带通滤波器分开。在发射台识别码时，键控的 1 020 Hz 音频信号对载波调幅。识别码是由 2～3 个字组成莫尔斯电码，每 30 s 重复一次。

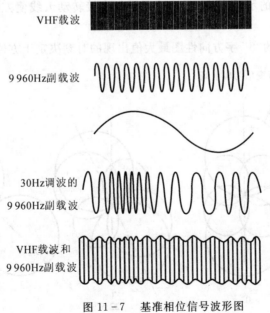

图 11-7　基准相位信号波形图

三、可变相位信号

可变相位信号在空间形成一个"8"字旋转辐射场。有两种方法可以产生旋转的"8"字方向性图：其一是旋转具有"8"字方向性图的天线（如半波振子、裂缝天线等）；其二是天线不动，用电气的方法使"8"字方向性图旋转。由于旋转天线比较困难，大多采用后一种方法。下面说明用电气的方法产生"8"字旋转方向性图的原理。

如图11-6所示，从高频发射机取出一部分功率（约10％）加到调制抑制器（去幅器），去掉调幅部分，并进行功率放大，输出没有调制的纯载波。它与基准相位信号的载波是同频率、同相位的，然后加到测角器。测角器把载波分解成30 Hz正弦和余弦调制的边带波，即

$$\sin\Omega t\cos\omega t \text{——正弦调制的边带波}$$

$$\cos\Omega t\sin\omega t \text{——余弦调制的边带波}$$

正弦和余弦调制的边带波分别由VOR天线阵中的可变相位天线发射。可变相位天线包括方向性因子分别为 $\cos\theta$ 和 $\sin\theta$ 的两个分集天线，在水平面内形成两个正交的"8"字辐射场，其数学表达式为

$$U_{正弦} = U_{vm}\sin\theta\sin\Omega t\cos\omega t$$

$$U_{余弦} = U_{vm}\cos\theta\cos\Omega t\cos\omega t$$

式中　U_{vm}——可变相位信号的幅度；

　　　θ——方位角（磁北为0°）。

两个"8"字方向性图的空间合成辐射场为

$$U_v(t) = U_{vm}(\sin\theta\cos\Omega t + \cos\theta\cos\Omega t)\cos\omega t = U_{vm}\cos(\Omega t - \theta)\cos\omega t$$

可见，可变相位信号的合成辐射场也是一个"8"字辐射场，两个波瓣的相位相反，并以 Ω 的角速率旋转（30 rad/s）。图11-8示出了在不同方位角 θ 时，两个正交的"8"字方向性图合成一个旋转的"8"字方向性图的示意图，这也就达到了与直接转动天线使方向性图旋转的相同的目的。

从图中可以看出，合成的"8"字方向性图最大值出现的时刻决定于方位角 θ。

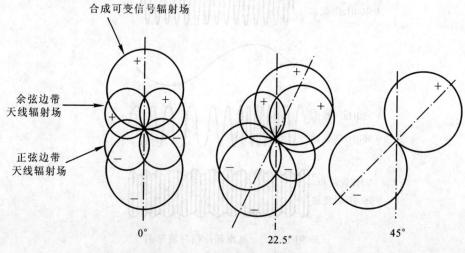

图11-8　可变相位信号的形成

四、合成空间辐射场

可变相位信号和基准相位信号虽然是分开发射的,但空间某一点(具体的说是飞机)的接收信号是基准相位和可变相位信号的合成信号,因而空间辐射场等于两者的叠加,即

$$U_{\Sigma}(t) = U_{R}(t) + U_{v}(t)U_{vm}\cos(\Omega t - \theta)\cos\omega t +$$
$$U_{Rm}[1 + m\cos(\Omega_s t + m_f\cos\Omega t)]\cos\omega =$$
$$U_{Rm}[1 + m_A\cos(\Omega t - \theta) + m\cos(\Omega_s t + m_f\cos\Omega t)]\cos\omega t$$

式中,$m_A = \dfrac{U_{vm}}{U_{Rm}}$ 为可变相位信号的调幅系数。

从上式可以看出:

(1) 合成辐射场是一个心脏形方向性图(见图 11-9),并以 30 rad/s 的角频率旋转,最大值出现的时刻随方位角 θ 而变。从物理概念来讲,"8"字方向性图与全向方向性图同相的一边,加强了全向方向性图,而反相的一边,减弱了全向方向性图,所以合成是一个心脏形方向性图。由于"8"字方向性图以 30 rad/s 的角速度旋转,因而合成心脏形方向性图也以 30 rad/s 的角速度旋转。

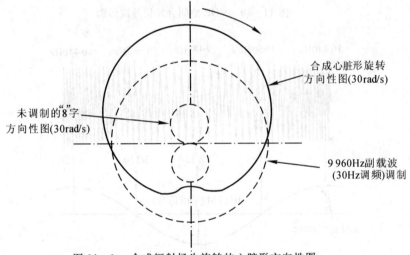

图 11-9 合成辐射场为旋转的心脏形方向性图

(2) 合成辐射场的包络包括两种成分的信号,一种是 $[1 + m_A\cos(\Omega t - \theta)]$,它是由心脏形方向性图旋转产生的附加调幅部分,其相位(最大值出现的时刻)随方位角 θ 而变,这就是可变相位 30 Hz。另一种是 $m\cos(\Omega_s t + m_f\cos\Omega t)$,它是 9 960 Hz 调频副载波产生的调幅部分,其相位与方位角 θ 无关。基准相位 30 Hz 隐含在 30 Hz 调频的 9 960 Hz 副载波中。图 11-10 所示是空间合成信号的调制波形图。

五、VOR 信号的产生

前面已经介绍过,9 960 Hz 副载波的 30 Hz 频率调制是在发射机内完成的,并由全向天线发射。因此,30 Hz 调频信号的相位与方位角 θ 无关,也就是说,在 VOR 台的 360°方位上相位相同。接收机首先通过幅度检波器检出 9 960 Hz 调频副载波的包络信号,并通过一个双向限幅器变成等幅调频信号,如图 11-11 所示。再由频率检波器检出 30 Hz 调频信号,即为基

准相位 30 Hz。

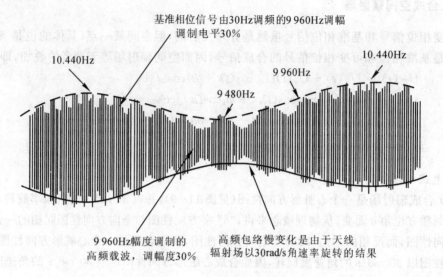

图 11-10 VOR 空间合成信号波形图

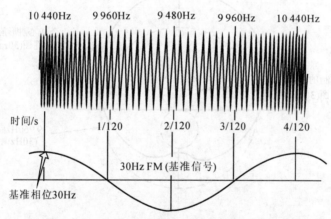

图 11-11 由双向限幅器变成的等幅调频信号

可变相位 30 Hz 是由心脏形方向性图旋转产生的,因此,心脏形图最大值在某一方位上出现的时刻随方位角 θ 而变。由于心脏形图以 30 rad/s 的角速度旋转,接收机所接收的信号幅度也以 30 Hz 的速度变化,相当于用 30 Hz 信号对载波调幅,经接收机包络检波器检出 30 Hz 调幅部分,叫可变相位 30 Hz。

可变相位 30 Hz 和基准相位 30 Hz 的相位关系可用图 11-12 加以说明。

在心脏形方向性图最大值对准磁北时,使调频副载波的频率为最大值 10 440 Hz。以磁北方向作为相位测量的起始方位。若有 4 架飞机分别位于 VOR 台的北(磁北)、东、南、西 4 个方位上,同时接收 VOR 台的发射信号,4 架飞机接收的基准相位 30 Hz 和可变相位 30 Hz 的相位关系如图 11-12 所示。

在磁北方位上,两个 30 Hz 信号幅度最大值同时出现(同相),如图 11-12(a)所示。在正东方位上的飞机,当心脏形方向性图最大值旋转 90°指向正东时,30 Hz 调幅信号的峰值最大,

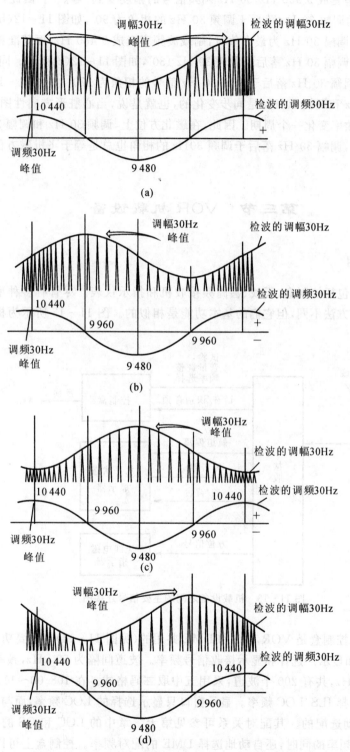

图 11-12　基准和可变 30 Hz 信号的相位关系
(a) 磁北方向；(b) 正东方向；(c) 正南方向；(d) 正西方向

而调频副载波的频率变成 9 960 Hz,30 Hz 调频信号的幅度变到"零点"。因此,在 VOR 台的 90°方位线上,接收的调幅 30 Hz 落后于调频 30 Hz 的相角为 90°,如图 11-12(b)所示。在正南方位上的飞机,当调幅 30 Hz 为最大值时,副载波频率变成 9 480 Hz,而基准相位 30 Hz 变成负的最大值,这时调幅 30 Hz 落后于调频 30 Hz 180°,如图 11-12(c)所示。同样,在正西方位上的飞机接收的调幅 30 Hz 落后于调频 30 Hz 信号的相角为 270°,如图 11-12(d)所示。

由于调频 30 Hz 和调幅 30 Hz 是同步变化的,也就是说,当心脏形方向性图旋转一周时, 9 960 Hz副载波的频率变化一个周期。因此,在磁北方位上,调频 30 Hz 和调幅 30 Hz 总是同相的,在其他方位上,调幅 30 Hz 落后于调频 30Hz 的相角也总是等于飞机磁方位角(VOR 台径向方位)。

第三节　VOR 机载设备

一、组成与功用

VOR 机载设备包括控制盒、天线、甚高频接收机和指示仪表。尽管有多种型号的机载设备,处理方位信息的方法不同,但它们的基本功能是相似的。图 11-13 所示为机载设备之间的主要信号连接图。

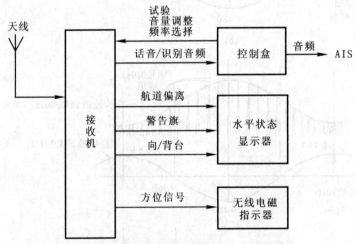

图 11-13　机载设备之间的主要信号连接图

1. 控制盒

在现代飞机上,控制盒是 VOR,ILS 和 DME 共用的(见图 11-14)。主要功能有:

(1) 频率选择和显示。选择和显示接收信号频率。波道间隔为 50 kHz,频率选择范围为 108.00～117.95 MHz,共有 200 个波道,采用五中取二码格式。在 108.00～111.95 MHz 中有 40 个波道用于选择 ILS/LOC 频率。显示窗口只显示选择的 LOC 频率,而与 LOC 配对的下滑信号频率是自动选配的。其配对关系可参见第十二章中的 LOC 和 GS 的频率配对表。在选择 VOR,LOC 频率的同时,还自动地选择 DME 的配对频率。控制盒上可以同时选择两个频率,而使用哪个频率则由频率转换开关控制。

(2) 试验按钮。控制盒上有 VOR,ILS(上/左、下/右)和 DME 试验按钮,分别用来检查相应设备的工作性能。

（3）音量控制。音量调节电位计用来调节话音和识别码的音量。话音和识别码信号来自接收机，经音量调整电位计后，输出到音频集成系统（AIS）。

2. 天线

在多数飞机上，VOR 天线和 LOC 天线是共用的，安装在垂直安定面上或机身的上部，避免机身对电波的阻挡，以提高接收信号的稳定性。VOR 天线的形式多种多样，如蝙蝠翼形天线、环形天线以及改进的"V"形偶极子天线等。不管使用哪种形式的天线，应具有全向水平极化的方向性图，能够接收 108.00～117.95 MHz 范围内的甚高频信号。

3. VOR 接收机

接收和处理 VOR 台发射的方位信息。包括常规外差式接收机、幅度检波器和相位比较器电路，接收机提供如下的输出信号：

（1）语音和台识别信号，加到音频集成系统（AIS），供驾驶员监听；

（2）方位信号，驱动无线电磁指示器（RMI）的指针；

（3）航道偏离信号，驱动水平姿态指示器（HSI）的航道偏离杆；

（4）向/背台信号，驱动 HSI 的向/背指示器；

（5）旗警告信号，驱动 HSI 上的警告旗。

有的 VOR 导航接收机和 ILS 接收机是组合在一起的，因此，接收机中还包括 LOC 横向引导和 GS 垂直引导信号处理电路。当然，在不同型号的设备中，VOR、指点信标（MB）、航向信标和下滑信标也可以分成几个单独的接收机或包括在一个接收机中。

4. 指示器

指示器是将接收机提供的导航信息显示给驾驶员，根据指示器提供的指示进行飞机的定位和导航。常用的指示器有两种：无线电磁指示器（RMI）和水平姿态指示器（HSI）。

RMI 指示器是将罗盘（磁航向）、VOR 方位和 ADF 方位组合在一起的指示器。

两个指针分别指示 VOR—1/ADF—1 和 VOR—2/ADF—2 接收机输出的方位信息；两个 VOR/ADF 转换开关，分别用来转换输入指针的信号源。

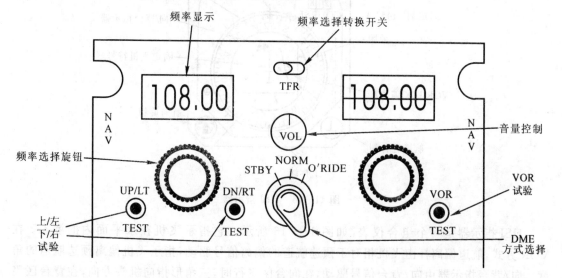

图 11-14　甚高频导航控制盒

RMI 能够指示 4 个角度:罗牌由磁航向信号驱动,固定标线(相当于机头方向)对应的罗牌刻度指示飞机的磁航向;指针由 VOR 方位和磁航向的差角信号驱动,固定标线和指针之间的顺时针夹角为相对方位角;指针对应罗牌上的刻度指示为 VOR 方位,它等于磁航向加相对方位;而指针的尾部对应的罗牌刻度为飞机磁方位,它与 VOR 方位相差 180°。

为了进一步理解 RMI 的指示,在图 11-15 上画出多种飞机的姿态和相应的 RMI 指示。为了使驾驶员像在仪表板上看到的指示器那样,转动指示器使标线出现在上指示器上部。

例如,在 VOR 台东南方向上的那架飞机,固定标线(lubber line)对应的罗牌刻度为磁航向 30°,固定标线和指针之间的顺时针夹角为相对方位角 270°,指针对应的罗牌刻度为 VOR 方位 300°,而指针尾部对应罗牌上的刻度为飞机磁方位 120°。

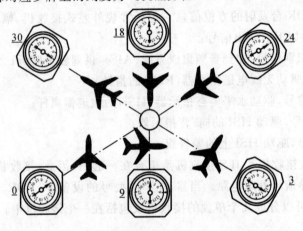

图 11-15 VOR 台周围 RMI 上的指示

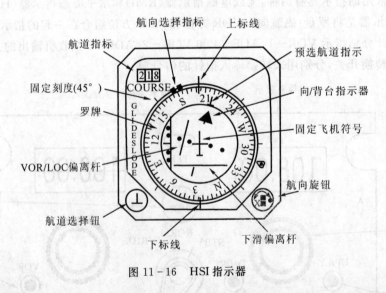

图 11-16 HSI 指示器

HSI 指示器是一个组合仪表,如图 11-16 所示。它指示飞机在水平面内的姿态。在 VOR 方式,航道偏离杆由飞机相对于预选航道的偏离信号驱动,指示飞机偏离预选航道的角度。向/背台指示器由向/背台信号驱动,在向台区飞行时,三角形指向机头方向,在背台区飞行时,三角指向机尾方向。预选航道指针随 OBS 全方位选择器旋钮转动,指示预选航道的角度。警告旗在输入信号无效时出现。

在仪表着陆方式中,航道偏离杆由 LOC 偏离信号驱动,指示飞机偏离跑道中心线的角度,每一格约 1°。而下滑指针指示飞机偏离下滑道的角度,每一格约 0.35°。当下滑信号无效时,下滑旗出现(在图 11 - 16 上,未画出警告旗)。

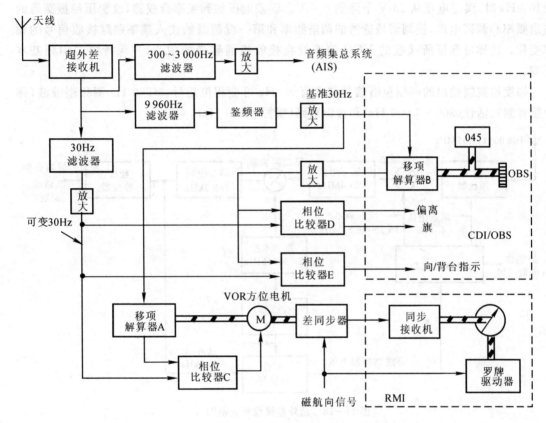

图 11 - 17　VOR 导航接收机简化方框图

二、VOR 导航接收机

VOR 导航接收机的主要功能包括 VOR 信号的接收-超外差接收机和方位信息处理-相位比较器电路。图 11 - 19 所示的导航接收机简化方框图,可以用来说明 VOR 接收信号的变换过程以及产生仪表指示信号的基本原理,下面结合该图来说明各部分的工作。

1. 超外差接收机

超外差接收机通常是二次变频的外差式接收机,如图 11 - 18 所示。

控制盒选择频率的五中取二码信息加到频率合成器,合成器输出与选择频率相对应的调谐电压和注入频率。调谐电压(5~14 V)加到调谐预选器,调谐范围为 107.95~117.95 MHz(107.95 MHz 用于自检),注入频率范围为 86.55~96.55 MHz,加到第一混频器。因此,第一混频器把输入信号频率变换为 21.4 MHz 的第一中频。21.4 MHz 的第一中频放大器包括带宽为 ±15 kHz 的晶体滤波器,滤除混频器产生的谐波成分和干扰信号。第二混频器的本振频率来自频率固定为 21.568 5 MHz 的晶体振荡器,混频后的第二中频为 168.5 kHz。第二中频放大后加到幅度检波器和 168.5 kHz 的相位锁定环。

由于 VOR 台发射信号可能有±10kMz 的变化,168.5 kHz 的第二中频也产生相应变化。168.5 kHz 的相位锁定环比较第二中频和 168.5 kHz 的基准频率(第二本振频率经 8×16 次分频),输出与两个频率差成正比例的误差电压。例如,当接收信号频率比额定频率变化±10 kHz 时,误差电压从 13 V 下降到 4.4 V。误差电压加到频率合成器,改变压控振荡器的输出频率和调谐电压,使调谐预选器的调谐频率和第一混频器的注入频率跟踪接收信号的频率变化。这样可保证所接收的 VOR 频率处在接收机通频带的中心,并保持第二中频基本不变。

幅度检波器检出的调制包络信号包含有 30 Hz 可变相位信号、9 960 Hz 调频副载波(称导航音频)、话音(300～3 000 Hz)和台识别码(键控 1 020 Hz)。

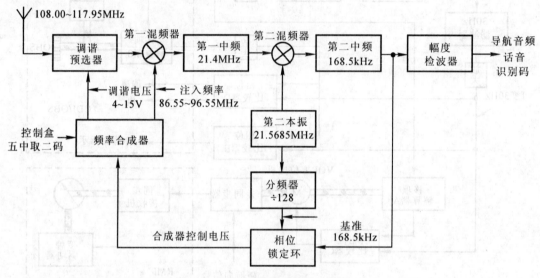

图 11-18 超外差接收机方框图

2. 信号分离电路

由于在检波器输出的组合音频中,各频率范围不同,所以很容易用带通滤波器实现分离。带通滤波器能使一定频率范围内的信号通过,而通带以外的频率信号受到一定衰减。在现代设备的 VOR 接收机中,均使用运算放大器组成的品质因数高、体积小、重量轻的有源滤波器,代替普通的 LC 滤波器。下面介绍由运算放大器和 RC 网路组成的有源滤波器,它们是 VOR 接收机中的实际电路。

(1) 300～3 000 Hz 带通滤波器。300～3 000 Hz 带通滤波器只让话音和台识别码信号通过,而阻止导航音频信号。滤波器由 RC 无源网路和运算放大器 A_1 和 A_2 组成,如图 11-19 所示。A_1 组成高通滤波器,只通过 300 Hz 以上的频率信号。而 A_2 组成低通滤波器,只让低于 3 000 Hz 以下的频率信号通过。因而,A_1,A_2 组合成一个带通滤波器。该滤波器的特性如表11-2所示。

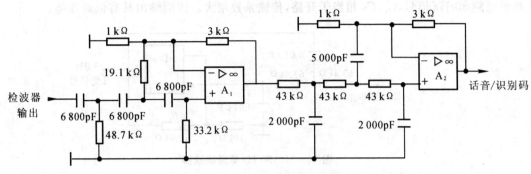

图 11－19　话音/识别码信号滤波器

表 11－2　　滤波器的特性

频率/Hz	0～150	300	1 000	3 000	6 000
衰减/dB	18	6	0	6	18

滤波器输出的话音/识别码信号通过控制盒上的音量调整电位计加到音频集成系统（AIS）的音频选择板，供驾驶员监听。在音频选择板上有一个"话音/识别"开关，在"话音"位置，音频信号通过 1 020 Hz 陷波滤波器（notchfilter），去掉 1 020Hz 识别码信号，使话音更清楚。在"识别"位置，音频信号通过 1 020 Hz 窄带滤波器，去掉话音频率，只输出 1 020 Hz 识别码信号。

（2）9 960 Hz 带通滤波器。9 960 Hz 带通滤波器只让 9 960 Hz 调频副载波通过，抑制其他频率成分，其电路如图 11－20 所示。

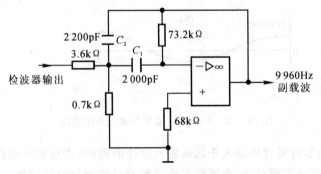

图 11－20　9 960 Hz 带通滤波器

该电路是一个二阶多路反馈的带通滤波器。电容 C_1 随着输入信号频率升高，容抗减小，运算放大器的输入增大，输出增大。电容 C_2 随着输入信号频率升高，负反馈增大，使增益减小，输出减小。

如果正确选择 RC 元件的数值，则可使运算放大器在 9 960 Hz 频率附近输出最大，保证 9 960 Hz 调频信号通过（9 480～10 440 Hz），抑制其他频率成分。

（3）30 Hz 低通滤波器。30 Hz 低通滤波器只允许 30 Hz 可变相位信号通过，而阻止其他频率信号通过，电路如图 11－21 所示。

电容 C_1，C_2 对 9 960 Hz 调频副载波及话音呈现低阻抗（相当于短路），传输系数很小，而对于低频 30 Hz 信号，C_1，C_2 相当于开路，传输系数增大。因而输出具有低通性能。

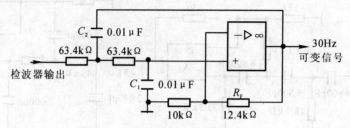

图 11-21　30 Hz 低通滤波器

3. 频率检波器(鉴频器)

鉴频器的功用是从 9 960 Hz 调频信号中检出 30 Hz 基准相位信号。图 11-22 示出了用单稳态电路和积分滤波器组成的频率-电压转换电路，用于解调调频信号。

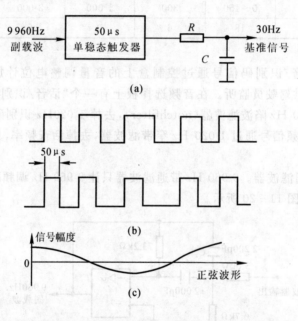

图 11-22　9 960 Hz 鉴频器和波形示意图

单稳态电路输出脉冲宽度不能大于最高输入脉冲的周期，否则积分电路输出将进入饱和状态，但输出脉冲宽度也不能过小，否则就不能得到充分的输出电压幅度。在图 11-22 所示的电路中，单稳态电路输出脉冲宽度选择为 9 960 Hz 周期的一半，约 50 μs。

9 960 Hz 带通滤波器的输出，经过限幅放大器变成方波，如图 11-22(a)所示，触发 50 μs 单稳态电路。单稳态电路输出是宽度为 50 μs 的脉冲，但输出脉冲的占空因数随 9 960 Hz 调频信号的频率变化而变化：频率升高，占空因数增大；反之减小。输出波形如图 11-22(b)所示，9 960 Hz 以 30 Hz 的速率调频，占空因数也以 30 Hz 的速率变化。经积分滤波器，重现 9 960 Hz 调频的 30 Hz 信号，如图 11-22(c)所示。这个信号就是基准相位 30 Hz 信号。

基准相位 30 Hz 和可变相位 30 Hz 进行相位比较(见图 11-17)，用来产生方位、航道偏离和向/背台指示信号。

三、VOR 方位测量电路

VOR 方位测量也叫自动 VOR 方式（automatic VOR），因为它不需要任何调整就能自动地测量出 VOR 方位角。

测量 VOR 方位，实际上是测量基准相位 30 Hz 信号和可变相位 30 Hz 信号的相位差。两个 30 Hz 信号的相位差正比于飞机磁方位（VOR 台径向方位），而指示器上读出的方位是 VOR 方位，两者相差 180°。180°的固定相移可以通过电气的或机械的方法来置定。

1. VOR 方位测量原理

VOR 方位测量的基本方法（见图 11 - 17）是通过移相解算器（phase shift resolver）移动基准相位 30Hz 的相位，使它等于可变相位 30 Hz 落后基准相位 30 Hz 的角度（或者移动可变相位 30 Hz，使它等于基准相位 30Hz 超前可变相位 30 Hz 的角度），基准相位 30 Hz 移相的角度再加 180°，就是 VOR 方位。具体方法如下：

基准相位 30 Hz 加到移相解算器 A 的转子，其定子输出信号移相的角度等于转子的转角。移相后的基准相位 30 Hz 和可变相位 30 Hz 加到相位比较器 C，进行相位比较。若两个 30 Hz 的相位差不等于零，相位比较器 C 输出电压不等于零，因而 VOR 方位电机（M）带动移相解算器 A 的转子转动，改变基准相位 30 Hz 的相移，直到两个 30 Hz 的相位差等于零，相位比较器 C 的输出等于零为止（有的相位比较器要求在相位差为 90°时，输出为零）。因此，移相解算器 A 的转子的转角总是等于可变相位 30 Hz 信号落后于基准相位 30 Hz 信号的角度。如果将移相解算器的转子预先置定 180°位置，则这时移相解算器 A 的转子的转角将等于两个 30 Hz 的相位差加 180°，即等于 VOR 方位。

如果 VOR 方位电机带动一个全方位指示器（OBI）同步转动，就可以直接读出 VOR 方位角（在图 11 - 17 上没有画出 OBI）。

在现代飞机上，VOR 方位不是直接读出的，而是通过 RMI 上的磁航向加相对方位间接读出的。

从图 11 - 17 可见，罗牌由磁航信号驱动，指出飞机的磁航向，它的工作与 VOR 无关。磁航向信号加到差同步器的定子，而转子由 VOR 方位电机带动，与移相解算器 A 的转子同步转动，其转角等于 VOR 方位角。从而，差同步器输出为 VOR 方位和磁航向的差角信号，通过同步接收机带动 RMI 指针指出相对方位角。在 RMI 上磁航向加相对方位读出 VOR 方位。下面分析说明与 VOR 方位指示有关的具体电路。

2. 移相解算器

移相电路由解算器和移相网络组成，如图 11 - 23 所示。

解算器包括一个转子绕组和两个垂直放置的定子绕组，通常叫做鉴相型感应同步器。如果转子输入 30 Hz 基准相位信号（$U_\mathrm{m}\sin\Omega t$），则一个定子输出电压正比于转角 θ 的正弦函数，而另一个定子输出则正比于转角 θ 的余弦函数，即

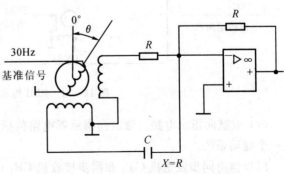

图 11 - 23　使用解算器的移相电路

$$U_{正弦} = U_m \sin\theta \sin\Omega t$$

$$U_{余弦} = U_m \cos\theta \sin\Omega t$$

电容 C 构成移相网路,其容量应当这样选择:在 30 Hz 频率时,容抗 $x_C = R$。因此,$U_{正弦}$ 通过电容 C 时,相位超前输入信号 90°,即

$$U_{正弦} = U_m \sin\theta\left(\Omega t + \frac{\pi}{2}\right) = U_m \sin\theta \cos\Omega t$$

当两个输出信号同时加到运算放大器的反相输入端叠加时(增益等于 -1),则合成输出信号为

$$U_。 = -U_m(\sin\theta\cos\Omega t + \cos\theta\sin\Omega t) = -U_m \sin(\Omega t + \theta)$$

这样,解算器的转子和定子之间的相对转角反映了输出信号和输入信号之间的相移。

式中的负号相当于 180°相移,该信号加到相位比较器 C 时,其输出电压刚好使电机(M)带动解算器的转子多转 180°,即转子转角等于两个 30 Hz 信号相位差角加 180°——等于 VOR 方位。

3. RMI 指示器电路

在图 11-24 中示出了 RMI 指示器的简化电路,它包括磁航向指示电路和相对方位指示电路。

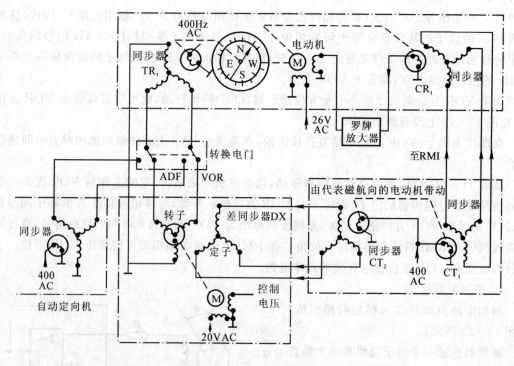

图 11-24　RMI 指示器简化电路

(1)磁航向指示电路。磁航向指示器电路包括同步器、罗牌伺服放大器和伺服电机 M,组成一个随动系统。

同步器由同步发送机 CT_1 和同步接收机 CR_1 组成。CT_1 的转子供给 400 Hz 交流电源,其转子的转角为飞机磁航向角。可以证明:当 CT_1 的转子线圈相对某相定子绕组旋转一个角

度时,在 CT_1 的定子绕组中产生的合成磁通 φ 的方向也转过相同的角度(见图 11-25)。

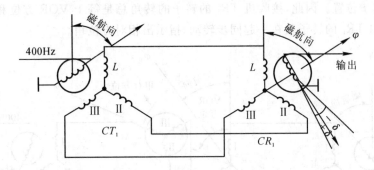

图 11-25 同步器工作原理图

合成磁通 φ 又在 CR_1 转子绕组中产生感应电势。当转子线圈的轴线方向与合成磁通 φ 的方向垂直时,感应电势为零,叫协调位置。当转子离开协调位置时,转子有感应电势输出,叫误差电压。误差电压 U_δ 和误差角 δ 之间的关系为

$$U_\delta = U_m \sin\delta$$

式中,U_m 是当 $\delta = 90°$ 时,转子绕组输出的最大电压,这时 CR_1 转子线圈的轴线方向和合成磁通 φ 的方向一致。图 11-26 表示自同步器输出电压的静态特性,它表明误差角的大小反映为误差电压的不同;误差角的方向反映为相位角的 180° 变化。

接收机转子线圈的输出电压经 RMI 罗牌伺服放大器放大(见图 11-24),加到伺服电机 M 的控制绕组,电机带动 CR_1 的转子和 RMI 罗牌同步转动,直到转子线圈和合成磁通 φ 垂直为止。在这个位置上,输出误差电压等于零,电机停止转动。这样,电机总是使转子线圈处于垂直于磁通 φ 的位置。

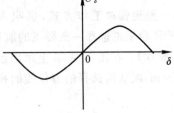

图 11-26 同步器输出特性

由此可见,无论发送机转子转动多大的角度,接收机转子和罗牌也跟着转动相同的角度。这就将发送机转子的转角(磁航向角)通过 RMI 上的罗牌指示出来。

(2) 相对方位指示电路 RMI 上的无线电指针指示相对方位角,它由 VOR 方位和磁航向的差角信号驱动。电路包括同步发送机 CT_2 差同步器 DX 同步接收机(见图 11-27)。

当同步发送机 CT_2 转子的转角为磁航向角时,则差同步器定子绕组产生的合成磁通 φ_D 也转过同样的角度,如图 11-27 所示。

差同步器的转子由 VOR 方位电机带动(见图 11-17),其转角等于 VOR 方位角。如果同步发送机的转子与差同步器的转子转向一致时,则差同步器转子绕组上的感应电势取决于 VOR 方位和磁航向的差角。

差同步器转子和同步接收机 TR_1 又组成一个力矩式同步器系统。当 φ_D 和 DX 转子的夹角(VOR 方位和磁航向的差角)与 TR_1 的转子绕组和定子绕组的夹角相同时(指相对某相绕组),则各对应绕组上的感应电势大小相等,方向相反,因而 DX 的转子和 TR_1 的定子的连线回路中的电势差等于零,回路没有电流(同步状态)。

如果这时 VOR 方位角或磁航向角中的一个改变时,则 VOR 方位和磁航向差角将不等于 TR_1 的转子的转角。这时,各相应回路的电势差将不相等,回路中就有电流通过。该电流又

在 TR_1 的定子绕组中产生合成磁通 φ_R。φ_R 又作用于 TR_1 的转子,产生旋转力矩,迫使接收机的转子进入同步位置。因此,接收机 TR_1 的转子的转角总是等于 VOR 方位和磁航向的差角。RMI 指针和 TR_1 的转子装在一起同步转动,指示出相对方位角。

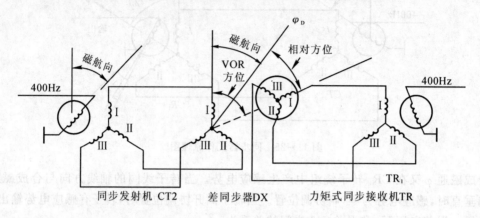

图 11-27 相对方位指示电路工作原理图

四、航道偏离指示电路

航道偏离工作方式,也叫人工 VOR(manual VOR)。因为它要求驾驶员相对某一个 VOR 台来说选择一条要飞的航道,称为预选航道,预选航道包括两条方向相反方位线(磁北为基准 $0°$)。在图 11-28 上示出预选航道为 $45°$。飞机可以沿着选择的方位线 $45°$ 飞离 VOR 台(from)或从所选择的方位线的相反方向 $225°$ 飞向 VOR 台(to)。

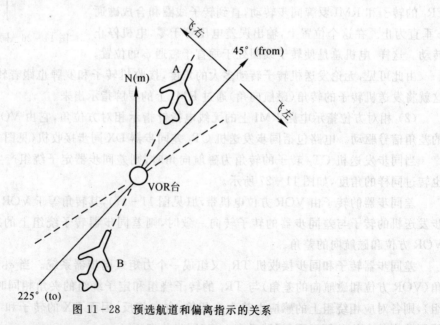

图 11-28 预选航道和偏离指示的关系

飞机飞行的方位和预选航道方位相比较,如果两者有区别,HSI 上的航道偏离杆就给驾驶员提供飞右(飞机 A)或飞左(飞机 B)的指示。实际上,由于两者是相位比较,不管飞机的航向如何,只要飞机在预选航道左边,就提供飞右指示;在右边,提供飞左指示。

预选航道由全向方位选择器(OBS)选定,通过移相解算器 B 将基准相位 30 Hz 的相位向后移一个角度,这个角度等于预选航道方位。飞机实际飞行的方位就是可变相位 30Hz 角度(相对磁北)。因此,飞左或飞右的指示归结为测量移相后的基准相位 30 Hz 信号和可变相位 30 Hz 信号的相位差。

移相后的基准相位 30 Hz 和可变相位 30 Hz 加到航道偏离相位比较器 D(见图 11-17),相位比较器的输出加到 HSI 上的航道偏离杆,它是一个"零中心仪表"。如果两个 30 Hz 同相(飞机在预选航道上)或反相(在预选航道相反的方位上),相位比较输出器输出为零,偏离杆指在中心零位。如果两个 30 Hz 的相位差不等于 0°或 180°,则相位比较器输出直流偏离电压,极性和幅度取决于两个 30 Hz 差角的大小和方向。图 11-29 是这种相位比较器的输出特性。

图 11-29 说明,当基准相位 30 Hz 和可变相位 30 Hz 的相位差在 0°～180°之间时,表示飞机在预选航道左边,输出偏离电压为正,航道偏离杆向右指;而当相位差在 180°～360°之间时,表示飞机在预选航道右边,输出偏离电压为负,航道偏离杆向左指。

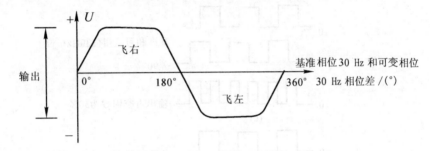

图 11-29　偏离相位比较器的输出特性

需要指出的是,有的相位比较器要求相位差 90°时,输出为零。这时 90°固有相移可由 OBS 的转子的起始位置来调定,而偏离电路的工作仍然是相同的。

图 11-30 所示是数字式异或门相位比较器以及在不同相位差时的输出波形。

从波形图可以看出,移相后的基准相位 30 Hz 和可变相位 30 Hz 同相时,输出为"0"(低电平);当相位差为 90°时,输出方波的占空因数为 50%;当相位差为 180°时,输出为"1"(高电平);当相位差为 270°时,输出方波的占空因数又为 50%。由此可见,相位差在 0°～180°之间时,输出方波的占空因数随相位差的增大而增大;相位差在 180°～360°之间时,占空因数随相位差的增大而减小。

相位比较器输出方波,经过积分滤波器转换成与两个 30 Hz 相位差成比例的直流偏离电压。

应当注意,异或门相位比较器只能提供相位差为 90°时的"零中心仪表",并且相位差在 0°和 180°时提供满刻度偏转。90°固有相移可以通过预先调整 OBS 移相解算器的位置来获得。例如,预选航道为 90°,基准相位 30 Hz 信号的相移仅为 0°。这样,当飞机在预选航道上时,可变相位 30 Hz 和移相后的基准相位 30 Hz 的相位差为 90°,航道偏离杆指中心零位;相位差大于 90°,偏离电压增大,偏离杆向左指;相位差小于 90°,偏离电压减小,偏离杆向右指。

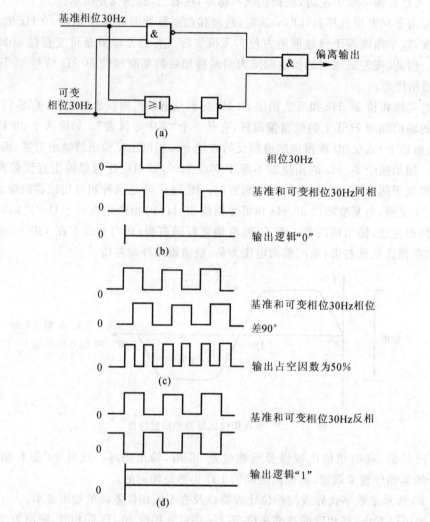

图 11 - 30　异或门相位比较器及输出波形
(a) 比较器电路；(b) 基准相位与可变相位 30 Hz 同相；
(c) 基准相位与可变相位 30 Hz 相位差为 90°；(d) 基准相位与可变相位 30 Hz 反相

五、向/背台指示电路

预选航道选定后，飞机可以沿着选定航道飞离（from）或飞向（to）VOR 台。在这两种情况下，偏离指示器给驾驶员提供的飞左或飞右指示是相同的，这就产生了双值性。向/背台指示器的功能就是用来消除这种"模糊性"，指出飞机在预选航道的一边飞行或是在预选航道相反的一边飞行。

图 11 - 31 给出了一个向/背台指示的例子。通过 VOR 台作一条与预选航道（30°～210°）正交的直线 AB，AB 为向/背台指示的分界线。如果预选航道方位是 30°，则飞机在 AB 线的右上方，不论飞机的航向如何，均指背台（from）；相反，飞机在 AB 线的左下方，则指向台（to）。若预选航道为 210°，则在 AB 线的右上方，指向台；而在 AB 线的左下方，指背台。由此可见，

向/背台指示与飞机的航向无关,只决定于预选航道方位和飞机所在径向方位的差角。

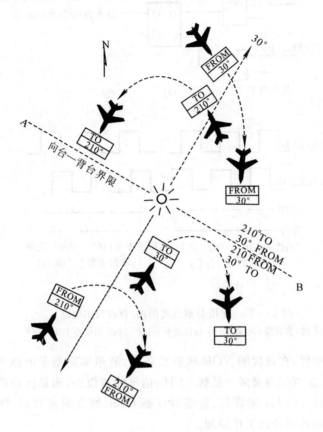

图 11-31 向/背台(to/from)指示

向/背台指示电路工作的基本原理仍然是测量基准相位 30 Hz 和可变相位 30 Hz 信号的相位差(见图 11-17)。经 OBS 移相后的基准相位 30 Hz(相移角度等于预选航道方位)和可变相位 30 Hz(飞机所在的方位)一起加到向/背台相位比较器 E,相位比较器输出直流电压加到向/背台指示器。当两个 30 Hz 相位差小于±90°时,输出直流电压为负,指背台;相位差大于±90°时,输出正直流电压,指向台。

图 11-32 所示的电路是用 D 型触发器产生向/背台指示信号的电路。移相后的基准相位 30 Hz 正弦信号和可变相位 30 Hz 正弦信号,分别加到各自的幅度比较器,只有当 30 Hz 信号的幅度大于基准电平时(用于幅度监控),比较器才输出 30 Hz 方波。

可变相位 30 Hz 方波加到触发器的 D 输入端,而基准相位 30 Hz 方波加到触发器的 C 输入端。当可变相位 30 Hz 信号落后基准相位 30 Hz 的相角在 0°~180°之间时,触发器的 Q 输出总是逻辑"0"(低电平),如图 11-32(b)所示。而当落后 180°~360°时,输出总是逻辑"1"(高电平),如图 11-32(c)所示。

正如在航道偏离指示电路中所说明的那样,OBS 移相解算器的转子要预先置定 90°初始相移,这样才符合向/背台指示的定义。例如,当预选航道为 90°时,基准相位 30 Hz 的实际相移为 0°。因此,当飞机位于 0°~180°之间的径向方位时,D 触发器的 Q 输出为逻辑"0",指背台;飞机位于 180°~360°之间的径向方位时,Q 输出为逻辑"1",指向台。

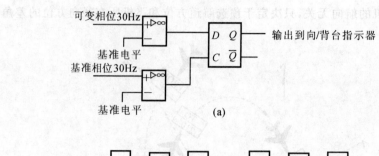

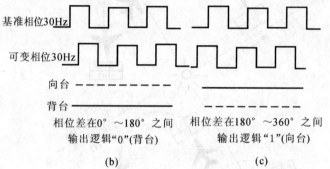

图 11-32   使用 D 触发器的向/背台指示电路

(a) 向/背台指示电路；(b) 相位差 0°~180°；(c) 相位差 180°~360°

为了提高测量的精度,在现代的 VOR 机载设备中,航道偏离指示电路和向/背台指示电路的相位比较器,并不是直接测量两个低频 30 Hz 信号的相位差,而是比较两个 400 Hz 信号的相位。这种电路包括 400 Hz 解算器、航道解算器 OBS、航道偏离和向/背台相位鉴别器。下面分别说明这种电路各部分的工作原理。

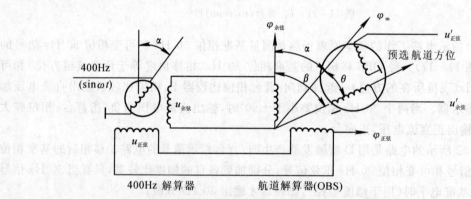

图 11-33   400 Hz 解算器和航道解算器工作原理

图 11-33 所示的电路包括 400 Hz 解算器和航道解算器 OBS,它们的作用是将飞机径向方位和预选航道方位的差角变化转换成 400 Hz 信号的幅度和相位的变化。

400 Hz 解算器实际上是一个正余弦变压器,由转子和两个互相垂直放置的定子组成。在 VOR 电路中,转子输入 400 Hz 电源(基准 400 Hz),转子由 VOR 方位电机带动(见图 11-17),其转角 α 等于 VOR 台的径向方位,即等于可变相位 30 Hz 落后基准相位 30 Hz 的角度。这时,在两个正余弦定子线圈上的感应电势分别为

$$u_{正弦} = U_m \sin\alpha \sin\omega t$$

$$u_{余弦} = U_m \cos\alpha \sin\omega t$$

式中 U_m——感应电势最大值；

$\sin\omega t$——400 Hz 基准信号。

航道解算器包括两个互相垂直放置的定子绕组（正弦／余弦定子）和两个互相垂直放置的转子绕组（正弦／余弦转子）。400 Hz 解算器的定子和航道解算器的定子连接成回路。这样 $u_{正弦}$ 和 $u_{余弦}$ 信号在各自的回路中产生电流。该电流又在航道解算器的两个定子线圈中产生磁通 $\varphi_{正弦}$ 和 $\varphi_{余弦}$，其大小正比于 $u_{正弦}$ 和 $u_{余弦}$ 的幅度。如果两个回路参数（绕组圈数、直流电阻）相同，$\varphi_{正弦}$ 和 $\varphi_{余弦}$ 合成磁通 φ_m 的转角就等于 400 Hz 解算器转子的转角 α。

如果航道解算器的转子由驾驶员转到要求的预选航道方位上（β），则合成磁通 φ_m 在正弦／余弦转子上的感应电势为

$$u_{正弦}' = KU_m \sin(\beta-\alpha)\sin\omega t = KU_m \sin\theta \sin\omega t$$

$$u_{余弦}' = KU_m \cos(\beta-\alpha)\sin\omega t = KU_m \cos\theta\omega t$$

式中 K——传输系数；

θ——预选航道方位与飞机所在的径向方位的差角。

从式中可以看出，航道解算器转子输出电压 $u_{正弦}'$ 和 $u_{余弦}'$ 的幅度和相位决定于差角 θ。对 $u_{正弦}'$ 来说，幅度正比于差角的正弦（$\sin\theta$），当差角 θ 从 $0°\sim180°$ 变化到 $180°\sim360°$ 时，相位改变 $180°$；对 $u_{余弦}'$ 来说，幅度正比于差角的余弦（$\cos\theta$），当差角 θ 小于 $\pm90°$ 和大于 $\pm90°$ 时，相位改变 $180°$。

$u_{正弦}'$ 供给航道偏离相位鉴别器，如图 11-34（a）所示。

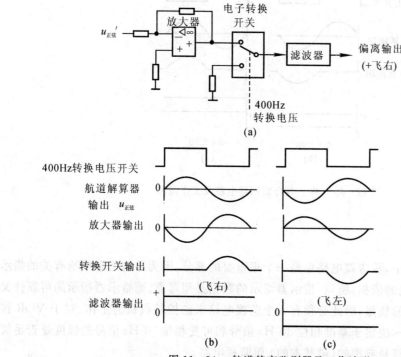

图 11-34　航道偏离鉴别器及工作波形

（a）航道偏离鉴别器；（b）当 $0°<\theta<180°$ 时的波形；（c）当 $180°<\theta<360°$ 时的波形

$u_{正弦}'$信号经反相放大后,通过电子转换开关输出。400 Hz 转换电压与 400 Hz 基准电源同相,只是将正弦信号变成方波信号。当转换电压为正半周时,电子转换开关输出接地;当转换电压为负半周时,其输出等于放大器的输出。实际上,电子转换开关相当于半波整流器。在不同相位差时,其输出波形如图 11-34(b) 和(c) 所示。

由波形图可见,当相位差 θ 在 0°～180° 之间(飞机在预选航道的左边)时,偏离电压为正,偏离杆向右指;当相位差 θ 在 180°～360° 之间(飞机在预选航道的右边)时,偏离电压为负,偏离杆向左指。

$u_{余弦}'$ 电压供给向/背台鉴别器,该电路和航道偏离鉴别器电路相似。图 11-35 为向/背台鉴别器电路及工作波形图。

当差角 $\theta < \pm 90°$ 时,$u_{余弦}'$信号与 400 Hz 转换电压同相,输出向/背台信号为负,指背台,如图 11-35(b) 所示;当差角 $\theta > \pm 90°$ 时,$u_{余弦}'$信号与 400 Hz 转换电压反相 180°,输出向/背台信号为正,指向台,如图 11-35 (c) 所示。

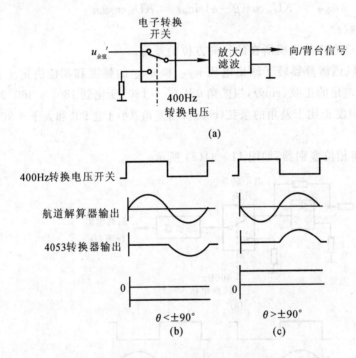

图 11-35　向/背台鉴别器电路及工作波形

六、警告旗电路

在导航设备的设计中,警告旗电路也是一个很重要的部分。因为导航信息供给有关的指示器,作为驾驶员操纵飞机的依据。所以,指示器指示的数据必须可靠。而指示器指示的可靠性又决定于接收机输出信号的质量,因此必须有一个监视电路来监控接收机的工作。对于 VOR 接收机来说,VOR 可靠指示决定于基准相位 30 Hz 信号和可变相位 30 Hz 信号的幅度是否足够大。图 11-36 所示的电路是典型的(最基本的)旗监视电路。

基准相位 30 Hz 信号和可变相位 30 Hz 信号经整流、滤波后,变成一定幅度的直流电压,加至各自的幅度比较器,和基准门限电平相比较。当两个 30 Hz 信号的幅度足够大时,两个幅度比较器均输出逻辑"1",与门输出逻辑"1"(高电平),旗不显示。当任何一个 30 Hz 信号的幅度小于门限电平时,与门输出逻辑 0(低电平),使旗出现,告诉驾驶员此时指示器上所示的导航信息不可靠。

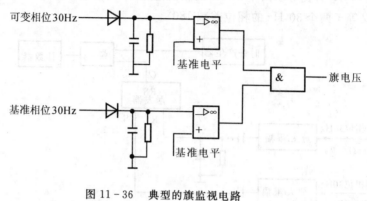

图 11 - 36 典型的旗监视电路

第四节 VOR 数字方位测量电路

一、基本原理

现代飞机上,数字显示逐渐代替了模拟显示,因此,VOR 方位测量电路也要采用数字方位测量电路。

数字方位测量的基本原理是将基准相位 30 Hz 和可变相位 30 Hz 的相位差转换成一定频率的脉冲个数。下面介绍这种电路的测量原理。

如图 11 - 17 所示,从鉴频器输出的基准相位 30 Hz 正弦波和从 30 Hz 低通滤波器输出的可变相位 30 Hz 正弦波分别加到图 11 - 37 所示的电路。

两个相同的放大／限幅电路把基准相位 30 Hz 和可变相位 30 Hz 正弦波整形成 30 Hz 方波。基准相位 30 Hz 方波经 RC 微分电路和二极管限幅器,在每个 30 Hz 方波的前沿产生起始计数脉冲。同样,可变 30 Hz 方波的前沿产生停止计数脉冲。

起始计数脉冲加到 RS 触发器的置位端(S),而停止计数脉冲加至触发器的复位端(R)。因此,RS 触发器的 Q 端输出一个正方波,叫方位计数脉冲,其脉冲宽度决定于基准相位 30 Hz 和可变相位 30 Hz 的相位差,或者说,它决定了方位计数的时间。

方位计数脉冲和时钟产生器输出的时钟脉冲一起加到与门电路,在方位计数脉冲期间,与门输出时钟脉冲加到计数器。计数器输入多少个脉冲数决定于基准相位 30 Hz 和可变相位 30 Hz 的相位差。这样,就可以通过计数器的数字表示出两个 30 Hz 的相位差。计数器输入的时钟脉冲数 N 和相位差 θ 的关系为

$$N = \frac{T\theta}{360 t_n}$$

式中　T ——30 Hz 的周期;

　　　t_n —— 时钟脉冲的周期。

由于 T 和 t_n 是已知的常数,所以 N 和 θ 是单值线性关系。

应该注意的是,在VOR设备中,基准相位30 Hz和可变相位30 Hz的相位差,仅表示VOR台的径向方位,而在指示器上指示的是VOR方位,两者相差180°相位。但在0°～180°之间的径向方位上,VOR方位等于两个30 Hz的相位差加180°;而在180°～360°之间的径向方位上,VOR方位又等于两个30 Hz的相位差减180°。

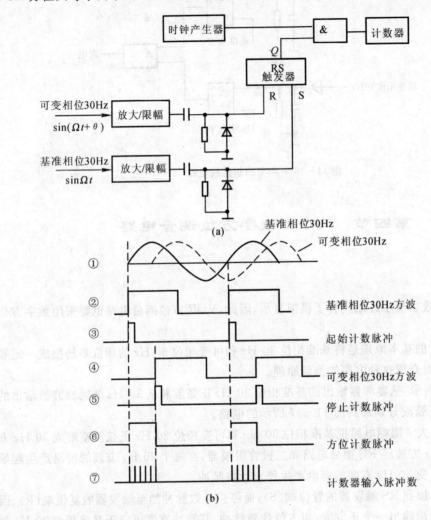

图 11-37　数字方位测量原理电路及波形图

(a) 电路图; (b) 工作波形图

例如,在图11-1所示中,飞机A的VOR方位等于基准相位30 Hz和可变相位30 Hz的相位差加180°,而飞机C的VOR方位等于两个30 Hz的相位差减180°。

由此可见,用上述关系将两个30 Hz的相位差转换成一定频率的脉冲个数,还必须设法增加或减少180°相位所对应的脉冲个数。这样,计数器所表示的方位字才等于VOR方位字。

增加或减少180°相位所表示的脉冲个数,可以将方位计数时间变化引起的相位变化增加或减少180°,或者在计数器中,将表示180°位的逻辑"0"或"1"倒相输出。具体方法在下节说明。

二、实际电路分析

下面以 51RV—4VOR/ILS 接收机为例,来说明 VOR 方位计数器的工作。在图 11－38
所示中,只画出了方位计数器和移位寄存器部分,其他部分的作用类似于图 11－37 所示的
电路。

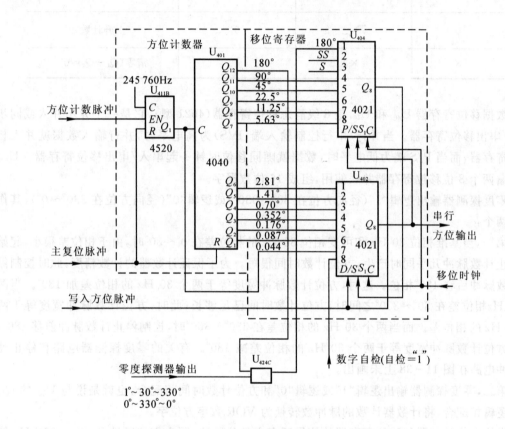

图 11－38　方位计数器和移位寄存器电路

方位计数器 U_{401} 是一个 12 级二进制计数器(4040 型),由 12 个 T 触发器组成。每级的输
出($Q_1 \sim Q_{12}$)所表示的角度值在图 11－38 上已标明。4040 型计数器功能真值表如
表 11－3 所示。

表 11－3　4040 型计数器真值表

C	R	功　能
⤴	0	不变
⤵	0	计数
×	1	清零($Q_1 - Q_{12} = 0$)

U$_{411B}$ 是双二进制上升计数器(4520 型),它包括两个相同的、独立的二进制计数器,每个计数器又由 4 个 D 触发器组成。其真值表如表 11-4 所示。

表 11-4　4520 型计数器真值表

C	EN	R	功　能
⌐	1	0	上升计数
0	⌐	0	上升计数
×	×	1	清零($Q_1-Q_4=0$)

数据移位寄存器 U$_{402}$ 和 U$_{404}$ 是 8 级静态移位寄存器(4021 型),它是一个异步并入或同步串入/串出移位寄存器。当并行/串行控制输入端(P/S)为高电平时,并行输入数据就并入相应的寄存器,而当 P/S 端为低电平时,数据就随同移位时钟一起串入/串出移位寄存器。U$_{402}$ 和 U$_{404}$ 两个 8 位移位寄存器并联使用,组成 16 位数据字。

零度探测器输出逻辑"1"(径向方位在 30°~330°)或逻辑"0"(径向方位在 330°~0°),其作用有两个:

第一,当基准相位 30 Hz 和可变相位 30 Hz 的相位差在 0°~30°时,由于相位差很小,起始和停止计数脉冲几乎同时产生,方位计数时间很短。为了保证计数器的计数精度,此时控制停止计数脉冲后移 180°相位。这时,方位计数脉冲宽度等于两个 30 Hz 的相位差加 180°。当两个 30 Hz 相位差在 30°~330°之间时,方位计数时间已足够长,此时,方位计数脉冲宽度等于两个 30 Hz 的相位差。而当两个 30 Hz 的相位差在 330°~360°时,控制停止计数脉冲前移 180°,此时方位计数脉冲宽度等于两个 30 Hz 的相位差减 180°。有关的零度探测器电路和停止计数脉冲电路在图 11-38 上未画出。

第二,零度探测器输出逻辑"1"或逻辑"0"和方位计数时间相配合,也就是说与 U$_{401}$ 的 Q_{12} 输出逻辑相配合,将计数器计数的脉冲数转换为 VOR 数字方位字。

供给方位计数器和移位寄存器的信号还有主复位脉冲,写入方位脉冲和 32 个 10 kHz 的移位时钟。图 11-39 画出了方位计数器和移位寄存器输入信号的定时图。从图中可以看出,各信号出现的时刻是以基准相位 30 Hz 为基准的。其中 30 Hz/90°信号是将基准相位 30 Hz 信号移相 90°得来的,用来控制产生写入方位脉冲、主复位脉冲和移位时钟。

下面根据定时图来说明计数电路的工作过程:

(1) 在计数之前,首先由主复位脉冲对 U$_{411B}$ 和 U$_{401}$ 清零。

(2) 在方位计数脉冲期间,U$_{411B}$ 将 245 760 Hz 的输入脉冲除 2,Q_1 输出 122 880 Hz 作为 U$_{401}$ 输入脉冲。U$_{411B}$ 能输出多少个脉冲,决定于方位计数脉冲的宽度。

例如,若两个 30 Hz 相位差为 90°,相当于飞机在 VOR 台的正东,此时输入到计数器的脉冲数为

$$N=\frac{1/30}{360}\times 90 \div \frac{1}{122\ 880}=1\ 024 \text{ 个(脉冲数)}$$

这时,U$_{401}$ 的 Q_{11} ="1",其他位的输出均为"0"。

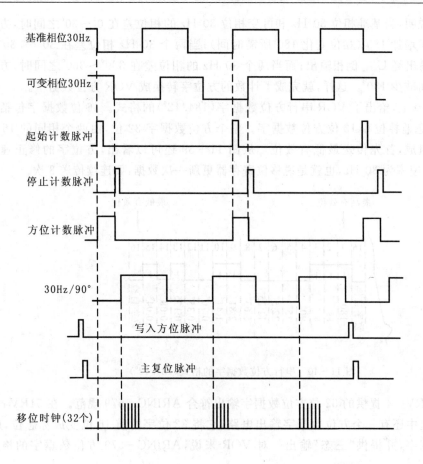

图 11-39 方位计数器和移位寄存器输入信号定时图

（3）在写入方位脉冲加到 U_{402} 和 U_{404} 的输入端（P/S）时，计数器输出的并行方位数据写入寄存器。

（4）移位寄存器在移位时钟的作用下，数据从最低位依次串行移出，同时又将高位数据依次移入低位。这样，每一个移位时钟移出一位，32 个移位时钟移出 32 位，即将 16 位数据连续移出两次，组成一个 32 位数据字。

在该电路中，将计数器计数的方位数据字转换成 VOR 方位数据字是通过 U_{401} 的 Q_{12} 输出（180°位）和零度探测器输出逻辑来完成的。表 11-5 列出了飞机在不同的径向方位上，计数器计数的方位数据字加或减 180°，转换成 VOR 方位数据字的方法。

表 11-5 飞机在不同径向方位上计数器方位数据字转换成 VOR 方位数据字的方法

径向方位	方位计算时间	U_{401}/Q_{12} 输出	零度探测器输出	U_{424C} 输出
0°～30°	相位差加 180°	1	0	1
30°～180°	相位差	0	1	1
180°～330°	相位差	1	1	0
330°～0°	相位差减 180°	0	0	0

表 11-5 说明,当基准相位 30 Hz 和可变相位 30 Hz 的相位差在 0°～30°之间时,方位计数器的计数时间增加 180°(相位变化 180°所需时间);当两个 30 Hz 相位差在 30°～330°之间时,U_{401} 的 Q_{12} 输出经 U_{424C} 倒相输出;而当两个 30 Hz 的相位差在 330°～360°之间时,方位计数器的计数时间减少 180°。这样,就完成了计数的方位字转换成 VOR 方位数据字。

在图 11-40 上,给出了 VOR 串行方位数据字(184.42°)的格式。16 位数据字包括 1 位自检位、2 位状态监控位和 13 位方位数据字。整个方位数据字 32 位,由两个相同的 16 位字连续传送 2 次组成,首先传送最低有效位。从图 11-39 还可以看出,方位字的修正速率为 10 kHz,而传送速率为 30 Hz,也就是说移位寄存器更新一次数据,要连续传送 3 次。

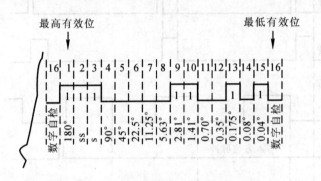

图 11-40   串行方位数据字的格式(184.42°)

实际上,51RV—4 提供的 32 位方位数据字输出符合 ARINC—579 规范。在 51RV—4 甚高频导航接收机中还有一个方位数据字输出电路,它将 32 位字的前 16 位变成标志位,后 16 位字为方位数据字,并提供"三态"输出。对 VOR 来说,ARINC—579 方位数据字的格式如图 11-41 所示。

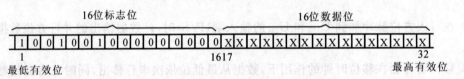

图 11-41   32 位方位数据字的格式

习   题

1. 简述甚高频全向信标系统的基本工作原理。
2. 简述甚高频全向信标系统的功用。
3. 说明甚高频全向信标系统如何利用接收信号进行定位。
4. 试画出甚高频全向信标方位测量电路原理框图。
5. 试画出甚高频全向信标导航接收机原理框图。

第十二章　仪表着陆系统

第一节　仪表着陆系统的基本工作原理

一、功 用

仪表着陆系统(ILS),早在 1949 年就被国际民航组织定为飞机标准进近和着陆设备。它能在气象条件恶劣和能见度差的情况下给驾驶员提供引导信息,保证飞机安全进近和着陆。

为了着陆飞机的安全,在目视着陆飞行条例(VFR)中规定,目视着陆的水平能见度必须大于 4.8 km,云底高不小于 300 m。但大部分机场的气象条件不能满足这一要求,这时飞机必须依靠 ILS 提供的引导信号进行着陆。

ILS 提供的引导信号,由驾驶舱指示仪表显示。驾驶员根据仪表的指示操纵飞机或使用自动驾驶仪"跟踪"仪表的指示,使飞机沿着跑道中心线的垂直面和规定的下滑角,从 450 m 的高空引导到跑道入口的水平面以上的一定高度,然后再由驾驶员看着跑道操纵飞机目视着陆。因此,ILS 系统只能引导飞机到达看见跑道的最低允许高度(决断高度)上,它是一种不能独立引导飞机至接地点的仪表低高度进场系统。

二、着陆标准等级

国际民航组织根据飞机在不同气象条件下的着陆能力,规定了 3 类着陆标准,使用跑道视距(RVR)和决断高度(DH)两个量来表示。其规定如表 12 - 1 所示。

表 12 - 1　着陆标准等级表

类　别	跑道视距(RVR)	决断高度(DH)
Ⅰ	800 m(2 600 ft)	60 m(200 ft)
Ⅱ	400 m(1 200 ft)	30 m(100 ft)
ⅢA	200 m(700 ft)	
ⅢB	50 m(150 ft)	
ⅢC	0	

注:括号中的数字是以英尺为单位的近似值。

决断高度(DH)是指驾驶员对飞机着陆或复飞做出判断的最低高度。在决断高度上,驾驶员必须看见跑道才能着陆,否则应放弃着陆,进行复飞。决断高度在中指点信标(Ⅰ类着陆)

或内指点信标(Ⅱ类着陆)上空,由低高度无线电高度表测量。

跑道视距(RVR)又叫跑道能见度。它是指在跑道表面的水平方向上能在天空背景上看见物体的最大距离(白天)。跑道视距使用大气透射计来测量。

根据着陆标准,仪表着陆系统的设施也分成相应的3类,分别与ICAO规定的着陆标准相对应,并且使用相同罗马数字和字母来表示。ILS系统是根据系统的精度和运用的能见度极限来分类的。系统总的精度应包括"台址"误差、障碍物影响、跑道长度和跑道设备配置以及设备精度等。

ILS系统设施的性能类别能达到的运用目标如下:

Ⅰ类设施的运用性能:在跑道视距不小于800 m的条件下,以高的进场成功概率,能将飞机引导至60 m的决断高度。

Ⅱ类设施的运用性能:在跑道视距不小于400 m的条件下,以高的进场成功概率,能将飞机引导至30 m的决断高度。

ⅢA类设施的运用性能:没有决断高度限制,在跑道视距不小于200 m的条件下,着陆的最后阶段凭外界目视参考,引导飞机至跑道表面。因此叫"看着着陆"(see to land)。

ⅢB类设施的运用性能:没有决断高度限制和不依赖外界目视参考,一直运用到跑道表面,接着在跑道视距50 m的条件下,凭外界目视参考滑行,因此叫"看着滑行"(see to taxi)。

ⅢC类设施的运用性能:无决断高度限制,不依靠外界目视参考,能沿着跑道表面着陆和滑行。

ILS系统能够满足Ⅰ,Ⅱ类着陆标准,但是Ⅲ类着陆要求有更复杂的辅助设备相配合。例如,配合飞行指引仪或自动驾驶仪来完成Ⅱ类着陆标准的自动着陆。Ⅲ类着陆标准不仅在进近和着陆过程必须使用自动控制设备,而且滑跑(rollout)和滑行(taxing)也必须在其他电子设备的控制下完成。

三、仪表着陆系统的组成

ILS系统包括3个分系统:提供横向引导的航向信标(localizer)、提供垂直引导的下滑信标(glideslope)和提供距离引导的指点信标(marker beacon)。每一个分系统又由地面发射设备和机载设备所组成。地面台在机场的配置情况如图12-1所示。内指点信标仅在Ⅱ类着陆标准的机场安装。

航向信标天线产生的辐射场,在通过跑道中心延长线的垂直平面内,形成航向面(或叫航向道)。如图12-2所示,用来提供飞机偏离航向道的横向引导信号。机载接收机收到航向信标发射信号后,经处理,输出飞机相对于航向道的偏离信号,加到驾驶舱仪表板上的水平姿态指示器(HSI)。若飞机在航向道上(飞机A),即对准跑道中心线,则偏离指示为零;如果飞机在航向道的左边(飞机C)或右边(飞机B),航向指针就向右或向左指,给驾驶员提供"飞右"或"飞左"的指令。

下滑信标台天线产生的辐射场形成下滑面(见图12-2),下滑面和跑道水平平面的夹角,根据机场的净空条件,可在2°~4°之间选择。下滑信标用来产生飞机偏离下滑面的垂直引导信号。机载下滑接收机收到下滑信标台的发射信号,经处理后,输出相对于下滑面的偏离信号,加到HSI上的下滑指示器。若飞机在下滑面上(飞机A),下滑指针在中心零位;若飞机在下滑面的上面(飞机B)或下面(飞机C),指针向下或向上指,给驾驶员提供飞下或飞上的指令。

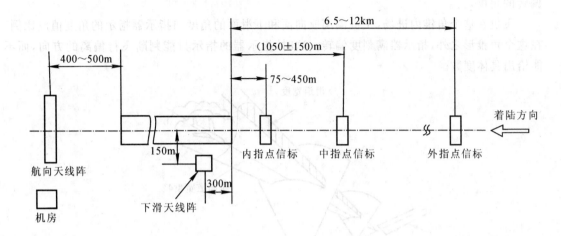

图 12-1　ILS 系统的机场配置图

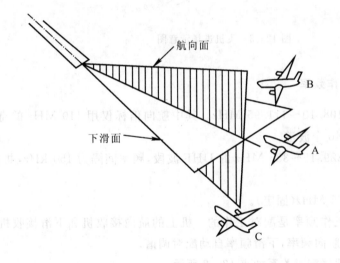

图 12-2　航向和下滑信标产生的引导信号

　　航向面和下滑面的交线，定义为下滑道。飞机沿下滑道着陆，就对准了跑道中心线和规定的下滑角，在离跑道入口约 300 m 处着地。

　　指点信标台为 2 个或 3 个，装在着陆方向的跑道中心延长线的规定距离上，分别叫内、中、外指点信标（见图 12-1）。每个指点信标台发射垂直向上的扇形波束。只有在飞机飞越指点信标台上空的不大范围时，机载接收机才能收到发射信号。由于各指点信标台发射信号的调制频率和识别码不同，机载接收机就分别使驾驶舱仪表板上不同颜色的识别灯亮，同时驾驶员耳机中也可以听到不同音调的频率和识别码。驾驶员就可以判断飞机在哪个信标台的上空，即知道飞机离跑道头的距离。

　　图 12-3 为飞机进场的示意图。航向信标和下滑信标发射信号组合的结果，在空间形成

一个矩形延长的角锥形进场航道。其中航向道宽度为 4°，下滑道宽度为 1.4°（指示器满刻度偏转的角度）。

　　飞机在这个角锥内进场，飞机偏离航向面和下滑面的角度与指示器指示的角度值成比例。在这个角锥形之外，指示器满刻度偏转。这时，指示器的指示只能判断飞行偏离的方向，而不能给出具体度数。

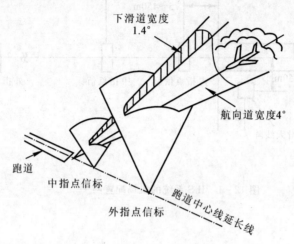

图 12-3　飞机进场示意图

四、仪表着陆系统的工作频率

　　航向信标工作频率为 108.10～111.95 MHz。其中航向信标仅用 110 MHz 的奇数频率再加 50 kHz 的频率，共有 40 个波道。

　　下滑信标工作频率为 329.15～335 MHz 的 UHF 波段，频率间隔为 150 kHz，共有 40 个波道。

　　指点信标工作频率为 75 MHz（固定）。

　　航向信标和下滑信标工作频率是配对工作的。机上的航向接收机和下滑接收机是统调的，控制盒上只选择和显示航向频率，下滑频率自动配对调谐。

　　航向信标和下滑信标频率配对关系如表 12-2 所示。

表 12-2　航向信标和下滑信标频率配对关系

航向信标/MHz	下滑信标/MHz	航向信标/MHz	下滑信标/MHz
108.10	334.70	110.10	334.40
108.15	334.55	110.15	334.25
108.30	334.10	110.30	335.00
108.35	333.95	110.35	334.85
108.50	329.90	110.50	329.60
108.55	329.75	110.55	329.45

续 表

航向信标/MHz	下滑信标/MHz	航向信标/MHz	下滑信标/MHz
108.70	330.50	110.70	330.20
108.75	330.75	110.75	330.05
108.90	329.30	110.90	330.80
108.95	329.15	110.95	330.65
109.10	331.40	111.10	331.70
109.15	331.25	111.15	331.55
109.30	332.00	111.30	332.30
109.35	331.85	111.35	332.15
109.50	332.60	111.50	332.90
109.55	332.45	111.55	332.75
109.70	333.20	111.70	333.50
109.75	333.05	111.75	333.35
109.90	333.80	111.90	331.10
109.95	333.65	111.95	330.95

在机场比较密集或在一个机场有几条跑道,每条跑道上都设置 ILS 设备时,航向信标和下滑信标的发射信号对机载接收机可能会产生干扰。因此,当按表 12-2 选用航向信标和下滑信标配对频率时,第一套设备和第二套设备之间的频率间隔、两个设备台址之间的最小距离还应满足表 12-3 的规定。

表 12-3 两套 ILS 设备的频率间隔和最小台址间距要求

频率间隔 / 信标	频率间隔 kHz	第二套设备和第一套设备之间的最小距离/km		
		200	100	50
		接收机的波道间隔/kHz		
航向信标	同频率	148	148	148
	50		37	9
	100	65	9	0
	150		0	0
	200	11	0	0
下滑信标	同频率	600	300	150
	150	93	93	93
	300		20	2
	450	46	2	0
	600	9	0	0

当满足表 12-3 的规定时,接收机接收的有用信号对干扰信号的最小保护比为 20 dB,这样,在 ILS 服务的极限距离内,可以防止因相互干扰而产生误差。表 12-3 列出了航向信标和下滑信标的波道间隔、保护点之间的距离间隔要求以及所设计的接收机波道间隔之间的关系。

保护点是指(对航向信标)距离为 46k m,高度为 1 900 m 的地点。对下滑信标则是指距离为 18.5k m,高度为 760 m 的地点。表 12-3 列举的数据是假定地面设备是无方向性的,它们以同样的功率辐射,在 10°以下的范围内,其场强和仰角大致成比例,以及飞机天线是全方向性的。

如果要求在频率拥挤的地区更精确地确定距离间隔,可再考虑每个设备的方向性因子、辐射功率特性及覆盖区的运用要求,然后从相应的传播曲线来确定。总之,在 ILS 保护点和进场航道所有点上至少要提供 20dB 的保护比。

第二节　航向信标系统

一、航向信标发射信号

航向信标天线安装在着陆方向跑道远端以外 300～400 m 的跑道中心线延长线上。下面以等强信号型航向信标为例来说明它的工作原理。图 12-4 所示为航向信标发射机的示意图。

VHF 振荡器产生 108.10～111.95 MHz频段中的任意一个航向信标频率,分别加到两个调制器上。一个载波用 90Hz 调幅,另一个用 150Hz 调幅。两个通道的调幅度相同((20±1)%)。调制后的信号通过两个水平极化的天线阵发射,在空间产生两个朝着着陆方向、有一边相重叠的相同形状的定向波束,左波束用 90Hz 正弦波调幅,右波束用 150 Hz 正弦波调幅,如图 12-5 所示。两个波束组合的航道宽度约为 4°,发射功率为 100 W。

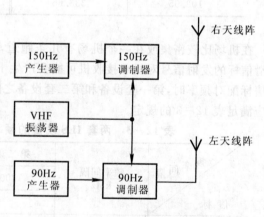

图 12-4　航向信标发射机示意图

在两个波束相重叠的中心线部分,90 Hz 和 150 Hz 调制信号的幅度相等,形成航向面(见图 12-2),定义为航向道,并调整它与跑道中心线相重合。

当飞机在航向道上时,90 Hz 调制信号等于 150 Hz 调制信号。若飞机偏离到航向道的左边,90 Hz 调制信号大于 150 Hz 调制信号。反之,150 Hz 调制信号大于 90 Hz 调制信号。机载设备的功能就是接收和处理航向信标台的发射信号,即放大、检波和比较两个调制信号的幅度,由"中心零位指示器"显示飞机偏离航向道的方向(左边或右边)和大小(度)。如飞机在航向道上(见图 12-5 中的飞机 C),90 Hz 调制信号等于 150 Hz 调制信号,指示器指零;飞机偏离到航向道的左边(见图 12-5 中的飞机 B),90 Hz 调制信号大于 150 Hz 调制信号,指示器向右指;反之,(见图 12-5 中的飞机 A)向左指。

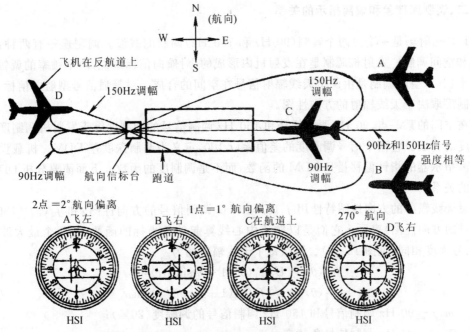

图 12-5　航向信标辐射场和飞机偏离航向道的指示

有的航向信标天线发射双向辐射方向性图,它不仅提供跑道方向的天线方向性图,而且也提供跑道相反方向的天线方向性图,如图 12-5 所示。两个天线方向性图之间的主要区别是 90 Hz 和 150 Hz 调制信号是相反的,即 90 Hz 调制信号在反进近航道的右边,而 150 Hz 调制信号在左边。另外,航向信标发射机不在跑道的远端(终点),而是在跑道的近端(起点)。这个区域叫反航道(back course)。在这个方向上下滑信标台没有信号发射,这样沿反航道的进场飞机只能使用航向信标。

飞机沿反航道进近必须注意以下 3 点:

首先,当飞机飞过跑道近端时,ILS 引导将变成无效,因此能见度必须是足够的,以便在进近的最后阶段使用目视着落。

其次,不像正常进场那样,这时指点信标总是存在的。

最后,航道偏离指示(CDI)与正常进近的指向相反。但对驾驶员来说,指针偏移的方向,总是指向航向道所在位置的方向。

为了使驾驶员能够监控 ILS 地面台的工作以及证实接收的信号是不是要求的 ILS 设备的发射信号,在航向信标台发射着陆引导信号功能的同一载频上发射一个为特定跑道和进场方向所规定的识别信号。识别信号使用(1 020±50) Hz 调制频率,调制度在 5%～15% 之间。识别码采用国际莫尔斯电码,由 2～3 个字母组成。如果需要可将国际莫尔斯电码信号"I"放在最前面,随后为一短暂的间隙,以便驾驶员从附近地区的其他导航设备中分辨出 ILS 设备。

Ⅰ 类和 Ⅱ 类设备性能的航向信标还能提供地-空话音通信。它与导航和识别信号在同一波道上工作。话音频率为 300～3 000 Hz,话音信号调制度不得超过 50%,并调整话音调制度与识别信号调制度之比为 9∶1,并规定话音、导航信号和识别信号的调制度总和不得超过 95%。

二、调制深度差和偏离指示的关系

ILS 辐射场是一个由两个音频（90 Hz 和 150 Hz）调制的载波。调制途径有两种：发射机调制和空间调制。发射机调制是在发射机内形成的，对航向信标来说，两个频率的调幅度各为 20%±1%。空间调制是由两个天线辐射信号在空间的合成。对等强信号型航向信标来说，空间调制度取决于天线辐射的方向性图。

在空间的某一点，90 Hz 调制信号和 150 Hz 调制信号的调制度等于发射机调制度和空间调制度的合成。将两个信号调制度的差值除以 100，定义为调制深度差 DDM。机载设备的航道偏离指示器的指针偏移量是 DDM 的函数，而不是调制度的函数。下面简要分析 DDM 和偏移量的关系。

设天线辐射的方向性图特性用 $f_1(\theta)$（90 Hz 调制信号的方向性图）和 $f_2(\theta)$（150 Hz 调制信号的方向性图）表示。它们是以航道中心线算起的角坐标的函数，在两个最大波束方向上，信号强度相同（见图 12-5）。那么每个天线辐射场为

$$u_1(\theta) = U_m f_1(\theta)(1 + m\sin\Omega_1 t)\sin\omega t \tag{12-1}$$

$$u_2(\theta) = U_m f_2(\theta)(1 + m\sin\Omega_2 t)\sin\omega t \tag{12-2}$$

式中　m——90 Hz 调制信号和 150 Hz 调制信号的调幅度（20%）；

Ω_1——90 Hz 调制信号角频率；

Ω_2——150 Hz 调制信号角频率；

ω——载波频率。

因为两个天线（左天线和右天线）信号的载波频率是同频同相馈电，所以这两个波束的辐射场在空间可以直接相加。合成的空间辐射场为

$$u = u_1(\theta) + u_2(\theta) =$$

$$U_m[f_1(\theta) + f_2(\theta)]\left[1 + \frac{mf_1(\theta)}{f_1(\theta) + f_2(\theta)}\sin\Omega_1 t + \frac{mf_2(\theta)}{f_1(\theta) + f_2(\theta)}\sin\Omega_2 t\right]\sin\omega t \tag{12-3}$$

式（12-3）表明，合成辐射场仍然是一个调幅波。其幅度受两个频率的调制，这两个频率的调制度随 θ 角的变化方向，一个增大，另一个减小。

90 Hz 调制信号的调制度为

$$m_{90} = \frac{mf_1(\theta)}{f_1(\theta) + f_2(\theta)}$$

150 Hz 调制信号的调制度为

$$m_{150} = \frac{mf_2(\theta)}{f_1(\theta) + f_2(\theta)}$$

在任一接收方向上，两个频率的调制深度差 DDM 为

$$\text{DDM} = \frac{m_{90} - m_{150}}{100} = \frac{m[f_1(\theta) - f_2(\theta)]}{100[f_1(\theta) + f_2(\theta)]}$$

可见 DDM 也是角坐标的函数。

DDM 为零的点的轨迹，满足 $f_1(\theta) = f_2(\theta)$，即等强信号方向，该方向准确地调整在通过跑道中心线延长线的垂直面内，该平面就是飞机的着陆航道。

当飞机偏离航道时，DDM 不等于零。如偏向左边，$f_1(\theta) > f_2(\theta)$，即 90 Hz 信号调制度大于 150 Hz 信号调制度；若偏向右边，$f_1(\theta) < f_2(\theta)$，90 Hz 信号调制度小于 150 Hz 信号调

制度。

　　在机载接收机里,由于自动增益控制(AGC)或人工电平控制的作用,射频信号幅度总是保持在一个固定的电平上,经检波后的 90 Hz 调制信号和 150 Hz 调制信号分量将与各自的调制度成正比。指针的偏移量又正比于 90 Hz 和 150 Hz 信号的幅度差。由此可见,指针的偏移量正比于 DDM。

　　航向信标天线发射信号的波束形状必须满足调制深度差 DDM 和位移灵敏度的要求,如图 12-6 所示。

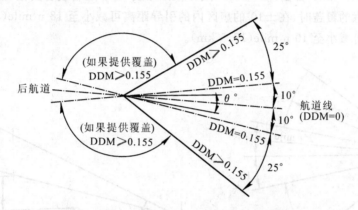

图 12-6　调制深度差 DDM 和位移灵敏度

　　DDM 等于 0.155 的射线所包含的角度 θ_0,称航道扇区,如图 12-7 所示。θ_0 随着航向信标台与跑道入口之间的距离不同而变。但在所有的情况下,航向扇区的线性宽度在 ILS 基准数据点(位于跑道中心线与跑道入口上方 15 m 处的一点,ILS 下滑道直线向下延伸部分通过此点)应为 210 m。也就是说不管航向信标天线安装位置和跑道长度如何,在 ILS 基准数据点的扇形区宽度均应等于 210 m。但如果在扇区宽度等于 210 m 时,扇形角度 θ_0 大于 6°,则可在保证 θ_0 最大等于 6°的前提下使扇区线性宽度小于 210 m。

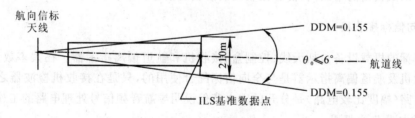

图 12-7　航道扇区

　　标准的航道偏离指示器满刻度偏转对应于 0.155 DDM,即飞机偏离航道中心线 2°~3°。

　　在航道线左、右 10°扇区内,DDM 从零增加至 0.180DDM,在此扇区内,角位移和 DDM 的增加是线性的。从±10°~±35°的范围内,DDM 值不应小于 0.155,如果需要提供超过±35°的覆盖,则在该覆盖区内,不应小于 0.155DDM。

　　满足上述 DDM 和角坐标的关系,在航向信标系统中是通过正确调整 90 Hz 调制信号和 150 Hz 调制信号调制的天线方向性图的形状来保证的。

三、航向信标覆盖范围

航向信标发射信号应提供使典型的机载设备在覆盖扇区内满意工作的信号电平。航向信标覆盖区应从天线系统的中心算起到下列规定的立体角范围内,能接收到的场强不低于 $40\mu V/\,m$。在方位 $\pm10°$ 的覆盖区内,引导距离不小于 25 n mile(46.3 km);在方位 $\pm10°\sim35°$ 的覆盖区内,引导距离为 17 n mile(31.5 km);当要求提供方位 $\pm35°$ 以外的覆盖时,则引导距离为 10 n mile(18.5 km),如图 12-8(a)所示。如果由于地形限制或有其他导航设备能在中间进场区提供满意的覆盖时,在 $\pm10°$ 的扇区内的引导距离可减小至 18 n mile(33.3 k m),覆盖区的其余部分可减小至 10 n mile(18.5 km)。

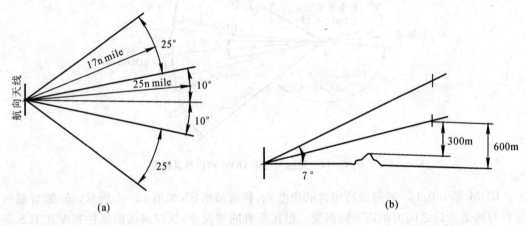

图 12-8　航向信标覆盖范围
(a) 方位覆盖；(b) 垂直覆盖

如图 12-8(b)所示,在垂直面内的覆盖范围最低应高于跑道入口处的标高 600 m 以上,或在中间和最后进场区内,高于最高点的标高 300 m 以上(以高者为准),从天线向外延伸并与跑道水平面成夹角的平面内,能够接收到满意发射信号。

四、航向信标接收机

航向信标的机载设备包括天线、控制盒、接收机和航道偏离指示器。在大多数飞机上,航向信标接收机及航道偏离指示器是与全向信标配合使用的,只是在接收机检波器之后的导航音频处理电路(幅度比较电路)是分开的。本节仅说明导航音频信号处理电路的工作原理。

1. 接收机简化方框图

如图 12-9 所示,飞机上天线接收的地面台发射信号,送到常规的单变频或双变频外差式接收机。由于 LOC 和 VOR 接收机部分是公用的,接收机接收和处理哪种信号,决定于控制盒选择的频率是 LOC 频率还是 VOR 频率。当选择 LOC 频率时,接收机接收 LOC 台的发射信号。通过高频、中频和检波电路,输出信号包括 90 Hz 和 150 Hz 导航音频、1 020 Hz 的台识别码以及地-空话音通信信号(300~3 000 Hz)。这些信号的分离是由滤波器来完成的。

台识别码和话音通信信号通过 300~3 000 Hz 带通滤波器和音频放大器,加到飞机音频集成系统,给驾驶员提供听觉信号,用来监视 LOC 地面台的工作。

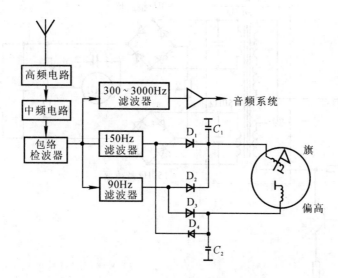

图 12-9 航向信标接收机方框图

90 Hz 和 150 Hz 带通滤波器分开 90 Hz 和 150 Hz 信号,然后分别加至各自的整流器。两个整流器的输出加到航道偏离电路进行幅度比较。即两个整流器输出的"差信号"驱动偏离指示器,而两个整流器输出的"和信号"驱动警告旗。当飞机对准航向道时,90 Hz 和 150 Hz 调制度相等(DDM 等于零),也就是说 90 Hz 和 150 Hz 信号幅度相等,流过偏离指示器的差电流等于零,偏离指示器指中间零位。如果飞机偏左,90 Hz 信号的调幅度大于 150 Hz 信号的调幅度,整流后的 $I_{90} > I_{150}$,差电流使指示器的指针向右偏;反之,飞机偏右,$I_{90} < I_{150}$,差电流使指针向左偏。

目前飞机上已使用接收机的输出和偏离指示器之间的标准接口,即流过指示器的"差电流"与 DDM 之间的关系等于 $970 \times DDM(\mu A)$。标准负载(1 000 Ω)指示器的满刻度偏转与 0.155DDM 相对应,此时满刻度偏转电流为 150 $\mu A(970 \times 0.155)$,等于飞机偏离航向道2°,因此指示器的角偏转灵敏度为 75 $\mu A/(°)$。

两个整流器输出"和信号"通过警告旗线圈,用来监视地面台和机载设备的工作状态。由于警告旗是由 90 Hz 和 150 Hz 两种调制信号的和驱动的,因此当任何一个调制信号从发射载波中去掉后,警告旗便出现。从接收机角度来看,如果进行幅度比较的 90 Hz 和 150 Hz 信号幅度不够大,警告旗也出现。警告旗出现表示偏离指示器上指示不可靠。尽管各种具体设备要求监控的信号不同,但基本的监控是当出现下列情况之一时,应向驾驶员或利用航向信标数据的其他机载设备发出警告。

(1) 没有接收到射频信号,或接收信号中没有 90 Hz 或 150 Hz 调制信号;

(2) 90 Hz 或 150 Hz 信号幅度降到额定值的 10%,而另一个保持在额定值的 20%。

2. 航向偏离指示和旗警告电路

航向偏离指示和旗警告电路基本原理是比较 90 Hz 和 150 Hz 信号的幅度。具体电路的形式很多,但基本原理是相似的。下面以两种典型的电路为例来进一步说明它们的工作原理。

图 12-10 所示是一个使用 LC 调谐滤波器和全波整流器的航向偏离电路(51RV—2B 的实际电路)。

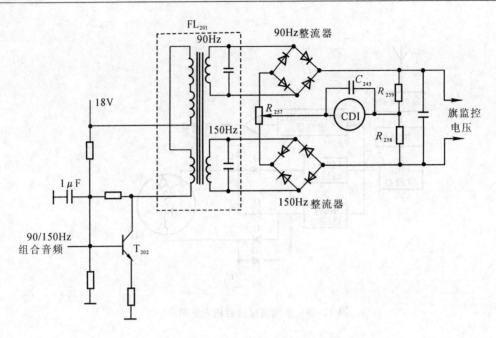

图 12-10 航向偏离指示电路

经激励器 T_{202} 放大 90 Hz 和 150 Hz 组合音频加至调谐滤波器 FL_{201} 的初级绕组,次级绕组分别调谐于 90 Hz 和 150 Hz。两个谐振回路用来分开 90 Hz 和 150 Hz 信号。然后分别加到 90 Hz 和 150 Hz 全波整流器。两个整流器输出电流反向流过航道偏离指示器 CDI(差电流)。当飞机准确沿航道进近时,90 Hz 和 150 Hz 整流器的电压幅度相等,流过指示器的电流大小相等,方向相反,指示器指在中心零位;当飞机偏在航道左边时,90 Hz 信号幅度大于 150 Hz 信号幅度,整流器输出电流 CDI 指针右偏;反之,如果飞机偏在航道右边,CDI 指针左偏。R_{257} 是定中心调整电位计,也就是说,当 90 Hz 和 150 Hz 信号幅度相等时,调整指示器指在中心零位。电容器 C_{245} 有两个作用,一是对整流电流平滑滤波;二是当飞机从航道的一边偏到另一边时,防止指针快速摆动,起到阻尼作用。两个整流器输出电流在 R_{259} 和 R_{258} 上产生直流电压降作为90 Hz 和 150 Hz 幅度监视电压,加到旗监控电路,同其他监视信号(如误差)一起共同控制警告旗出现或消隐。

该电路的主要缺点有两点。第一,由于工作频率低,LC 调谐变压器式滤波器的体积大,重量大,品质因数低;其次,整流器输出平均电流与负载有关。如果设计要求带动 5 个标准负载为 1 000 Ω,满刻度偏转电流 150 μA(对应于 0.155DDM)的偏离指示器。当使用的指示器数量少于 5 个时,偏转量将不正比于 DDM,此时,必须外接等效负载以补偿指示器数量的减少。如果飞机上只使用两个偏离指示器,需要用 330 Ω 的分流电阻和两个 1 000 Ω 的指示器并联,以保持总负载 200 Ω 不变。

图 12-11 所示是一个使用运算放大器进行幅度比较的电路。导航检波器输出,首先经过低通滤波器,去掉话音通信音频和识别码音频,再经过 90 Hz 和 150 Hz 带通滤波器分开 90 Hz 和 150 Hz 信号,然后分别加到两个具有相反输出极性的整流器 D_1 和 D_2。整流器输出经过 C_1 和 C_2 滤波后,获得直流电压 U_{90} 和 U_{150},加至求和运算放大器 U_1,其输出的偏离电压为

$$U_{o1} = -\left(\frac{R_3}{R_1}U_{90} - \frac{R_3}{R_2}U_{150}\right)$$

若选择 $R_1 = R_2 = R$ 时,则

$$U_{o1} = -\frac{R_3}{R}(U_{90} - U_{150})$$

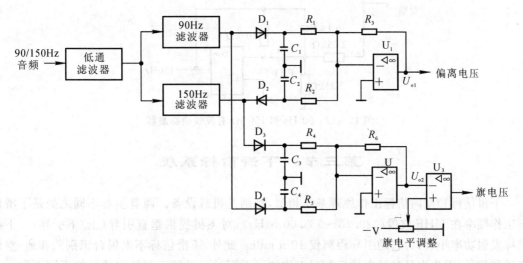

图 12-11 航向偏离和旗警告电路

可见当飞机在航道上时,90 Hz 和 150 Hz 信号幅度相等,整流后的 U_{90} 等于 U_{150},求和放大器的输出等于零,航道偏离指示器指中心零位。系统的精度决定于 90 Hz 和 150 Hz 通道增益是否一样,并且用电位计调整。

由于运算放大器的输出电压与负载基本无关,因此,配接指示器的数量比较灵活。当飞机安装的指示器数量变化时,不影响偏离指示精度。当使用标准负载为 1 000 Ω,满刻度偏转电流为 150 μA 的偏离指示器时,运算放大器输出的标准偏离电压为 150 mV。

旗整流器 D_3 和 D_4 分别整流 90 Hz 和 150 Hz 信号,输出极性相同的直流电压 U_{90} 和 U_{150},加到求和放大器 U_2。

当选择 $R_3 = R_4 = R$ 时,其输出

$$U_{o2} = -\frac{R_5}{R}(U_{90} + U_{150})$$

求和放大器 U_2 的输出加到旗电压输出比较器 U_3。当 U_{o2} 大于旗电平调整电压时(用来监视 90 Hz 和 150 Hz 信号的幅度),比较器 U_3 输出高电平,使警告旗收回。旗电压有两种,高电平旗电压于 18V 有效,低电平旗电压在 300～900 mV 有效。

90 Hz 和 150 Hz 滤波器可使用如图 12-10 所示的 LC 调谐滤波器,或使用有源带通滤波器。图 12-12 所示的电路是由 RC 网路和运算放大器组成的有源带通滤波器的实例。

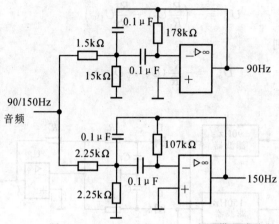

图 12-12   90 Hz 和 150 Hz 有源带通滤波器

第三节　下滑信标系统

　　下滑信标和航向信标工作原理基本相似,特别是机载设备。两者主要不同之处是下滑信标工作频率在 UHF 波段(329.15～335.00 MHz),对飞机提供垂直引导(上/下引导)。下滑信标发射功率小,因为它的引导距离仅 10 n mile。此外,下滑信标不发射台识别码和地-空话音通信信号,因为它是和航向信标配对工作的。下面对下滑信标和航向信标的不同点做一个简要的说明。

一、下滑信标辐射场

　　下滑信标天线安装在跑道入口处的一侧(见图 12-1)。天线通常安装在一个垂直杆上。下滑信标的形式由两个(零基准下滑信标)或 3 个(边带基准型和 M 型下滑信标)处于不同高度上的水平振子天线阵组成,天线发射水平极化波。

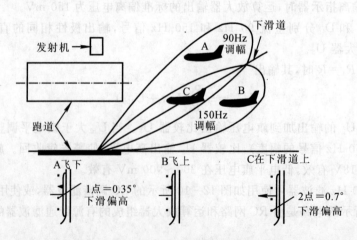

图 12-13   下滑信标天线辐射场和偏离指示

　　下滑信标天线的等效辐射场如图 12-13 所示。在着陆方向上发射两个与跑道平面成一个定仰角(叫飞机下滑角),并有一边相重叠的相同形状的波束。两个波束中心的最大值以相同量向上或向下偏离下滑道,两个波束信号以相同的频率发射。但上波束用 90 Hz 调幅,下波束用 150 Hz 调幅,调幅度均为 40%。

从图 12-13 中可以看到,在下滑道上,90 Hz 和 150 Hz 调制信号幅度相等;在下滑道上面,90 Hz 调制信号大于 150 Hz 调制信号;在下滑道下面,90 Hz 调制信号小于 150 Hz 调制信号。离下滑道越远,两个调制信号的差值就越大。如果像航向信标那样,用 90 Hz 和 150 Hz 的 DDM 来表示,则在下滑道上 DDM 等于零,离开下滑道 DDM 线性增大,直至 DDM 等于 0.22。

机载接收机的任务就是分开 90 Hz 和 150 Hz 调制音频并比较它们的幅度,或者说测定飞机离开下滑道的偏离量(°)。如果飞机对准下滑道,接收的 90 Hz 信号等于 150 Hz 信号,偏离指示器指针在中心零位(C 飞机),若飞机在下滑道的上面,90 Hz 音频大于 150 Hz 音频,偏离指针向下指(A 飞机),表示下滑道在飞机的下面。反之,飞机在下滑道下面时,150 Hz 音频大于 90 Hz 音频,指针向上指(B 飞机),表示下滑道在飞机的上面。

下滑信标发射信号提供的引导范围如图 12-14 所示。在下滑道中心线两边各 8° 的方位内,引导距离不小于 10 n mile,从地平面以上的 0.45 θ 到 1.75 θ 的扇区内,应使接收机工作,在整个覆盖区内,最低信号场强应为 400μV/m。

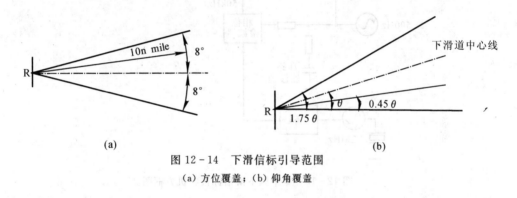

(a)   (b)

图 12-14 下滑信标引导范围
(a) 方位覆盖;(b) 仰角覆盖

在图 12-14 中,θ 为 ILS 下滑角,可在 2°~4° 之间调整,最佳下滑角应在 2.5°~3° 之间选择。

R 为 ILS 下滑道直线向下延伸部分与跑道中心线的交点。

在仰角覆盖范围内,由最靠近下滑道的 DDM 等于 0.175 的各点的轨迹所限定的扇区叫下滑道扇区,约 1.4°(±0.7°)。

在下滑道扇区内,下滑指针偏离指示和飞机偏离下滑道的角度成比例。例如飞机向上或向下偏离下滑道 0.35°,指针向下或向上偏指一点;飞机向上或向下偏离下滑道 0.7°,指针向下或向上偏指两点——满刻度偏转。在下滑道扇区以外,偏离指示只能大致地判断飞机在下滑道上边和下边,不能指出飞机偏离下滑道的角度值。

二、下滑信标接收机

下滑信标接收机和航向信标接收机基本相似,通常采用单变频或双变频的超外差式接收机。90 Hz 和 150 Hz 幅度比较电路完全相同,在此不再进行说明。下面介绍一种使用零中频的下滑接收机,供读者参考。图12-15所示是零中频接收机的简化方框图。

零中频接收机的主要优点是在低中频比较容易获得高增益,并且稳定性较好。主要缺点是在发射信号和接收机本振信号之间没有任何频率差,而由于发射频率和接收机本振频率有一定的允许误差,因而混频后往往产生不需要的"拍频"(差频)。如果"拍频"在90~150 Hz范围内,将会对下滑接收产生一些干扰。为了防止产生上述干扰,本振频率用500 Hz调频,频移为±15 kHz(30 kHz峰-峰偏移)。这样,就可避免产生任何低于500 Hz的"拍频"。低通截止滤波器用来通过混频后的15 kHz频率调制信号以及由于误差引起的频率变化。混频后的中频波形如图12-16所示。中频信号经无失真放大后,它的包络就是原来的调制音频。中频放大器的输出加到常规的幅度检波器,解调出90 Hz和150 Hz音频信号,然后加到幅度比较电路(见图12-10,图12-11),测量出飞机偏离下滑道的角度。

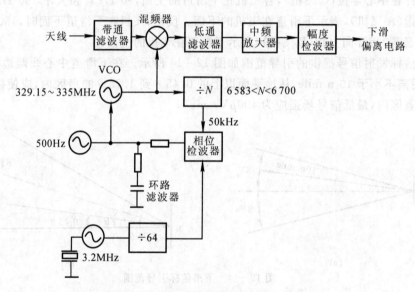

图12-15 零中频下滑信标接收机方框图

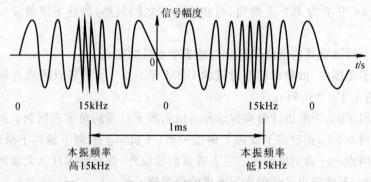

图12-16 零中频下滑信标接收机的中频波形

在下滑信标系统中,发射信号中的90 Hz和150 Hz调制信号的调制深度差DDM、接收机输出的偏离电压和指示器的偏移量都建立了标准关系。例如,当DDM=0.175时,偏离电压为150 mV,流过1 000 Ω标准负载的电流为150 μA,指示器偏指两点(满刻度偏转),等于偏离下滑道约 0.7°。由此可以算出下滑指针偏转灵敏度为 214 μA/(°)。

第四节　指点信标系统

一、系统的功用

　　指点信标系统可按其用途分为航路信标(runway marker)和航道信标(course marker)。航路信标安装在航路上,向驾驶员报告飞机正在通过航路上某些特定点的地理位置。航道信标用于飞机进场着陆,用来报告着陆飞机离跑道头预定点(远、中、近指点信标上空)的距离。两种信标地面台天线发射垂直向上的扇形波束(fan marker)或倒锥形波束(z-marker),以便飞机飞越信标台上空时机载接收机可以接收到信号。

　　指点信标台发射频率均为 75 MHz,天线辐射水平极化波。而调制频率和台识别码各不相同,以便识别飞机在哪个信标台上空。指点信标台的发射功率从几瓦到 100 W 不等。高功率信标台用于外指点信标和航路指点信标,在这里飞机高度比较高。不管是航道指点信标或航路指点信标,机载信标接收机是相同的。

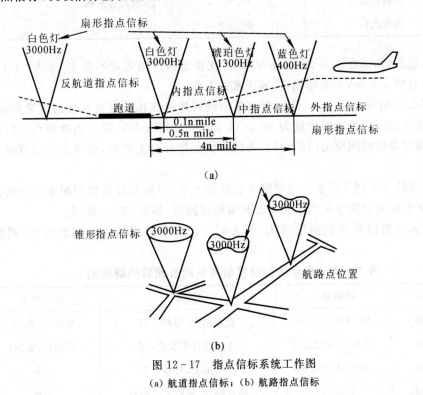

(a)

(b)

图 12-17　指点信标系统工作图
(a)航道指点信标;(b)航路指点信标

二、指点信标发射信号

　　航道指点信标台安装在着陆方向的跑道中心线延长线上。根据 ICAO 规定,包括外指点信标、中指点信标和内指点信标。在一些机场还装有反航道指点信标,用于飞机从反航道进场。指点信标系统工作如图 12-17 所示。

内指点信标偏离跑道中心延长线不应超过 30 m，中指点信标和外指点信标偏离跑道中心延长线不应超过 75 m。对于某些机场来说，3 个指点信标台的具体位置，根据机场的地理条件，在允许的距离范围内设置。指点信标系统在 ILS 系统中的作用如下所述：外指点信标指示下滑道截获点，中指点信标用来测定 I 类着陆标准的决断高度点，即下滑道通过中指点信标台上空的高度约等于 60 m。内指点信标用来测定 II 类着陆标准的决断高度点，即下滑道通过内指点信标台上空的高度约为 30 m。考虑到内指点信标和中指点信标之间的干扰和机上目视指示灯发亮时间间隔，内指点信标和下滑道之间所标示的最大高度限制在高于跑道入口 37 m。典型的指点信标接收机在飞机速度 140 n mile(250 km)/h 时，中指点信标和内指点信标目视指示灯发亮的最小间隔应为 3 s，以此来选择内指点信标台的台址，便可确定其标示的最高高度。各指点信标台均发射扇形波束以便覆盖整个航道宽度。发射功率是由指点信标覆盖范围确定的。各指点信标覆盖范围规定如表 12-4 所示。

表 12-4　指点信标覆盖范围规定

指点信标	高　度/m	宽　　度
内指点标	150±50	在整个航向道宽度内能达
中指点标	300±100	到正常指标
外指点标	600±200	

在覆盖区边界，场强应不小于 1.5 mV/m。在覆盖区内场强应不低于 3 mV/m，标准机载接收机如能收到 1.5 mV/m 场强，应能正常的工作。

飞机飞越指点信标台上空时，指示灯亮的时间决定于飞机的速度和发射波束的纵向"宽度"以及接收机灵敏度。若飞机速度为 96 kn(1 kn=0.514 m/s)，则飞越外指点信标台上空时，外指点信标灯亮的时间应为 (12±4)s，飞越中指点信标台上空时，中指点信标灯亮的时间应为 (6±2) s。

为了便于驾驶员识别飞机正在飞越哪个信标台上空，以便知道飞机距跑道入口的预定距离，各指点信标台的发射频率采用不同的音频编码键控制，如表 12-5 所示。

各指点信标发射信号的调幅度应为 (95±4)%。在发射识别信号间隙时间，载波不应中断。

表 12-5　指点信标台发射频率的音频编码键控制

指点信标	调制频率	识别码	机上指示
外指点标	400 Hz±2.5%	连续拍发，每秒 2 划	蓝色(或紫色)
中指点标	13 00 Hz±2.5%	连续交替拍发点、划	琥珀色(黄色)
内指点标	3 000 Hz±2.5%	连续拍发，每秒 6 点	白色
反航道信标	3 000 Hz	连续拍发，每秒 6 个对点	白色

三、航路指点信标

在任何航路上，如果需要用指点信标来标定一个地理位置的地方，应安装扇形指点信标。在需要用指点信标来标出航路上无线电导航设备的地理位置的地方，应安装"Z"指点信标，航路指点信标发射信号的调制频率为(3 000 ±75) Hz,键控发送莫尔斯电码,以表示该指点信标的名称或地理位置。在发送识别信号间隙期间,载波不得间断。

四、机载接收机

1. 机载设备组成

指点信标系统的机载设备如图 12-18 所示。

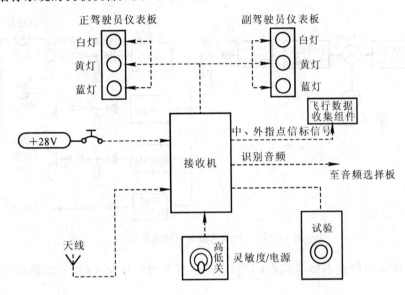

图 12-18　指点信标系统

天线安装在机身下部,以便接收指点信标台发射的垂直向上的波束信号。在高速飞行的飞机上,一般采用低阻力天线。接收机通常采用一次变频的超外差接收机。接收机输出的音频信号加至正、副驾驶员仪表板指示灯和音频选择板,给驾驶员提供目视和音响信号,以区别飞机飞越哪个信标台的上空。中指点信标和外指点信标音频识别信号还加到飞行记录中的飞行数据收集组件(FDAU),作为飞行记录器的信号源之一。灵敏度和电源开关用来控制接收机的灵敏度和接通电源,在设置自检电路的接收机中,当按下试验按钮时,自检电路可依次产生 400 Hz,1 300 Hz 和 3 000 Hz 调幅的 75 MHz 试验信号,加到接收机的输入端。此时,指示灯(蓝、黄、白)应依次通亮并可听到相应频率的识别音频,以判断信标接收机及指示灯的工作是否正常。

2. 接收机方框图

图 12-19 所示为一次变频的外差式接收机方框图。天线所接收的信号经 75 MHz 调谐滤波加到混频器。混频后产生的中频信号经过中频晶体滤波器加到中频放大器进行放大。晶体滤波器是一个窄带滤波器,在 20 dB 点带宽为 ±15 kHz,它决定了接收机的选择性。中频放大器的输出经包络检波器得到 400 Hz,1 300 Hz 或 3 000 Hz 音频,其幅度为 3.5 V。3 个带通滤波器用来分别通过 400 Hz,1 300 Hz 和 3 000 Hz 音频,再分别经整流后得到直流电压,以接通晶体管的灯开关,使相应的指示灯亮。同时,检波后的音频经音频放大后加到音频选择板,提供音响信号。

指点信标接收机主要的干扰源是 VHF 频段低端的高功率无线电广播。接近 75 MHz 频率的是电视的 4 频道(66～72 MHz)和 5 频道(76～82 MHz)信号。更接近 75 MHz 的是几个商用的点到点的通信波道,其频率范围是 72.20～74.58 MHz 和 75.42～75.98 MHz。虽然最接近的频率与 75 MHz 的间隔只有 420 kHz,但这些点与点之间的通信波道所使用的功率比典型的电视广播台发射功率小得多。尽管这样,如果飞机接近通信发射台时,接收信号强度也会迅速增大。在设计接收机时,这种干扰也应充分注意。

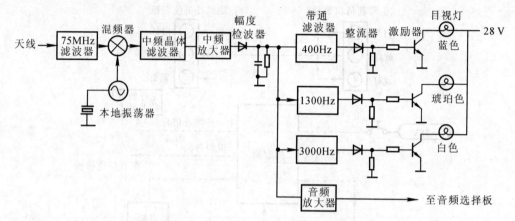

图 12-19　外差式指点信标接收机

指点信标接收机的技术标准规程(TSO)规定,当下列信号输入时,不应影响接收机的正常工作:

(1) 2～6 频道,3.5 V 电平的电视信号。

(2) 1 300 Hz 调频,频移±15 kHz,0.5 V 电平的通信信号。

一旦干扰信号进入接收机电路,由于电路的非线性,将会产生内部调制失真。减小内部调制失真有两种方法。第一种,精心设计放大器和混频器,使它们具有高的线性度,不产生内部调制失真。第二种,提高接收机的选择性,以滤掉干扰信号。

在图 12-19 的接收机中,为了减少内部调制失真,没有设置高频放大器。因为高频放大器除放大信号电平外,也放大干扰信号,总的选择性不会提高。混频器之后,接入中频窄带晶体滤波器,该滤波器决定了接收机的带宽,保证所需要的选择性。晶体窄带滤波器的作用是滤除进入接收机的干扰信号和经混频后产生的各种交叉调制信号。接收机的主要增益由放在晶体滤波器之后的中频放大器获得。

混频器是一个非线性器件,是产生内部调制最严重的器件。所以有的指点信标接收机采用调谐高放式(TRT)接收机电路,如图 12-20 所示。

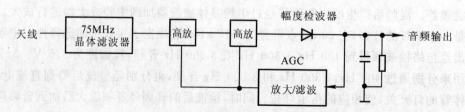

图 12-20　调谐高放式指点信标接收机

在该接收机中,天线输入信号到 75 MHz 晶体滤波器,滤波器的带宽为±15 kHz,接着是高增益的高频放大器(80 dB),然后是二极管包络检波器。检波后的音频输出加至 3 个指示灯滤波器。这种接收机的优点是 75 MHz 晶体滤波器可以滤出电视信号和调频信号,没有把输入信号频率变换为中频的混频器,完全不受内部调制的影响。但这种电路有两个明显的缺点:第一,接收机的所有增益在高频 75 MHz 放大,而不是在中频放大,所以获得稳定的高增益比较困难;第二,晶体滤波器有插入损耗,降低了接收机的灵敏度。

自动增益控制电路(AGC)是指点信标接收机的一个重要组成部分。因为飞机通过指点信标方向性天线辐射的波束时,接收信号强度会迅速变化,AGC 的作用就是在接收信号变化时,保持输出电平基本稳定,通常利用幅度检波器输出的平均电压作为 AGC 控制电压。因为它的大小和输入信号电平成正比。该电压经滤波放大后,加到中频放大器或高频放大器,改变放大器的直流工作点,从而实现增益控制。AGC 电压的控制能力通常要求输出信号电平变化小于 6 dB。

3. 高低灵敏度控制

指点信标接收机用来接收航路指点信标和航道指点信标的发射信号,飞机在航路上的高度远大于进场着陆的高度,这样天线接收机的强度相差很大。如果把接收机的灵敏度设计得很高,则在着陆时,指示灯离信标台很远就会亮。甚至飞越外指点信标和中指点信标时,两个指示灯可能同时亮,这严重影响指点信标系统的功能。另一方面,按进场着陆方式设计接收机灵敏度,那么在飞越航路指点信标台时,指示灯就可能不亮。为了满足进场和航路两种情况下使用的要求,在接收机外部有一个高-低灵敏度控制开关,高灵敏度(200 μV/m)用于航路信标,低灵敏度(1 500 μV/m)用于进场着陆。

图 12-21 所示的电路是改变接收机灵敏度的一种方法,用一个衰减电路串接在信号输入线上,选择低灵敏度时,衰减器对输入信号进行衰减,从而达到降低灵敏度的目的。

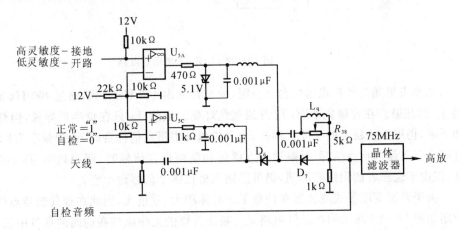

图 12-21 高-低灵敏度控制电路

在"高灵敏度"位,比较器 U_{5A} 同相输入端接地,比较器输出低电平,D_6 和 D_7 正向偏置而导通,天线接收信号经 D_6 和 D_7 直接加至 75 MHz 晶体滤波器,这时灵敏度为 200 μV/m。在"低灵敏"位,比较器 U_{5A} 输出高电平,D_6 导通而 D_7 截止,天线接收信号经 D_6 和 R_{38}(并联 L_q)衰减电路后才加至 75 MHz 晶体滤波器,这样天线必须接收较强的信号才能使指示灯亮。R_{38}

电位计用来使低灵敏度为 $1500\ \mu V/\ m$。

　　自检时 U_{5C}（试验按钮按下接地）比较器输出"高电平"，D_6 反向偏置，切断天线输入信号，这时，来自试验振荡器的 75 MHz 调幅信号加至 75 MHz 晶体滤波器的输入端，代替天线的接收信号。

　　4. 指示灯电路

　　检波器输出的音频信号加到 400 Hz，1 300 Hz 和 3 000 Hz 滤波器，用来分别通过 3 种频率不同的调制信号。滤波器的输出经整流后变成直流电压，接通相应的晶体管开关，使驾驶舱仪表板上不同颜色的指示灯通亮。

　　图 12 - 22 所示的指示灯电路是 51Z—4 指点信标接收机的实际电路。使用调谐变压器式滤波器，初级绕组并联电容器分别调谐于 400 Hz，1 300 Hz，3 000 Hz。次级输出分别加到相应的指示灯晶体管开关的基极，3 个晶体管开关 T_9，T_{10}，T_{11} 工作于零偏压状态，无信号输入时截止。

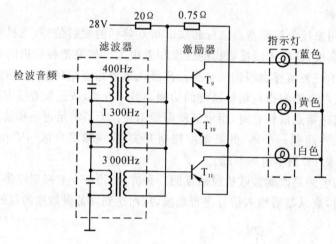

图 12 - 22　51Z—4 指示灯电路

　　如果飞机通过外指点信标台上空时，检波器输出 400 Hz 音频，通过 400 Hz 谐振变压器输至 T_9 的基极。在音频负半周，T_9 导通蓝色灯亮。虽然 T_9 只在负半周导通，但灯不会很快冷却下来，仍可保持稳定的亮度。同样，当飞机越过中指点信标台时，调制频率为 1 300 Hz，黄色灯亮。而飞越内指点信标、反航道指点信标和航路指点信标时，调制频率为 3 000 Hz，白色灯亮，但由于这三者的识别码不同，仍可区别飞机在哪个信标台上空。

　　由于调谐变压器式滤波器在低频工作时体积大、重量大，因此在现代的指点信标接收机中使用如图 12 - 23 所示的指示灯电路。音频滤波器的工作原理在前面的章节中已有说明，此处不再重复。当飞机通过中指点信标台上空时，检波器输出的 1 300 Hz 音频，通过运算放大器和阻容元件组成的 1 300 Hz 带通滤波器，加到 D_2 整流器。当整流电压大于比较器 U_{2A} 反向输入端的固定偏压（门限电压）时，U_{2A} 输出逻辑"1"（相当于开路），12 V 经由 R_{27}，R_{28} 加到 T_4 的基极，T_4 导通，黄色灯亮。

　　5. 自检电路

　　自检电路产生模拟的信标台发射信号，用于在地面或空中检查机载接收机的工作情况。

图 12 - 24 是自检电路的示意图。

当接通自检开关时,定时器产生约 5 s 的锯齿波,加到调制频率产生器,顺序产生 1.5 s 间隔的 400 Hz,1300 Hz 和 3 000 Hz 的音频信号,该信号对 75 MHz 晶体振荡器进行调幅,然后加到接收机输入端。如果机载设备工作正常,目视指示灯按蓝、黄、白顺序点亮 1.5 s,同时驾驶员耳机中可顺序听到 400 Hz,1 300 Hz 和 3 000 Hz 音调信号。

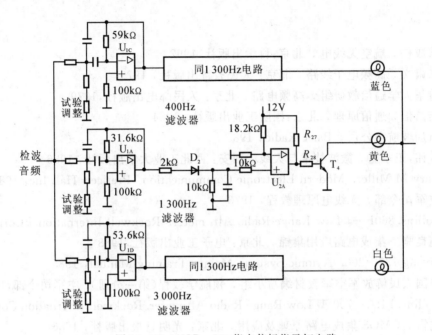

图 12 - 23 VOR—700 指点信标指示灯电路

图 12 - 24 自检信号产生器示意图

习 题

1. 简述仪表着陆系统的组成及功用。
2. 简述航向信标系统的组成及工作原理。
3. 简述下滑信标系统的组成及工作原理。
4. 画出航向信标接收机原理图,说明其工作原理。
5. 画出外差式指点信标接收机原理图,说明其工作原理。

参考文献

1　蔡成仁. 航空无线电. 北京：科学出版社,1992

2　张肃文. 高频电子线路. 北京：人民教育出版社,1979

3　清华大学通信教研组. 高频电路. 北京：人民邮电出版社,1979

4　樊昌信. 通信原理. 北京：国防工业出版社,1984

5　新加坡航空公司. Basic Radio, 1985

6　万伟,王季立. 微波技术与天线. 西安：西北工业大学出版社,1986

7　Gary M Miller. Modern Electronic Communication. Pretice—Hall Inc, 1983

8　空军司令部. 无线电原理教程,1973

9　Collins. 860F—4 Low Range Radio Alti meter. Rockwell International Corp,1985

10　施良驹. 集成电路应用集锦. 北京：电子工业出版社,1988

11　Boeing 737—300. Avionic Syste m Maint. Training Manual, 1985

12　中国人民解放军空军教材编写小组. 领航学教程(第一分册). 空军司令部,1973

13　Collins. LRA—700 型 Low Range Radio Altimeter. Rockwell Internation Corp,1986

14　沈雷. CMOS 集成电路原理及应用. 北京：光明日报出版社, 1986

15　杜武林. 高频电路原理与分析. 西安：西安电子科技大学出版社,2000

16　张凤言. 电子电路基础. 北京：高等教育出版社,1995

17　廖承恩. 微波技术基础. 西安：西安电子科技大学出版社,2001

18　丁鹭飞. 雷达原理. 西安：西安电子科技大学出版社,1984

19　《实用电子电路手册》编写组. 实用电子电路手册. 北京：高等教育出版社,1991